矿床学教学案例

——湖南典型金属矿床

邵拥军　刘建平　刘忠法

熊伊曲　张　宇　刘清泉　编著

李　欢　李　斌　刘　飚

中南大学出版社
www.csupress.com.cn

·长沙·

内容简介

　　本教材根据资源勘查工程专业"矿床学"课程教学需要，以有色金属之乡湖南省的典型金属矿床为例，结合编者多年的科研工作实践编写而成。教材涵盖了伟晶岩型矿床、矽卡岩型矿床、云英岩型矿床、岩浆热液型矿床、非岩浆热液型矿床等类型，包含了湘东北幕阜山稀有金属矿(仁里-传梓源、白沙窝)、湘南钨锡铅锌矿(柿竹园、香花岭、瑶岗仙、黄沙坪、宝山)、衡阳盆地铜铅锌矿(水口山康家湾、柏坊、盐田桥)、湘西南苗儿山钨矿(平滩)、雪峰山金矿(沃溪、正冲)、湘西铅锌矿(花垣)、湘中锑矿(锡矿山、板溪)7个矿带16个大型-超大型矿床(田)教学案例。每个教学案例包含区域地质背景、矿床地质特征、矿床地球化学特征、成矿作用及成矿模式、教学安排等部分。

　　本教材可作为高等院校资源勘查工程、地质学等专业本科生及相关专业的研究生教学用书，也可作为从事矿床地质研究及勘查工作等相关人员的参考用书。

前　言

矿床学是以矿床为研究对象，研究矿床地质特征、形成条件、成因和分布规律的一门学科。矿床学课程是资源勘查工程及地质学类专业的核心课程。通过矿床学课程的学习，让学生掌握矿床学的基本理论及各类矿床的基本特征、形成条件、控制因素、分布规律、形成机理，熟悉矿床研究的主要环节和具备基本技能，培养与矿床研究有关的创新能力以及进行野外考察、素材采集、初步分析和综合研究的能力，为后续从事矿产地质领域的基础性和应用型研究工作奠定基础。目前国内外流行的教材中的案例均难以详细展示整个矿床的成矿地质条件、矿床地质特征和地球化学特征等资料，而科研中形成的大量矿床专著和论文或过于庞杂或过于简单，以致初学者难以形成对矿床的感性的认识，缺乏理论与实践相结合的综合素质。借助有色金属之乡湖南的区位优势，编者以多年的科研资料为基础编写矿床学教学案例，内容涵盖湖南的主要成矿带、主要矿床类型及矿种。对每个矿床提供适中的地质资料和最新的地球化学资料、可供观察及认识的典型地质现象，便于学生提高矿床学实践综合能力。

本教材由邵拥军教授组织编写，参加编写的人员与分工如下：第 1 章"绪论"由邵拥军和刘建平完成；第 2 章"伟晶岩型稀有金属矿床"由熊伊曲完成；第 3 章"岩浆热液型钨锡矿床"中 3.1 节柿竹园钨多金属矿床内容由刘建平和刘飚完成，3.2 节香花岭锡铅锌矿床内容由刘建平完成，3.3 节瑶岗仙钨矿床内容由熊伊曲完成，3.4 节平滩白钨矿矿床内容由熊伊曲完成；第 4 章"岩浆热液型铜铅锌多金属矿床"中 4.1 节黄沙坪铅锌多金属矿床内容由张宇完成，4.2 节宝山铜铅锌多金属矿床内容由刘忠法完成，4.3 节康家湾铅锌多金属矿床内容由张宇完成，4.4 节盐田桥铜矿床内容由刘忠法完成；第 5 章"非岩浆热液型铜铅锌矿床"中 5.1 节柏坊砂岩型铜矿床内容由刘忠法完成，5.2 节花垣铅锌矿床内容由刘建平完成；第 6 章"湘中低温热液型锑矿床"中 6.1 节锡矿山锑矿床内容由李斌完成，6.2 节板溪锑矿床内容由李欢完成；第 7 章"雪峰造山带热液型金矿床"中 7.1 节沃溪金矿床内容由刘忠法完成，7.2 节正冲金矿床内容由刘清泉完成；最后由邵拥军、刘建平和刘忠法统稿和定稿。

本教材的编写得到了中南大学本科生院、中南大学出版社和中南大学地球科学与信息物理学院的关心与指导。本教材的出版得到了国家级一流本科课程"矿床学"和中南大学本科教材建设项目的资助。教材部分素材的成果受到国家重点研发计划项目、国家自然科学基金项目以及自然资源部、中国地质调查局、矿山企业等众多项目和单位的资助，矿床野外调查工作得到勘查单位及各矿山企业的大力支持。部分素材来自彭南海、隗含涛、陈剑锋、张俊柯、周蛰凯、胡阿香、冯雨周、陈卫康、刘少青、李文博、吴锟言、赵廉洁、沈鸿杰等博/硕士研究生的学位论文及文春华博士后的研究成果。研究生阳静楠、侯宇辰、李永顺等协助完成了部分图件的制作和文字处理。书中还引用了部分矿产勘查工作者和科研人员的内部资料。谨向上述单位及个人致以深切的谢意。由于编者水平有限，书中难免存在不足之处，恳请各位同行及读者批评指正。

作 者

2023 年 8 月 6 日

目　录

第1章　绪　论 ……………………………………………………………………（1）

　1.1　湖南区域地质背景 ……………………………………………………（1）

　　1.1.1　大地构造位置及构造演化 ……………………………………（1）

　　1.1.2　区域地层 ………………………………………………………（3）

　　1.1.3　区域构造 ………………………………………………………（4）

　　1.1.4　区域岩浆岩 ……………………………………………………（4）

　1.2　湖南区域成矿特征 ……………………………………………………（4）

　1.3　典型金属矿床教学案例编排 …………………………………………（6）

第2章　伟晶岩型稀有金属矿床 ……………………………………………（9）

　2.1　湘东北仁里-传梓源伟晶岩型铌钽锂矿床 …………………………（9）

　　2.1.1　自然地理概况 …………………………………………………（9）

　　2.1.2　区域地质背景 …………………………………………………（10）

　　2.1.3　矿床地质特征 …………………………………………………（12）

　　2.1.4　矿床地球化学特征 ……………………………………………（16）

　　2.1.5　成矿作用及成矿模式 …………………………………………（22）

　　2.1.6　教学安排 ………………………………………………………（25）

　2.2　湘东北白沙窝伟晶岩型铍锂铌钽矿床 ………………………………（30）

　　2.2.1　自然地理概况 …………………………………………………（30）

　　2.2.2　区域地质背景 …………………………………………………（30）

　　2.2.3　矿床地质特征 …………………………………………………（31）

　　2.2.4　矿床地球化学特征 ……………………………………………（35）

　　2.2.5　成矿作用及成矿模式 …………………………………………（36）

　　2.2.6　教学安排 ………………………………………………………（37）

第3章　岩浆热液型钨锡矿床 ………………………………………………（44）

　3.1　湘南柿竹园矽卡岩-云英岩型钨多金属矿床 ………………………（44）

　　3.1.1　自然地理概况 …………………………………………………（44）

　　3.1.2　区域地质背景 …………………………………………………（44）

　　3.1.3　矿床地质特征 …………………………………………………（46）

3.1.4　矿床地球化学特征 ……………………………………………… (55)

3.1.5　成矿作用及成矿模式 …………………………………………… (59)

3.1.6　教学安排 ………………………………………………………… (61)

3.2　湘南香花岭矽卡岩型-热液脉型锡铅锌矿床 …………………………… (63)

3.2.1　自然地理概况 …………………………………………………… (63)

3.2.2　区域地质背景 …………………………………………………… (63)

3.2.3　矿床地质特征 …………………………………………………… (63)

3.2.4　矿床地球化学特征 ……………………………………………… (72)

3.2.5　成矿作用及成矿模式 …………………………………………… (78)

3.2.6　教学安排 ………………………………………………………… (80)

3.3　湘南瑶岗仙石英脉型-矽卡岩型钨矿床 ………………………………… (83)

3.3.1　自然地理概况 …………………………………………………… (83)

3.3.2　区域地质背景 …………………………………………………… (84)

3.3.3　矿床地质特征 …………………………………………………… (84)

3.3.4　矿床地球化学特征 ……………………………………………… (86)

3.3.5　成矿作用及成矿模式 …………………………………………… (95)

3.3.6　教学安排 ………………………………………………………… (97)

3.4　湘西南苗儿山平滩热液脉型白钨矿矿床 ……………………………… (100)

3.4.1　自然地理概况 …………………………………………………… (100)

3.4.2　区域地质背景 …………………………………………………… (101)

3.4.3　矿床地质特征 …………………………………………………… (103)

3.4.4　矿床地球化学特征 ……………………………………………… (108)

3.4.5　成矿作用及成矿模式 …………………………………………… (108)

3.4.6　教学安排 ………………………………………………………… (110)

第4章　岩浆热液型铜铅锌多金属矿床 …………………………………… (117)

4.1　湘南黄沙坪矽卡岩型铅锌多金属矿床 ………………………………… (117)

4.1.1　自然地理概况 …………………………………………………… (117)

4.1.2　区域地质背景 …………………………………………………… (117)

4.1.3　矿床地质特征 …………………………………………………… (118)

4.1.4　矿床地球化学特征 ……………………………………………… (124)

4.1.5　成矿作用及成矿模式 …………………………………………… (130)

4.1.6　教学安排 ………………………………………………………… (131)

4.2　湘南宝山矽卡岩型-热液脉型铜铅锌多金属矿床 ……………………… (134)

4.2.1　自然地理概况 …………………………………………………… (134)

4.2.2　区域地质背景 …………………………………………………… (134)

4.2.3　矿床地质特征 …………………………………………………… (134)

4.2.4　矿床地球化学特征 ……………………………………………… (141)

4.2.5　成矿作用及成矿模式 …………………………………………… (147)

   4.2.6 教学安排 ……………………………………………………（148）

  4.3 衡阳盆地康家湾热液脉型铅锌多金属矿床 ………………………（152）

   4.3.1 自然地理概况 ……………………………………………（152）

   4.3.2 区域地质背景 ……………………………………………（152）

   4.3.3 矿床地质特征 ……………………………………………（155）

   4.3.4 矿床地球化学特征 ………………………………………（160）

   4.3.5 成矿作用及成矿模式 ……………………………………（167）

   4.3.6 教学安排 …………………………………………………（169）

  4.4 衡阳盆地盐田桥热液脉型铜多金属矿床 …………………………（171）

   4.4.1 多金属自然地理概况 ……………………………………（171）

   4.4.2 区域地质背景 ……………………………………………（171）

   4.4.3 矿床地质特征 ……………………………………………（173）

   4.4.4 矿床地球化学特征 ………………………………………（178）

   4.4.5 成矿作用及成矿模式 ……………………………………（181）

   4.4.6 教学安排 …………………………………………………（182）

第5章 非岩浆热液型铜铅锌矿床 ………………………………………（188）

  5.1 衡阳盆地柏坊砂岩型铜矿床 ………………………………………（188）

   5.1.1 自然地理概况 ……………………………………………（188）

   5.1.2 区域地质背景 ……………………………………………（188）

   5.1.3 矿床地质特征 ……………………………………………（189）

   5.1.4 矿床地球化学特征 ………………………………………（192）

   5.1.5 成矿作用及成矿模式 ……………………………………（195）

   5.1.6 教学安排 …………………………………………………（197）

  5.2 湘西花垣MVT型铅锌矿床 ………………………………………（199）

   5.2.1 自然地理概况 ……………………………………………（199）

   5.2.2 区域地质背景 ……………………………………………（200）

   5.2.3 矿床地质特征 ……………………………………………（201）

   5.2.4 矿床地球化学特征 ………………………………………（206）

   5.2.5 成矿作用及成矿模式 ……………………………………（210）

   5.2.6 教学安排 …………………………………………………（213）

第6章 湘中低温热液型锑矿床 …………………………………………（219）

  6.1 湘中锡矿山锑矿床 …………………………………………………（219）

   6.1.1 自然地理概况 ……………………………………………（219）

   6.1.2 区域地质背景 ……………………………………………（219）

   6.1.3 矿床地质特征 ……………………………………………（220）

   6.1.4 矿床地球化学特征 ………………………………………（227）

   6.1.5 成矿作用及成矿模式 ……………………………………（229）

　　　　6.1.6　教学安排 ……………………………………………………（230）

　　6.2　湘中板溪锑矿床 …………………………………………………（234）

　　　　6.2.1　自然地理概况 ………………………………………………（234）

　　　　6.2.2　区域地质背景 ………………………………………………（234）

　　　　6.2.3　矿床地质特征 ………………………………………………（235）

　　　　6.2.4　矿床地球化学特征 …………………………………………（240）

　　　　6.2.5　成矿作用及成矿模式 ………………………………………（243）

　　　　6.2.6　教学安排 ……………………………………………………（246）

第7章　雪峰造山带热液型金矿床 ………………………………………（252）

　　7.1　湘西沃溪金矿床 …………………………………………………（252）

　　　　7.1.1　自然地理概况 ………………………………………………（252）

　　　　7.1.2　区域地质背景 ………………………………………………（252）

　　　　7.1.3　矿床地质特征 ………………………………………………（253）

　　　　7.1.4　矿床地球化学特征 …………………………………………（259）

　　　　7.1.5　成矿作用及成矿模式 ………………………………………（263）

　　　　7.1.6　教学安排 ……………………………………………………（265）

　　7.2　湘东北正冲金矿床 ………………………………………………（268）

　　　　7.2.1　自然地理概况 ………………………………………………（268）

　　　　7.2.2　区域地质背景 ………………………………………………（269）

　　　　7.2.3　矿床地质特征 ………………………………………………（270）

　　　　7.2.4　矿床地球化学特征 …………………………………………（275）

　　　　7.2.5　成矿作用及成矿模式 ………………………………………（280）

　　　　7.2.6　教学安排 ……………………………………………………（282）

第 1 章　绪　论

扫码查看本章彩图

湖南被誉为有色金属之乡，矿产资源丰富。据统计（2020 湖南简况手册，2020），省内已发现各类矿产 121 种，已探明储量的矿产 88 种，矿产地 3000 余处，其中锑、铋、钨、锡等有色金属矿产在国内外具举足轻重的地位。截至 2021 年底，全省查明资源储量中，锑、铋、石煤、普通萤石、海泡石黏土等 8 种矿产的资源储量居全国第 1 位；钨、锡、钒、重晶石、陶粒页岩等 8 种矿产的资源储量居全国第 2 位；锰、隐晶质石墨、金刚石等 7 种矿产的资源储量居全国第 3 位；铟、锂、铼等 12 种矿产的资源储量居全国第 4 位。丰富的矿产资源离不开优越的成矿地质条件，为了解湖南典型金属矿床，本章首先简要介绍湖南所处的区域地质背景；然后，对区内成矿带的划分及主要矿床类型进行概述；最后，对选择的典型矿床及主要涉及的内容进行了简述。

1.1　湖南区域地质背景

1.1.1　大地构造位置及构造演化

湖南大地构造整体处于羌塘–扬子–华南板块一级构造单元（Ⅳ）（湖南省地质调查院，2017），其包含西北的扬子陆块和东南的华夏陆块，对于二者结合位置，存在 4 种看法（钟九思等，1995）：①沿雪峰隆起带东南缘；②沿城步–桃江岩石圈断裂带；③沿宜春–衡阳–零陵深大断裂带；④沿茶陵–郴州深大断裂带。最新出版的《中国区域地质志·湖南志》（湖南省地质调查院，2017）和柏道远等（2022）的划分方案，以川口–双牌基底隐伏断裂带为界，北西为扬子陆块（Ⅳ-4），南东为华夏陆块（Ⅳ-5）二级构造单元。扬子陆块可划分为 4 个三级构造单元：湘北断褶带（Ⅳ-4-5）、雪峰构造带（Ⅳ-4-9）、邵醴坳–隆带（Ⅳ-4-8）及洞庭盆地（Ⅳ-4-14）。华夏陆块可划分为 2 个三级构造单元：粤湘赣早古生代沉陷带（Ⅳ-5-3）和云开晚古生代沉陷带（Ⅳ-5-4）单元。四级构造单元根据不同时期坳–隆构造格局或构造变形分带并结合构造–岩浆活动特征来划分（表 1-1 和图 1-1）。

表1-1 湖南构造单元划分表(据湖南省地质调查院,2017)

一级单元	二级单元	三级单元	四级单元
羌塘-扬子-华南板块(Ⅳ)	扬子陆块(Ⅳ-4)	湘北断褶带(Ⅳ-4-5)	石门-桑植复向斜(Ⅳ-4-5-1)
			沅潭褶冲带(Ⅳ-4-5-2)
		雪峰构造带(Ⅳ-4-9)	武陵断湾褶皱带(Ⅳ-4-9-1)
			沅麻盆地(Ⅳ-4-9-2)
			雪峰冲断带(Ⅳ-4-9-3)
			湘东北断隆带(Ⅳ-4-9-4)
		邵醴坳-隆带(Ⅳ-4-8)	邵阳坳褶带(Ⅳ-4-8-1)
			醴陵断隆带(Ⅳ-4-8-2)
		洞庭盆地(Ⅳ-4-14)	
	华夏陆块(Ⅳ-5)	粤湘赣早古生代沉陷带(Ⅳ-5-3)	炎陵-汝城冲断褶隆带(Ⅳ-5-3-1)
		云开晚古生代沉陷带(Ⅳ-5-4)	宁远-桂阳坳褶带(Ⅳ-5-4-1)

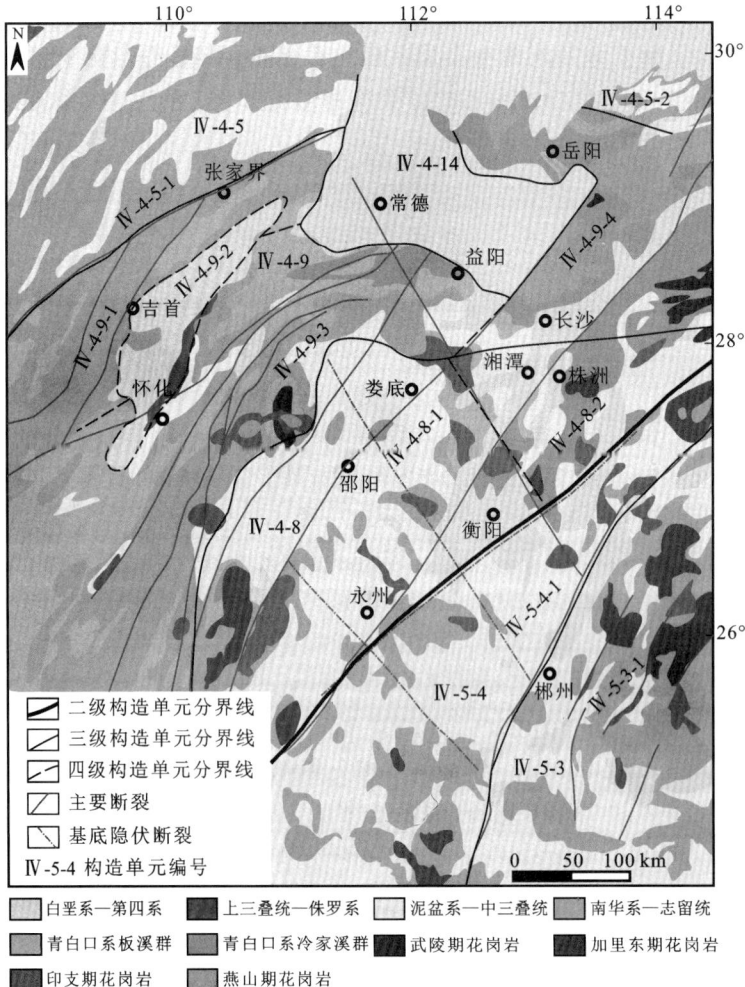

图1-1 湖南地质简图(扫章首码查看彩图)

(据徐志刚等,2008;柏道远等,2022)

1.1.2 区域地层

湖南地层分布广泛，从青白口系至第四系均有出露，根据地层横向发育特征，特别是古生界的变化，可划分为湘西北(上扬子区)、湘中和湘东南(华夏区)三个地层区，湘中区以反映扬子区为主，但自奥陶纪开始，华夏区岩相向北西超覆(贾宝华等，2019)。出露地层主要为青白口系冷家溪群和板溪群(同期异相的高涧群)、南华系—震旦系、下古生界、上古生界—中三叠统、上三叠统—中侏罗统、白垩系—古近系和第四系等。其中，冷家溪群为活动陆缘火山-碎屑沉积，板溪群—南华系为裂谷盆地火山-碎屑沉积，震旦系—下奥陶统为被动大陆边缘盆地的碳酸盐岩和碎屑岩沉积(自北西往南东由碳酸盐岩为主渐变为以碎屑岩为主)，中奥陶统—志留系为前陆盆地砂、泥质和少量碳酸盐沉积，泥盆系—下三叠统为陆表海相碳酸盐、陆源碎屑夹硅质沉积，上三叠统—中侏罗统为陆相挤压类前陆盆地或伸展盆地碎屑沉积，白垩系—古近系为陆相断陷盆地红色碎屑沉积(湖南省地质调查院，2017)。

据统计，湖南地质历史发育主要成矿事件22期(表1-2。柏道远等，2022)，其中17期以沉积作用为主导的成矿作用，形成了重要的铁、锰等金属矿产，磷、重晶石、石膏、盐矿等非金属矿产和煤矿等能源矿产，以及灰岩、白云岩及砂岩等冶金及建材原料(表1-2)。

表1-2 湖南构造阶段、构造旋回及成矿作用(据柏道远等，2022修改)

年龄/Ma	地质时代	构造阶段	构造旋回	构造运动 湘西北	构造运动 湘中、湘南	成矿作用	
2.6	Q	陆相盆地、山体抬升阶段	晚燕山-喜马拉雅旋回	喜马拉雅亚旋回	喜马拉雅运动Ⅱ	22.风化型黏土矿、稀土矿，冲积型砂锡矿、金刚石矿等	
23.0	N				～喜马拉雅运动Ⅰ		
66.0	E			晚燕山亚旋回		21.沉积型石膏矿、盐矿	
100.5	K₂					20.沉积-改造型铜矿	
145.0	K₁				～早燕山运动	19.热液型有色金属、萤石矿，岩浆型长石矿等	
174.7	J₂₋₃		早燕山旋回				
201.4	J₁					18.沉积型煤矿	
237.0	T₃				～印支运动	17.热液型有色金属、萤石矿，岩浆型长石矿等	
247.2	T₂	陆表海盆地阶段	华力西-印支旋回				
251.9	T₁						
259.5	P₃			东吴上升		15.龙潭组煤矿	16.D-T₁灰岩矿、白云岩矿、砂岩矿、黏土矿等
273.0	P₂			黔贵上升		14.孤峰组沉积型锰矿	
298.9	P₁					13.梁山组煤矿	
323.2	C₂			淮南上升		12.棋梓桥组石膏矿	
358.9	C₁			柳江上升		11.测水组煤矿	
382.7	D₃					10.岳麓山组、欧家冲组、黄家磴组沉积型铁矿	
393.3	D₂					9.棋梓桥组沉积型锰矿	
419.2	D₁						
443.8	S	前陆盆地阶段	扬子-加里东旋回		加里东运动(晚幕)	8.热液型金、锑、铅锌矿	7.Z-O灰岩、白云岩及玉石矿等
485.4	O			扬子-加里东亚旋回	加里东运动(早幕)(宜昌上升)	6.烟溪组、天马山组锰矿	
538.8	Є	被动陆缘盆地阶段				5.牛蹄塘组中钒多金属矿及重晶石矿、石煤矿	
635.0	Z				桐湾上升	4.陡山沱组沉积型磷矿	
780.0	Nh	陆内裂谷盆地阶段	雪峰亚旋回		雪峰运动	3.大塘坡组沉积型锰矿	
800.0	QbB					2.富禄组沉积型铁矿	
	QbL	活动陆缘盆地阶段	武陵旋回		武陵运动	1.马底驿组沉积型锰矿	
??							

1.1.3 区域构造

湖南区域构造演化经历了 6 个大地构造阶段,分别是武陵期(冷家溪群沉积期)活动大陆边缘盆地、雪峰期(板溪群沉积期)—南华纪陆内裂谷盆地、震旦纪—早奥陶世被动陆缘盆地、中奥陶世—志留纪前陆盆地、泥盆纪—中三叠世陆表海盆地、晚三叠世—第四纪陆相盆地及山体抬升(表 1-2。柏道远等,2022),相应形成了武陵、扬子-加里东、海西-印支、早燕山、晚燕山-喜马拉雅 5 个构造旋回(表 1-2)。其中外生成矿作用主要受各期的构造古地理控制,而内生金属成矿作用受志留纪、晚三叠世、晚侏罗世—早白垩世 3 期岩浆-构造事件控制。区域内北东向和北西向深大断裂控制了内生矿产的分布,而发育的穹隆构造是大中型矿床定位的重要控矿构造。

1.1.4 区域岩浆岩

湖南岩浆岩以侵入岩为主,出露于中东部广大地区,产状有岩基、岩株、岩脉等;岩性以中性-酸性侵入岩即花岗岩类为主,局部发育基性-超基性侵入岩、火山岩,规模很小的各类岩脉广泛发育。岩浆岩发育于武陵期、雪峰期、加里东期、海西-印支期、燕山期和喜马拉雅期 6 个构造-岩浆期,其中花岗岩主要发育于武陵期(青白口纪)、加里东期(志留纪)、印支期(中晚三叠世)和燕山期(中晚侏罗世、白垩纪)4 个时期,后 3 个时期分布广泛。花岗岩的类型包含 I 型花岗岩、S 型花岗岩和部分 A 型花岗岩。

青白口纪花岗岩仅分布于湘东北浏阳-平江一带和湘西南城步云场里一带,该期岩体成矿作用微弱。志留纪花岗岩包含 I 型花岗岩和 S 型花岗岩,前者分布于桂东-汝城一带,以石英闪长岩、云英闪长岩和花岗闪长岩为主,形成于碰撞挤压背景;而后者在湘西南、湘中及湘东南广泛分布,岩石以花岗闪长岩和二长花岗岩为主,形成于后碰撞减压构造环境。志留纪的 S 型花岗岩发育少量的钨锡矿。中晚三叠世花岗岩以二长花岗岩为主,部分为花岗闪长岩,多数属于过铝质-强过铝质 S 型花岗岩,主要形成于挤压松弛的后碰撞环境。该期花岗岩发育一定规模的钨矿,如川口钨矿。燕山早期花岗岩在湘东北及湘东南地区广泛分布,这些花岗岩中发育暗色镁铁质微粒包体,暗示形成过程中有地幔物质加入,形成于强烈的陆内活化造山期,I、S、A 型花岗岩均有发育,该期是岩浆规模最大、烈度最强,有色金属、稀有金属、贵金属、铀和萤石等最为重要的成矿期。燕山晚期(白垩纪)花岗岩不发育,仅在湘东南和湘东北地区少量分布,岩性主要为黑云母二长花岗岩。

1.2　湖南区域成矿特征

湖南处于扬子陆块、华夏陆块及两大陆块的结合带,前人通过对湖南省成矿单元进行分析(钟九思等,1995;徐惠长等,2003;童潜明,2006;唐朝永等,2007;贾宝华等,2019;柏道远等,2020,2021,2022),形成了不同的划分方案,但到目前尚未形成统一的认识。湖南内生金属矿产区域成矿特色明显,可划分 4 个主要金属成矿带(图 1-2。钟九思等,1995;徐志刚等,2008;柏道远等,2022)。

(1)湘东南钨锡铅锌多金属矿带(Ⅰ带)。该成矿带处于华夏陆块内,基底地层为浅变质

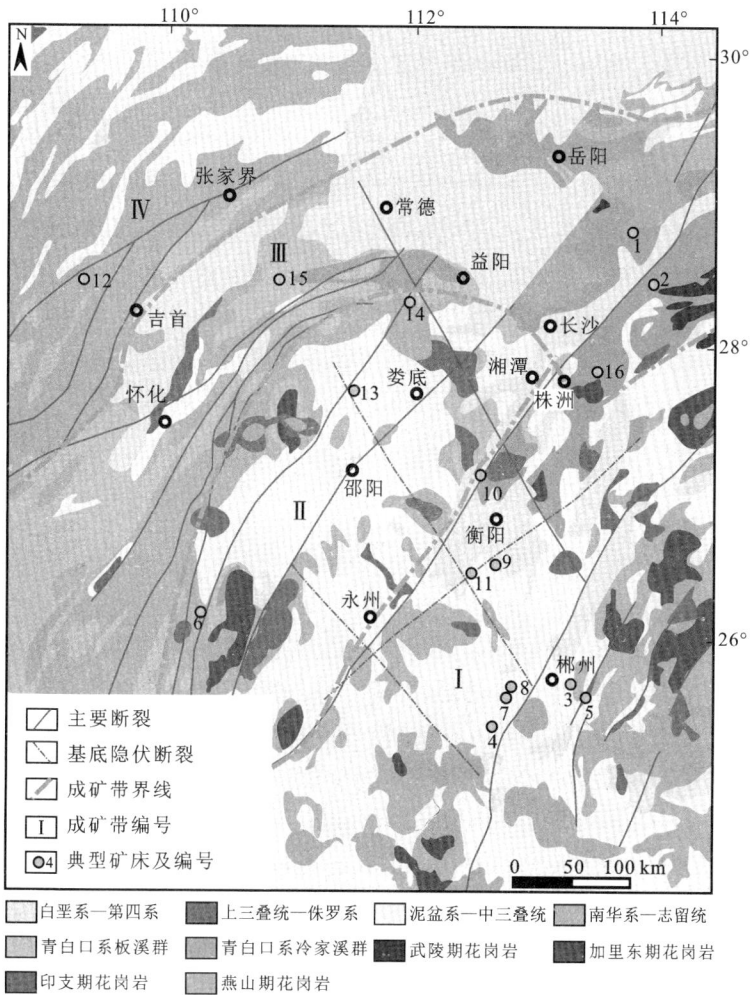

典型矿床：1—仁里-传梓源；2—白沙窝；3—柿竹园；4—香花岭；5—瑶岗仙；6—平滩；7—黄沙坪；
8—宝山；9—康家湾；10—盐田桥；11—柏坊；12—花垣；13—锡矿山；14—板溪；15—沃溪；16—正冲。

图1-2 湖南金属成矿带划分及典型矿床分布图（扫章首码查看彩图）

（据钟九思等，1995；据徐志刚等，2008；柏道远等，2022等资料编制）

含火山物质的碎屑岩，盖层以碳酸盐岩为主，中新生界红层发育，主要特点是燕山期花岗岩
十分发育，中新生代盆-岭构造发育；内生金属成矿作用强烈，成矿元素丰富，包括 W、
Sn、Mo、Bi、Cu、Pb、Zn、Sb、Ag、Au、As、Li、Rb、Be、Cs、Nb、Ta、Cd 等；钨、锡、钼、铋、
铅、锌、金、银、铜、稀有金属、稀土、铀均形成大中型乃至超大型矿床，数量达数十处之多，
是湖南有色金属主要产区。单个矿床的成矿元素可以多种，大中型矿床共（伴）生成矿元素可
达数种至数十种。金属矿床与晚侏罗世后造山花岗质岩浆活动及伸展构造环境有关，部分与
晚三叠世花岗岩有关。大中型矿床绝大多数产于岩体接触带。与壳源型花岗岩有关的矿床以
钨、锡、铅、锌、稀有金属、稀土矿床为主，与壳幔源型中酸性岩有关的矿床以铅、锌、铜、
金、银共（伴）生矿为主。该成矿带以郴州-临武断裂为界可分为2个亚带：①断裂东南侧

为汝城-郴州亚带，成矿主要受壳源型花岗岩控制，以钨、锡、稀有金属、稀土为特色；②断裂北西侧为桂阳-常宁亚带，壳幔型浅成、超浅成中酸性岩发育，成矿以铅锌、铜、金、银为特色。该带内形成重要矿集区，如湘南矿集区、衡阳盆地矿集区等。

（2）湘中锑多金属成矿带（Ⅱ带）。该成矿带位于扬子板块内，以湘中拗陷为其基本范围，构造上为长期沉降区，前泥盆系基底地层主要出现于拗陷的边缘及弯隆构造中。该成矿带特点是：以碳酸盐岩为主的晚古生代沉积盖层发育，花岗岩以印支期岩体为主，主要侵入弯隆核部；岩体侵位上限为下石炭统；区内深大断裂发育，具重要控矿作用；矿化以锑为主，次为铅锌、金，形成大中型矿床，锑为超大型，钨、锡、钼、铋亦有中小型矿床出现，个别为大型矿床；区域成矿元素较简单，单个矿床的主要共伴生元素一般以数种为限，部分为单一型，如锡矿山锑矿床。该矿带多数矿床的成矿与地层岩性密切有关，主要赋矿层位为泥盆系和前寒武系浅变质岩，前者多产于层间破碎带，后者多为脉状矿床。矿床距花岗岩数千米至数十千米，许多矿床中有石英斑岩、煌斑岩等岩脉出露，有些矿床附近有隐伏岩体，不排除岩浆作用的影响。

（3）雪峰金锑-稀有金属成矿带（Ⅲ带）。该成矿带大地构造上属扬子陆块雪峰造山带内，加里东运动后长期隆起；基底地层由青白口系浅变质岩组成，局部夹基性、超基性熔岩和古生界地层，中新生界地层分布于沅麻盆地及一些小的断陷盆地中。该成矿带构造特点是：构造线方向由西南段的北东向向北转为东西向而成向西突出的弧形，逆冲、推覆断裂发育。花岗岩主要见于矿带东南侧与湘中成矿带毗邻部位及湘东北幕阜山一带。成矿元素以金、锑为主，有大型矿床及大量中小型矿床，次为钨、铅、锌等，以中小型矿床为主，个别（桃林）大型矿床及单个矿床的成矿元素更趋简单，有单一型及金-锑-钨、金-锑、金-钨或锑-铅锌等矿化类型。成矿主要受构造和地层岩性控制，但部分矿床见有煌斑岩或中酸性岩脉，少数矿床明显受花岗岩影响。近期在湘东北幕阜山-连云山一带发现具重要经济价值的伟晶岩型稀有金属矿床。

（4）湘西北汞铅锌矿带（Ⅳ带）。该成矿带位于扬子陆块内较稳定的地带，自武陵运动后至印支期，各次构造活动均较弱，以造陆运动为主，至燕山期才有明显的褶皱作用。基底为浅变质沉积岩，组成古丈背斜等构造，广大地区为古生界碳酸岩地层覆盖。花岗岩不发育，局部有基性、超基性小岩体，但与内生金属成矿关系不大。区内地层产状平缓、褶皱开阔，主要深大断裂为鄂湘黔巨型断裂带，其次级断裂与成矿关系密切。成矿元素简单，以汞、铅锌为主，形成大型矿床，构成著名的湘黔汞矿带。矿床的层控特征明显，大中型矿床基本均沿上述深大断裂带分布，与地层岩性的关系密切，铅锌矿主要赋存于寒武系清虚洞组，受藻礁灰岩控制；汞矿主要产于中寒武统敖溪组，受白云岩控制；其他层位矿化零星。

1.3 典型金属矿床教学案例编排

目前矿床学教学多以矿床成因体系安排，包括岩浆矿床、伟晶岩矿床、矽卡岩型矿床、热液矿床、风化矿床、沉积矿床、变质矿床等类型。湖南矿产以有色金属为优势，矿床类型以矽卡岩型和热液型矿床为主。此外，最近湘东北地区伟晶岩型稀有金属矿床勘查取得了重要进展。因此，综合考虑矿床类型和优势矿产的分布区带，本书典型金属矿床教学案例包含伟晶岩型稀有金属矿床、岩浆热液型钨锡矿床、岩浆热液型铜铅锌多金属矿床、非岩浆热液型铜铅锌矿床、湘中低温热液型锑矿床和雪峰造山带热液型金矿床等类型。

第2章"伟晶岩型稀有金属矿床"介绍了湘东北幕阜山—连云山一带的伟晶岩型铌钽锂等稀有金属矿床。该类矿床产于燕山期岩体的外接触带，围岩为青白口系冷家溪群浅变质岩。本章以湘东北地区仁里-传梓源铌钽锂矿床、白沙窝稀有金属矿床为代表简述了该类矿床特征及成因。

第3章"岩浆热液型钨锡矿床"介绍了湘东南钨锡铅锌多金属成矿带内湘南矿集区的典型矿床，包括柿竹园矽卡岩型-云英岩型钨多金属矿床、香花岭矽卡岩型-热液脉型锡铅锌矿床、瑶岗仙石英脉型-矽卡岩型钨矿床，这些矿床类型多样，主要矿种也略有差异，是湖南乃至南岭地区中晚侏罗世大规模钨锡成矿的代表矿床。此外，最近在湘西南发现了志留纪平滩热液脉型白钨矿矿床，该矿床产于花岗岩内的断裂破碎带内，成矿时代为中志留世。

第4章"岩浆热液型铜铅锌多金属矿床"介绍了湘东南钨锡铅锌多金属成矿带的矿床，包括湘南矿集区的黄沙坪矽卡岩型铅锌多金属矿床和宝山矽卡岩型-热液脉型铜铅锌多金属矿床，衡阳盆地周缘的水口山矿田康家湾热液脉型铅锌多金属矿床和盐田桥热液脉型铜矿床。

第5章"非岩浆热液型铜铅锌矿床"介绍了衡阳盆地的柏坊砂岩型铜矿床和湘西花垣 MVT 型铅锌矿床。柏坊铜矿床代表了陆相砂岩型铜矿床特征，成矿流体主要为盆地流体，后期可能有少量岩浆热液的参与。湘西花垣 MVT 型铅锌矿床位于湘西北汞铅锌成矿带内，是扬子地块典型的碳酸盐岩为容岩的铅锌矿床，为低品位大规模的超大型铅锌矿床。

第6章"湘中低温热液型锑矿床"介绍了全球最重要的锑矿带——湘中锑多金属成矿带的典型矿床：锡矿山锑矿床和板溪锑矿床。锡矿山锑矿床产于上泥盆统碳酸盐岩-碎屑岩地层中，以似层状矿体为主，其锑储量全球第一。板溪锑矿床产于青白口系冷家溪群地层中受断裂构造控制的脉状锑矿床。

第7章"雪峰造山带热液型金矿床"介绍了位于雪峰金锑-稀有金属成矿带的典型矿床，该成矿带被称为湖南的"金腰带"，区域上属于江南造山带的一部分，横跨湘东北、湘西、湘西南地区。前人研究显示，该带金矿床成矿物质具有多来源、成矿作用具有多期的特点。本书以沃溪金矿床和正冲金矿床为案例，介绍该带金矿床的地质特征及成因。

本书的每个矿床案例均包含"自然地理概况""区域地质背景""矿床地质特征""矿床地球化学特征""成矿作用及成矿模式"和"教学安排"等几个部分，书中提供了典型的地质图件和照片、最新的矿床地球化学数据，旨在让学生全面了解各类型矿床的地质及地球化学特征，理解成矿作用过程。需要指出的是，为了让学生们了解不同的矿床地球化学测试方法，本书在编排时将主要测试方法分散在各章节中。如矿物电子探针分析见第2章的 2.1.4.1 小节，白钨矿 U-Pb 定年方法见第3章的 3.1.4.1 小节，锡石 U-Pb 定年方法见第3章的 3.2.4.1 小节，硫化物原位硫同位素测试方法见第3章的 3.2.4.4 小节，矿物 LA-ICP-MS 微量元素测试方法见第4章的 4.3.4.1 小节，脉石矿物 H-O 同位素测试方法见第4章的 4.4.4.1 小节，流体包裹体显微测温及激光拉曼测试方法见第7章的 7.2.4.1 小节。

参考文献

［1］ 湖南省人民政府.2020 湖南简况手册-资源-矿藏［EB/OL］.http：//hunan. gov. cn/topic/2020hnjksc/jksczy/202012/t20201218_14041698.html.

［2］ 柏道远，李彬，姜文，等.湖南省主要内生成矿事件的构造格局控矿特征及动力机制［J］.地球科学与环境学报，2020，42(1)：49-70.

［3］ 柏道远，李彬，周超，等.江南造山带湖南段金矿成矿事件及其构造背景［J］.岩石矿物学杂志，2021，40(5)：897-922.

［4］ 柏道远，唐分配，李彬，等.湖南省成矿地质事件纲要［J］.中国地质，2022，49(1)：151-180.

［5］ 湖南省地质调查院.中国区域地质志·湖南志［M］.北京：地质出版社，2017.

［6］ 贾宝华，黄建中，黄革非，等.湖南省重要矿产资源潜力及找矿方向［M］.武汉：中国地质大学出版社，2019.

［7］ 李彬，许德如，柏道远，等.湘西沃溪金-锑-钨矿床构造变形、成矿时代及成因机制［J］.中国科学：地球科学，2022，52(12)：2479-2505.

［8］ 唐朝永.湖南省构造地层地体的划分及其与有色多金属成矿的关系［J］.地质与勘探，2007，43(2)：14-18.

［9］ 童潜明.湖南省有色金属成矿地质条件和成矿预测［J］.国土资源导刊，2006，3(3)：37-41.

［10］徐惠长，邓松华，田旭峰，等.初论湖南省主要有色金属、贵金属矿床成矿谱系［J］.华南地质与矿产，2003(1)：39-45，48.

［11］徐志刚，陈毓川，王登红，等.中国成矿区带划分方案［M］.北京：地质出版社，2008.

［12］杨明桂，梅勇文.钦—杭古板块结合带与成矿带的主要特征［J］.华南地质与矿产，1997(3)：52-59.

［13］钟九思，杨光辉，王甫仁，等.湖南内生金属矿床成矿分带及其与区域地质背景的关系［J］.湖南地质，1995，14(4)：235-242.

［14］朱裕生，王全明，张晓华，等.中国成矿区带划分及有关问题［J］.地质与勘探，1999，35(4)：1-4.

第 2 章　伟晶岩型稀有金属矿床

扫码查看本章彩图

2.1　湘东北仁里-传梓源伟晶岩型铌钽锂矿床

2.1.1　自然地理概况

仁里-传梓源矿区位于湖南省岳阳市平江县东北部梅仙镇境内，距离平江县城 25 km。106 国道、通平高速、蒙华铁路穿过梅仙镇，县乡级公路从研究区内穿过，交通方便（图 2-1）。仁里矿区地理坐标：东经 113°40′28″，北纬 28°50′23″。传梓源矿床位于仁里西南约 3.4 km 处，地理坐标为：东经 113°41′32″，北纬 28°48′47″。研究区地貌以山地和丘陵为主，地势北高南低，相对高度达 500 m；水系发育，多为较小的地表水流，流经研究区后汇入汨罗江支流梅仙河中。研究区气候属亚热带季风气候，春季多雨且寒流频繁，夏秋高温多旱，冬季严寒期无霜；全年风小、雾多，湿度大。年平均气温 16.8 ℃，最低气温 -12 ℃，最高气温 40.3 ℃；年平均降水量 1450.8 mm，雨雪 160 天，雨季一般从四月初开始，持续至七八月。

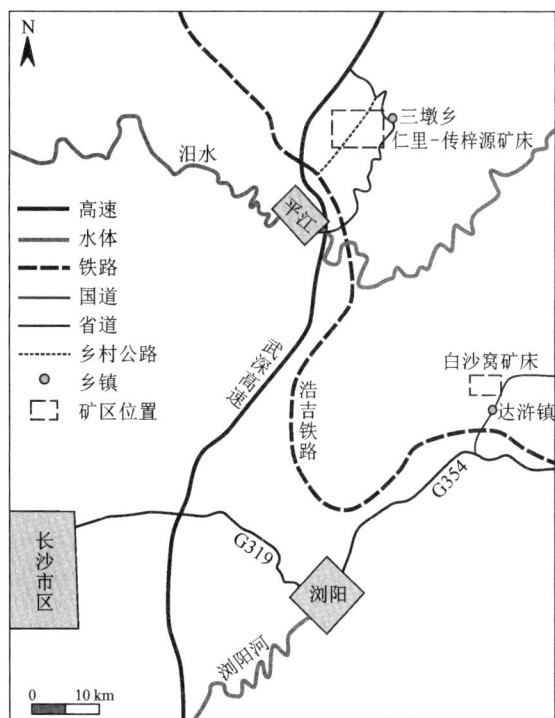

图 2-1　湘东北仁里-传梓源、白沙窝伟晶岩型
稀有金属矿床交通位置简图

2.1.2 区域地质背景

2.1.2.1 区域地层

区域内地层较为齐全(图2-2),自元古宇至第四系,除奥陶系和志留系地层外,在本区均有出露,其中以新元古界青白口系冷家溪群地层分布最为广泛,厚度最大。该地层属于扬子陆块变质褶皱基底,目前已识别出五个岩组,为一套最大厚度可达25000 m的以浅灰、灰绿色为主的具复理石建造夹火山碎屑岩的浅变质细碎屑岩系。此外,元古界地层还包括青白口系板溪群和震旦系,主要分布在本区的西南部。板溪群为一套浅变质砂泥质碎屑岩系,由灰绿色、紫红色浅变质砾岩、砂岩、板岩、层凝灰岩及碳酸盐岩等组成,与下伏冷家溪群呈角度不整合接触;震旦系地层各组间基本上都是连续沉积,与下伏板溪群呈假整合、微角度不整合或整合接触,主要岩性为含砾砂质泥岩、凝灰质或硅质板岩、碳质页岩及硅质岩。

古生界地层在本区出露较少,主要分布在本区南部,早古生界地层除寒武系外通常缺失,早寒武统以硅质、碳质建造为主,主要岩性为黑色碳质、硅质板岩;中、晚寒武统则以碳酸盐建造为主,主要岩性为灰黑色泥灰岩,该系地层与下伏震旦系地层之间界线不明显,通常岩性表现出逐渐过渡的特征。晚古生界地层则相对发育,其中泥盆系和下石炭统地层以滨海-陆源相泥砂碎屑岩为主,夹少量碳酸盐岩和硅质岩,超覆于寒武系地层之上;而上石炭统和二叠系地层则以浅海相碳酸盐岩沉积为主,部分地区表现为滨岸泻湖-沼泽相沉积,其中可见含煤段。

中生界和新生界地层在全区均有分布,出露面积与冷家溪群地层大致相当,其中中生界地层中下三叠统多保存不全,中统全部缺失,上三叠统—侏罗系地层以海陆交互相沉积为主且通常含可采煤层,与下伏晚古生界地层呈整合接触,岩性主要为陆源碎屑岩及泥质岩石,伴有少量的铁质岩、碳酸盐岩及蒸发岩;白垩系—第三系地层为红色、紫红色陆相碎屑岩系,局部夹膏泥岩和盐层,与下伏侏罗系地层呈不整合接触,岩性主要为砂泥岩、杂砂岩及砾岩;第四系则多属松散沉积物(湖南省地质矿产局,1988)。

2.1.2.2 区域构造

湘东北由于特殊的大地构造位置,自武陵期至喜马拉雅期,区内历经多期构造运动事件,致使该区褶皱断裂十分发育,构造形迹十分复杂,其中以加里东期至燕山期的构造活动最为强烈且影响最大(图2-2)。武陵运动后,湘东北地区隆升为陆,在南北向挤压应力作用和区域变质作用影响下,形成了区域出露最广的冷家溪群变质褶皱基底(湖南省地质矿产局,1988)。在加里东期,在华夏陆块和扬子陆块碰撞造山作用影响下,区内形成以近东西向构造为主的基本构造特征。在印支期,由于沿茶陵—郴县一带发生陆内俯冲造山运动,位于该造山运动边界的湘东北地区受此影响,区内早三叠统以前地层普遍发生褶皱变形,形成北北东向侏罗山式盖层褶皱并伴随一系列纵向逆冲推覆构造,在地形上表现为穹隆-盆地构造(李鹏春,2006;徐先兵等,2009;李三忠等,2011;张岳桥等,2012)。晚中生代以来,由于受古、今太平洋板块向欧亚大陆北西的斜向俯冲和华北华南两大板块的汇聚等作用影响,湘东北地区总体处于南东-北西挤压应力场中,区内基本构造特征开始从之前加里东期的以东西向为主逐渐向现在以北北东向为主转变,在汇聚走滑断裂作用下形成了三条斜贯全区的北北

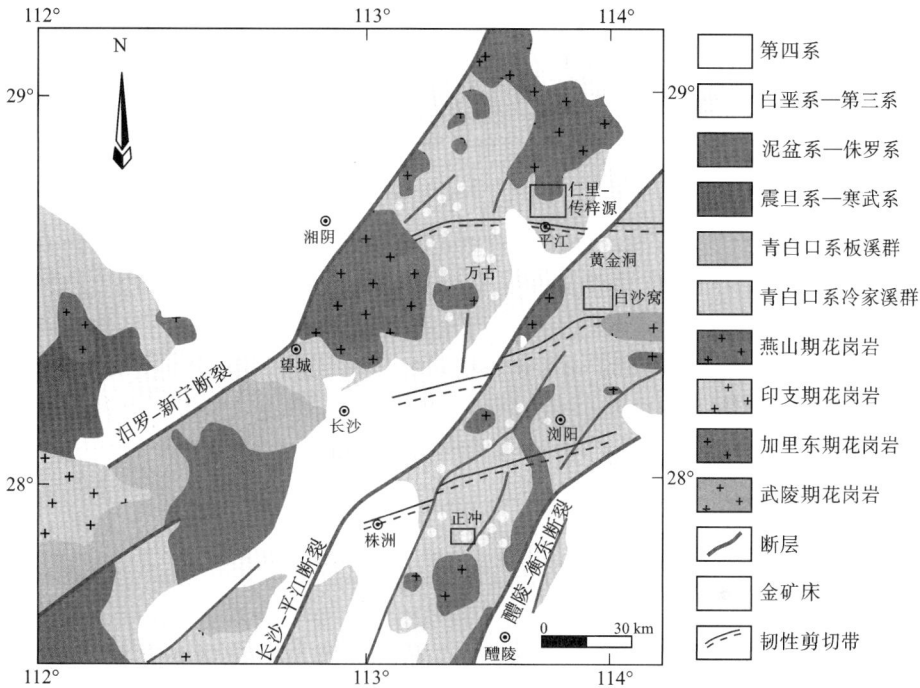

图2-2　湘东北地区区域地质和矿产分布图(扫章首码查看彩图)

(据李鹏春，2006 修改)

东向的走滑深大断裂，分别为汨罗-新宁断裂、长沙-平江断裂和醴陵-衡东断裂，这三条深大断裂将湘东北地区自北西向东南分割成相间的断隆和断陷盆地共五部分，分别为汨罗-湘阴断陷盆地、幕阜山-望湘断隆、长沙-平江断陷盆地、浏阳-衡东断隆及醴陵-攸县断陷盆地，因而湘东北地区整体表现为三条北北东向深大断裂控制的"两隆三盆"特色的雁列式"盆-岭"构造框架。此外，区内也发育有三条近东西向的韧性剪切带，分别为慈利-临湘韧性推覆剪切带、仙池界-连云山韧性推覆剪切带和安化-浏阳韧性推覆剪切带。

2.1.2.3　区域岩浆岩

区内岩浆活动强烈且频繁，其中以燕山期最为强烈，岩石类型基本为中酸性-酸性侵入岩，基性-超基性侵入岩不发育或规模很小(图2-2)。武陵期侵入岩严格受武陵期东西向褶皱构造控制，以位于本区东部的长三背岩体为代表，该岩体出露面积约 70 km²，岩体内片麻状构造发育，局部出现混合岩化，岩相分带通常较明显，从岩体边缘向中心，岩性分别为黑云母英云闪长岩、中细粒-中粒(黑)二云母花岗闪长岩及中粗粒二云母二长花岗岩，以普遍出现堇青石和具有较高含量的黑云母为特征(伍光英等，2001；王孝磊等，2004)。雪峰期岩浆活动微弱，少见大型岩体产出，侵入体多呈岩株或岩滴状在本区零星分布。加里东期侵入岩主要分布于本区的东部和南部，受隆起构造控制，大多呈岩基状产出，以板杉铺、宏夏桥和张坊岩体为代表，出露总面积 500 km² 以上，岩性以黑云母二长花岗岩和黑云母花岗闪长岩为主(许德如等，2006；关义立等，2013；李建华等，2015)。燕山期岩浆活动最为强烈，形成了幕阜山、望湘、金井和连云山等大型岩基以及长乐街、蕉溪岭等大岩株,这些大岩基和岩株多沿斜贯本区的两大北北东向深大断裂分布,岩体边部多发育捕房体和片麻状构造,部分岩体中发育析离体和流动构造,这些岩体普遍可见岩相分带且岩性十分复杂,主要包括花岗闪长岩、黑云母二长花岗岩、二云母花岗岩及白云母二长花岗岩。此外,各岩体内还普遍发育有花岗伟晶岩脉、细粒花岗岩脉和石英脉等脉岩。

2.1.2.4　区域矿产

湘东北地区矿产丰富,是中国重要的金矿集中产出区,同时也是我国华南铅锌铜钴锑等有色金属矿产和铌钽锂铍等稀有金属矿产的重要产地之一,区内具代表性的矿床有大万和黄金洞大型-超大型金矿床、桃林和栗山大型铅锌萤石矿床、七宝山大型铜多金属矿床、井冲和横洞中型钴矿床、仁里超大型铌钽矿床及传梓源中型铌钽锂矿床,这些矿床多分布于岩体尤其是燕山期岩体的附近,其成矿作用多与该时期岩浆-热液作用有关。

2.1.3　矿床地质特征

2.1.3.1　矿区地质

仁里铌钽矿床位于幕阜山岩体南缘,与南部的传梓源铌钽锂矿床构成完整的超大型 Li-Be-Nb-Ta 稀有金属矿床,是幕阜山地区已发现的最大的伟晶岩型稀有金属成矿区(图 2-3)。仁里矿床已探明 Ta_2O_5 资源量 10791 t,平均品位 0.036%;Nb_2O_5 资源量 14057 t,平均品位 0.047%;Rb_2O 资源量 17299 t,平均品位 0.06%;传梓源矿床已探明(Nb,Ta)$_2O_5$ 资源量 1315.84 t,平均品位 0.0179%;Li_2O 资源量 11276.13 t。

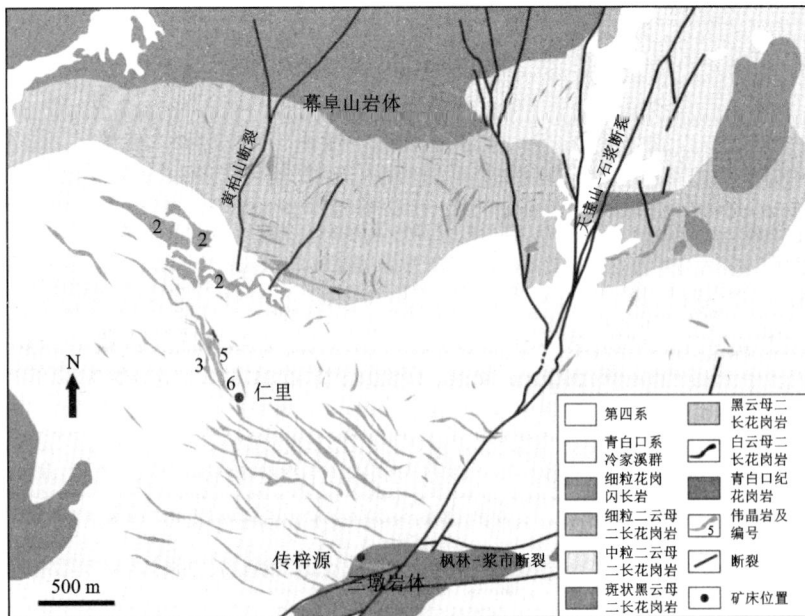

图 2-3　平江县仁里-传梓源矿区地质简图(扫章首码查看彩图)

(据 Xiong et al., 2020)

1）矿区地层

矿区大面积出露中元古界冷家溪群坪原组地层，为一套浅变质岩系，呈薄层状，走向北西-近东西，反映区域北西-近东西向基底构造的形迹，倾向南西，倾角一般 20°~50°，产状较缓。岩性主要为灰黄色板岩，灰黄色、青灰色及紫红色千枚岩和片岩。幕阜山复式岩体侵位时，受挤压和剪切影响，地层片理和层间破碎带发育，与花岗岩体接触部位发育混合岩化，眼球状构造发育，由接触带向外岩性变化依次为混合岩、片岩、千枚岩、板岩。片岩具鳞片状变晶结构，具分带性，靠近接触带为石榴子石片岩，向外依次出现二云母片岩、绢云母片岩。片岩中产有含铌钽伟晶岩脉。

除冷家溪群地层外，矿床还出露少量的第四系地层，主要为残、坡积物和洪积物，由黄褐色黏土、砂土、砾石及岩石碎块组成，厚度 0~15 m，与下覆地层不整合接触。

2）矿区构造

区内断裂构造发育，主要分为南北向、北北东向和北东东向三类。主要构造有南北走向的黄柏山压扭性断裂（F_{75}：走向 0°~20°，倾向西，倾角 65°~85°）及其次级构造庙湾里-千坡里断裂（F_{75-1}：走向 25°~35°，倾向南东，倾角 79°~88°），北东向的天宝山-石浆压扭性断裂（总体走向 20°~35°，倾向南东，倾角 35°~82°），北东东向的枫林-浆市压扭性断裂（总体走向 60°~75°，倾向南东，倾角 50°~70°）和张古冲-三墩压扭性断裂（总体走向 70°~80°，倾向南南东，倾角 55°~85°）。区内发育北西向张扭性层状构造，这些次级裂隙控制着岩体外接触带片岩中的伟晶岩产出。

3）矿区岩浆岩

矿区岩浆岩发育，按岩浆活动时期可分为雪峰期和燕山期，位于矿区南部的三墩岩体和西南部的梅仙岩体形成于雪峰期，北部幕阜山岩体形成于燕山期。幕阜山岩体整体呈岩基状产出，为多期次岩浆活动形成的以燕山期侵入岩为主的大型复式岩体，岩性主要包括花岗闪长岩、石英二长岩、黑云母二长花岗岩、二云母二长花岗岩及白云母二长花岗岩。幕阜山岩体内及外围发育大量的伟晶岩，二者具有密切的空间关系。

2.1.3.2 矿体特征

幕阜山南缘仁里-传梓源矿区伟晶岩脉十分发育。根据伟晶岩产出的围岩，其主要分为两类：①岩体内部的伟晶岩。该类伟晶岩规模较小（宽 1~3 m），多呈脉状或网脉状产出，产状不一，形状不规则，走向受岩体内断裂构造控制，多呈北北东和近南北向，与岩体接触界限明显。伟晶岩局部钠长石化、白云母化较强烈，可形成小的铌钽等稀有金属矿体。②产出于岩体外围冷家溪群片岩中的伟晶岩。该类伟晶岩一般规模较大（最长达 4000 m），受矿区断裂构造控制，呈北西走向，似层状近平行分布，是矿区主要的矿体。

按矿物组合，自幕阜山岩体向南，分别为微斜长石型伟晶岩、微斜长石-钠长石型伟晶岩、钠长石型伟晶岩及锂辉石-钠长石型伟晶岩。这四种类型伟晶岩在矿区内自北东向南西呈雁列式近平行排列，形成伟晶岩的区域分带，且离幕阜山岩体由近至远，不同类型的伟晶岩结构构造渐趋复杂，交代作用逐渐强烈。

根据伟晶岩的分布及矿化特征，主要分为两个矿段：①仁里矿段。伟晶岩呈似层状产出，顶板为板岩，底板一般为花岗岩，在发育钠长石化和白云母化等蚀变强烈的中段，往往形成厚度大且品位富的矿化。产出的主要矿脉为 3、5（图 2-4）、6 号，铌钽矿集中产于仁里矿段。②传梓源矿段。伟晶岩受北西向裂隙的控制，发育三组近平行的伟晶岩脉，长度>50 m 的伟晶岩脉有 54 条，其中成矿较好的 32 条，形成矿体 51 个，主要矿脉有 106、204、206、208、116、202 号等，其中 106 号矿脉组大，长 100~1700 m，厚度约 20 m，延深大于250 m，呈板脉状、分支脉状产出，主要矿化类型有铌钽矿化、铍矿化和锂矿化，铌钽矿化含量总体稳定，分布均匀，钽相对富集，在沿厚度方向，一般顶部矿化富集，而在深部一般矿化富集在两盘，中部相对贫矿化。

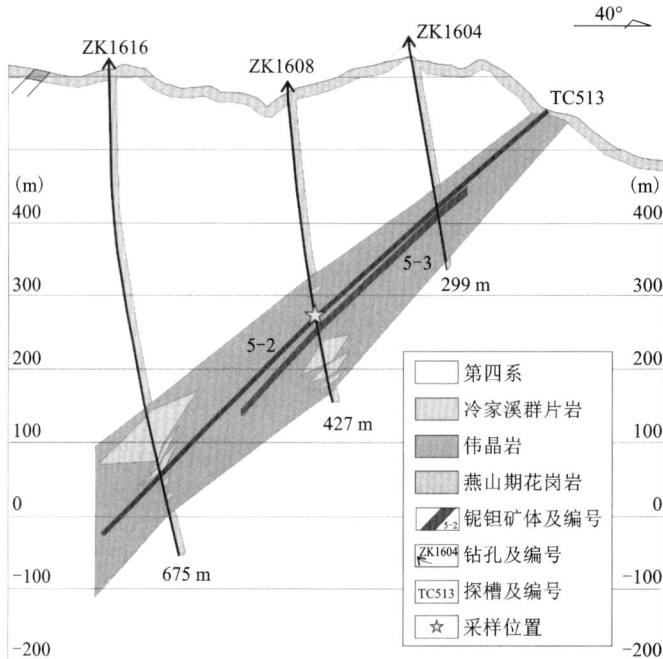

图 2-4　仁里矿区 16 号勘查线剖面图（扫章首码查看彩图）

(据刘翔等，2018)

2.1.3.3　矿石特征

1）矿石类型

按矿物组合将矿石分为微斜长石型矿石、微斜长石-钠长石型矿石、钠长石型矿石及锂辉石-钠长石型矿石，矿石类型与伟晶岩的分带一致。微斜长石型矿石总体呈浅肉红色-灰白色，主要由微斜长石、石英、斜长石、黑云母和白云母组成，以文象结构发育为特征，黑云母呈长条薄片状产出，白云母呈团簇状产出；微斜长石-钠长石型矿石呈灰白色，主要由微斜长石、斜长石、石英和白云母组成；钠长石型矿石呈浅灰白色，主要由钠长石、石英、微斜长石和白云母组成；锂辉石-钠长石型矿石呈浅灰白色，以产出锂辉石为特征，主要由锂辉石、钠长石、石英、微斜长石和白云母组成。

2）矿物组成

矿石中主要的稀有金属矿物有铌钽铁矿、细晶石、锂辉石、锂云母、锆石、绿柱石等；脉石矿物有石英、微斜长石、钠长石、白云母等，石英、钠长石和白云母是贯通伟晶岩各个阶段的造岩矿物；另可见磷灰石、独居石、石榴子石、电气石、铌铋矿及少量硫化物等副矿物。

3) 矿石结构构造

矿石的主要结构有文象结构、伟晶结构、交代结构等。文象结构：主要发育于微斜长石型矿石中，微斜长石形成较大的晶体，石英呈象形文字等外形有规律地镶嵌在钾长石中。伟晶结构：是伟晶岩矿石中常见的结构，特别是在接近核部位置，见粗粒的石英或钠长石颗粒。交代结构：主要见于钠长石型矿石中，大颗粒白云母边部被后期的富氟锂云母或磷灰石交代。矿石构造较为简单，主要为块状构造和斑杂状构造。

2.1.3.4 围岩蚀变

伟晶岩的围岩蚀变主要有钠长石化、白云母化、硅化和混合岩化。钠长石化和白云母化一般与稀有金属矿化呈正相关关系；硅化往往与构造断裂有关；混合岩化使围岩与重结晶形成的长英质构成层状条带，发育眼球状构造，可指示区域运动的方向。

2.1.3.5 成矿期次

矿区伟晶岩按矿物组合分为微斜长石型伟晶岩（Ⅰ阶段）、微斜长石-钠长石型伟晶岩（Ⅱ阶段）、钠长石型伟晶岩（Ⅲ阶段）以及锂辉石-钠长石型伟晶岩（Ⅳ阶段），不同类型的伟晶岩中各类矿物的含量及生成顺序存在差异，在野外调查和岩矿鉴定的基础上，划分出矿物生成顺序表，如表2-1所示。

表2-1 仁里-传梓源矿床矿物生成顺序表

矿物	Ⅰ阶段	Ⅱ阶段	Ⅲ阶段	Ⅳ阶段
钾长石	大量			
斜长石		大量		
钠长石		许多	大量	
石英	许多	许多	许多	
黑云母	少量			
白云母	微量	少量		
锂云母			少量	
磷灰石	微量			
电气石	少量			
铁铝榴石	少量			
锰铝榴石		少量		
独居石	少量			
锆石	少量			
绿柱石		大量		
锂辉石				大量
锰铌铁矿	微量		大量	
锰钽铌铁矿		少量	大量	
细晶石		微量	少量	
铌铋矿				少量

—— 大量　—— 许多　—— 少量　------ 微量

2.1.4 矿床地球化学特征

2.1.4.1 云母矿物学

云母矿物贯通于整个伟晶岩分带中，在矿区出露的二云母二长花岗岩和白云母二长花岗岩也有发育。在微斜长石型伟晶岩中白云母呈团簇零星分布；在微斜长石-钠长石型伟晶岩中白云母含量逐步增加(5%~10%)，无色透明，多呈叠片状集合体分布，另可见羽毛状，自形-半自形结构，与钠长石和石英共生；钠长石型伟晶岩中的云母含量在15%左右，呈团块状和叠片集合体分布，可见无色透明的白云母及淡紫色或淡绿色的含锂云母。背散射图像显示微斜长石-钠长石型伟晶岩和钠长石型伟晶岩中部分云母结构发生变化，白云母变形扭曲，其节理缝隙填充有次生的富锂白云母、富F锂云母、铋铌矿或含铁氧化物，大颗粒白云母边部被锂云母交代。锂辉石-钠长石型伟晶岩中白云母含量约5%，半自形-他形结构。钠长石型伟晶岩和锂辉石-钠长石型伟晶岩中常发育较多的副矿物，如铌钽铁矿、绿柱石、独居石、磷灰石、电气石、锂辉石及含铀、钍矿物。

云母的电子探针成分分析在中南大学地球科学与信息物理学院电子探针实验室完成。测试之前所有待测样品均处理为探针片。电子探针型号为EPMA-1720H(日本岛津公司)，测试条件为加速电压15 kV，电流20 nA，光斑直径1 μm。元素特征X射线选择：$Na(K\alpha)$、$K(K\alpha)$、$Ti(K\alpha)$、$Mg(K\alpha)$、$Fe(K\alpha)$、$F(K\alpha)$、$Mn(K\alpha)$、$Si(K\alpha)$、$Al(K\alpha)$、$Ca(K\alpha)$；元素选用标样：钠长石(Na)、钾长石(K)、黑云母(Ti、Mg、Fe)、萤石(F)、蔷薇辉石(Mn)、锂辉石(Si)、钇铝榴石(Al)、透辉石(Ca)。数据处理采用仪器自带数据处理软件，校正方法采用ZAF法。实验分析了矿区各类伟晶岩和花岗岩中云母的主量元素，代表性数据如表2-2。

表2-2　仁里-传梓源矿床伟晶岩中云母电子探针测试结果　　　　　　单位：%

类型		SiO_2	TiO_2	Al_2O_3	FeO	MnO	MgO	Na_2O	K_2O	F
I阶段	平均值	47.12	0.36	35.00	2.879	0.05	0.85	0.34	9.70	0.47
	最小值	46.42	0.07	33.26	2.17	0.03	0.61	0.30	9.21	0.22
	最大值	47.70	0.65	36.40	3.55	0.07	1.12	0.39	10.26	0.61
III阶段	平均值	52.11	0.02	24.29	1.78	0.88	0.04	0.13	9.73	9.32
	最小值	49.44	0.00	20.23	0.00	0.39	0.00	0.07	8.78	7.10
	最大值	53.84	0.06	29.80	5.24	1.59	0.14	0.29	10.77	11.33

测试结果显示在主量成分上，各类云母除具有相似的K_2O含量外，其他成分变化都具有一定的规律性。相比于微斜长石带和微斜长石-钠长石带白云母，钠长石带白云母含有较低含量的Al_2O_3、MgO、TiO_2以及较高含量的SiO_2、FeO、MnO和F；而在钠长石带的锂云母具有更低含量的Al_2O_3、MgO、TiO_2以及更高含量的SiO_2、FeO、MnO和F。和与伟晶岩关系密切的白云母二长花岗岩中白云母相比，二云母二长花岗岩中白云母具有较低含量的Al_2O_3、MnO、F和较高含量的FeO、MgO、TiO_2。

微量元素组成方面，云母中的 Rb、Cs、Li、B、Be 等元素表现出一定的规律特征，大都表现出从伟晶岩微斜长石带到钠长石带含量逐渐增加，在钠长石带锂云母边激增的趋势。矿区含矿伟晶岩中云母的 Nb、Ta 含量高于矿区其他伟晶岩中云母的 Nb、Ta 含量。矿区两类花岗岩中，白云母二长花岗岩中云母在成分特征上与伟晶岩云母更为接近。

1）云母类型及其演化

根据云母成分端元分类图解（图2-5），矿区微斜长石型伟晶岩和微斜长石-钠长石型伟晶岩中云母为白云母和多硅白云母，从钠长石型伟晶岩开始，云母向富锂白云母和富锂多硅白云母过渡，而钠长石型伟晶岩中富锂白云母边部的亮带则投在锂云母区域，锂辉石-钠长石型伟晶岩中云母多为白云母。两类花岗岩中的云母皆为白云母和多硅白云母，白云母二长花岗岩相比于二云母二长花岗岩更具富锂特征。

结合矿区伟晶岩演化特征，云

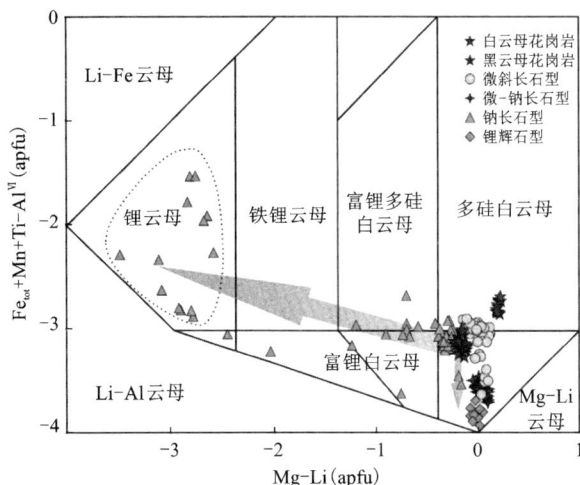

图 2-5　仁里-传梓源矿区云母成分端元分类图解

（扫章首码查看彩图）

母表现出从多硅白云母-白云母→富锂白云母-富锂多硅白云母→锂云母→白云母的演化趋势。根据云母主、微量元素特征，结合伟晶岩分带、云母岩相学特征，将伟晶岩中云母划分为四个世代：MS_1 产自微斜长石型伟晶岩和钠长石型伟晶岩，无色透明，自形-半自形，为白云母和多硅白云母；MS_2 产自钠长石型伟晶岩，这类云母片径变大，多为富锂白云母和富锂多硅白云母，相比 MS_1 具较低的 Al_2O_3、MgO、TiO_2，较高的 SiO_2、FeO、MnO 和 F 含量；MS_3 亦产自钠长石型伟晶岩，多为富 F 锂云母，呈不规则状填充大颗粒白云母裂隙节理或交代其边部，以高 SiO_2、F、Li 型为特征；MS_4 产自锂辉石-钠长石型伟晶岩，多为白云母，这类云母片径较小，为半自形-他形结构，以高 SiO_2，低 FeO、F、Li 含量为特征。

由于云母的化学成分复杂多变，其类质同象比较发育，部分元素容易随着温压等条件的变化而与流体、熔体及其他矿物相发生成分置换，尤其对 F 等挥发分表现敏感。白云母的化学通式为 $AB_2[C_4O_{10}](OH)_2$，其中［A］代表充填云母结构层之间 12 次配位位置的大半径阳离子 K^+ 及 Na^+、Ca^{2+}、Ba^{2+}、Rb^+、Cs^+ 等，［B］代表配位八面体层 6 次配位的阳离子，主要为 Al^{3+}、Fe^{3+}、Fe^{2+}、Mg^{2+}、Mn^{2+}、Ti^{4+}、Li^+ 等，［C］代表硅四面体层的 Si^{4+}、Al^{4+}；附加阴离子 OH^- 可被 F^-、Cl^- 替代。随着岩浆演化程度的加深，云母中的 F、Rb、Li 等含量增加，具体替换方式为：F^- 置换 OH^-，Rb^+ 占据大阳离子 K^+、Na^+ 等的位置，Li^++Al^{VI} 置换 $Fe^{2+}+Mg^{2+}$。本书研究的云母中，从 MS_1 到 MS_4，八面体位置［B］的元素 Mg、Ti 与 Mn 交换明显，Mg 和 Ti 含量逐渐降低（图2-6），同时 Mn 含量逐渐增高；MS_3 具有高 Si 低 Al 含量，Fe 和 Li 的含量异常现象解释为［B］和［C］的交换：$^{VI}Al+^{IV}Al \longrightarrow {}^{VI}Fe^{2+}+{}^{IV}Si$；$^{VI}Fe^{2+}+{}^{IV}Al \longrightarrow {}^{VI}Li+{}^{IV}Si$；F 的替换机制表现为 F^- 替代云母中附加阴离子 OH^-，F 含量从 MS_1 到 MS_2 逐渐增加，在 MS_3 剧增达到最大值，这一阶段为稀有金属成矿重要阶段，除 F 外云母中 Li、Rb、Cs、Be 等含量都达到最大值(图2-6)。

2) 对伟晶岩演化的指示

离子半径和电荷方面彼此相似的元素分馏对岩浆分异过程中熔体的变化敏感，元素 K 和 Rb 具有相似负电性(都为 0.8)和离子电位(4.34 和 4.18)，Rb^+ 的离子半径(1.47)略大于 K^+，K—O 键能大于 Rb—O，随着岩浆演化分异程度的加深，Rb 优先分馏到残余熔体中，在高度演化的岩浆系统中，K/Rb 值(指质量分数比，下文同)降低到 50 以下。在云母中，K/Rb 值及 F、Rb、Li、Cs 等元素含量被认为可反映岩浆-热液分异演化趋势及演化程度，随着岩浆分异演化程度逐渐加深，F、Rb、Li、Cs 含量随之升高，K/Rb 值则随之降低。

本书所研究的伟晶岩中的云母总体表现出岩浆高度分异演化阶段的特点，Li、Rb、Cs、Nb、Ta 等元素含量或比值，具有规律性的变化特征，能指示岩浆的分异演化(图2-6)。从 MS_1 至 MS_4，K/Rb 值逐渐变小，指示岩浆演化程度不断增高，且随着 K/Rb 值降低，云母中主量元素含量总体呈现出 MgO 和 TiO_2 逐渐降低，MnO 逐渐增高的趋势。在 MS_1 至 MS_2 世代，Li、Rb、Cs、B、Be、Nb 含量逐渐升高，指示岩浆演化逐步加剧，此时对应的伟晶岩的演化类型为微斜长石型伟晶岩→微斜长石-钠长石型伟晶岩→钠长石型伟晶岩。前人研究认为仁里 5 号脉从外部到内部经历了岩浆-热液的演化过程，石榴子石的大量产出可能为岩浆开始向热液过渡的标志。本书研究中，云母 MS_3 世代 Li、Rb、Cs、B、Be 元素含量激增达到最高值，F 含量也从 0.10%～3.85% 跃增至 7.10%～11.33%，Nb 含量开始下降，指示此时岩浆演化已达到极高的程度；在云母类型上，这一世代云母多为富氟铯锂云母，交代结构明显，具次生特点；在矿石类型上，为钠长石型伟晶岩，局部石榴子石富集，且绿柱石、电气石、磷灰石、铌铋矿和铌钽铁矿等副矿物增多，其产出位置多靠近或位于伟晶岩脉核部。流体可能为岩浆经过高度结晶分异之后产生的一种介于熔体和流体相之间的超临界流体，这种流体中富集了大量的挥发性元素和熔体结晶过程中残余的不相容元素。结合前人成果认为，在岩浆向热液演化过程中发生了不混溶作用，产生超临界流体，流体相的产生促进了 Nb 和 Ta 的矿化，形成 MS_3 世代的矿石中较多的绿柱石、铌钽铁矿等稀有金属矿物，使云母中 Nb 含量开始降低；同时不混溶作用下超临界流体 Li、Rb、Cs、B、Be 等元素进一步富集，交代大颗粒云母边部形成富氟铯锂云母，因此，MS_3 世代云母形成于极富流体的热液环境。在 MS_4 世代，伟晶岩演化到锂辉石-钠长石型阶段，云母 K/Rb 值达到最低，指示此时伟晶岩演化到达最后阶段。MS_4 中 Li、F 含量降至最低，Be、B、Cs 含量相比 MS_3 较低但略高于前两个世代，F、Li 含量的降低可能与锂辉石的形成及富 F 流体的出溶有关，在伟晶岩从钠长石型向锂辉石-钠长石型演化的过程中，大量锂辉石的结晶使流体中 Li 含量降低，F 元素则扩散、迁移至浅地表，形成萤石类矿物，前人在周围发现的与岩浆热液相关的富萤石矿床可作为证据。

3) 对稀有金属成矿的指示

岩浆体系中，Nb、Ta 属于强不相容元素，其分配系数在大多数矿物中都很低，只赋存于金红石、铌钽铁矿、锡石等副矿物及富钛矿物相中。在幕阜山岩体长期的演化过程中，Nb、Ta 保留在熔体相中并随着岩浆分异演化逐步富集，这为研究区岩浆分异演化最晚期的伟晶岩型稀有金属成矿提供了先决条件。在岩浆演化过程中，Li、F 等元素的逐步富集，一方面降低了体系的黏度和固相线温度，另一方面使熔体的非氧桥(NBO)增加。前人研究认为熔体中的 NBO 的增加将有助于提高 Nb、Ta 等金属阳离子在硅酸盐熔体中的溶解度。本书对云母的研究显示，随着岩浆演化程度的不断加深，云母中 Li、F 质量分数逐步增大，铌钽铁矿

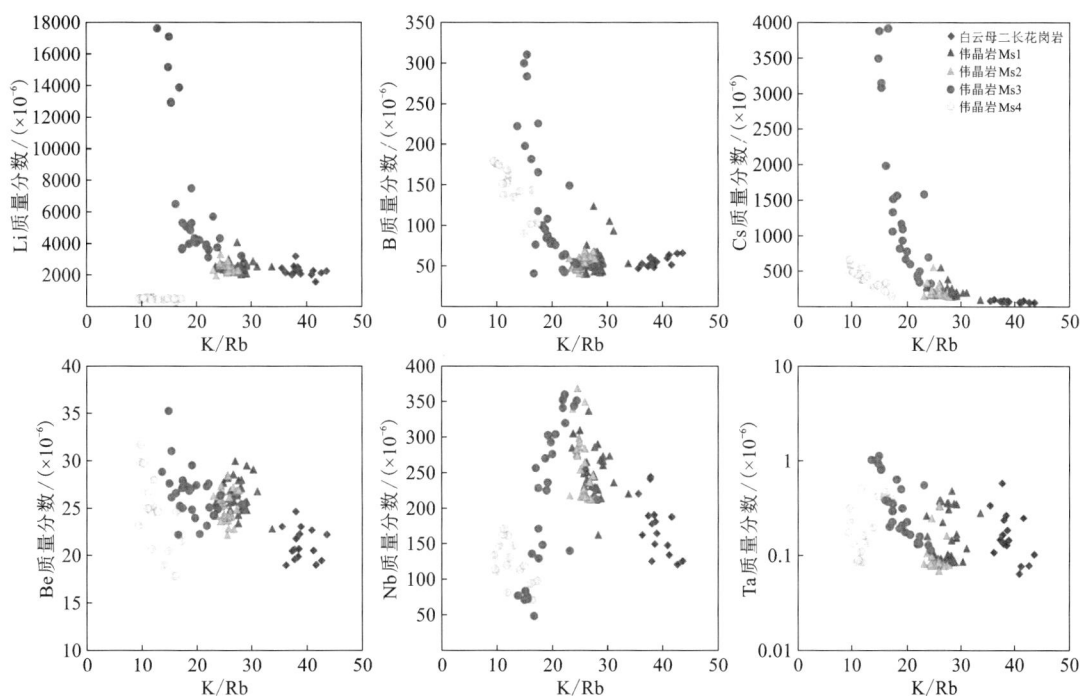

图 2-6　仁里-传梓源各类型云母 K/Rb 值与特征元素质量分数的协变图解(扫章首码查看彩图)

从 MS_2 开始在伟晶岩中零星出现,并随着岩浆演化逐渐增多。岩浆演化使成矿元素富集,但大规模的稀有金属成矿需要热液流体的参与。MS_3 世代云母 Li、F 质量分数突增,形成于极富流体的热液环境,此时不混溶作用产生流体相,熔体中 Nb、Ta 达到饱和开始沉淀,铌钽铁矿、绿柱石、磷灰石、铌铋矿等副矿物大量出现,形成以铌钽矿化为主的钠长石型稀有金属伟晶岩。从 MS_3 到 MS_4,残余熔体和富含 Li、F 的流体继续向南迁移至三墩岩体处,受其阻挡在传梓源地区形成以锂-铌钽矿化为主的锂辉石-钠长石型伟晶岩。

Ta^{5+} 的离子半径(0.73)略大于 Nb^{5+} 的离子半径(0.70),Ta^{5+} 与 O 形成相对更强的共价键,更易于争夺到熔体中的非氧桥,故 Ta^{5+} 相较于 Nb^{5+} 更易保留在熔体中。对铌钽铁矿的研究显示,Nb 比 Ta 更容易进入矿物相中,因此在岩浆演化过程中 Nb 先进入矿物相,而 Ta 相对 Nb 更趋向于岩浆演化后期富集成矿。本书研究显示,云母中 Nb 质量分数对岩浆-热液演化反应灵敏,在 MS_1 和 MS_2 质量分数略微增高(图 2-6),表明 Nb 随着岩浆演化逐渐在熔体中富集;从 MS_3 到 MS_4 逐渐降低,指示进入熔-流体系后 Nb 开始沉淀进入绿柱石、铌铁矿等矿物相中。Ta 质量分数在云母各世代变化不大(图 2-6),这可能是因为在体系演化过程中 Ta 相较于 Nb 不容易进入云母相中;云母 Nb/Ta 值在 MS_1 至 MS_2 世代增高,可能是因为这一阶段铌钽在熔体中还处于富集阶段,并无矿物相的生成,Nb/Ta 值在岩浆分异演化过程中整体表现出逐渐降低的趋势,Ta 的富集成矿相较于 Nb 处于熔-流体系演化的更晚期。

上文中对云母的研究显示,云母中 Nb 质量分数变化对岩浆-热液演化反应灵敏,且铌钽矿在伟晶岩演化进入热液阶段后大量产出,这与 H-O 同位素研究中显示主成矿阶段大气降水混入,流体演化为热液演化的结果相吻合。后期伟晶岩的流体显示出更多的大气降水混入，但铌钽矿等稀有金属矿物并不富集，这可能与铌钽等元素在主成矿阶段矿化析出后，流体中稀有元素减少有关。

2.1.4.2 流体包裹体

流体包裹体测温气相激光拉曼测试显示仁里和传梓源矿床主成矿阶段伟晶岩的流体为中-低温、低盐度的 $NaCl-H_2O$ 体系。激光拉曼分析显示气相成分主要为 H_2O，并显示有微弱的 CH_4 的特征峰，幕阜山地区稀有金属伟晶岩的绿柱石中发现了熔融包裹体，测定温度为 $640\sim990$ ℃，气液包裹体均一温度为 $180\sim340$ ℃，指示流体可能为深部岩浆来源（李兆麟等，1999）。流体包裹体均一温度-盐度-密度关系图解（图2-7）显示，从仁里钠长石型伟晶岩→传梓源钠长石型伟晶岩→传梓源锂辉石伟晶岩阶段的流体包裹体数据点呈现出温度、盐度逐渐降低，密度逐渐增加并接近于水密度的特征，指示流体具有连续演化特征，流体性质越到后期越接近于以水为主的热液流体，同时反映出仁里和传梓源矿床成矿作用受温度控制。对主成矿阶段石英 H-O 同位素的研究显示，投图的数据点总体上落在岩浆水左侧，且呈现近似线性排列、向雨水线漂移的特征。收集前人对研究区及区域同类型矿床的 H-O 同位素研究数据，投图显示早阶段伟晶岩样品的数据点落入岩浆水区域（图2-8），指示成矿流体来源于岩浆，后期的演化中有大气降水等外部流体的混入，至主成矿阶段流体具有"$\delta^{18}O_{H_2O}$ 漂移"与大气降水混合热液流体特征。伟晶岩阶段越往后，H-O 同位素数据越往雨水线靠近，反映出流体演化越到后期有越多的大气降水混入。对云母矿物的研究发现，富氟铯锂云母 MS_3 中 Li、F、Rb、Cs、B、Be 等元素含量异常突增；云母交代结构明显，具次生特点；矿石中绿柱石、电气石、磷灰石、铌铋矿、铌钽铁矿等的大量出现，反映出热液作用的特征。热液的产生促进了 Nb 和 Ta 的矿化，形成 MS_3 世代的矿石中较多的绿柱石、铌钽铁矿等稀有金属矿物，使云母中 Nb 含量开始降低；Li、Rb、Cs、B、Be 等元素进一步富集，交代大颗粒云母边部形成富氟铯锂云母，因此，MS_3 的出现代表此时体系处于极富流体的热液环境。

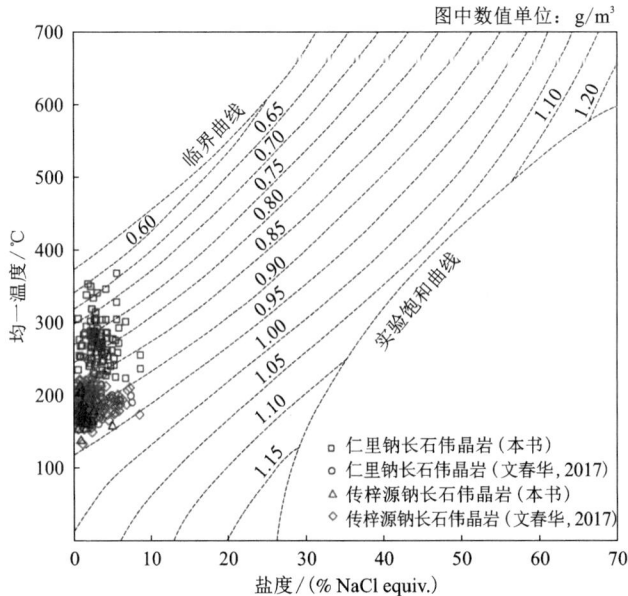

图 2-7　仁里-传梓源矿床流体包裹体均一温度-盐度-密度关系图解（扫章首码查看彩图）

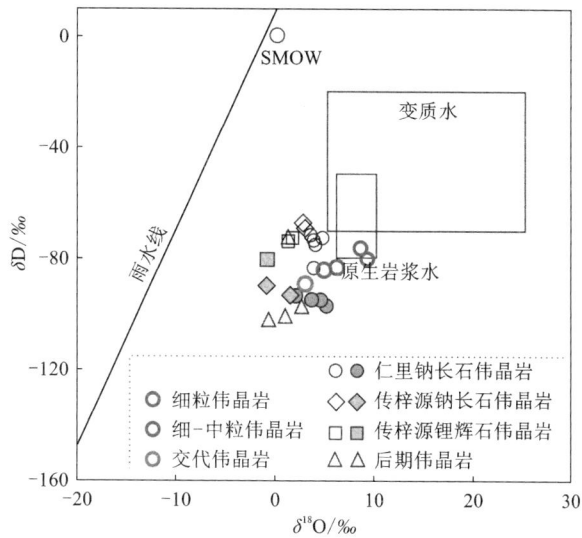

图 2-8 仁里-传梓源及区域同类型矿床石英 H-O 同位素特征对比图解(扫章首码查看彩图)

综合石英流体包裹体测温、气相激光拉曼分析、H-O 同位素研究及云母矿物的研究,结合前人在气液相成分及 H-O 同位素等方面的研究,本书认为岩浆分异结晶的过程中残余熔体继续演化并不断萃取 Li、F、Rb、Cs、Nb、Ta 等元素,并在仁里钠长石型伟晶岩阶段由岩浆演化转变为岩浆-热液演化。成矿流体来源于岩浆水,并在继续演化的过程中有外部流体的混入。此时热液中 Nb、Ta 等稀有元素开始进入矿物相中,随着成矿流体演化程度加深,流体温度和盐度逐渐降低,密度逐渐增加,接近于水的密度,表明流体性质越到后期越接近于以水为主的热液流体,同时反映出仁里和传梓源矿床成矿作用受温度控制。

2.1.4.3 成岩成矿时代

幕阜山花岗岩从早至晚经历了燕山早、晚两期大规模的岩浆侵位活动,形成幕阜山岩体多期次叠加的复式特征,按岩性依次有闪长岩、花岗闪长岩、黑云母二长花岗岩、二云母二长花岗岩、白云母二长花岗岩等。岩体在矿区出露二云母二长花岗岩和白云母二长花岗岩,二云母二长花岗岩呈岩基产出,具较大规模,白云母二长花岗岩岩体呈不规则岩株或岩脉状,与伟晶岩混合产出,出露较少,接触部位发育较多石榴子石。前人对幕阜山岩体成岩年代开展了诸多研究,黑云母二长花岗岩的 U-Pb 年龄两个测试数据分别为 154 Ma 和 140 Ma,白云母二长花岗岩锆石 U-Pb 年龄两个测试数据分别为(141.0±2.4)Ma 和(138.3±0.3)Ma,独居石 Th-Pb 年龄为(140.7±2.2)Ma。

前人研究得到的仁里和传梓源矿区伟晶岩的年龄数据显示,仁里矿床 5 号脉伟晶岩铌钽矿 U-Pb 年龄为(140.2±1.0)Ma(MSWD=0.56),传梓源矿床 204 号脉不同岩性的伟晶岩 U-Pb 年龄为(139.4±1.2)Ma(MSWD=0.56)和(139.1±1.1)Ma(MSWD=0.42);仁里矿床铌钽矿 U-Pb 年龄为(140.2±2.3)Ma;仁里和传梓源矿床锂云母 Ar-Ar 年龄为(125.0±1.4)Ma,断峰山矿床钠长石型伟晶岩白云母 Ar-Ar 年龄为(127.7±0.9)Ma,岩体内大兴矿床钠长石型伟晶岩白云母 Ar-Ar 年龄为(130.5±0.9)Ma。从年龄测试方法来看,铌钽矿 U-Pb

定年方法取得的精度相对较高，铌钽矿也是主要的稀有金属矿物；云母 Ar-Ar 所测年龄年轻了大约 10 Ma，这可能与伟晶岩演化期间的热液作用导致了 Ar-Ar 同位素体系中 Ar 的丢失有关。

根据年龄数据，幕阜山岩体形成在 154～140 Ma；仁里和传梓源矿床成矿年龄应在 140 Ma 左右，稀有金属矿化发生在早白垩世，与白云母二长花岗岩成岩年龄最为接近。作为岩浆演化最晚阶段形成的花岗岩体，白云母二长花岗岩在空间上与稀有金属伟晶岩联系密切，云母矿物的研究显示二者具有连续演化的特征，结合年龄数据，显示密切的时间耦合，本书研究认为，白云母二长花岗岩可能为成矿母岩。

2.1.5　成矿作用及成矿模式

2.1.5.1　成矿物质来源

幕阜山复式岩体历经燕山期多次岩浆侵入活动，在时空关系上与稀有金属伟晶岩关系密切。Li、Nb、Ta、Rb 等稀有元素从花岗闪长岩到白云母二长花岗岩含量逐步增高，显示出在岩浆演化晚期富集的特征；早期的黑云母二长花岗岩为变质杂砂岩部分熔融，晚期的二云母二长花岗岩为变质泥岩部分熔融，伟晶岩为变质泥岩部分熔融，表明花岗岩和伟晶岩是地壳浅部以泥质成分为主的变质岩重熔形成；从花岗岩到伟晶岩，岩浆分异演化程度明显增高（文春华等，2017）。

从区域资料看，湘东北地区冷家溪群地层稀有金属含量分别为 $w(Nb)=16\times10^{-6}$、$w(Ta)=9\times10^{-6}$、$w(Li)=120\times10^{-6}$、$w(Rb)=186\times10^{-6}$，暗示岩浆在部分熔融的过程中可能萃取了冷家溪群地层中的稀有元素。

年代学研究显示白云母二长花岗岩在年龄上与伟晶岩更为接近，结合野外调查认为，白云母二长花岗岩与稀有金属伟晶岩具有更密切的空间关系，矿化密集的伟晶岩脉附近往往出现白云母二长花岗岩株。因此，幕阜山花岗岩与稀有金属伟晶岩具有同源性，是地壳浅成部位部分熔融的产物。

2.1.5.2　成矿作用过程

伟晶岩矿床的形成经历了漫长时间，表现出多阶段演化的特征。矿区伟晶岩演化分为结晶分异和交代作用两个阶段。伟晶岩的分带主要形成于结晶阶段，白云母二长花岗岩浆分异出富含稀有金属元素及挥发分的残余熔体并被运移至冷家溪群地层中发育的北西向次级断裂构造中，在比较稳定的封闭环境中充分地结晶分异，形成不同矿物组合，自幕阜山岩体向南，具有微斜长石型伟晶岩、微斜长石-钠长石型伟晶岩、钠长石型伟晶岩以及锂辉石-钠长石型伟晶岩的分带特征。云母在不同分带伟晶岩中表现出从多硅白云母-白云母→富锂白云母-富锂多硅白云母→锂云母→白云母的演化趋势，主量元素表现出 Al_2O_3、MgO、TiO_2 含量逐渐降低，SiO_2、FeO、MnO 和 F 含量增高的趋势，微量元素中 Rb、Cs、Li、B、Be 含量也呈现规律性变化。随着结晶作用中温度的逐渐降低，一些稀有金属矿物如绿柱石、铌钽铁矿等也逐步结晶出来，余浩宇测得仁里 5 号脉的铌钽矿 U-Pb 年龄为 140 Ma，这一阶段为伟晶岩矿床的结晶作用阶段。

在伟晶岩演化后期，交代作用占主导地位。交代作用发生在开放体系，流体来源于早阶段伟晶岩熔体分异演化的残余，并伴随有外部流体的混入。对流体包裹体的研究显示流体为中-低温、低盐度的 $NaCl-H_2O$ 体系，且随着演化的进行温度、盐度逐渐降低，密度增大，趋近于水的密度；H-O 同位素研究显示早阶段伟晶岩流体为岩浆水，后期主成矿阶段显示出 "$\delta^{18}O_{H_2O}$ 漂移" 与大气降水混合热液流体特征。伟晶岩阶段越往后，H-O 同位素数据越往雨水线靠近，反映出流体演化越到后期有越多的大气降水混入。交代作用表现为早期结晶形成的伟晶岩矿物被后期矿物交代，对云母的研究显示 MS_3 云母为交代早期结晶的白云母边部形成，云母中 Li、F、Rb、Cs 等含量激增，指示此时为伟晶岩成矿作用由分异结晶到交代作用的转折点。

交代作用与锂、铌、钽等稀有金属矿化关系密切。在溶液中，稀有元素常与钾、钠等物质组成易溶络合物，当流体演化到一定阶段，络合物破坏，产生碱质的交代作用使稀有金属矿物沉淀。本书对云母的研究显示云母演化与 Li、Nb 矿化关系密切，锂云母化在伟晶岩成矿作用转入交代作用后大量发育；云母中 Nb 的含量在伟晶岩结晶分异阶段逐步增加，在进入交代作用后逐步降低，指示此时 Nb 开始沉淀进入绿柱石、铌铁矿等矿物相中；Ta 含量在云母各世代变化不大(图 2-6)，这可能是因为在体系演化过程中 Ta 相较于 Nb 不容易进入云母相中。

挥发分在成矿过程中发挥着重要作用。在结晶分异阶段，熔体中大量聚集 Li、F、B 等挥发分，一方面降低了体系的黏度和固相线温度，有利于伟晶岩结晶分异；另一方面使熔体的 NBO 增加，有助于提高 Nb、Ta 等金属阳离子在硅酸盐熔体中的溶解度，增强成矿元素的搬运和集中能力。另外，挥发分的存在增大了伟晶岩浆内应力，为伟晶岩浆侵入冷家溪群地层裂隙形成北西向伟晶岩脉提供了动力。在交代作用阶段，聚集的挥发分在一定条件下形成气水热液，与早期伟晶岩发生强烈的交代作用，促进稀有金属的富集成矿。

2.1.5.3 控矿因素及成矿模式

1)控矿因素分析

(1)构造对成矿的控制作用。区域大断裂控制着幕阜山岩体的产出，同时也是稀有金属的导矿构造。在 154 Ma 左右，岩浆开始侵位上升，受长平断裂和新宁-灰汤断裂两条北东向区域大断裂的控制，幕阜山岩体产出于这两条大断裂之间。冷家溪群板岩地层在北东向区域断裂的走滑作用影响下破碎，发育层间裂隙，形成一系列北西向的次级断裂构造，成为稀有金属伟晶岩的容矿构造。前人研究认为稀有金属伟晶岩的形成受构造环境的制约，伟晶岩型矿床一般产于造山期后或造山晚期大陆演化的稳定阶段。在约 140 Ma，富稀有金属元素的花岗质岩浆沿着深大断裂侵位上升，在幕阜山岩体主体的边部形成岩株状白云母二长花岗岩，残余熔体运移至地层中的北西向构造裂隙中，在封闭稳定的环境下分异结晶形成伟晶岩。

(2)岩浆演化对成矿的控制作用。在 154 Ma 左右，幕阜山岩体侵位至冷家溪群地层，开始快速隆升，邹慧娟通过对幕阜山含绿帘石花岗闪长岩岩浆的研究认为其是通过裂隙上升的，反映出拉张的构造环境。幕阜山岩体的隆升剥蚀及区域深大断裂的走滑作用，导致围岩冷家溪群破裂并产生一系列北西向的构造裂隙，伟晶岩熔体就位于这些裂隙并在稳定封闭环境中结晶分异，形成沿地层产状接触界面平整的北西向近平行产出的伟晶岩脉，经过后期剥蚀最终出露地表。幕阜山复式岩体历经多期次的岩浆演化，对稀有金属成矿元素的富集起到重要作用。李鹏认为幕阜山岩体多期次成岩成矿符合"体中体"模式，多期次岩浆具有同源联系。前人对幕阜山岩体不同阶段花岗岩中 Nb、Ta、Li、Be、Rb 等稀有元素含量的分析显示，稀有元素具有从早期闪长岩到晚期白云母二长花岗岩逐渐富集的特征。Nb、Ta 在岩浆体系中属于强不相容元素，其分配系数在大多数矿物中都很低，只赋存于金红石、铌钽铁矿、锡石等副矿物及富钛矿物相中，在幕阜山岩体长期的演化过程中，Nb、Ta 保留在熔体相中并随着岩浆分异演化逐步富集。本书对云母矿物地球化学和成岩成矿年龄方面的讨论显示，花岗岩中最晚期的岩株状白云母二长花岗岩与稀有金属伟晶岩具有密切的时空耦合关系，可能为成矿母岩。

（3）地层对成矿的控制作用。湘东北地区冷家溪群地层稀有金属含量分别为 $w(Nb) = 16 \times 10^{-6}$、$w(Ta) = 9 \times 10^{-6}$、$w(Li) = 120 \times 10^{-6}$、$w(Rb) = 186 \times 10^{-6}$，因此地壳浅部变质岩重熔过程中可能萃取了冷家溪群的稀有金属元素。幕阜山岩体隆升剥蚀和区域深大断裂走滑作用使冷家溪群地层发育一系列北西向次级裂隙，这些裂隙在伟晶岩演化早期提供了封闭稳定的环境，使充填的伟晶岩充分分异结晶形成分带，是稀有金属成矿的容矿构造。

2）矿床成矿模式

1000~800 Ma 发生的 Rodinia 超大陆聚合导致古华南洋逐渐关闭，扬子和华夏地块彼此初次碰撞。碰撞作用下产生一系列低温变质、挤压褶皱、逆冲推覆和韧性剪切作用，形成冷家溪群变质褶皱基底；碰撞作用同时导致陆壳增厚，增厚的陆壳发生部分熔融，形成三墩岩体、梅仙岩体等新元古代过铝质花岗岩。

燕山早期，在后造山拉张裂解地球动力学背景下，华南岩石圈的伸展裂解使软流圈上涌，其间陆内岩石圈减薄作用在华南岩石圈内部广泛发育。在约 150 Ma，太平洋板块回撤，湘东北地区构造环境总体上从挤压转变为伸展。岩石圈地幔和下沉的俯冲板片脱水，使下地壳发生减压熔融，产生大规模的岩浆侵位活动，以二云母二长花岗岩为主的幕阜山岩体在拉张构造环境下沿着断裂快速隆升并形成。许德如对 Nd 同位素的研究表明花岗岩来源于华南元古宙地壳物质的重熔。在随后的幕阜山岩体隆起和北东向区域断裂作用下，冷家溪群地层破碎，裂隙发育并形成一系列北西向的封闭稳定的次级构造。

岩浆活动持续进行，并不断分异演化，在 140 Ma 左右，富含稀有元素的高分异的 S 型花岗质熔体向上侵位，运移至二云母二长花岗岩边部，形成岩株状的细粒白云母二长花岗岩。在白云母二长花岗岩侵位过程中，稀有元素保留在残余熔体中并运移至上部并继续结晶分异，在幕阜山岩体内形成微斜长石型伟晶岩带，在冷家溪群地层的北西向的次级构造中结晶分异，由于封闭稳定的环境，形成了仁里地区微斜长石型伟晶岩、微斜长石-钠长石型伟晶岩、钠长石型伟晶岩的分带。在传梓源地区，由于受三墩岩体的阻挡，到达的伟晶岩浆无法进一步迁移，在此充分地结晶分异，形成锂辉石-钠长石型伟晶岩。

在伟晶岩分异结晶的过程中，Li、Be、Nb、Ta 等稀有元素及 F、H_2O 等挥发分大部分保留在残余的伟晶岩熔体中，有少量进入矿物相，形成铌钽铁矿、绿柱石等稀有金属矿物。残余熔体继续演化并发生出溶现象，同时大气降水等的混入使伟晶岩进入岩浆-热液的演化阶段，富含稀有元素和挥发分的成矿流体交代早期形成的钠长石型伟晶岩，形成锂云母、铌钽铁矿、绿柱石等稀有金属矿物，使钠长石型伟晶岩具有较高的稀有金属品位。成矿流体演化越到后期有越多大气降水混入，流体温度、盐度逐渐下降，密度则增高并逐渐接近于水，在伟晶岩演化晚期，成矿元素已随交代作用进入矿物相中，流体中稀有元素含量减少，形成的后期伟晶岩相对贫矿（图 2-9）。

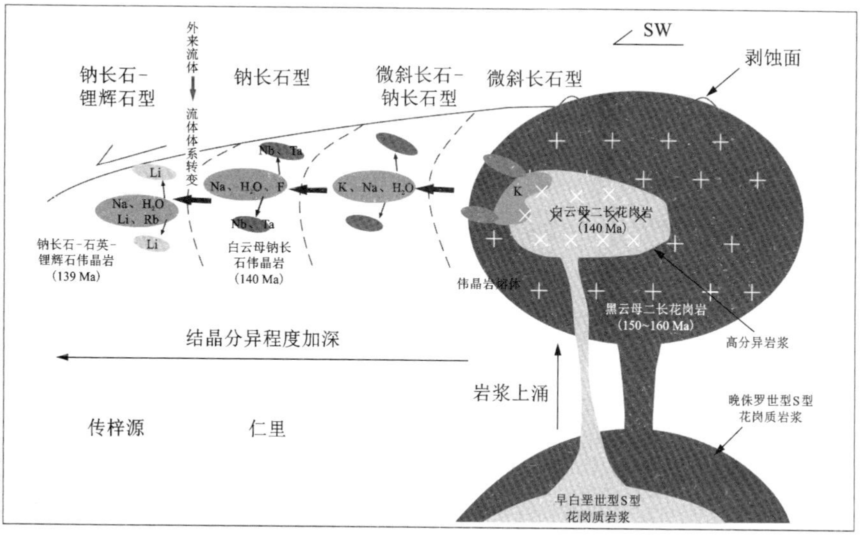

图2-9 幕阜山地区伟晶岩型稀有金属矿成岩成矿模式图(扫章首码查看彩图)

2.1.6 教学安排

2.1.6.1 需要详细观察和了解的典型现象

1)伟晶岩区域分带特征

幕阜山南缘自北往南发育良好的伟晶岩区域分带性,可分为4个带。

(1)微斜长石型伟晶岩:主要分布于贺家山和黄柏山,呈脉状或膨胀狭缩状产于岩体内部或岩体与围岩内接触带中。岩石总体呈浅肉红色-灰白色,文象结构普遍发育,局部可见云母团簇,主要由微斜长石(63%)、石英(20%)、斜长石(15%)和白云母(2%)组成,副矿物主要为锆石、磷灰石、独居石和石榴子石等。

(2)微斜长石-钠长石型伟晶岩:主要分布于仁里矿段,沿地层裂隙及板理、节理,呈脉状产于冷家溪群中。岩石总体呈灰白色,主要由微斜长石(50%)、斜长石(30%)、石英(15%)和白云母(5%)组成,副矿物主要为锆石、磷灰石、绿柱石、铌钽矿和石榴子石等。

(3)钠长石型伟晶岩:主要分布于仁里矿段和永享矿段,沿地层裂隙及板理、节理,呈脉状产于冷家溪群中。岩石总体呈灰白色-白色,主要由钠长石(55%)、石英(20%)、微斜长石(20%)和白云母(5%)组成,副矿物主要为石榴子石、锆石、磷灰石、绿柱石、铌钽矿及少量硫化物等,局部可见锂云母和锂电气石产出。此类型伟晶岩矿物粒径变化大,从细粒至粗粒均有产出。

(4)锂辉石-钠长石型伟晶岩:主要分布于梭墩矿段和传梓源矿段,呈分支板脉状或S形弯曲脉状产于冷家溪群或三墩岩体中。岩石总体呈灰白色-白色,主要由锂辉石(35%)、钠长石(30%)、石英(20%)、微斜长石(10%)和白云母(5%)组成,副矿物主要为锆石、磷灰石、石榴子石、绿柱石和铌钽矿等。锂辉石多为白色,少量为粉红色和绿色,呈自形长柱状或板状产出,单矿物最大可达十几厘米,部分锂辉石受表生风化作用影响变为腐锂辉石。镜下可见部分锂辉石边部逐渐变细呈毛发状或与蠕虫状石英构成镶嵌反应边。节理裂隙十分发育,可见石英和白云母沿节理面充填其中。此外,该类型伟晶岩交代作用十分强烈,钠化现

25

象普遍，部分锂辉石受交代作用的影响形成由钠长石和白云母构成的"锂辉石假晶"。

2）伟晶岩的内部分带特征

仁里矿床 5 号矿脉是最重要的钽铌矿脉之一，其钽铌资源量占仁里矿段总资源量的 62.7%；同时 5 号脉为矿区规模最大、分带性最好的伟晶岩脉，其结构分带特征明显（图 2-10），由外至内可分为文象伟晶岩带（Ⅰ带）→粗粒微斜长石钠长石带（Ⅱ带）→中粒白

（a）仁里伟晶岩与冷家溪群片岩接触关系

（b）文象伟晶岩带与微斜长石钠长石带边界

（c）薄板状铌钽铁矿多赋存于白色块状钠长石中

（d）微斜长石钠长石带与白云母钠长石带边界

（e）蓝绿色海蓝宝石呈短柱状产出

（f）白云母钠长石带与含石榴子石钠长石带边界

（g）含石榴子石钠长石带中细粒鳞片状紫色锂云母

（h）含石榴子石钠长石带与锂云母石英核边界

（i）锂云母石英核中的细粒鳞片状锂云母和长柱状锂电气石

（j）锂云母石英核中的铯绿柱石

（k）锂云母石英核中的铯石榴子石

（l）锂云母石英核中的铌锰矿多分布于长石中

GP—文象伟晶岩带；CGA—粗粒块状微斜长石钠长石带；MMA—中粒白云母钠长石带；
FGBA—细粒含石榴子石钠长石带；LC—锂云母石英核。

图 2-10　仁里矿区 5 号伟晶岩野外及样品照片（扫章首码查看彩图）

（李鹏等，2019）

云母钠长石带（Ⅲ带）→细粒含石榴子石钠长石带（Ⅳ）→锂云母石英核部（Ⅴ带），各分带接触边界过渡，相邻岩性常见相互穿插，局部地段可见锂云母石英核。

文象伟晶岩带：浅肉红-灰白色，文象结构，块状构造，粒度 3~10 mm，带宽约 0.8 m；石英与长石共生；主要矿物组合为石英+微斜长石+钠长石，含少量白云母。

粗粒块状微斜长石钠长石带［图 2-10(b)~(d)］：白色，块状构造，粒度 7~15 mm，带宽约 4.7 m，文象伟晶岩带边界过渡；主要矿物组合为微斜长石+钠长石，可见少量白云母、石英、绿柱石、铌钽铁矿，针状、薄板状铌钽铁矿多赋存于白色块状钠长石中［图 2-10(c)］。

中粒白云母钠长石带［图 2-10(d)~(f)］：粒度 5~10 mm，带宽约 5.7 m，与粗粒块状钠长石带边界过渡；主要矿物组合为钠长石+微斜长石+石英+白云母，可见蓝绿色海蓝宝石呈短柱状产出［图 2-10(e)］。

细粒含石榴子石钠长石带［图 2-10(f)~(h)］：粒度 1~5 mm，带宽约 5.7 m，与中粒白云母钠长石带边界清晰；主要矿物组合为钠长石+石英+石榴子石+微斜长石+白云母，局部可见细粒鳞片状紫色锂云母及短柱状海蓝宝石。

锂云母石英核［图 2-10(h)］：粒度 3~20 mm，厚度>0.7 m，主要矿物组成为锂云母+石英+钠长石+微斜长石+锂电气石，局部可见短柱状海蓝宝石、铯绿柱石、铯石榴子石、针状铌锰矿。锂云母多呈细粒鳞片状集合，与细粒石英相伴出现［图 2-10(i)~(l)］；锂电气石呈粉色长柱状，柱面可见清晰纵纹［图 2-10(i)］；浅粉色铯绿柱石呈短柱状，晶形良好［图 2-10(j)］；白色铯石榴子石呈自形粒状，被锂云母、石英包裹［图 2-10(k)］；铌锰矿多分布于长石中，呈针状、薄板状［图 2-10(l)］。

3) 典型矿体及控矿构造

传梓源矿床主要发育伟晶岩脉 7 条（γρ106、γρ204、γρ206、γρ301、γρ208、γρ116、γρ202）。其中以 γρ106 矿脉最大（图 2-11），脉组长 1000~1700 m，主单脉长 1200~4000 m，最厚达 25.39 m（γρ106），延深大于 250 m。矿体形态呈板脉状、支岔脉状，倾向发生倒转。伟晶岩为锂辉石-钠长石类型，钠交代作

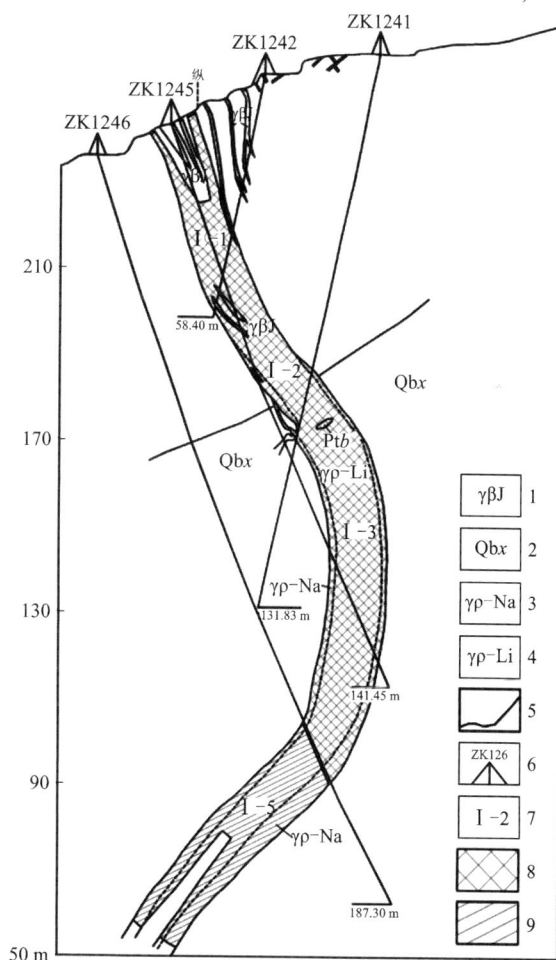

1—侏罗纪黑云母花岗岩脉；2—青白口系冷家溪群小木坪组；
3—钠长石伟晶岩；4—锂辉石伟晶岩；5—地质界线；
6—钻孔及编号；7—矿体编号；8—工业矿体；9—远景工业矿体。

图 2-11 平江县传梓源矿床 γρ106 号伟晶岩脉剖面图

（据文春华，2017）

用甚为强烈。

4) 典型岩矿石

仁里矿床主要的矿物有铌钽矿物、电气石、石榴子石、锂云母、钠长石、石英、白云母，以及少量的黄铜矿、闪锌矿等(图 2-12)。

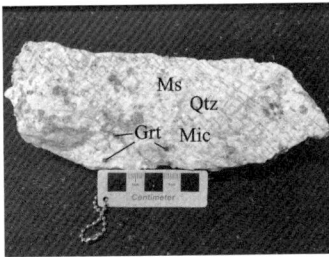

(a) 文象微斜长石伟晶岩

(b) 微斜长石-钠长石伟晶岩

(c) 不同粒度的钠长石伟晶岩

(d) 不同粒度的钠长石伟晶岩

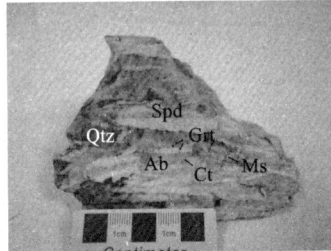

(e) 钠长石-石英-锂辉石伟晶岩

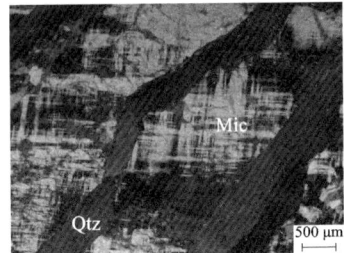

(f) 石英截面呈长条状与微斜长石构成文象结构

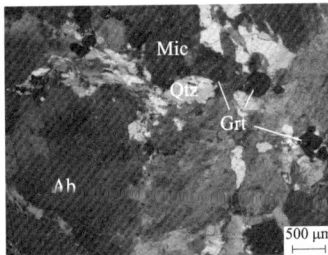

(g) 微斜长石-钠长石伟晶岩中浑圆状石榴子石

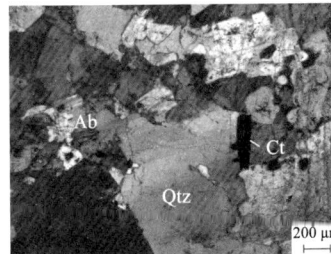

(h) 微斜长石-钠长石伟晶岩中板柱状铌钽矿

(i) 钠长石伟晶岩中石榴子石

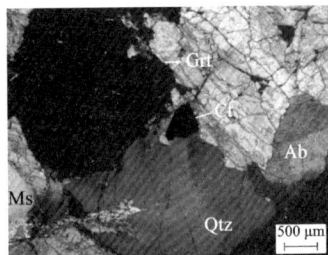

(j) 钠长石伟晶岩中石榴子石和粒状铌钽矿物

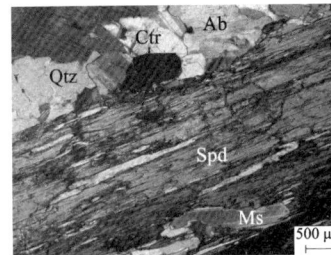

(k) 钠长石石英-锂辉石伟晶岩中锂辉石和石榴子石

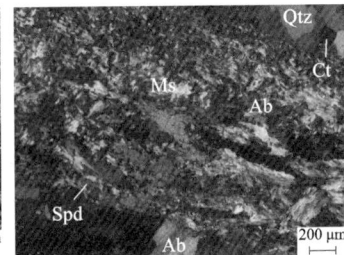

(l) 钠长石-石英-锂辉石伟晶岩中受交代作用影响形成由钠长石和云母构成的"锂辉石假晶"

Mic—微斜长石；Ab—钠长石；Qtz—石英；Ms—白云母；Spd—锂辉石；Grt—石榴子石；Ct—铌钽矿物。

图 2-12 不同类型伟晶岩标本及显微照片(扫章首码查看彩图)

5)其他典型地质现象

仁里-传梓源矿床发育多期伟晶岩特点,根据野外观察的岩体与伟晶岩的穿插关系,推断至少有 4 个期次(或阶段)的岩浆热液活动(图 2-13)。

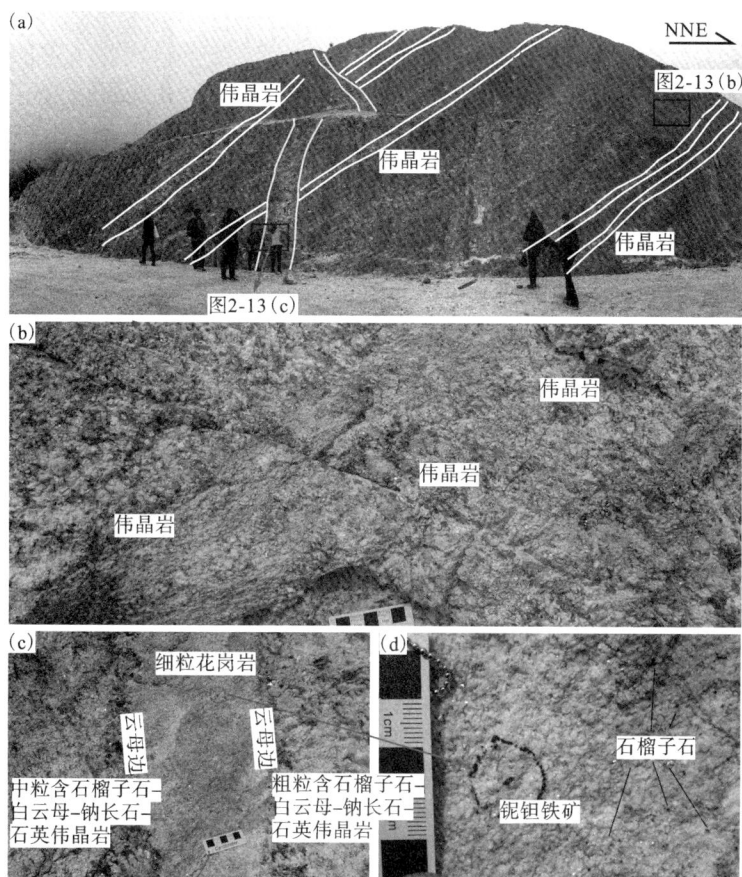

(a)多条错断的伟晶岩脉;(b)花岗岩中发育伟晶岩脉;(c)伟晶岩中发育细粒石榴子石白云母钠长石石英脉;(d)细粒石榴子石白云母钠长石石英脉中发育铌钽铁矿。

图 2-13　仁里伟晶岩多期次穿插特征(扫章首码查看彩图)

2.1.6.2　思考题

(1)伟晶岩型稀有金属矿床与岩浆矿床的区别?

(2)稀有金属伟晶岩与母岩体的空间关系?

(3)伟晶岩型稀有金属矿床的矿石矿物有哪些?

2.2 湘东北白沙窝伟晶岩型铍锂铌钽矿床

2.2.1 自然地理概况

白沙窝铍锂铌钽稀有金属矿床位于湖南省浏阳市达浒镇金坑村附近(图2-1),地处浏阳市东面,达浒镇北边,地理位置较为偏远,主体分布在湘东北连云山地区一带,连云山与其东南方向的九岭山脉及北方的幕阜山脉,地理上合称幕连九山脉。因其平均海拔较高,抵挡了来自南部的湿暖气流,在春夏相交之际,该地区降雨量较大。连云山环境优美,风景宜人,溪沟较多,成为避暑旅游的圣地,极大地带动了当地旅游业的发展。除此之外,该地区的林业、渔业、养殖业都有所发展,但地理位置的局限和道路交通的不便,使得各种产业的发展都受到限制,降低了当地的产业消费和经济发展水平。

2.2.2 区域地质背景

2.2.2.1 区域地层

连云山地区出露地层较为广泛,主要有冷家溪群、湘江群、衡阳群等。

2.2.2.2 区域构造

连云山地区主要发育江南地轴中的戴家洞断褶束、官塘凹断、连云山断褶束等构造,其中连云山断褶束尤为突出,该断褶构造位于连云山-青草断隆带的北东向。

(1)褶皱。冷家溪群雷神庙组上部、黄浒洞组、小木坪组和坪原组下部等地层依次出露在连云山断褶束带上,该断褶束整体呈现为一倾向约北东向40°,倾角为35°~60°的单斜构造。而在该单斜构造上,局部发育有次级小褶皱,如灶门洞背斜、火子坳背斜等,二者都是经武陵运动形成的。灶门洞背斜:该背斜广泛出露,其轴部岩层倾角为5°~25°,出露地层为雷神庙组上部,而在北东向和南西向出露地层依次为黄浒洞组和雷神庙组中部;其两翼岩层倾角为25°~45°,与轴部岩层倾角对比可以发现,在轴部向两翼过渡的过程中,该背斜的倾角逐渐变大。火子坳背斜:在白沙窝和刘家洞之间,火子坳背斜的分布较为广泛,在该背斜的南西翼,出露雷神庙组地层,岩石倾角为25°~35°;而在北东翼,出露地层仍为雷神庙组,但岩石倾角为15°~25°,较南西翼略小。

(2)断裂。连云山地区的断裂具有变形程度不一、规模大小不等、数量较多等特点。主要断裂有三条:①思村-塔洞拆离断层:思村-塔洞拆离断层规模巨大,在连云山一带的地质发展历程中影响深远。该断层的断层面倾向为305°~333°,倾角为45°~70°,在北东-南西向上呈现显著的缓"S"形。北西侧地势较低,南东侧地势高峻且山脉走向突然中断,断裂深度大、断距大、延伸远,地形差异显著,内有脆性变形带、脆-韧性变形带等构造带。②白水电站脆-韧性正断层:该断层走向为北东向40°~50°,倾向为315°~320°,倾角为35°~60°,长约1.7 km,上盘为糜棱岩化碎裂花岗岩,下盘为糜棱岩,经历了两个期次,为一复合断层,前期为韧性正断层,后期为脆-韧性正断层;可见绿泥石化蚀变。③六斗垄脆-韧性断层:该断层走向为 45°~65°，长约 4.3 km，宽 1~4 m，与白水电站脆-韧性正断层一样，南东盘为弱变形的正常花岗岩，北西盘为糜棱岩，断面较为平坦，该断层也为一复合断层，前期为韧性平移断层，后期为脆性正断层。

2.2.2.3　区域岩浆岩

连云山地区的岩浆岩出露主要受该区的区域构造控制，以各种酸性侵入体和脉岩出露为特征。其中，酸性侵入体主要由岩山和山塘坑两大侵入体组成，岩石类型主要为二云母二长花岗岩和黑云母二长花岗岩，而脉岩以花岗伟晶岩脉、石英脉、花岗岩脉、花岗细晶岩脉及云斜煌斑岩脉等为主。其中，花岗伟晶岩脉在研究区的出露规模较大，与围岩界限清晰，其内发育长石、锂辉石、绿柱石、铌钽族矿物、腐锂辉石、石榴子石、电气石等矿物，此外，在某些地区还出露花岗斑岩角砾。

2.2.2.4　区域矿产

连云山地区已发现多种矿床，矿床成因类型主要有沉积型、中-高温热液型、中-低温热液型和伟晶岩型；有色金属矿产有铜、铅、锌、钨、钴、钼等；贵金属矿产有金等；稀有金属矿产有铍、锂、铌、钽等；非金属矿产有红柱石、硅石等；工业原料矿产有石膏、长石、高岭土、芙蓉石等。区域内著名的矿床有平江金矿、白沙窝和上石地区的铍锂铌钽矿、青山石膏矿等。

2.2.3　矿床地质特征

2.2.3.1　矿区地质

（1）地层。白沙窝铍锂铌钽矿区出露的地层主要为青白口系冷家溪群中的大药菇组（Qbd）、小木坪组（Qbx）、黄浒洞组（Qbh）和雷神庙组（Qbl），其中，雷神庙组地层出露最为广泛。

（2）构造。白沙窝矿区受连云山断褶束等构造的控制，火子坳背斜为该矿区的主要构造类型，在该背斜的南西翼，出露雷神庙组地层，岩石倾角为 25°~35°；而在北东翼，出露地层仍为雷神庙组，但岩石倾角为 15°~25°，较南西翼略小。该背斜的南东向即为白沙窝矿区。武陵构造运动期间，火子坳背斜在水平挤压力的作用下，两翼岩层卷曲，核部向上拱起，形成了拱曲似的构造空间，为白沙窝侵入体提供了侵位空间。因此，白沙窝地区的侵入体在一定程度上受火子坳背斜制约和控制。

（3）岩浆岩。白沙窝地区主要出露有二云母花岗岩、伟晶岩、钠长岩等岩浆岩，其中，伟晶岩赋存在伟晶岩脉中，具似文象结构、文象结构、伟晶结构等，其内矿物颗粒粗大，晶形较好，自形程度较高，主要有碱性长石、石英、白云母等矿物，还含有少量的石榴子石和 UST 电气石。其中，长石常以块体的形式大范围产出，多为钠长石；白云母多呈晶簇状，与长石、石英等共生。此外，部分伟晶岩脉还存在分带现象，其内发育绿柱石、锂辉石和铌钽族矿物等矿石矿物。二云母花岗岩在该矿区出露较为普遍，其内矿物主要有黑云母、白云母、长石、石英等。其中，黑云母和白云母的含量近乎一致，多为自形-半自形；石英在该区则常以块体或者石英脉的形式产出，呈他形粒状，与长石等共生。

2.2.3.2 伟晶岩特征

花岗伟晶岩脉主要分布于白沙窝花岗岩体内、外接触带，其中以产于外接触带为主。规模较大的伟晶岩脉共 13 条(图 2-14)。在白沙窝岩体 0~3 km 范围内，伟晶岩主要为钠长石-锂辉石伟晶岩，脉体分布较多，大小不一，规模大者长度可达千余米，宽数十米，一般长度为 10~200 m，宽 1~20 m。伟晶岩受构造裂隙控制，走向以北东向及北西向为主，少数呈近东西向或南北向，倾角较大，一般为 60°~80°，脉体形态不规则，宽大者形态较复杂，沿走向有膨大收缩或分支复合等现象。伟晶岩中稀有金属矿化较好，Nb、Ta、Li 达到工业品位。根据伟晶岩的分布，将其划分为白沙窝和上石两矿段。

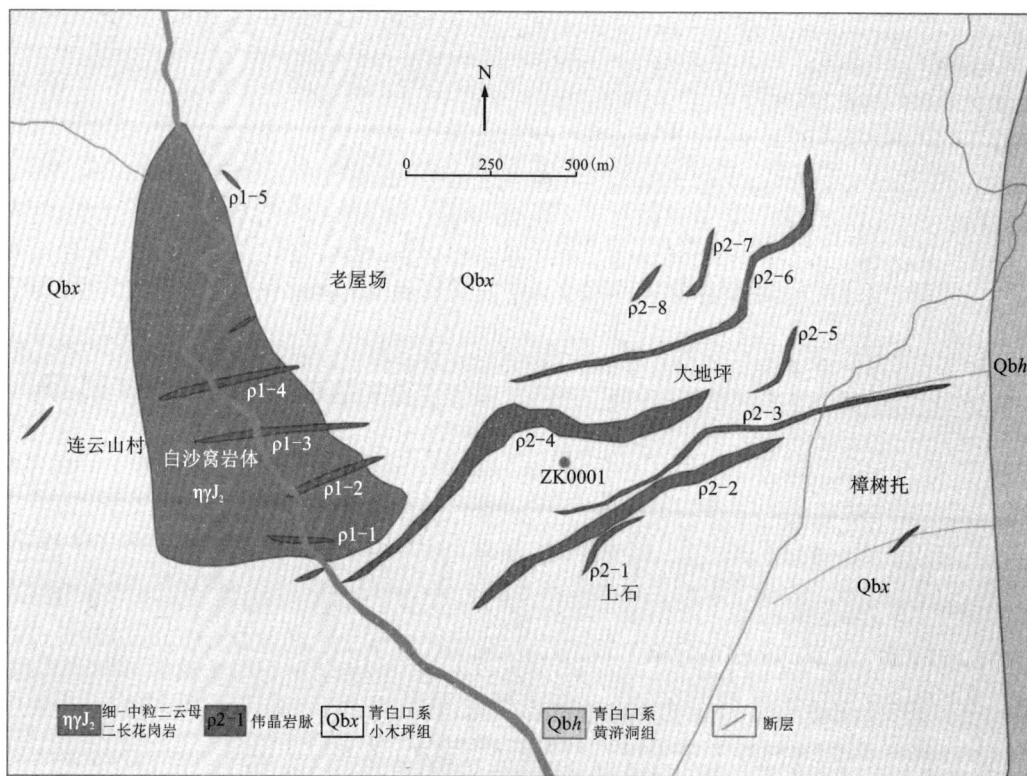

图 2-14　浏阳市白沙窝稀有金属矿床地质简图(扫章首码查看彩图)

(据文春华等，2018)

(1)白沙窝矿段分带伟晶岩。

白沙窝矿段伟晶岩分布在白沙窝岩体裂隙中，规模较大的伟晶岩脉共 5 条(ρ1-1、ρ1-2、ρ1-3、ρ1-4、ρ1-5。图 2-14)，其中以 ρ1-3 号规模最大，该脉走向近 90°，宽 10~20 m。伟晶岩具明显的分带特征，由边缘到中心共分为 5 个岩性带，依次为细晶岩带(Ⅰ带)、中粒伟晶岩带(Ⅱ带)、块体长石带(Ⅲ带)、块体石英带(Ⅳ带)和石英-云母-铌钽矿带(Ⅴ带)(图 2-15)。

Ⅰ带：沿二云母花岗岩裂隙边缘分布，由长石-石英-白云母组成，为细晶结构，矿物粒径<1 cm，多在 3~6 mm。矿物成分：长石(50%)，自形至半自形柱状或粒状；石英(40%)，

他形粒状为主；白云母（10%），为细鳞片状。副矿物有锆石、磷灰石等。

Ⅱ带：可细分为Ⅱ1带和Ⅱ2带两个亚带。其中Ⅱ1带紧邻Ⅰ带分布，由长石-石英-白云母组成，为伟晶结构，矿物粒径大小为3~5 cm。矿物成分：长石（35%），自形至半自形柱状或粒状；石英（47%），他形粒状为主；白云母（13%），为细鳞片状。副矿物有电气石、锆石、铌钽铁矿及少量辉钼矿等，铌钽铁矿为柱状，粒径在1~3 cm［图2-15（h）］。Ⅱ2带沿二云母花岗岩裂隙边缘分布，与花岗岩界线清晰，由长石-石英-白云母组成，为伟晶结构，矿物粒径大小为2~6 cm。矿物成分：长石（35%），自形至半自形柱状或粒状；石英（45%），他形粒状为主；白云母（13%），为细鳞片状。副矿物主要为电气石（2%），黑色柱状，粒径大小不一，大者粒径2~5 cm，小者粒径1~5 mm，呈团簇状分布。

Ⅲ带：紧邻Ⅱ2带分布，与Ⅳ带界线明显［图2-15（a）］，由块体长石-石英组成，为伟晶-巨晶结构［图2-15（b）］。矿物成分：长石（75%），自形板状和柱状，颗粒大小多为8~15 cm；石英（25%），他形粒状为主；其他矿物见少量白云母，为细鳞片状。

Ⅳ带：紧邻Ⅱ1带分布，Ⅳ带与Ⅱ1带分界线清晰［图2-15（g）］，由块体石英组成，为巨晶结构，矿物成分主要为石英（99%）［图2-15（c）］，自形粒状，颗粒大小多为7~20 cm，其他矿物见少量白云母和绿柱石，绿柱石晶体直径最大可达50 cm［图2-15（i）］。

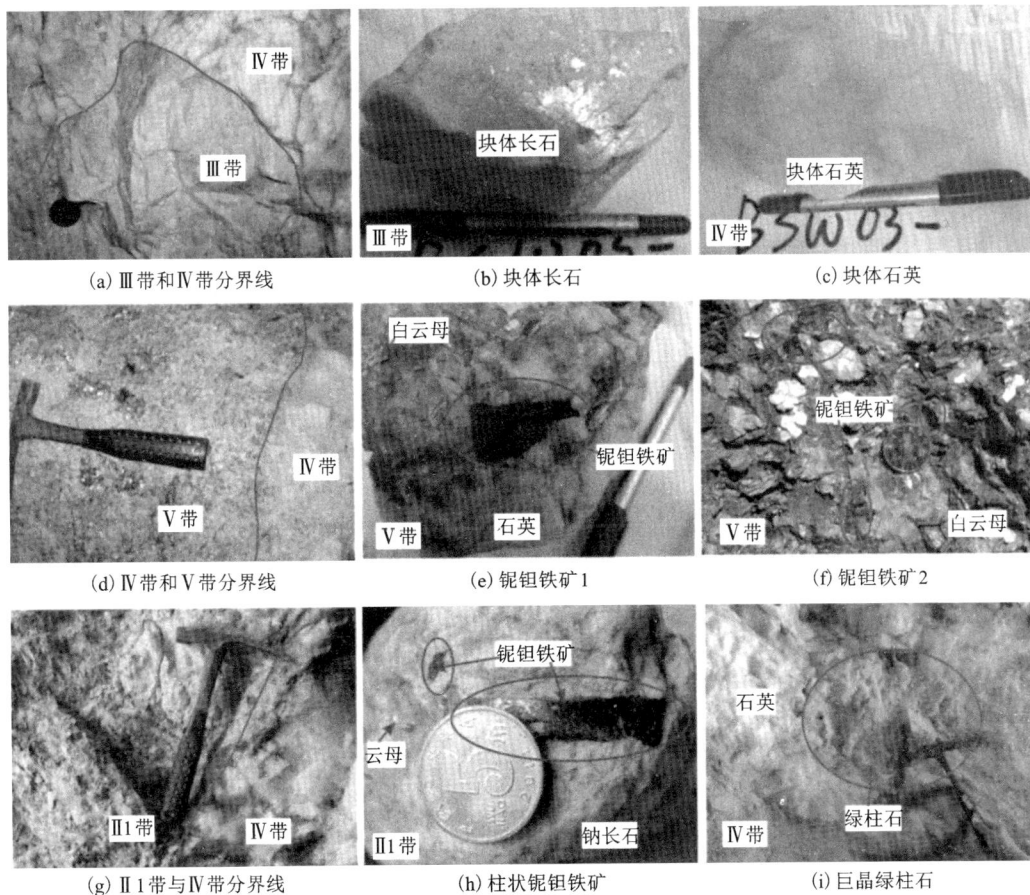

(a) Ⅲ带和Ⅳ带分界线　　　　(b) 块体长石　　　　(c) 块体石英

(d) Ⅳ带和Ⅴ带分界线　　　　(e) 铌钽铁矿1　　　　(f) 铌钽铁矿2

(g) Ⅱ1带与Ⅳ带分界线　　　　(h) 柱状铌钽铁矿　　　　(i) 巨晶绿柱石

图2-15　白沙窝矿段分带伟晶岩矿物学特征（扫章首码查看彩图）

Ⅴ带：分布于Ⅲ带和Ⅳ带之间，Ⅳ带与Ⅴ带分界线清晰[图2-15(d)]，由长石-石英-白云母-铌钽铁矿组成。矿物成分：长石(35%)，自形至半自形柱状或粒状；石英(35%)，他形粒状为主；白云母(22%)，为鳞片状，片径大小在1~3 cm[图2-15(f)]；铌钽铁矿(8%)，为黑色，短柱状或不规则状，颗粒大小不一，小者2~5 mm，大者3~5 cm[图2-15(e)(f)]。

从不同岩性分带来看，白沙窝1~3号分带伟晶岩脉总体为富长石矿、石英矿和铌钽铁矿的矿脉。

（2）上石矿段伟晶岩。

上石矿段伟晶岩群位于白沙窝二云母二长花岗岩岩体东侧青白口系小木坪组板岩中（图2-14），伟晶岩走向北东向，地表圈出8条（编号为ρ2-1、ρ2-2、ρ2-3、ρ2-4、ρ2-5、ρ2-6、ρ2-7、ρ2-8）。地表以ρ2-4规模最大，对该伟晶岩脉钻孔（ZK0001）进行揭露（图2-16），伟晶岩脉与围岩片岩接触界面清晰平整，沿地层层理产出。钻孔揭露显示地表伟晶岩延深稳定，在深部还发育平行的隐伏伟晶岩。化学分析结果显示，第1条岩脉BeO含量均达边界品位以上（0.040%~0.095%），（Nb，Ta）$_2$O$_5$含量部分样品达边界品位（0.012%）；隐伏的第2条伟晶岩脉BeO品位为0.040%~0.127%，显示深部BeO品位增高，且产状稳定，具有较好的找矿潜力。

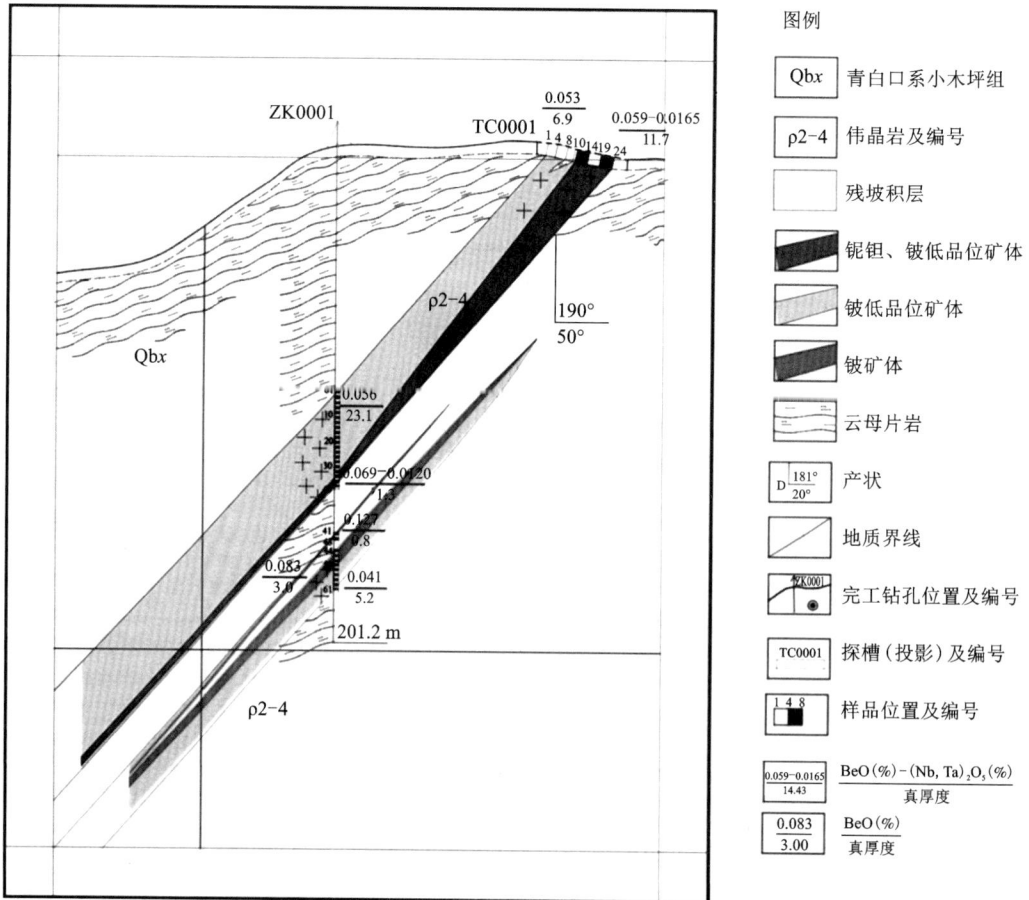

图2-16 上石矿段 ρ2-4 号伟晶岩脉剖面图(扫章首码查看彩图)

（据文春华，2017）

伟晶岩主要有钠长石伟晶岩、锂辉石-钠长石伟晶岩，以前者为主，内部不具分带性。其中细粒-中粒钠长石伟晶岩主要成分为钠长石（70%）、石英（20%）和白云母（5%），含铌钽矿及绿柱石，矿物粒径多在 0.02~0.1 mm。伟晶岩呈现弱-中等风化，见风化的腐锂辉石（品位 0.6%~1.1%）。

2.2.4　矿床地球化学特征

2.2.4.1　主量元素

白沙窝矿床伟晶岩主量元素分析结果显示其具有如下特征：

白沙窝分带伟晶岩 SiO_2 含量变化大（52%~98.9%），其中 Ⅰ 带、Ⅲ 带、Ⅴ 带 SiO_2 含量较低（52%~69.69%），Ⅱ1、Ⅱ2 和 Ⅳ 带 SiO_2 含量较高（73.7%~98.9%），反映白沙窝分带伟晶岩 SiO_2 分异明显；Al_2O_3 含量较高（11.34%~31.45%，Ⅳ 带伟晶岩除外），具较高铝饱和指数（A/CNK = 0.95~2.51），从 A/CNK-A/NK 图中可以看出，不同分带伟晶岩样品数据主要落入过铝质岩区域，为过铝质伟晶岩；具有较高的 Na_2O+K_2O 含量（6.11%~16.09%，Ⅳ 带伟晶岩除外），其中 K_2O 表现为从 Ⅰ 带到 Ⅲ 带显著增加变化，Na_2O 则呈现相反的变化规律，数据投图落入钙碱性系列岩石；具高分异指数，分异指数（DI）为 91.24~97.79（Ⅴ 带除外）；具较低的 MgO、TiO_2、CaO、P_2O_5、MnO 含量。从白沙窝分带伟晶岩 SiO_2 与主量元素的关系来看，随着 SiO_2 含量的增加，Ⅰ 带~Ⅴ 带伟晶岩中 Al_2O_3、FeO、Fe_2O_3、K_2O 含量呈现升高变化趋势，而 CaO 和 Na_2O 含量出现降低变化规律。这种规律性变化表明白沙窝分带伟晶岩具岩浆演化的特征。

上石伟晶岩具高 SiO_2 含量（74.7%~78.92%），低 K_2O（1.48%~3.67%）、MnO（0.02%~0.13%）、FeO（0.29%~0.49%）和 Fe_2O_3（0.06%~0.12%）含量的特征；碱质含量较高，$w(K_2O+Na_2O)$ 为 6.48%~8.82%，Na_2O 含量较高，为 3.91%~6.04%，K_2O/Na_2O 值为 0.25~0.85，相对富钠，样品数据主要落在钙碱性系列；Al_2O_3 含量较高，为 12.32%~15.55%，A/CNK 值变化于 1.13~1.51 范围内，样品数据均>1，为过铝质岩石；分异指数（DI）为 92.6~95.8，具极高分异指数，表明上石伟晶岩与白沙窝伟晶岩相似，也是由岩浆高分异演化形成的。

2.2.4.2　微量元素

微量元素蛛网图中，白沙窝伟晶岩不同分带样品配分模式表现为右倾型，总体表现为 Rb、Ta 和 Nb 明显富集而强烈亏损 Sr、Ba 和 Ti 等高场强元素［图 2-17（a）］。这些特征具有南岭高演化花岗岩的普遍特征（王联魁等，2000）。从 Ⅰ 带伟晶岩到 Ⅴ 带伟晶岩，K/Rb（84.6~24.8）、Zr/Hf（12.8~2.2）值逐渐降低，K/Rb、Zr/Hf 值变化特征可指示花岗伟晶岩的演化程度（Miller et al.，1982），表明白沙窝分带伟晶岩经历了强烈的分异演化作用。

上石伟晶岩与白沙窝伟晶岩具有相似的配分模式，富集 Rb、K、U，而亏损 Ba、Sr、Zr、Ti，表明上石伟晶岩同样经历了强烈的分异演化作用。稀土元素组成上，白沙窝分带伟晶岩从 Ⅰ 带到 Ⅴ 带，ΣREE 含量极低［$w(ΣREE) = 3.05×10^{-6}~4.42×10^{-6}$］，δEu 为 0.71~1.06，铕的负异常不明显，轻重稀土分异明显（$La_N/Yb_N = 4.49~6.16$）。球粒陨石标准化配分型式图［图 2-17（b）］中，白沙窝分带伟晶岩各阶段样品数据呈右倾趋势，轻重稀土分异明显。相

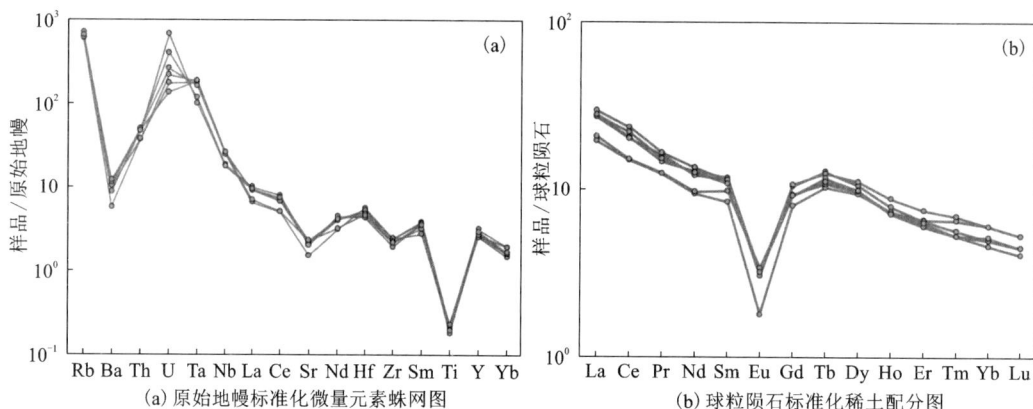

(a) 原始地幔标准化微量元素蛛网图   (b) 球粒陨石标准化稀土配分图

图 2-17 白沙窝二云母二长花岗岩原始地幔标准化微量元素蛛网图和球粒陨石标准化稀土配分图

(扫章首码查看彩图)

对于白沙窝分带伟晶岩稀土元素特征，上石伟晶岩 $w(\Sigma REE) = 0.77 \times 10^{-6} \sim 1.94 \times 10^{-6}$，稀土总量更低，$w(LREE) = 0.49 \times 10^{-6} \sim 1.67 \times 10^{-6}$，$w(HREE) = 0.27 \times 10^{-6} \sim 0.29 \times 10^{-6}$，$w(LREE)/w(HREE) = 1.73 \sim 6.28$，$\delta Eu = 0.8 \sim 1.9$，出现弱的铕正异常。白沙窝伟晶岩和上石伟晶岩稀土元素含量明显较低，且上石伟晶岩具更低的稀土元素含量，表明伟晶岩演化过程中稀土元素强烈亏损，与传梓源地区伟晶岩稀土元素特征相类似（文春华等，2016）。

2.2.4.3 稀有金属

白沙窝分带伟晶岩稀有元素含量富集程度明显不同，其中 Li 含量为 $12.2 \times 10^{-6} \sim 948 \times 10^{-6}$，Be 含量为 $23.5 \times 10^{-6} \sim 388 \times 10^{-6}$，Nb 含量为 $1.6 \times 10^{-6} \sim 144 \times 10^{-6}$，Ta 含量为 $1.9 \times 10^{-6} \sim 65.8 \times 10^{-6}$，Rb 含量为 $31.4 \times 10^{-6} \sim 2757 \times 10^{-6}$，表现为 III 带和 V 带伟晶岩中 Rb、Cs 含量有明显的富集作用，II 1 带、II 2 带、V 带伟晶岩 Li、Be、Nb、Ta 含量有明显的富集作用，反映出白沙窝伟晶岩演化过程中不同分带中伟晶岩稀有元素富集程度有明显的差别，这种分带性特征对寻找稀有金属矿床有一定指示意义。

上石伟晶岩 Li 含量为 $64.4 \times 10^{-6} \sim 314 \times 10^{-6}$，Be 含量为 $169 \times 10^{-6} \sim 710 \times 10^{-6}$，Rb 含量为 $284 \times 10^{-6} \sim 868 \times 10^{-6}$，Cs 含量为 $47.5 \times 10^{-6} \sim 293 \times 10^{-6}$，Nb 含量为 $15.3 \times 10^{-6} \sim 91 \times 10^{-6}$，Ta 含量为 $9.3 \times 10^{-6} \sim 91.3 \times 10^{-6}$。上石伟晶岩表现为 Rb 含量较高，Be 含量次之，Ta 含量相对较低的变化规律。

2.2.5 成矿作用及成矿模式

白沙窝铍锂铌钽矿床辉钼矿中铼的含量低，表明该矿床内的主要成矿物质来源于大陆地壳。湘东北地区有发育广泛的燕山期花岗岩，代表性的岩体有连云山岩体、望湘岩体和幕阜山岩体等。这些岩体形成于晚侏罗世—早白垩世，大多为典型的 S 型花岗岩。微量元素指示白沙窝矿床中花岗岩和伟晶岩就位于造山-晚造山环境。

由花岗岩向伟晶岩表现为相对分异程度增强的趋势，进一步指示形成白沙窝伟晶岩脉的花岗-伟晶岩浆可能是在中浅成、偏还原的环境下上升侵位。从野外宏观现象可以发现幕阜山岩体位于新宁-灰汤大断裂和长沙-平江大断裂之间，连云山和白沙窝岩体位于长沙-平江大断裂东侧边缘，岩体的产出受区域断裂控制。部分学者认为华南燕山期的岩浆活动与古太平洋板块俯冲作用有关（Li et al.，2007b；Jiang et al.，2009，2011）。古太平洋板块的北西向平俯冲模式更适合解释距离俯冲带约1000 km的湘东北的岩浆活动和北东向的构造格局（许德如等，2017）。从伟晶岩分布特征来看，仁里矿床和传梓源矿床内的伟晶岩脉总体走向为北西向，白沙窝矿床内伟晶岩走向近东西，均表现为伟晶岩脉沿区域断裂的次级断裂带分布，伟晶岩脉沿层理张裂隙产出，接触界面平整，表明伟晶岩形成于伸展构造环境，伟晶岩产出受构造控制。前述研究表明白沙窝岩体和连云山岩体的年龄为147~145 Ma，而白沙窝伟晶岩形成年龄为140 Ma；幕阜山岩体中二云母二长花岗岩年龄范围为140~131 Ma，幕阜山地区伟晶岩矿床的成矿年龄为140~127 Ma，表明伟晶岩形成于岩体侵位之后，造山之后相对稳定阶段才有了相对稳定的环境和有利于岩浆充分结晶分异的时空条件（王登红等，2002）。

白沙窝稀有金属矿床中的绿柱石主要分布在外侧带和过渡带，其地球化学特性整体表现为碱金属富集，铁镁质元素分散。从外侧带到过渡带，呈现碱金属元素和铁镁质元素含量均逐渐降低的趋势，且碱金属含量变化最为明显，这与稀有金属伟晶岩矿床中绿柱石的正常演化特征相反，说明白沙窝3号伟晶岩脉外侧带和内侧带的绿柱石不是正常岩浆结晶分异作用所产生，可能为同期不同阶段或者两期岩浆热液作用的结果。

另外，温度、氧化铝的饱和度、分馏程度、挥发分的含量和过冷度的变化趋势等因素共同控制着贫铍伟晶岩中绿柱石的稳定性，这些因素使得部分绿柱石晶体在伟晶岩中的分布较为分散，部分在伟晶岩成岩期的特定阶段大量沉淀。白沙窝稀有金属矿床中绿柱石在外侧带的分布情况符合前者，而在过渡带出现的晶形较好、颗粒粗大的棱柱状绿柱石产出状况则与后者相似。

在中等程度分馏花岗伟晶岩中，绿柱石具柱状、蓝绿色等物理性质和富铁、富镁、贫碱等地球化学特性；随着演化程度和分馏程度的加深，绿柱石晶体形态由柱状变为板状，颜色由蓝绿色向白色转变且开始富碱、贫镁和铁；而白沙窝稀有金属矿床中的绿柱石呈现柱状晶形，颜色为白色、浅绿和蓝绿色，富碱、贫铁、镁，故该矿床中的外侧带和过渡带伟晶岩可能处于中等程度分馏向高等程度分馏的过渡演化阶段。通常来说，伟晶岩正常的演化过程中，元素组合从边缘带到核部带应为 Be→Be-Nb-Ta→Li-Be-Nb-Ta→Li-Be-Nb-Ta-Rb-Cs。但通过分析发现，3号伟晶岩脉外侧带的Li、Cs含量都要比过渡带高，与正常的演化过程相反，这说明这两期绿柱石可能不是同一个演化过程形成的。就目前研究程度而言，白沙窝伟晶岩是二云母花岗岩经历了高度结晶分异作用所形成的。

2.2.6　教学安排

2.2.6.1　需要详细观察和了解的典型现象

1）典型矿体及控矿构造

白沙窝铍锂铌钽矿床产于二云母二长花岗岩的内外接触带中。

（1）ρ1-3号典型分带伟晶岩。该伟晶岩脉走向为近东西向90°，脉宽10~20 m，可分为边缘带、外侧带、过渡带和核部带（图2-18）。①边缘带糖粒状钠长石伟晶岩与淡色花岗

（主要为二云母花岗岩和白云母花岗岩）接触，主要矿物有钠长石、石英、白云母以及零星散布的少量石榴子石，具细晶结构，石英和长石粒径多在 3~8 mm；副矿物见有锆石和磷灰石等。②外侧带主要发育颗粒粗大的长石、石英、白云母和少量石榴子石以及呈 UST（unidirectional solidification texture，非定向固结结构）型的电气石，具伟晶结构，矿物粒径大小为 1~5 cm；副矿物见有电气石、锆石、铌钽铁矿及少量辉钼矿等。铌钽族矿物少有出露且氧化严重，为柱状，多呈红色，粒径在 1~3 cm。在该带还发育大量长石环带，环带内侧矿物为钠长石，周围环绕矿物由内到外依次为 UST 型电气石、长石、石英、石榴子石等。③过渡带包括两个单矿物带，分别为块状长石带和块状石英带（5~25 cm），伴有少量绿柱石晶簇（直径可达约 50 cm）；有少量白云母、石榴子石和铌钽族矿物发育，该侧顶部和底部均发育伟晶岩。④核部带主要发育块体石英、长石，为伟晶-巨晶结构。

（2）无分带伟晶岩。无分带伟晶岩主要为 ρ1-4 号脉，可见伟晶岩脉侵入细粒和中粗粒花岗岩中，延伸较远，侵入形态不规则；伟晶岩主要成分为石英、长石、白云母；伟晶岩中偶见环带，环带从内到外矿物依次环绕，分别为长石、白云母、石英、石榴子石、电气石。

2）典型岩矿石

矿区伟晶岩广泛出露，主要有细粒长石锂辉石伟晶岩、含电气石云母石英伟晶岩、石榴子石云母石英长石伟晶岩、含粗粒电气石石榴子石伟晶岩、含电气石长石伟晶岩、含微斜长石石榴子石云母长石伟晶岩、含线状铌钽矿石榴子石伟晶岩、含带状石榴子石绿柱石伟晶岩、含电气石石榴子石石英细脉长石伟晶岩、含粗粒电气石石榴子石绿柱石长石伟晶岩、含巨晶电气石伟晶岩、UST 结构（非定向固结结构）长石石英云母伟晶岩等（图 2-18）。伟晶岩型矿石即富有有用矿物的伟晶岩，矿石类型颇多，矿物种类复杂，随着矿石类型的不同，其内的矿物组合也会发生改变。目前产出矿石主要有石英矿、长石矿、铌钽矿等。对坑道揭露的典型伟晶岩特征简述如下。

（1）细粒长石锂辉石伟晶岩。该伟晶岩[图 2-19（a）]出露于上石地区，风化面颜色呈灰黑色，新鲜面颜色呈灰白色，具细粒结构，矿物颗粒宽 0.3~3 cm。其内锂辉石（80%）与长石（10%）、石英（7%）和极少量白云母（3%）共生。锂辉石：呈柱状或纤维状产出，柱面具纵纹，柱体长 0.5~2 cm，颜色为灰白色，具珍珠光泽，完全解离，含量约 60%，与长石、石英、白云母共生。石榴子石：肉红色，集合体呈致密粒状，粒径 0.1~2.0 mm，玻璃光泽，无解理，透明-半透明，裂纹发育，含量较少，约 3%。长石：白色，玻璃光泽，透明，解理较完全，含量约 19%。石英：无色透明，呈致密的粒状集合体，粒径大小为 0.1~1.5 cm，玻璃光泽，有贝壳状断口，含量约 10%。白云母：单晶体为板状，集合体为鳞片状，珍珠光泽，极完全解离，颗粒大小为 0.5~1.0 cm，含量约 8%。在单偏光镜下，锂辉石呈短柱状和平行的板状晶体，晶面具纵纹，有裂理且近 90°，正高突起，无色；长石无色，板状，自形程度较高，负低突起；石英呈他形粒状，无色，无解理，表面光滑，正低-中突起；白云母呈一组完全解离的纵切面，呈长条状，无色，正中突起，可见微弱的闪突起。在正交镜下，锂辉石干涉色为一级橙至二级绿，消光角较小，正延性；长石最高干涉色为一级灰或灰白，平行消光；石英最高干涉色为一级灰白，波状消光，正延性；白云母干涉色鲜艳，二级顶至三级顶，平行长条形切面和解理方向为慢光，近平行消光，横切面不见解理，在该薄片中观察到其干涉色为绿色[图 2-20（c）（d）]。

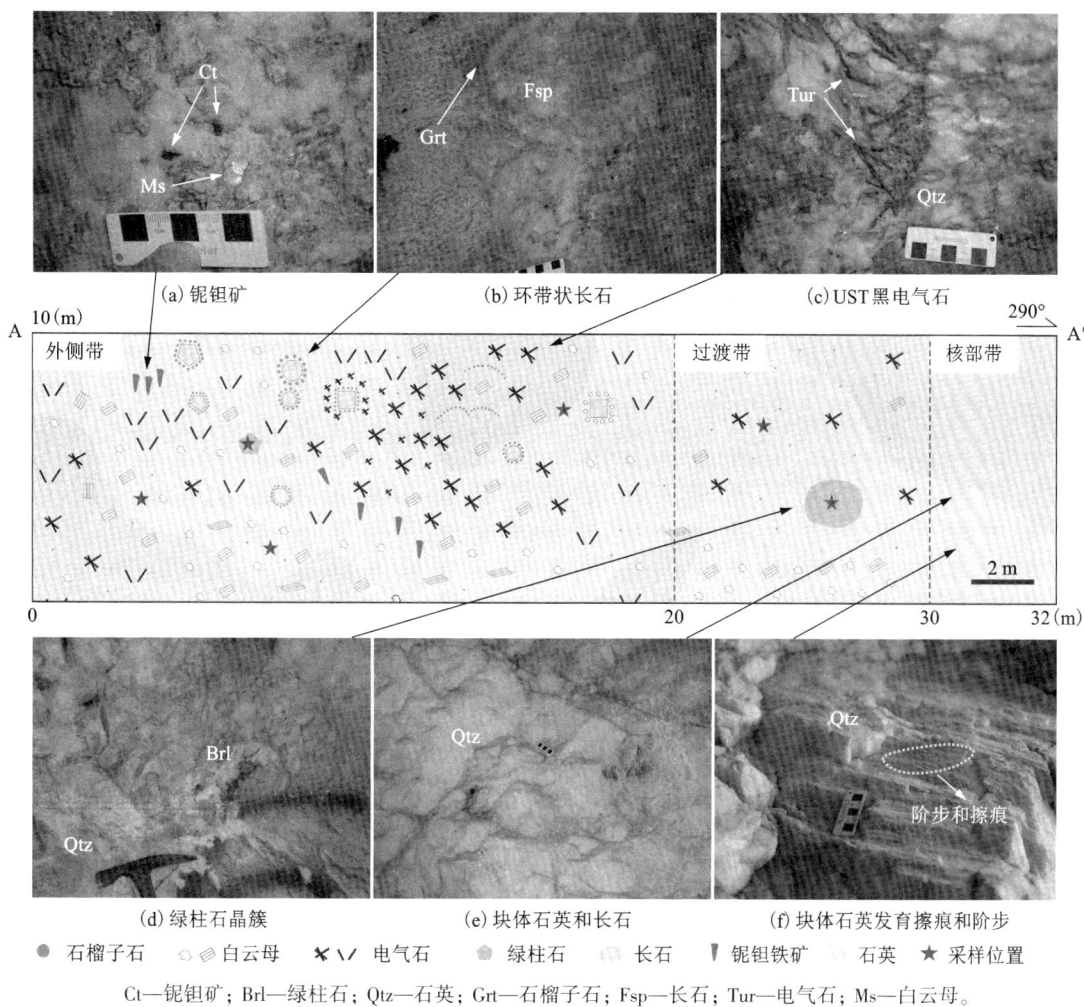

(a) 铌钽矿　　　　　　　　(b) 环带状长石　　　　　　　(c) UST 黑电气石

(d) 绿柱石晶簇　　　　(e) 块体石英和长石　　　(f) 块体石英发育擦痕和阶步

● 石榴子石　◌ 白云母　✕ ＼ 电气石　⬠ 绿柱石　▱ 长石　▮ 铌钽铁矿　▱ 石英　★ 采样位置

Ct—铌钽矿；Brl—绿柱石；Qtz—石英；Grt—石榴子石；Fsp—长石；Tur—电气石；Ms—白云母。

图 2-18　白沙窝矿床 ρ1-3 号伟晶岩分带素描图及典型野外照片（扫章首码查看彩图）

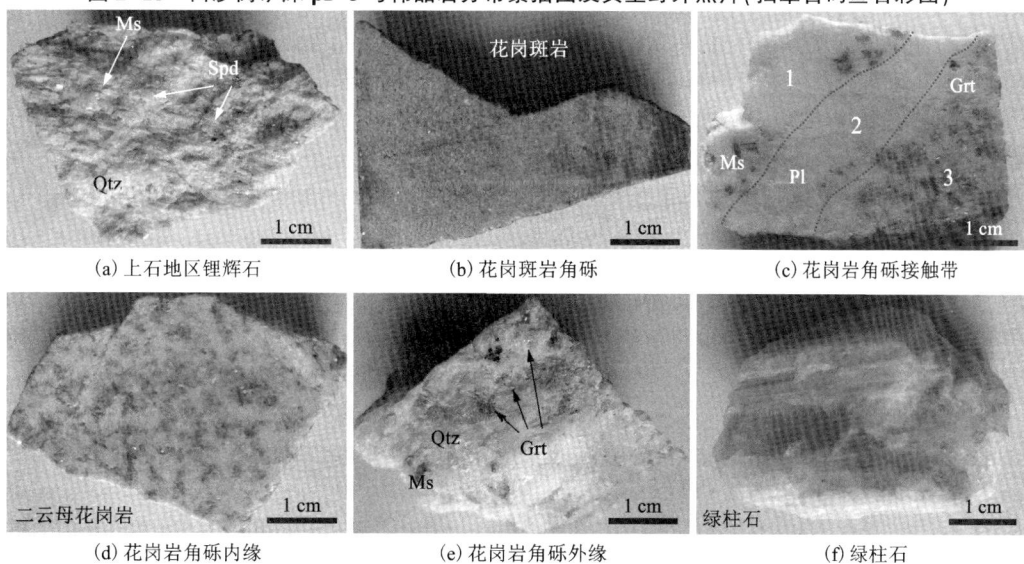

(a) 上石地区锂辉石　　　(b) 花岗斑岩角砾　　　(c) 花岗岩角砾接触带

(d) 花岗岩角砾内缘　　　(e) 花岗岩角砾外缘　　　(f) 绿柱石

Ms—白云母；Spd—锂辉石；Qtz—石英；Pl—斜长石；Grt—石榴子石。

图 2-19　野外岩矿标本照片（扫章首码查看彩图）

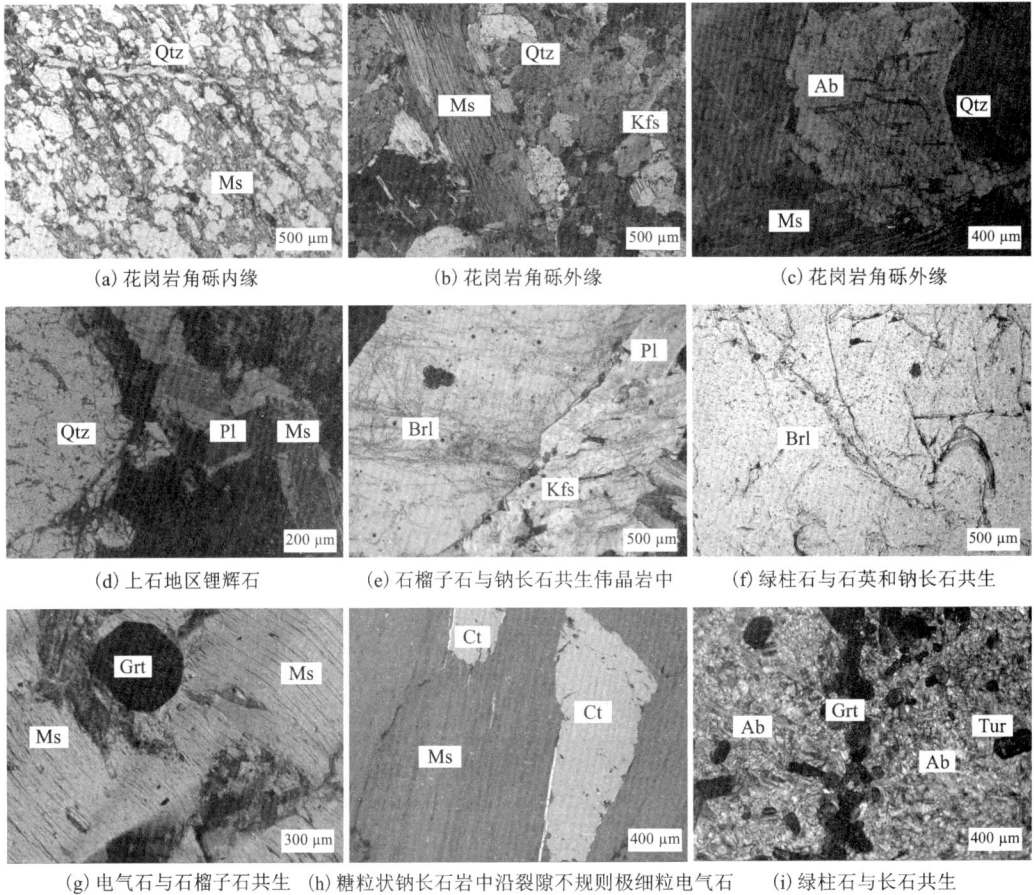

(a) 花岗岩角砾内缘 　　　　(b) 花岗岩角砾外缘 　　　　(c) 花岗岩角砾外缘

(d) 上石地区锂辉石 　　(e) 石榴子石与钠长石共生伟晶岩中 　　(f) 绿柱石与石英和钠长石共生

(g) 电气石与石榴子石共生 　(h) 糖粒状钠长石岩中沿裂隙不规则极细粒电气石 　(i) 绿柱石与长石共生

Qtz—石英；Ms—白云母；Kfs—钾长石；Ab—钠长石；Pl—斜长石；Brl—绿柱石；
Grt—石榴子石；Ct—铌钽铁矿；Tur—电气石。

图 2-20　白沙窝矿床伟晶岩显微照片(扫章首码查看彩图)

（2）含石榴子石长石伟晶岩：该伟晶岩中长石(90%)含量较多，与石榴子石(10%)共生。在单偏光镜下，石榴子石呈菱形十二面体和四角八面体，不规则粒状集合体，无解理，有裂理，正高突起；长石呈淡红色，板状，呈阶梯状，自形程度较高，负低突起。在正交镜下，长石干涉色较为鲜艳，为粉红色，平行消光；石榴子石特征明显，呈全消光，但易于与小裂隙混淆[图 2-20(d) (e)]。

（3）含电气石石英伟晶岩。在 ρ1-3 号伟晶岩坑道内，含电气石石英伟晶岩主要在外侧带集中发育，其内矿物有电气石、石英、长石和少量白云母，电气石 UST 结构(非定向固结结构)明显，颜色多为黑色或深绿色，无解理，呈柱状或针状产出，长轴方向长 1.0~5 cm，含量较少，约 10%，其出露周围常有大小不等的近圆形长石环带；石英呈粒状产出，颗粒较小，粒径为 0.5~1.0 cm，含量约 70%，长石呈环带状或块状产出，含量约 20%[图 2-19(c) (f)]。

（4）含电气石钠长石伟晶岩。该伟晶岩中电气石晶体柱体较长，柱面含近乎垂直长柱的裂纹，无解理；钠长石多呈糖粒状产出。在单偏光镜下，电气石呈长柱状或短柱状，灰褐色，有裂理，正中突起；钠长石呈糖粒状产出，无色，半自形，负低突起。在正交镜下，电气石干涉色为蓝绿色，平行消光，负延性；钠长石干涉色为粉红色，负低突起[图 2-20(e)(g)(h)]。

(5)铌钽族矿物。在 ρ1-3 号伟晶岩坑道内，零星出露铌钽族矿物，风化较严重的颜色多为黑褐色，矿物颗粒大小为 0.5~2 cm，风化较轻的多为黑色，呈板柱状或锥状产出，矿物颗粒大小为 0.5~1.5 cm，自形程度较高，含量较少，多见于伟晶岩中，与白云母、石英、长石等矿物共生[图 2-19(b)(g)]，其在反光镜下呈灰白色[图 2-20(f)]。

2.2.6.2　思考题

(1)白沙窝伟晶岩的分布是否符合伟晶岩经典区域分带规律？

(2)伟晶岩的内部分带特征有哪些？

(3)分带伟晶岩对矿产勘查有什么指示意义？

参考文献

[1]　Cempirek J, Novak M. Hydroxylherderite and associated beryllophosphates from Rozna-Borovina pegmatite[J]. Acta Musei Moravias Science Geology, 2006, 91: 79-88.

[2]　Dostal J. Rare-metal deposits associated with alkaline/peralkaline igneous rocks[J]. Reviews in Economic Geology, 2016, 18: 33-54.

[3]　Ercit T S. REE-enriched granitic pegmatites[J]. Geological Association of Canada Short Course Notes, 2005, 17: 175-199.

[4]　Fan Z W, Xiong Y Q, Shao Y J, et al. Textural and chemical characteristics of beryl from the Baishawo Be-Li-Nb-Ta pegmatite deposit, Jiangnan Orogen: Implication for rare metal pegmatite genesis[J]. Ore Geology Reviews, 2022: 105094.

[5]　Freeman S. Occurrence and production of beryllium[J]. Encyclopedia of Inorganic and Bioinorganic Chemistry, 2011: 1-11.

[6]　Gunn G. Critical Metals Handbook[M]. John Wiley & Sons Ltd., Oxford, 2014.

[7]　Gatta G D, Nestola F, Bromiley G D, et al. The real topo-logical configuration of the extra-framework content in alkali-poor beryl: A multi-methodological study[J]. American Mineralogist, 2006, 91: 29-34.

[8]　Goldman D S, Rossman G R, Dollase W A. Channel constituents in cordierite[J]. American Mineralogist, 1977, 62: 1144-1157.

[9]　Groat L A, Giuliani G, Marshall D D, et al. Emerald deposits and occurrences: A review[J]. Ore Geology Reviews, 2008, 34: 87-112.

[10]　Li P, Li J, Liu X, et al. Geochronology and source of the rare-metal pegmatite in the Mufushan area of the Jiangnan orogenic belt: A case study of the giant Renli Nb-Ta deposit in Hunan, China[J]. Ore Geology Reviews, 2020, 116: 103237.

[11]　London D. Ore-forming processes within granitic pegmatites[J]. Ore Geology Reviews, 2018, 101: 349-383.

[12]　Lusher J A, Sebba F. The separation of aluminium from beryllium by ion flotation of an oxalato-aluminate complex[J]. Journal of Applied Chemistry, 2010, 15(12): 577-580.

[13]　US Geological Survey. Minerals Yearbook 2011[R]. Washington, DC, USA, 2013.

[14]　Foley N K, Hofstra A H, Lindsey D A, et al. Occurrence model for vol-canogenic beryllium deposits

［R］. Washington, DC, USA, 2010.

［15］Neiva A M R, Neiva J M C. Beryl from the granitic pegmatite at Namivo, Alto Ligonha, Mozambique［J］. Neues Jahrb Mineral-Abh, 2005, 181: 173-182.

［16］Sun Y, Wu S, Dong D, et al. Gas hydrates associated with gas chimneys in fine-grained sediments of the northern South China Sea［J］. Marine Geology, 2012, 311: 32-40.

［17］Uher P, Chudik P, Bacik P, et al. Beryl composition and evolution trends: an example from granitic pegmatites of the beryl-columbite subtype, Western Carpathians, Slovakia［J］. Journal of Geosciences, 2010, 55(1): 69-80.

［18］Wen C H, Shao Y J, Xiong Y Q, et al. Ore genesis of the Baishawo Be-Li-Nb-Ta deposit in the northeast Hunan Province, south China: Evidence from geological, geochemical, and U-Pb and Re-Os geochronologic data［J］. Ore Geology Reviews, 2021, 129: 103895.

［19］Xiong Y Q, Jiang S Y, Wen C H, et al. Granite-pegmatite connection and mineralization age of the giant Renli Ta-Nb deposit in South China: Constraints from U-Th-Pb geochronology of coltan, monazite, and zircon［J］. Lithos, 2020, 358: 105422.

［20］杜胜江, 温汉捷, 秦朝建, 等. 云南麻栗坡县马卡钨多金属矿床中铍赋存状态研究及意义［J］. 矿物学报, 2014, 34(4): 446-450.

［21］郭进学. 湖北某地钠长石化花岗岩中发现锌日光榴石［J］. 地质论评, 1966, 24(2): 141-142.

［22］何畅通, 秦克章, 李金祥, 等. 喜马拉雅东段错那洞钨-锡-铍矿床中铍的赋存状态及成因机制初探［J］. 岩石学报, 2020, 36(12): 3593-3621.

［23］侯晓志, 刘占宁, 韩炜, 等. 内蒙古克什克腾旗黄岗梁多金属矿锡、铍的赋存状态［J］. 矿物学报, 2017, 37(6): 807-812.

［24］金庆花. 火山岩型铍矿床地质地球化学特征对比研究与找矿方向［D］. 北京: 中国地质大学(北京), 2015.

［25］李建康, 邹天人, 王登红, 等. 中国铍矿成矿规律［J］. 矿床地质, 2017, 36(4): 951-978.

［26］李鹏春, 陈广浩, 许德如, 等. 湘东北新元古代过铝质花岗岩的岩石地球化学特征及其成因讨论［J］. 大地构造与成矿学, 2007(1): 126-136.

［27］李三忠, 张国伟, 周立宏, 等. 中、新生代超级汇聚背景下的陆内差异变形: 华北伸展裂解和华南挤压逆冲［J］. 地学前缘, 2011, 18(3): 79-107

［28］林德松. 华南-蚀变火山岩型绿柱石矿床的成因探讨［J］. 矿床地质, 1985, 4(3): 19-30.

［29］刘锋, 张志欣, 李强, 等. 新疆可可托海3号伟晶岩脉成岩时代的限定: 来自辉钼矿Re-Os定年的证据［J］. 矿床地质, 2012, 31(5): 1111-1118.

［30］毛景文, 谢桂青, 李晓峰, 等. 华南地区中生代大规模成矿作用与岩石圈多阶段伸展［J］. 地学前缘, 2004, 11(1): 45-55.

［31］孙绪德, 尹升, 张海芳, 等. 荣成大瞳刘家铍矿矿物赋存状态［J］. 山东国土资源, 2014, 30(6): 32-34, 40.

［32］文春华, 邵拥军, 黄革非, 等. 湖南尖峰岭稀有金属花岗岩地球化学特征及成矿作用［J］. 矿床地质, 2017, 36(4): 879-892.

［33］吴福元, 李献华, 杨进辉, 等. 花岗岩成因研究的若干问题［J］. 岩石学报, 2007, 23(6): 1217-1238.

［34］伍光英, 陈辉明, 贾宝华, 等. 湘东北长三背花岗岩体成因机制研究［J］. 华南地质与矿产, 2001(1): 23-35.

［35］吴润秋, 饶灿, 王琪, 等. 关键金属铍的电子探针分析［J］. 科学通报, 2020, 65(20): 2161-2168.

［36］禹秀艳. 新疆南部祖母绿(绿柱石)与哥伦比亚、云南祖母绿矿床矿物学特征对比研究［D］. 乌鲁木齐:

新疆大学，2012.

[37] 赵同新，陈文迪，殷婷，等.电子探针对含 Be 矿物绿柱石的定量分析[J].矿物学报，2020，40(2)：169-175.

[38] 钟石玉，熊意林，杨成，等.大悟县杨新岩铍矿点含铍矿物赋存状态与成因研究[J].资源环境与工程，2020，34(4)：518-524.

[39] 徐先兵，张岳桥，贾东，等.华南早中生代大地构造过程[J].中国地质，2009，36(3)：573-593.

[40] 朱金初，王汝成，陆建军，等.湘南癩子岭花岗岩体分异演化和成岩成矿[J].高校地质学报，2011，17(3)：381-392.

[41] 张岳桥，李海龙，吴满路，等.岷江断裂带晚新生代逆冲推覆构造：来自钻孔的证据[J].地质论评，2012，58(2)：215-223.

第3章 岩浆热液型钨锡矿床

扫码查看本章彩图

3.1 湘南柿竹园矽卡岩-云英岩型钨多金属矿床

3.1.1 自然地理概况

柿竹园钨多金属矿田位于湖南省郴州市南东 16 km 处(图 3-1),主要开采企业为中国五矿集团有限公司旗下的湖南柿竹园有色金属有限责任公司。自矿区由水泥矿山公路往北约 2.5 km 至郴州大道(郴资桂高等级公路),再西行 11 km 可达郴州城区,与京广铁路、京港澳高速、武广高铁、厦蓉高速相连,交通方便。矿床位于西山山脉与万盖山山脉之间,矿区东、西、南三面为高山地区,群山簇立,沟谷纵横,北面为丘陵区,地势开阔。区域具有亚热带与温带过渡性气候特征,四季分明,季节温度变化较大,雨水充沛。区内以柿竹园矿山及其他乡镇矿山采矿经济活动为主。当地农村居民以小村落居住为主,人多田少。

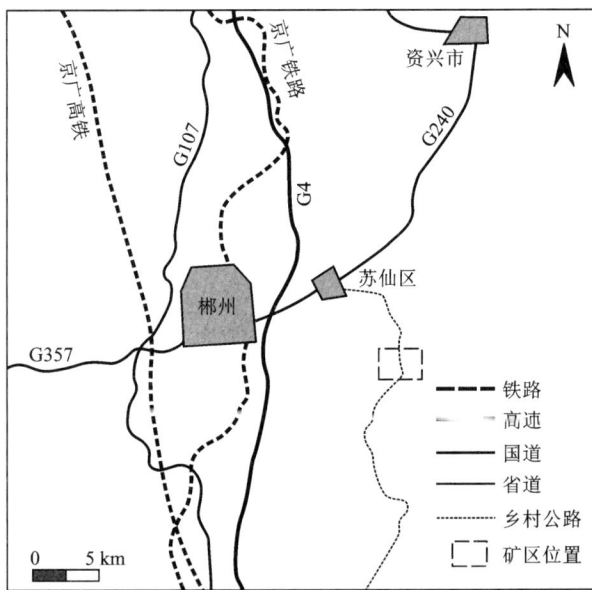

图 3-1 柿竹园矿区交通位置图

3.1.2 区域地质背景

3.1.2.1 大地构造位置

按《中国区域地质志·湖南志》(湖南省地质调查院,2017)的构造单元划分方案,湘东南地区处于华夏陆块内。湘东南地区又以茶陵-郴州-临武断裂带为界,西侧为桂阳-宁远坳褶带,东侧为炎陵-汝城冲断褶隆带。在成矿带的划分方面,湘南地区属于传统南岭成矿带的中段，成矿以钨锡并重为特点，区别于南岭东段以钨为主，南岭西段以锡为主的成矿特点(华仁民等，2010)。近20年来，对北东向经过湘南地区的钦杭成矿带的识别和深化研究(郭春丽等，2013；周永章等，2017)，促进了对湘南地区成矿的认识，目前认为湘南地区在构造位置上位于北东向钦杭结合带与东西向南岭成矿带的叠合部位。湘南地区中生代构造岩浆活动强烈，并形成了众多的以W-Sn-Pb-Zn为主的大型-超大型矿床(图3-2)。

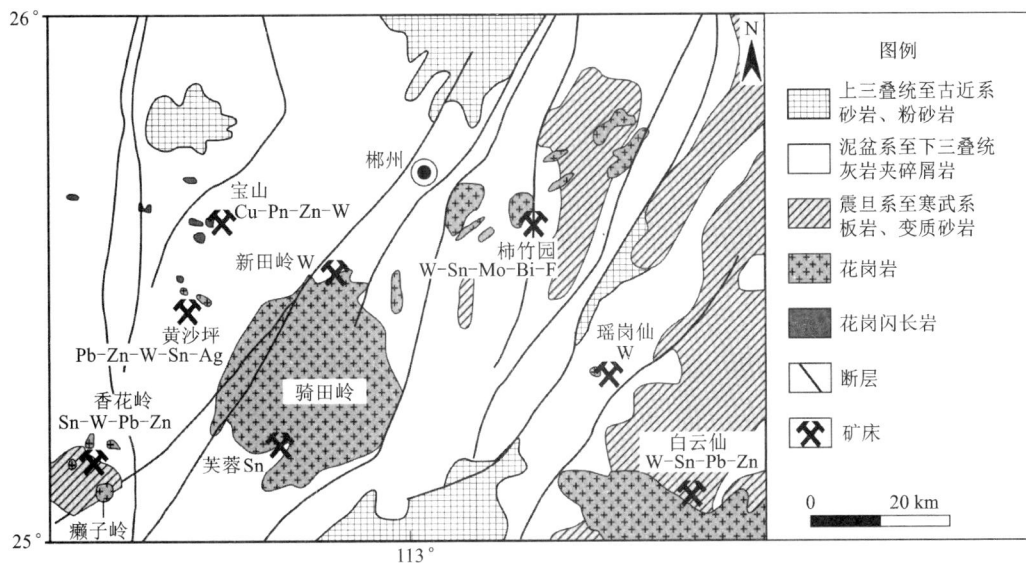

图3-2 湘南地区地质矿产简图(扫章首码查看彩图)

(据 Peng et al. , 2006)

3.1.2.2 区域地层

湘南地区出露地层从南华系到第四系均有分布，其中以南华系—寒武系、泥盆系—三叠系尤为发育。南华系—寒武系以碎屑岩类、碳质板岩、硅质岩为主。泥盆系—中三叠统广泛出露，主要属滨海-浅海相碳酸盐岩沉积建造和海陆交互相的碎屑岩沉积。上三叠统—侏罗系属陆相含煤盆地建造。白垩系—第四系广泛发育，属红色陆相裂陷盆地沉积。

古生界碳酸盐岩沉积建造和碎屑岩沉积在湘南地区分布广泛，这对成矿热液的交代，成矿物质的活化、迁移和集聚十分有利，构成了区内主要的赋矿层位。湘南地区目前揭露的钨铅锌锡矿床，其赋存层位主要为晚古生界地层，如柿竹园钨锡多金属矿赋存于泥盆系和石炭系碳酸盐岩地层中；香花岭锡矿除少数产于寒武系浅变质岩地层外，多数矿体产于泥盆系碎屑岩-碳酸盐岩地层中。瑶岗仙钨矿床的围岩除少量寒武系浅变质地层外，主要为泥盆系碎屑岩和碳酸盐岩。黄沙坪铅锌多金属矿床和宝山铜铅锌多金属矿床的围岩主要为石炭系碳酸盐岩。

3.1.2.3 区域构造

湘南地区地壳经历长期的演化，不同时期形成了各具特色的褶皱-断裂等构造形变形迹。湖南省地质调查院将湘东南地区划分为两个构造单元：以茶陵-郴州-临武断裂带为界，西侧为桂阳-宁远坳褶带，东侧为炎陵-汝城冲断褶隆带。构造形变褶皱断裂发育，按构造形成时代可划分出加里东期、印支期、燕山期。褶皱构造中,加里东期主要形成了分布在九嶷山地区的东西向褶皱,东江湖东部地区的东西-北西西向褶皱;印支期在耒阳-嘉禾-宜章地区发育一系列复杂的类侏罗山式褶皱群,在炎陵-汝城地区发育一系列隔槽式褶皱群(柏道远等,2006;湖南省地质调查院,2017)。

湘南地区呈现的主要区域性断裂有两组:南北向断裂和北东向断裂。前者为印支期褶皱伴随的断裂,后者为以茶陵-郴州-临武断裂为主的深大断裂。其中茶陵-郴州-临武断裂是湘南地区最重要的控岩、控矿断裂之一。

3.1.2.4 区域岩浆岩

湘南地区岩浆活动总体上以花岗质侵入岩为主,时代上加里东期、印支期、燕山期均有发育,尤其以燕山期花岗岩最为强烈。各时期花岗岩的类型整体特征如下:加里东期岩体,岩性主要为花岗闪长岩、辉石闪长岩和英云闪长岩等,通常与成矿无关;印支期岩体,常以岩基形态产出,主要岩石类型包括黑云母花岗闪长岩、黑云母二长花岗岩及二云母二长花岗岩等,该期岩体与局部矿化富集形成有关;燕山期花岗岩在研究区发育最为广泛,岩浆分异程度高,岩石类型主要包括黑云母二长花岗岩、二云母花岗岩、花岗闪长岩等,这期岩浆活动与该区广泛的钨-锡多金属成矿作用关系密切(弥佳茹,2016)。根据岩浆岩的岩石类型及成矿差异,前人划分出两种类型的花岗岩:①花岗质岩体,包括千里山、骑田岭、黄沙坪、香花岭等,与 W、Sn、Nb、Ta 以及 REE 等成矿关系密切;②花岗闪长质岩体,以水口山、宝山、铜山岭等为代表,与 Cu、Pb、Sb、Au 等的矿化有关(毛景文等,1995;华仁民等,2003;姚军明等,2005)。

3.1.2.5 区域矿产

区内金属矿产资源丰富,类型众多。矿种以 W、Sn、Pb、Zn 为主,次为 Cu、Mo、Bi、Au、Ag 等。矿床类型以矽卡岩型和岩浆热液充填交代型(具体包括石英脉型和蚀变岩型)为主,其次为云英岩型和斑岩型。代表性矿床有瑶岗仙、新田岭、柿竹园、香花铃、芙蓉、黄沙坪、宝山等(图 3-2)。

3.1.3 矿床地质特征

3.1.3.1 矿区地质

1)矿区地层

矿区内出露的地层主要为下震旦统、中上泥盆统,其次是少量下石炭统及第四系。

(1)下震旦统:为泗洲山组(Z_1s),分布于矿区东部,主要为浅变质砂岩与板岩。

(2)中上泥盆统:分布于矿区中部,呈北北东向延伸,组成东坡-月枚复式向斜的槽部及两翼地层。中、上统均连续沉积,与下伏震旦系呈角度不整合(多见断层接触)。中统分跳马涧组(D_2t)和棋梓桥组(D_2q),上统分佘田桥组(D_3s)和锡矿山组(D_3x)。

跳马涧组分为两段:下段(D_2t^1)由细-中粒石英砂岩夹粉砂质页岩、含砾石英粉砂岩组成,厚度 150~200 m。上段(D_2t^2)为厚层状细粒石英砂岩夹粉砂岩、页岩,厚度>203 m。

棋梓桥组可分为 3 个岩性段:下段(D_2q^1)为灰色厚层泥-粉晶白云岩、泥晶白云质灰岩,总厚度>129 m。中段（D_2q^2）为灰色厚层–巨厚层层纹状泥–粉晶灰岩、生物碎屑粉晶灰质白云岩、浅灰色条带状含泥灰岩，中部夹薄层状泥灰岩，总厚度160 m。上段（D_2q^3）为灰色、深灰色细晶白云岩及含层孔虫粉晶云质灰岩、粉晶含云灰岩，厚度131~216 m。

佘田桥组是区内主要赋矿层位，可分为4个岩性段：第一段（D_3s^1）上部为深灰色厚层状灰岩夹灰白色灰岩，下部为深灰色中厚层含泥–泥质灰岩，厚约35 m。第二段（D_3s^2）上部为深灰色厚层含泥质灰岩，下部为深灰色薄层状泥质灰岩，总厚度约51 m。第三段（D_3s^3）上部为浅灰–灰色中厚层状含泥质灰岩，有不同程度的蚀变现象，形成大理岩或大理岩化灰岩，接触带上则形成矽卡岩或（不规则）网脉状大理岩，该层为矿段的主要成矿围岩，厚约45 m；下部为深灰色薄层状泥质条带灰岩，其顶部有一层厚约50 cm的薄层泥质灰岩，向下夹厚层泥质条带灰岩，厚约82 m。第四段（D_3s^4）上部为深灰色中厚层状灰岩，中部为深灰薄–中厚层泥质条带灰岩，下部为深灰色厚层灰岩，厚约82 m。

锡矿山组为两个岩性段：第一段（D_3x^1）上部为灰色薄至中层状粉–泥晶灰岩，含燧石结核或燧石条带；中部为深灰色厚–巨厚层粉–泥晶含云灰岩；下部为灰色中厚层状、条带（纹）状粉–泥晶含云灰岩，总厚度315~351 m。第二段（D_3x^2）上部为灰黄色中–厚层状石英粉砂岩、深灰–灰黑色中厚层状碳泥质粉砂岩、粉砂质页岩、页岩，下部为灰色薄层状泥灰岩、砂质泥灰岩与钙质粉砂岩、泥质页岩夹层或互层，总厚度83~107 m。

2）矿区构造

（1）褶皱构造。区内一级褶皱构造为东坡–月枚复式向斜，轴向为10°~15°，其东西侧各有一条断层面外倾的高角度冲断层，与毗邻的五盖山背斜、西山背斜相隔，构成一对冲断陷式复式向斜。区内二级褶皱有6个，由东到西依次为：金狮岭向斜、古塘背斜、中山向斜、岔路口背斜、金船塘向斜、观音坐莲背斜。

（2）断裂构造。区内断裂构造发育，按其走向和力学性质大致可以分为南北向（包括北北东–北北西向）压性（或压扭性）断裂、北东向压扭性断裂、北西向（300°~330°）扭性断裂及东西向张性断裂4组。

3）矿区岩浆岩

矿区岩浆岩为千里山岩体，呈岩株状，走向近南北，平面出露北宽南窄，形似倒葫芦状，面积近10 km²。该岩体形成于燕山早期，由于构造运动的多期性，岩浆活动具有多期、多阶段侵入特点，形成了复式酸性岩体。关于千里山复式岩体的期次划分存在不同的划分方案（王昌烈等，1987；徐文光等，1987；王书凤和张绮玲，1988；毛景文等，1998；陈荣华和刘亚新，2015；郭春丽等，2015）。主要发育三期花岗岩（图3–3），第一期由边缘相（γ_5^{2-1a}）和中心相（γ_5^{2-1b}）组成，其中边缘相由细粒、中细粒斑状黑云母花岗岩组成，分布于千里山岩体的周缘，中心相由中—粗粒黑云母花岗岩组成，分布于岩体中心位置。第二期（γ_5^{2-2}）由细粒斑状黑云母花岗岩组成，主要侵位于岩体中南部和玛瑙山地段。第三期（γ_5^{2-3}）由细粒花岗岩组成，出露规模小，主要分布于岩体南段边缘相，在岩体北部局部地段发育。郭春丽等（2015）采用锆石Cameca U-Pb定年显示第一期花岗岩的年龄为154.5~152.3 Ma，第二期花岗岩的年龄为152.4~151.6 Ma，花岗斑岩的年龄为152.1~151.7 Ma，因此，不同期次岩体锆石年代学显示花岗岩形成时代相近。前人对千里山花岗岩进行岩相学、矿物组合、元素和同位素地球化学特征研究，认为其属于A2型花岗岩，由中生代变质基底部分熔融形成（Jiang et al., 2008；Jiang et al., 2009）。

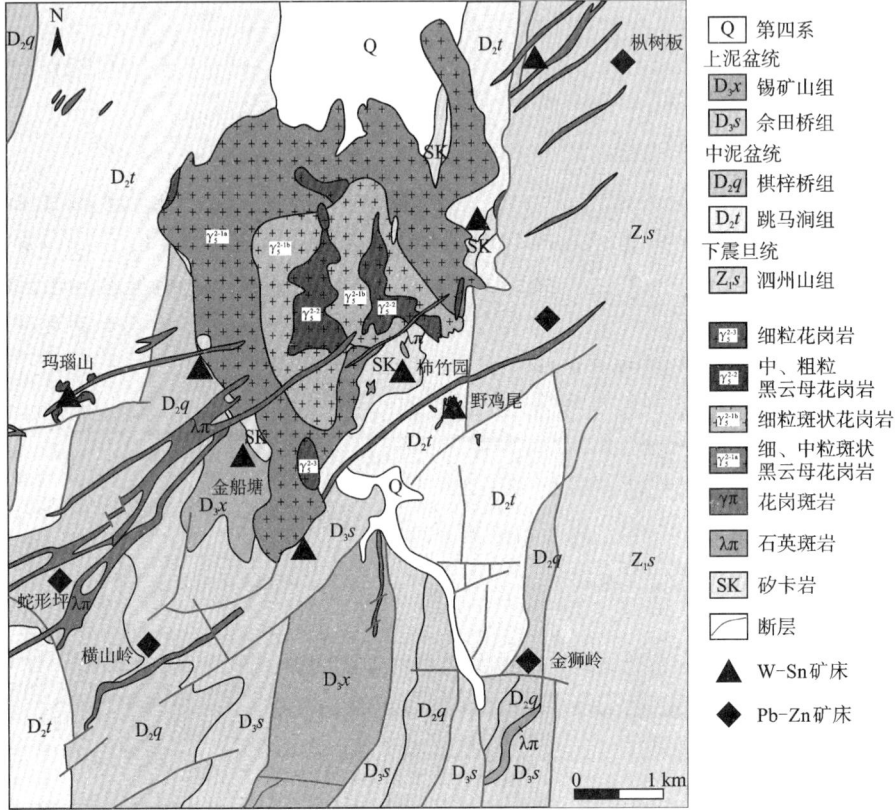

图 3-3　柿竹园矿田地质简图（扫章首码查看彩图）

（据陈荣华和刘亚新，2015）

　　柿竹园矿田内已查明的矿种主要有钨、锡、钼、铋、铜、铅、锌等有色金属矿产，铁、锰等黑色金属次之。钨锡钼铋矿床主要分布在千里山花岗岩体的接触带，除规模巨大的柿竹园矿床外，还有野鸡尾、岔路口、水湖里、天鹅塘等大、中型矿床；在离主体花岗岩较远及花岗斑岩两侧的灰岩中，有中温热液铅锌矿床分布，如金船塘、蛇形坪、横山岭、金狮岭、东坡山、野鸡尾等中、小型矿床；在碎屑岩中有裂隙充填型锡铅锌矿，如红旗岭、南风坳、枞树板等，规模达中至大型；铁锰主要分布于柿竹园矿田西部的玛瑙山、玉皇庙、枫树下一带，矿床规模属中、小型。

3.1.3.2　矿体特征

1）柿竹园钨锡钼铋矿体

　　柿竹园钨锡钼铋矿床具有矿床规模巨大、矿体形态简单、矿石组分复杂、有用组分繁多、矿物颗粒细小和加工技术复杂的特点。矿体产于细-中粗粒黑云母二长花岗岩与棋梓桥组白云质灰岩和佘田桥组泥质条带状灰岩夹泥灰岩的接触带。矿体形态呈似层状，近南北向展布，长约 1000 m，宽 600～850 m，厚度 150～300 m，最厚达 500 m。整个矿体略向东倾，倾角

5°~20°。根据矿体产出部位、矿化特点和矿石类型，以花岗岩为中心向外依次为Ⅰ、Ⅱ、Ⅲ、Ⅳ四个矿带，各矿带之间界线不明显，呈渐变过渡关系，各矿带之间有时有穿插和包含现象（图3-4）。

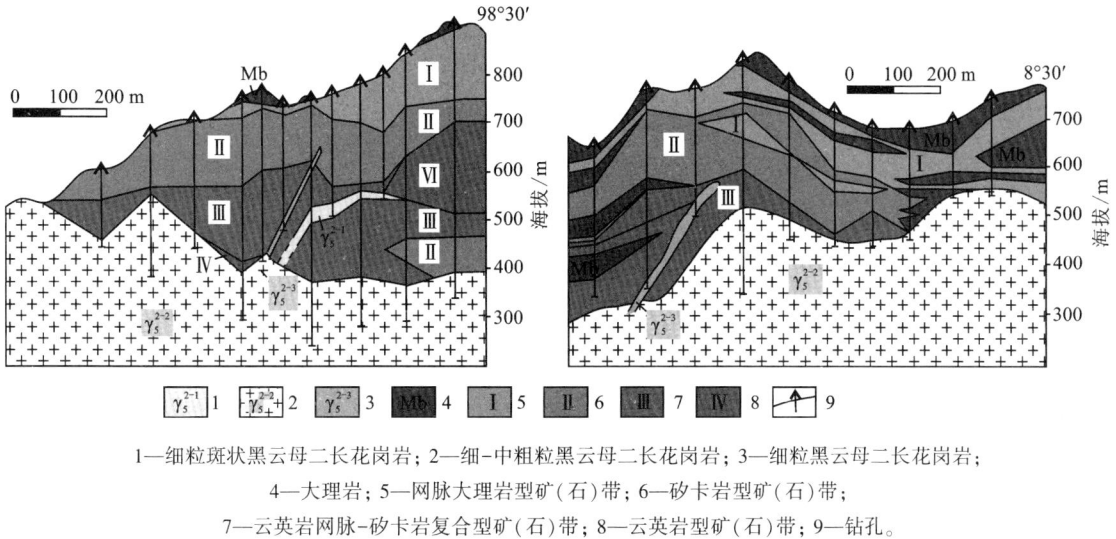

1—细粒斑状黑云母二长花岗岩；2—细-中粗粒黑云母二长花岗岩；3—细粒黑云母二长花岗岩；
4—大理岩；5—网脉大理岩型矿（石）带；6—矽卡岩型矿（石）带；
7—云英岩网脉-矽卡岩复合型矿（石）带；8—云英岩型矿（石）带；9—钻孔。

图3-4　柿竹园钨锡钼铋矿床20线及Ⅶ线剖面图（扫章首码查看彩图）

（据徐文光等，1987）

Ⅰ矿带为产于外接触带网脉大理岩和矽卡岩化大理岩中的锡（铍）矿带，矿物及元素组合较为简单，由大量密集而相互交错的细脉穿插充填于大理岩中所形成[图3-5(l)]，主要有用矿物为锡石，赋存于穿插在大理岩脉中的黑鳞云母脉、电气石脉、斜长石脉、绿泥石脉及硫化物脉等细脉中，此带矿化较弱，品位低，矿物粒度小。

Ⅱ矿带为产于正接触带上部及旁侧矽卡岩中的钨铋矿带，矿物及元素组合较为复杂，主要有用矿物为白钨矿和辉铋矿，白钨矿呈浸染状，辉铋矿呈细（微）脉状产出。矿体规模大，矿化连续性好，较为稳定，呈似层状、透镜状。由于多阶段的矽卡岩化作用，矽卡岩可见块状矽卡岩和脉状矽卡岩[图3-5(d)]，常见退变质矽卡岩叠加于进变质矽卡岩之上[图3-5(c)(d)(k)]。

Ⅲ矿带为产于正接触带下部紧贴花岗岩一侧，有云英岩网脉叠加的矽卡岩中的钨锡钼铋矿带，矿物和元素组合复杂，有用矿物有白钨矿、黑钨矿、辉铋矿、辉钼矿及锡石等，呈浸染状、细脉浸染状分布于矽卡岩及云英岩网脉中。该类云英岩为远端脉状云英岩[图3-5(b)(h)]，矿体呈大透镜状，厚度大，矿化强，且连续温度、品位高，是矿床富矿体所在。

Ⅳ矿带为产于花岗岩内接触带的云英岩或者云英岩化花岗岩中的钨锡钼铋矿带，矿体呈透镜状、扁豆状，矿化较为均匀。该带西部以白钨矿为主，伴生辉钼矿、辉铋矿，东部锡矿化较强，一般情况下，下部以钨为主，上部以锡为主。该类云英岩为近端块状云英岩。

2）柴山钨锡钼铋矿体

与柿竹园钨锡钼铋矿床成矿条件及矿化特征类似，柴山钨锡钼铋矿体产于千里山岩体南端外接触带矽卡岩中（图3-6），围岩为上泥盆统余田桥组泥质条带灰岩。勘查工作圈出钨锡

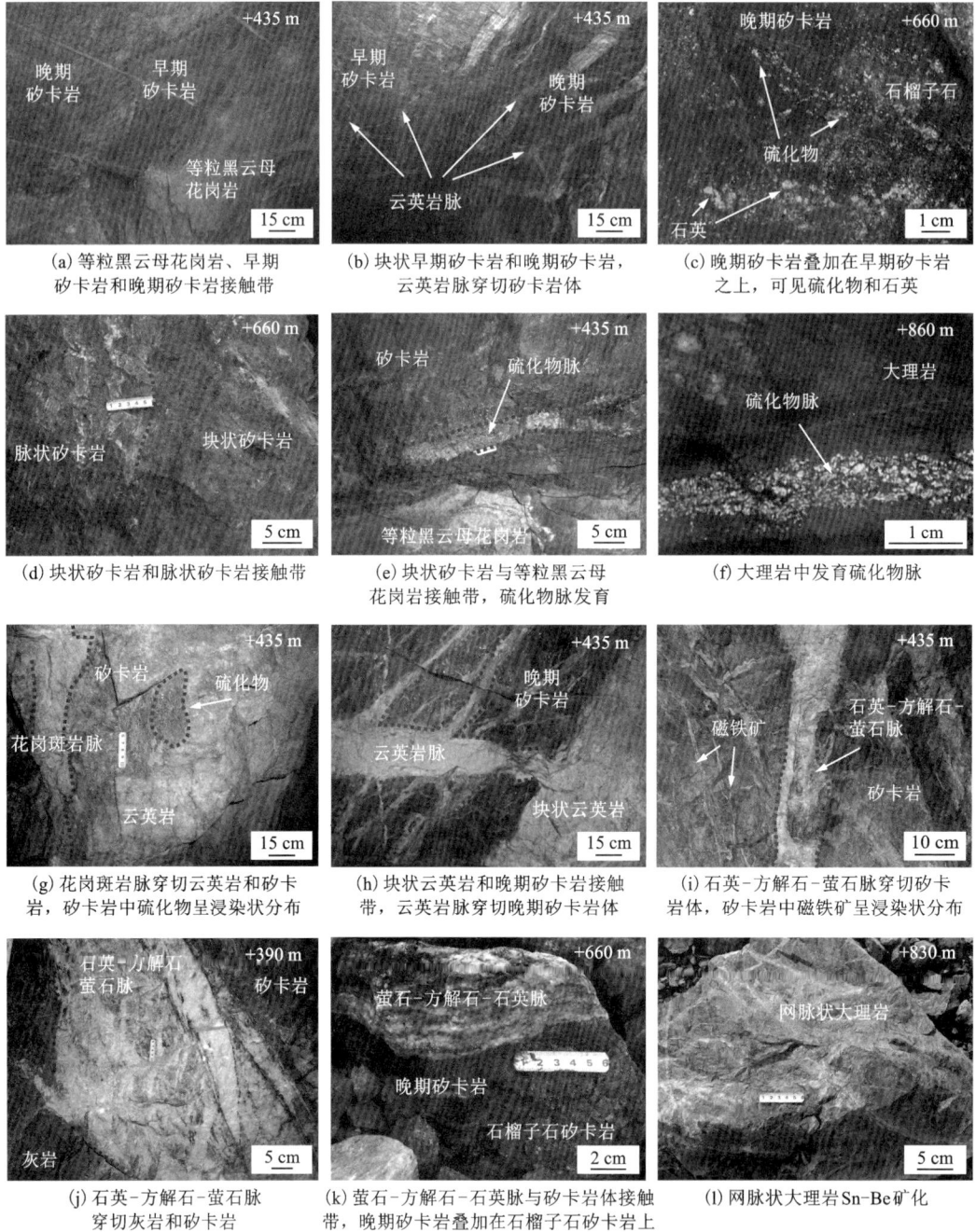

(a) 等粒黑云母花岗岩、早期矽卡岩和晚期矽卡岩接触带

(b) 块状早期矽卡岩和晚期矽卡岩，云英岩脉穿切矽卡岩体

(c) 晚期矽卡岩叠加在早期矽卡岩之上，可见硫化物和石英

(d) 块状矽卡岩和脉状矽卡岩接触带

(e) 块状矽卡岩与等粒黑云母花岗岩接触带，硫化物脉发育

(f) 大理岩中发育硫化物脉

(g) 花岗斑岩脉穿切云英岩和矽卡岩，矽卡岩中硫化物呈浸染状分布

(h) 块状云英岩和晚期矽卡岩接触带，云英岩脉穿切晚期矽卡岩体

(i) 石英-方解石-萤石脉穿切矽卡岩体，矽卡岩中磁铁矿呈浸染状分布

(j) 石英-方解石-萤石脉穿切灰岩和矽卡岩

(k) 萤石-方解石-石英脉与矽卡岩体接触带，晚期矽卡岩叠加在石榴子石矽卡岩上

(l) 网脉状大理岩Sn-Be矿化

图 3-5　柿竹园矿床主要矿化类型（扫章首码查看彩图）

钼铋多金属矿体 19 个，其中 1 号为主矿体，1-2、1-3 为次要矿体，零星矿体 16 个。1 号钨锡钼铋多金属矿体受接触带构造控制，呈似层状、透镜状产出（图 3-6），形态复杂，具分支复合现象，矿体产状多变。矿体走向北东 30°~45°，倾向南东，倾角 15°~40°。矿体长 500 余米，宽 20~700 m，厚度 15~172 m。主岩体在 350 m 中段平面上出露面积很大，矿体围绕岩体四周分布。矿体北西侧厚大、南东侧薄并在中部因岩体侵入而切断，厚度最大处达 206 m。

矿体在矽卡岩中矿化较为连续，平均品位为：WO₃ 0.217%、Mo 0.056%、Bi 0.057%、Sn 0.084%。矽卡岩矿物成分复杂，主要为透辉石、石榴子石、硅灰石、符山石及透闪石。远离岩体接触带多蚀变为大理岩。矽卡岩化和大理岩化与钨钼多金属矿化密切。

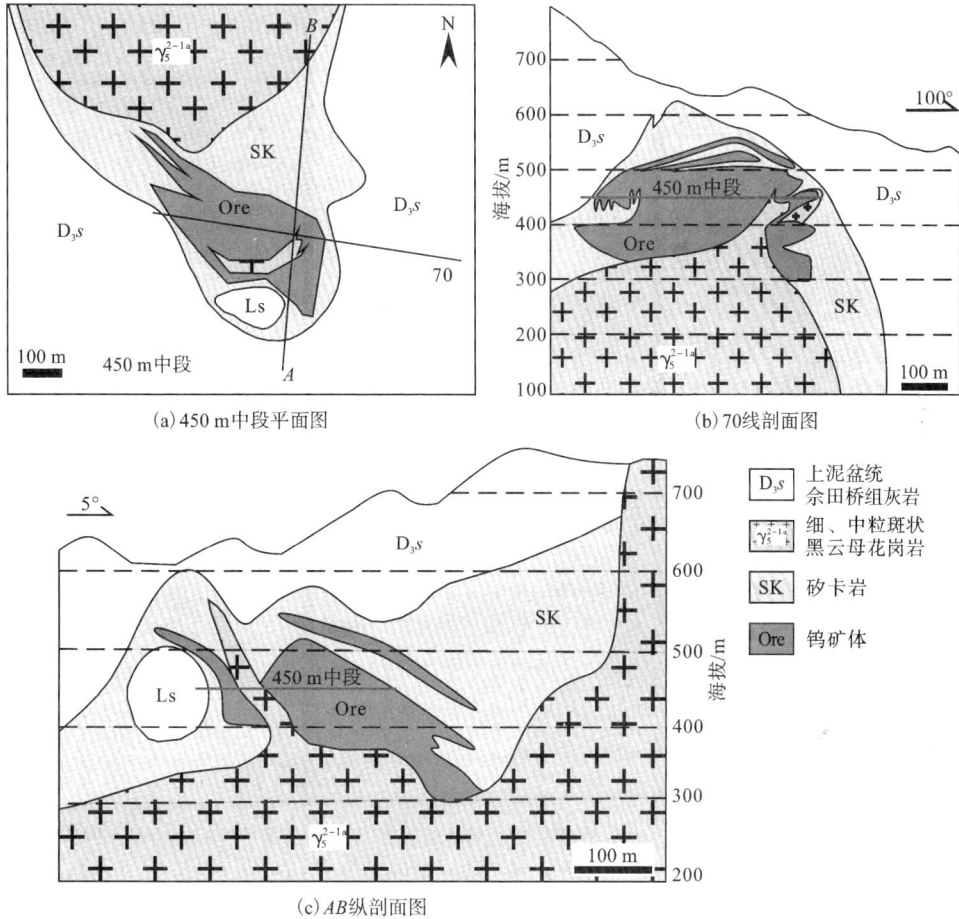

图 3-6　柴山钨锡钼铋矿床 450 m 中段平面图、70 线和 AB 剖面图（扫章首码查看彩图）

（据陈荣华和刘亚新，2015）

3.1.3.3　矿石特征

柿竹园矿床矿石根据矿物组合分为四类，与矿带划分一致，即由花岗岩体由内向外为云英岩型钨锡钼铋矿石、云英岩网脉-矽卡岩复合型钨锡钼铋矿石、矽卡岩型钨铋矿石和网脉状大理岩型锡（铍）矿石。

矿石矿物组成：主要金属矿物有白钨矿、黑钨矿、锡石、辉钼矿、辉铋矿、黝锡矿、黄铜矿、闪锌矿、方铅矿、磁铁矿、磁黄铁矿、毒砂等，非金属矿物有石榴子石、透辉石、符山石、萤石、长石、云母等。各矿石类型的矿物组成特征见表 3-1。

矿石结构和矿石构造：矿石以他形晶结构和半自形结构为主，矿石构造主要为浸染状和网脉状构造。矿石化学组分比较复杂，共计 30 余种元素，有用组分有 WO₃、Sn、Mo、Bi 等，伴生有用组分有 BeO、S、Cu、CaF₂、Nb₂O₅、Ta₂O₅ 等。

表3-1 柿竹园钨锡钼铋矿石类型及矿物组成表(据徐文光等,1987)

矿带	矿石类型	主要矿石矿物	次要矿石矿物	主要脉石矿物	次要脉石矿物
I	网脉状大理岩型锡(铍)矿石	锡石	黝锡矿、木锡矿、闪锌矿、方铅矿、磁黄铁矿、黄铁矿、黄铜矿、毒砂、日光榴石等	方解石、萤石	绢云母、绿泥石、石英、电气石、斜长石、钾长石、石榴子石、符山石、绿帘石等
II	矽卡岩型钨铋矿石	白钨矿、辉铋矿	辉钼矿、黑钨矿、锡石、磁黄铁矿、黄铁矿、黄铜矿、磁铁矿、自然铋、闪锌矿、辉铅铋矿等	石榴子石、透辉石、符山石、萤石	绢云母、绿泥石、绿帘石、富铁钠闪石、长石、石英、硅灰石、方解石等
III	云英岩网脉-矽卡岩复合型钨锡钼铋矿石	白钨矿、黑钨矿、辉钼矿、辉铋矿、锡石	磁铁矿、磁黄铁矿、黄铁矿、闪锌矿、自然铋、日光榴石等	石榴子石、透辉石、角闪石、长石、石英、萤石等	云母、绿帘石、黄玉、方解石、电气石、绿柱石、塔菲石、刚玉、符山石、阳起石等
IV	云英岩型钨锡钼铋矿石	黑钨矿、白钨矿、辉铋矿、辉钼矿、锡石	磁铁矿、磁黄铁矿、黄铁矿、黄铜矿、自然铋、独居石、含铍矿物等	石英、黄玉、白云母、萤石、黑鳞云母等	钾长石、斜长石、绿泥石、电气石等

3.1.3.4 围岩蚀变

由于柿竹园矿田范围内发育多次岩浆活动,每次岩浆形成的热液与围岩发生反应,形成多种蚀变作用,并形成相应的蚀变岩石,自岩体向外,依次形成矽卡岩、矽卡岩化大理岩、大理岩、大理岩化灰岩。云英岩化则主要叠加在岩体自身以及矽卡岩和大理岩中,其强度自岩体向外依次为云英岩化花岗岩、云英岩化石英斑岩、脉状云英岩,构成环状分带。蚀变作用具有多阶段性,总体特征为早期出现钾长石化、斜长石化,中期具有矽卡岩化和云英岩化,晚期为硅化和绿泥石化。与成矿关系最为密切的是矽卡岩化、云英岩化、萤石化、硅化和绿泥石化。

3.1.3.5 成矿期次

根据野外调查和室内显微观察,柿竹园钨锡钼铋矿床可划分为3个成矿期6个阶段:矽卡岩成矿期(早期矽卡岩阶段、晚期矽卡岩阶段、氧化物阶段)、热液成矿期(石英-硫化物阶段)、云英岩成矿期(云英岩阶段、石英-方解石-萤石阶段)。

(1)早期矽卡岩阶段。该阶段发育石榴子石矽卡岩和少量透辉石矽卡岩。该阶段主要的矿物为石榴子石、透辉石、白钨矿、钼钙矿和黑钨矿。早期矽卡岩普遍受到后期蚀变作用叠加。在镜下可见白钨矿与石榴子石共生[图3-7(a)(b)],白钨矿粒径为500 μm~3 mm,自形程度较高。

(2)晚期矽卡岩阶段。该阶段经多次热液活动的交代蚀变作用,而产生一系列蚀变矿物。该阶段的矿物有绿泥石、绿帘石、石榴子石、石英、白钨矿和黑钨矿。晚期矽卡岩中白钨矿与绿泥石和绿帘石共生[图3-7(c)~(e)],白钨矿粒径为200~500 μm,自形程度较高。

(3)氧化物阶段。局部地段矽卡岩矿体中可见磁铁矿含量较高,可达30~40%,但规模很小,磁铁矿为自形-半自形,可见浸染状和团块状,少见脉状分布。氧化物阶段主要的矿物

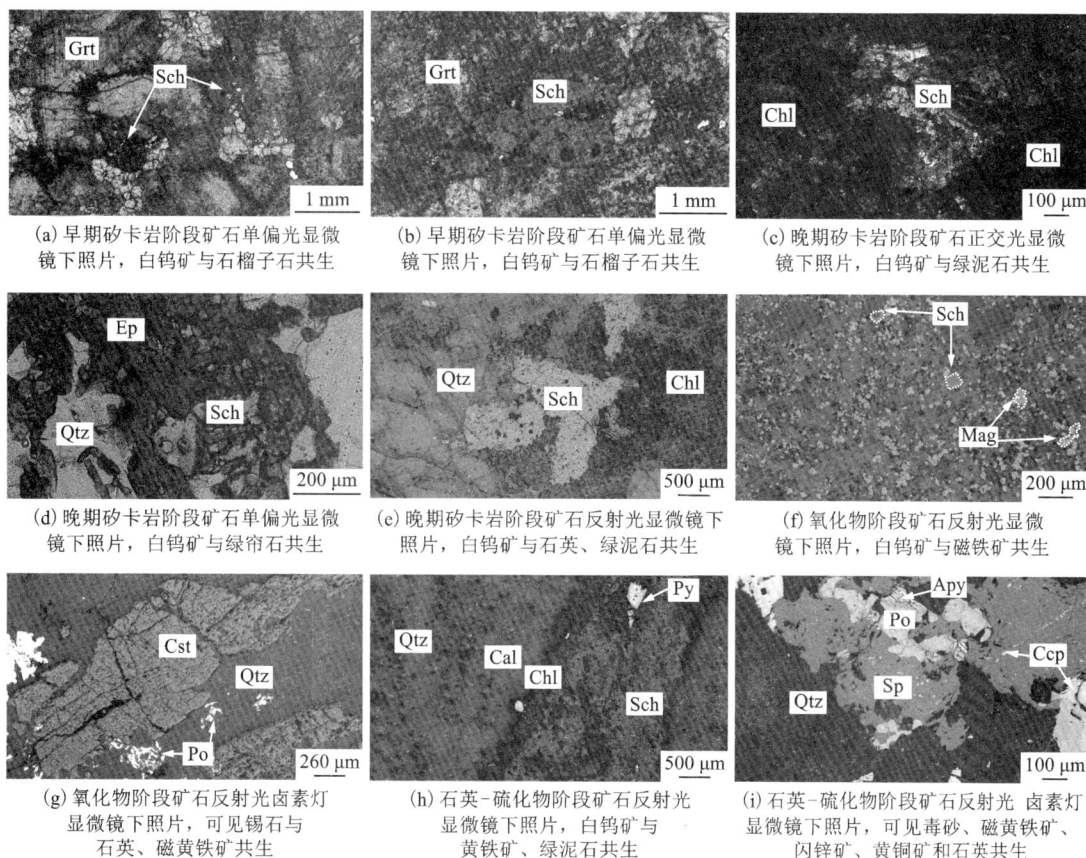

(a) 早期矽卡岩阶段矿石单偏光显微镜下照片，白钨矿与石榴子石共生

(b) 早期矽卡岩阶段矿石单偏光显微镜下照片，白钨矿与石榴子石共生

(c) 晚期矽卡岩阶段矿石正交光显微镜下照片，白钨矿与绿泥石共生

(d) 晚期矽卡岩阶段矿石单偏光显微镜下照片，白钨矿与绿帘石共生

(e) 晚期矽卡岩阶段矿石反射光显微镜下照片，白钨矿与石英、绿泥石共生

(f) 氧化物阶段矿石反射光显微镜下照片，白钨矿与磁铁矿共生

(g) 氧化物阶段矿石反射光卤素灯显微镜下照片，可见锡石与石英、磁黄铁矿共生

(h) 石英-硫化物阶段矿石反射光显微镜下照片，白钨矿与黄铁矿、绿泥石共生

(i) 石英-硫化物阶段矿石反射光卤素灯显微镜下照片，可见毒砂、磁黄铁矿、闪锌矿、黄铜矿和石英共生

Apy—毒砂；Cal—方解石；Ccp—黄铜矿；Chl—绿泥石；Cst—锡石；Ep—绿帘石；Grt—石榴子石；Mag—磁铁矿；Po—磁黄铁矿；Py—黄铁矿；Qtz—石英；Sch—白钨矿；Sp—闪锌矿。

图 3-7　早期和晚期矽卡岩阶段、氧化物阶段、石英-硫化物阶段矿石显微照片（扫章首码查看彩图）

为绿泥石、绿帘石、石英、方解石、白钨矿、钼钙矿、磁铁矿、磁黄铁矿、锡石[图 3-7(f)(g)]。镜下可见白钨矿与磁铁矿共生，白钨矿颗粒小，粒径 20~50 μm，自形程度高，呈浸染状分布。

（4）石英-硫化物阶段。呈脉体分布于主体矽卡岩及大理岩中，距花岗岩体愈近，脉体愈多，反之，则愈小，与之有关的金属矿物主要有白钨矿、黑钨矿、磁黄铁矿、辉铋矿、黄铁矿、黄铜矿等。镜下观察可见硫化物-石英脉中白钨矿与黄铁矿、绿泥石、黄铜矿、毒砂等共生[图 3-7(h)(i)]，白钨矿为半自形，粒径 500 μm~4 mm。

（5）云英岩阶段。块状云英岩产于花岗岩体的内接触带中，它与花岗岩呈渐变过渡关系，岩石具细粒花岗变晶镶嵌结构，块状构造及条带状构造。网脉状云英岩一般都具有条带状构造及块状构造。云英岩阶段形成的矿石矿物有黑钨矿、白钨矿、辉钼矿、辉铋矿及少量锡石。脉石矿物主要是石英、黑鳞云母、白云母、萤石。镜下观察可见云英岩中白钨矿与辉钼矿、黄铁矿、石英、方解石、云母共生，白钨矿为他形，粒径 500 μm~10 mm[图 3-8(a)(b)]。

（6）石英-方解石-萤石阶段。本阶段石英-方解石-萤石呈脉状在矿体中普遍发育，石英-方解石-萤石脉中主要矿物为石英、萤石、方解石、云母、白钨矿。显微观察显示白钨矿为半自形-他形，粒径 300~800 μm[图 3-8(c)(d)]，与石英和萤石共生。

各阶段矿物生成顺序见表 3-2。

(a) 云英岩中白钨矿反光镜下照片,
白钨矿与石英、方解石、云母共生

(b) 云英岩中白钨矿反光镜下照片,
白钨矿与辉钼矿、黄铁矿、石英共生

(c) 石英–方解石–萤石阶段白钨矿
单偏光镜下照片,白钨矿与石英共生

(d) 石英–方解石–萤石阶段白钨矿
反光镜下照片,白钨矿与萤石、石英共生

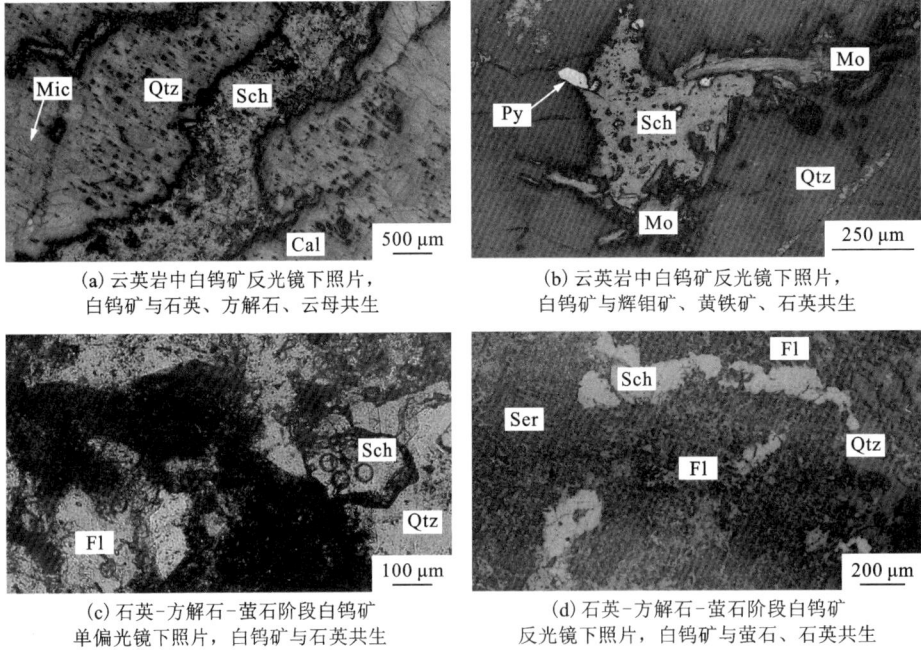

Cal—方解石;Fl—萤石;Mic—云母;Mo—辉钼矿;Py—黄铁矿;Qtz—石英;Sch—白钨矿;Ser—绢云母。

图 3-8　云英岩阶段和石英–方解石–萤石阶段矿石显微照片(扫章首码查看彩图)

表 3-2　柿竹园钨锡多金属矿床矿物生成顺序表

矿物	矽卡岩成矿期			热液成矿期	云英岩成矿期	
	早期矽卡岩阶段	晚期矽卡岩阶段	氧化物阶段	石英–硫化物阶段	云英岩阶段	石英–方解石–萤石阶段
石榴子石						
透辉石						
绿帘石						
绿泥石						
石英						
萤石						
方解石						
白钨矿						
钼钙矿						
磁铁矿						
毒砂						
磁黄铁矿						
黄铁矿						
辉钼矿						
方铅矿						
闪锌矿						
黄铜矿						
锡石						
云母						
黑钨矿						
辉铋矿						

———— 大量　　－ － － 普遍　　········· 少量

3.1.4 矿床地球化学特征

3.1.4.1 成矿时代

在野外和室内调查基础上，对柿竹园矿床远端晚期矽卡岩阶段的白钨矿开展 LA-ICP-MS U-Pb 定年。激光剥蚀系统选择 NWR193nmAr-F 准分子激光系统，ICP-MS 选择 Analytikjena Plasma Quant MSQ 电感耦合等离子质谱仪。白钨矿 U-Pb 同位素定年中以白钨矿标样 ZS-Sch 作外标进行同位素分馏校正；采用 NIST610 作外标，^{44}Ca 作内标进行元素含量计算。每分析 8~10 个样品点，分析 1 次 NIST610 和 3 次 ZS-Sch。激光剥蚀过程中采用氦气作载气，由一个 T 型接头将氦气和氩气混合后进入 ICP-MS 中。每个采集周期包括大约 20 s 的空白信号和 50 s 的样品信号。测试激光束斑大小为 45 μm，能量密度 4 J/cm²，剥蚀频率为 8 Hz。将所测得的白钨矿 U-Pb 同位素组成使用 Isoplot（Ludwig，2003）软件进行处理。代表性数据结果见表 3-3。

表 3-3 柿竹园晚期矽卡岩阶段白钨矿 U-Pb 同位素测试代表性数据

点号	$^{207}Pb/^{206}Pb$		$^{207}Pb/^{235}U$		$^{206}Pb/^{238}U$		rho2	$^{238}U/^{206}Pb$ 计算	
	Ratio	1sigma	Ratio	1sigma	Ratio	1sigma		X	err
0114-7s4-21	0.40863	0.00658	2.60852	0.07528	0.046	0.00083	0.86	21.739	0.39292
0114-7s4-09	0.62045	0.00455	7.1009	0.13648	0.08257	0.00125	0.94	12.111	0.18352
0114-7s4-27	0.63724	0.00476	9.25479	0.17374	0.10423	0.00163	0.92	9.594	0.14989
0114-7s4-48	0.64466	0.00756	9.71174	0.32695	0.10769	0.00314	0.94	9.2863	0.27086
0114-7s4-43	0.64843	0.00588	10.30948	0.29632	0.11379	0.00258	0.96	8.7882	0.19953
0114-7s4-12	0.65493	0.0056	11.24489	0.34823	0.12282	0.00338	0.96	8.1419	0.22408
0114-7s4-17	0.65953	0.00538	11.0286	0.23103	0.11999	0.00219	0.92	8.334	0.15224
0114-7s4-32	0.66536	0.00859	11.24753	0.22278	0.12171	0.00222	0.77	8.2162	0.14998
0114-7s4-04	0.67632	0.02621	12.12468	0.56913	0.13027	0.00185	0.68	7.6764	0.10913
0114-7s4-07	0.68471	0.00434	12.75306	0.21736	0.13397	0.00188	0.94	7.4644	0.10458
0114-7s4-01	0.69047	0.01704	14.39617	0.70594	0.14789	0.00518	0.028	6.7618	0.23684
0114-7s4-44	0.69817	0.00441	14.88425	0.31661	0.15339	0.00291	0.96	6.5194	0.12377
0114-7s4-30	0.69909	0.0084	17.07794	0.81788	0.17011	0.00711	0.97	5.8785	0.24559
0114-7s4-47	0.71224	0.01177	16.55105	0.6337	0.1674	0.00489	0.91	5.9736	0.17459
0114-7s4-15	0.72129	0.00408	21.77045	0.35584	0.2171	0.00327	0.94	4.6062	0.069412

本次获得白钨矿 U-Pb 同位素数据测点 44 个点。U-Pb 同位素反等时线 $^{238}U/^{206}Pb$ 的下交点年龄为（164.4±7.6）Ma（*MSWD*=2.4）［图 3-9（a）］，此年龄可以代表远端晚期矽卡岩中白钨矿的矿化年龄。前人对柿竹园钨锡多金属矿床的成岩成矿时代做了大量研究［图 3-9（b），Mao and Li, 1995; Li et al., 2004; Chen et al., 2014], 块状矽卡岩 Sm-Nd 年龄为 (157±6.2) Ma (Lu et al., 2003), 石榴子石-辉石 Sm-Nd 年龄为 (160.8±2.4) Ma (Liu et al., 1997), 辉钼矿 Re-Os 年龄为 (151±3.5) Ma (Li et al., 1996), 石榴子石、萤石和黑钨矿 Sm-Nd 年龄为 (149±2) Ma (Li et al., 2004)。白钨矿 U-Pb 年龄为 (164.4±7.6) Ma [图 3-9 (a)], 代表了晚期矽卡岩化的时代, 与前人报道的矽卡岩化年龄在误差范围内保持一致。对比已发表年龄数据, 石榴子石、辉石和白钨矿测得年龄较辉钼矿和云母测得年龄偏老, 可能是柿竹园成矿过程中, 石榴子石、辉石和白钨矿结晶于成矿早期阶段。

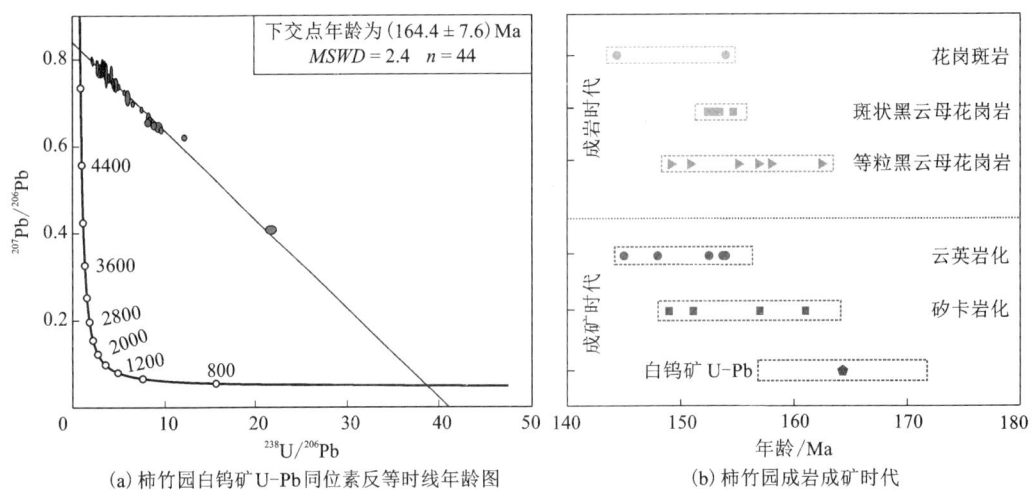

(a) 柿竹园白钨矿 U-Pb 同位素反等时线年龄图 (b) 柿竹园成岩成矿时代

图 3-9 柿竹园白钨矿 U-Pb 同位素反等时线年龄图和柿竹园成岩成矿时代

3.1.4.2 白钨矿 Mo 含量及成矿指示

柿竹园各阶段白钨矿电子探针测试结果 (Wu et al., 2022) 显示早期矽卡岩阶段白钨矿的 MoO_3 含量最高, 为 21.63%~32.99%, 均值 27.43%; 晚期矽卡岩阶段为 0~10.28%, 均值 1.97%; 氧化物阶段为 0.51%; 硫化物-石英阶段为 0.12%。MoO_3 含量自云英岩至石英-方解石-萤石阶段有所上升, 云英岩中白钨矿为 0.28%, 石英-方解石-萤石阶段白钨矿为 0.52%。Mo 有 Mo^{4+}、Mo^{6+} 价态, Mo^{4+} 通常存在于硫化物晶体 (如 MoS_2) 中, 稳定 Mo^{6+} 的存在需要更氧化的条件, Mo-W 替代主要发生在氧化环境下, 白钨矿中较高的 MoO_3 含量表明其形成于较高的 fO_2 环境。W-Mo 替代程度可以指示结晶时氧化还原环境的变化。柿竹园矿床早期矽卡岩阶段白钨矿中 MoO_3 含量最高, 表明早期矽卡岩阶段成矿流体的 fO_2 值最高。硫化物-石英阶段白钨矿含 MoO_3 量最低, 表明该阶段成矿流体的 fO_2 值最低。因此, 认为柿竹园矿床成矿流体在早期矽卡岩阶段处于氧化状态, 至石英-硫化物阶段为相对还原状态, 而云英岩至石英-方解石-萤石阶段的成矿环境则转变为轻微氧化状态 (图 3-10)。

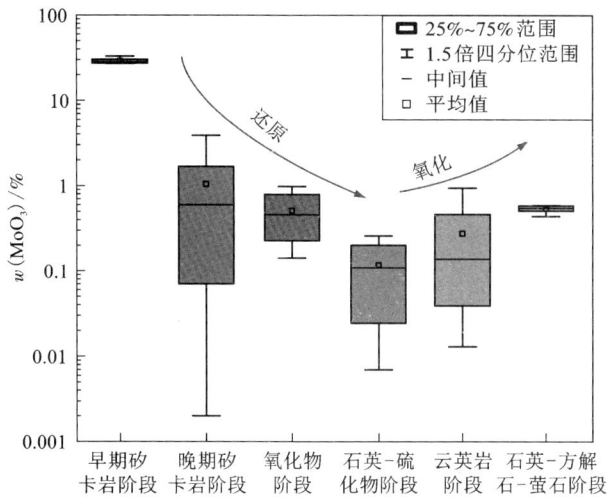

图 3-10　柿竹园钨矿床白钨矿 MoO_3 含量箱形图(扫章首码查看彩图)

3.1.4.3　白钨矿稀土元素

　　白钨矿的稀土元素配分模式记录了成矿环境的变化,对比分析不同阶段稀土元素配分模式可以获得成矿流体演化信息。云英岩中白钨矿的稀土元素配分模式,无论是近端块状云英岩还是远端脉状云英岩,都与千里山花岗岩(等粒黑云母花岗岩。Guo et al., 2015)的全岩稀土元素配分模式相似[图 3-11(a)],云英岩化可能与等粒黑云母花岗岩体有关。其余各阶段白钨矿稀土元素出现重稀土亏损[图 3-11(b)~(i)],其中早期矽卡岩阶段和氧化物阶段出现强烈的重稀土元素亏损,可能是由于部分共生矿物(如石榴子石和透辉石)对于重稀土有更高的分配系数,造成成矿流体中重稀土亏损,使得白钨矿中重稀土强烈亏损。不考虑 Eu 和 Ce 异常情况,晚期矽卡岩阶段的白钨矿具相似的稀土元素配分模式[图 3-11(c)(d)],硫化物-石英脉中的白钨矿也呈现相似的稀土元素配分模式[图 3-11(f)~(h)],石英-硫化物阶段(+586 m 中段)[图 3-11(g)(h)]的白钨矿稀土元素配分模式存在差异可能是由不同程度的流体-岩石相互作用或多期次流体加入引起的。

　　稀土元素中 Eu 和 Ce 都具有两个离子价,即 Eu^{2+}/Eu^{3+} 和 Ce^{3+}/Ce^{4+},在较氧化的环境下多以 Eu^{3+} 和 Ce^{4+} 存在,因此 Eu 和 Ce 研究可以指示氧化还原环境。据研究,氧化还原环境的变化可以通过 $\delta Eu\text{-}w(Mo)$ 图[图 3-12(a)]和 $Eu_N\text{-}(Sm_N\times Gd_N)^{1/2}$ 图[图 3-12(b)]来判别。在柿竹园矿床不同阶段白钨矿的 Eu 异常投图呈现不同趋势,表明成矿流体的氧化还原环境是间歇性变化的,认为成矿流体仅在硫化物-石英脉阶段 Eu^{2+} 含量远多于 Eu^{3+} 含量,指示还原环境。近端块状云英岩相较于远端脉状云英岩有更强烈的 Ce 和 Eu 异常,表明云英岩的成矿流体会随着距离岩体的远近发生变化。柿竹园矿床不同阶段的白钨矿均呈现弱—强烈的正 Ce 异常,从上部中段采集的样品中白钨矿颗粒具有更明显的正 Ce 异常[图 3-11(d)(f)],表明上升热液可能创造了一个更为氧化的环境。

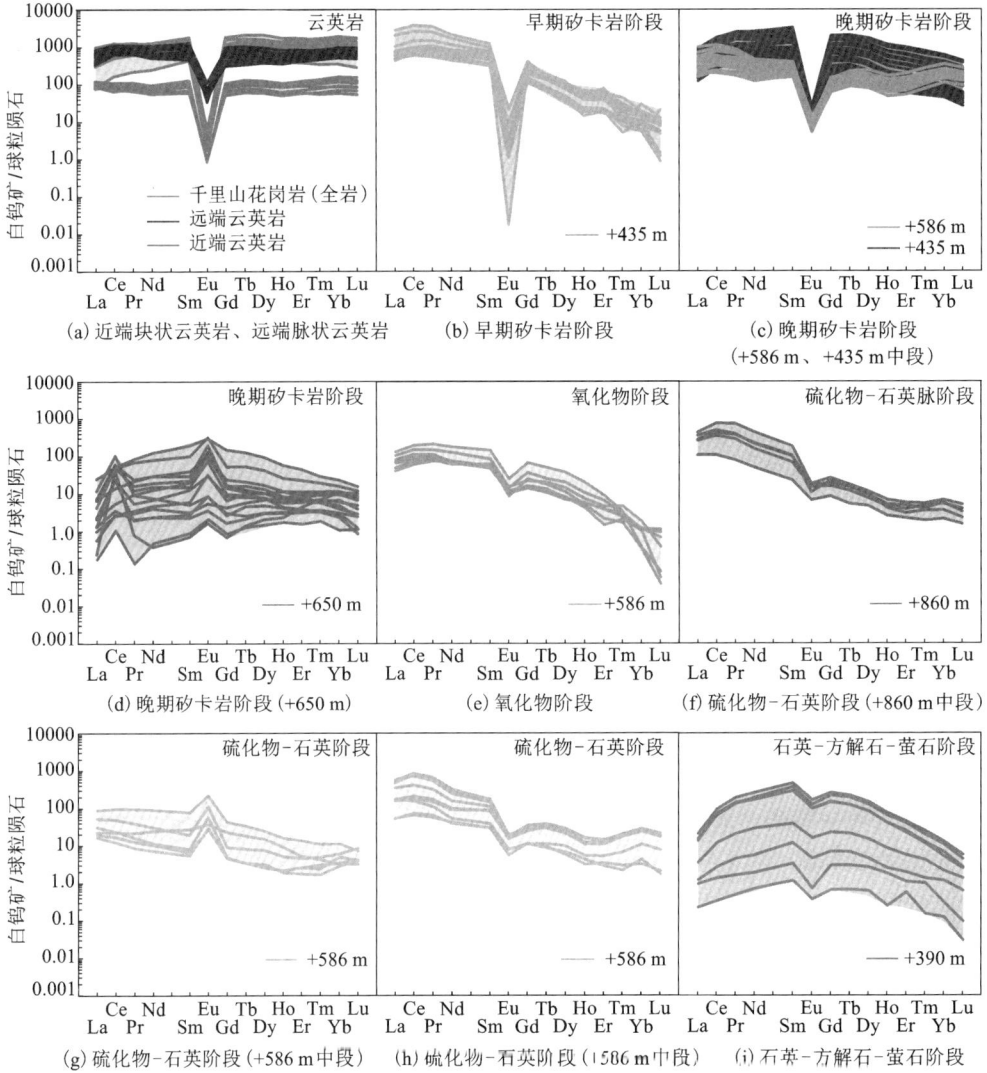

图 3-11 柿竹园钨矿床白钨矿稀土元素配分模式图(扫章首码查看彩图)

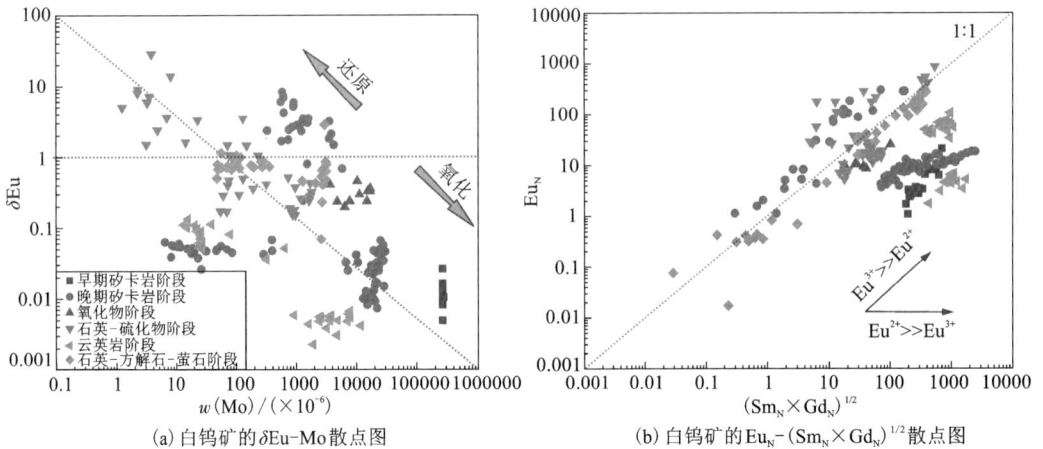

图 3-12 柿竹园白钨矿 Eu 价态判别图(扫章首码查看彩图)

3.1.4.4　白钨矿 O 同位素特征

对矽卡岩和云英岩中的白钨矿进行了氧同位素测试。早期矽卡岩阶段白钨矿的 $\delta^{18}O_{白钨矿}$ 值为 4.0‰~4.5‰，晚期矽卡岩阶段白钨矿的 $\delta^{18}O_{白钨矿}$ 值为 3.6‰，石英-方解石-萤石阶段白钨矿的 $\delta^{18}O_{白钨矿}$ 值为 3.9‰。近端块状云英岩中白钨矿的 $\delta^{18}O_{白钨矿}$ 值为 3.5‰~4.2‰，远端脉状云英岩中白钨矿的 $\delta^{18}O_{白钨矿}$ 值为 2.0‰ ~ 2.9‰。通过白钨矿-石英温度计（$1000\ln\alpha_{白钨矿-石英} = 1.99 \times 10^{6}/K^{2} + 2.47$）计算了矽卡岩和云英岩各阶段的成矿温度。在考虑钼的富集情况下，通过白钨矿-流体氧同位素分馏及富钼白钨矿的校正计算获得了成矿时各阶段流体的氧同位素组成。各阶段流体氧同位素与温度图解（图 3-13）显示早期矽卡岩阶段和晚期矽卡岩阶段落在岩浆流体范围内，石英-方解石-萤石阶段落在大气降水范围内。云英岩的 $\delta^{18}O_{H_2O}$ 自岩浆流体区降低至大气降水区（图 3-13），近端块状云英岩主要落在岩浆水区，但远端脉状云英岩的 $\delta^{18}O_{H_2O}$ 下降明显，可能是由大气降水的加入和流体向远端运移造成的流体冷却引起的。

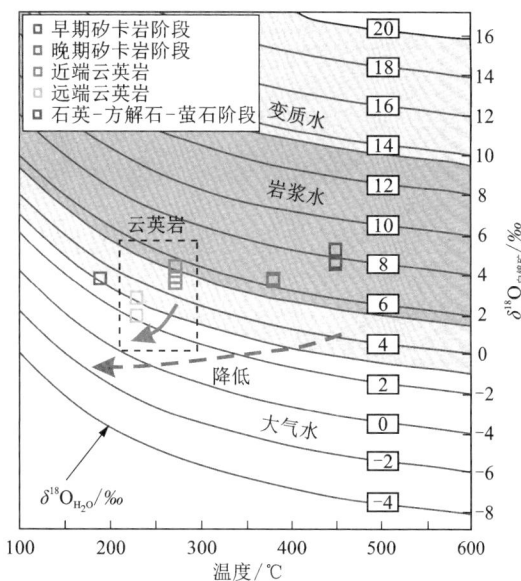

图 3-13　柿竹园白钨矿氧同位素投图（扫章首码查看彩图）

3.1.5　成矿作用及成矿模式

柿竹园矿床地质特征显示其为产于花岗岩内外接触带的矽卡岩-云英岩型超大型钨多金属矿床。毛景文等（1998）总结该钨多金属矿床的关键控制因素为富钨锡元素的地球化学背景、中生代处于地幔上隆的壳幔构造环境、大型断裂带构造位置、持续的富 F 高热花岗岩的侵位、多阶段多来源的成矿物质堆积，造就了柿竹园独特的超大型钨锡钼铋多金属矿床。其成矿模式见图 3-14（a）。前述成矿作用调查显示矿床经历了复杂的成矿过程，白钨矿矿物学及矿物地球化学研究很好地揭示了各阶段的成矿机制：在早期矽卡岩、晚期矽卡岩和氧化物阶段成矿流体来源于岩浆，在相对封闭环境下长时间强烈的水岩反应引起了从早期矽卡岩阶段经过晚期矽卡岩阶段至氧化物阶段的白钨矿的沉淀[图 3-14（b）（c）]。硫化物-石英脉阶段存在多期次流体作用的复杂白钨矿的沉淀[图 3-14（d）]。近端块状云英岩白钨矿化与多阶段的岩浆流体叠加交代作用有关[图 3-14（e）]。远端脉状云英岩中白钨矿化与岩浆流体不断向远端运移时大气降水的加入引起的温度和盐度变化相关[图 3-14（f）]。石英-方解石-萤石阶段的白钨矿化是在开放环境下成矿流体中大量大气降水的加入条件下形成的[图 3-14（g）]。因此，柿竹园钨多金属矿床是在有利的构造位置和成矿机制匹配下，经过长期岩浆分异、流体沸腾、水岩反应及大气降水混入，多次成矿作用叠加的产物。

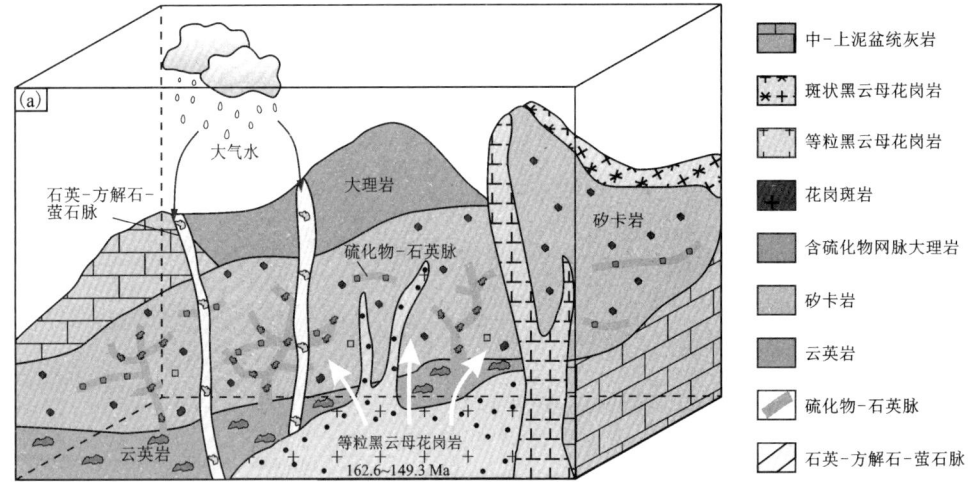

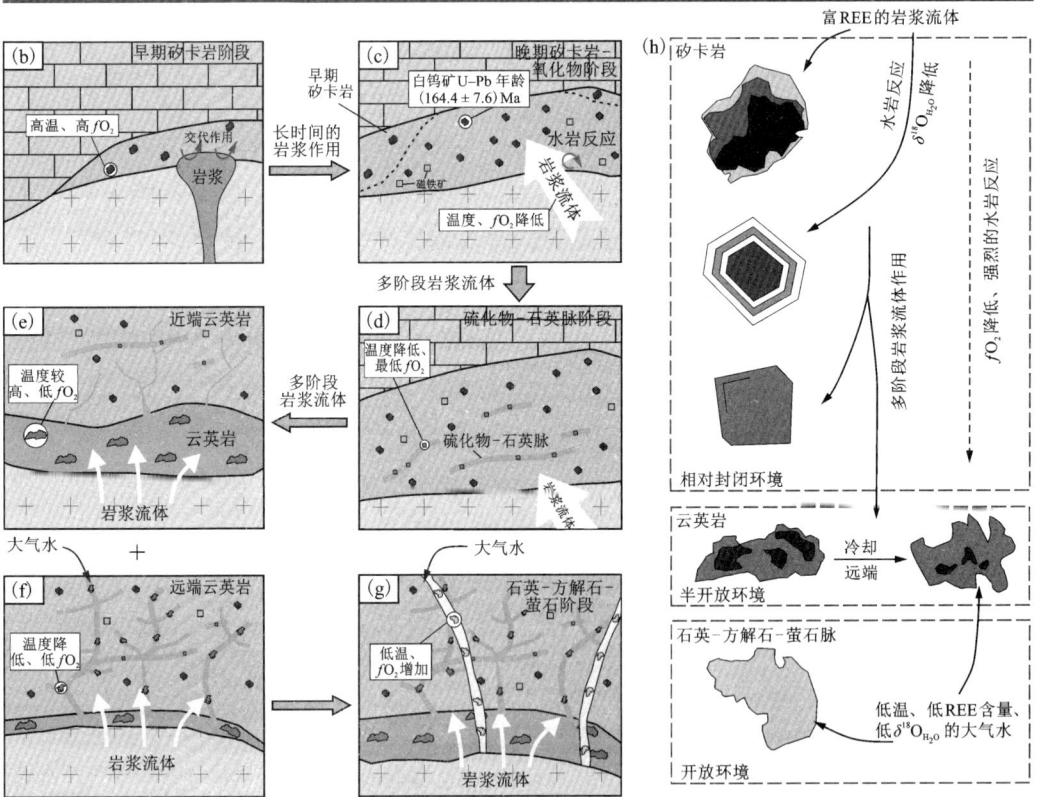

（a）柿竹园矿床成矿模式图；（b）早期矽卡岩阶段成矿过程；（c）晚期矽卡岩至氧化物阶段成矿过程；（d）石英-硫化物阶段成矿过程；（e）近端云英岩成矿过程；（f）远端云英岩成矿过程；（g）石英-方解石-萤石阶段成矿过程；（h）多阶段白钨矿生成过程示意图。

图 3-14　柿竹园钨锡多金属矿床成矿模式图（扫章首码查看彩图）

（据 Wu et al., 2023）

3.1.6 教学安排

3.1.6.1 需要详细观察和了解的典型现象

1) 典型矿体及控矿构造

柿竹园矿田钨锡钼铋矿体具有规模大、矿物组分复杂的特点，典型矿体可通过采矿坑道进行观察。柿竹园矿床典型的Ⅰ、Ⅱ、Ⅲ、Ⅳ四个矿带矿体在490 m中段均已揭露(图3-15)。Ⅰ号矿带矿体出露于坑道入口花岗斑岩北部，Ⅱ号矿带分布于中段平面图的南北两侧，Ⅲ号矿带矿体大面积分布于490 m中段，Ⅳ号矿带分布于中段西北部花岗岩体内。柿竹园矿床Ⅸ线纵剖面可以反映柿竹园矿床主要矿化特征(图3-15)，该剖面通过490 m中段P3巷道。从剖面和剖面图可以看出矿体主要受花岗岩与灰岩的接触带控制。

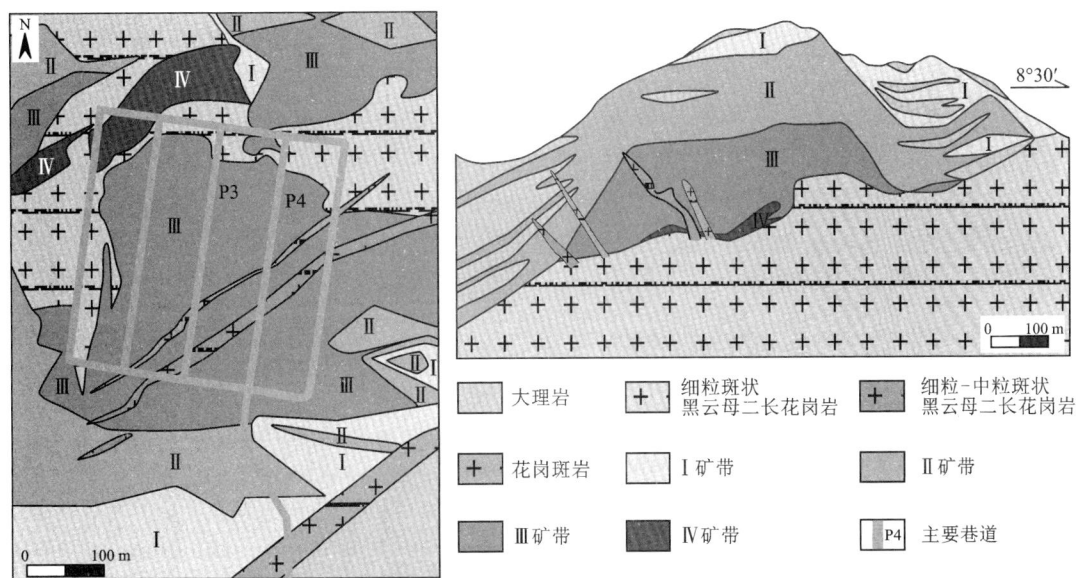

图3-15 柿竹园钨锡钼铋多金属矿床**490 m**中段地质平面图(左)和Ⅸ线剖面图(右)(扫章首码查看彩图)

(据陈荣华和刘亚新，2015)

2) 典型岩矿石

(1) 代表性花岗岩。

柿竹园矿区各类花岗岩出露广泛，从柿竹园矿部至东坡选厂公路切穿千里山岩体各岩相带。柿竹园矿区坑道揭露的花岗岩主要有三类(图3-16)：粗粒黑云母花岗岩[图3-16(a)]、细中粒黑云母花岗岩[图3-16(b)]和花岗斑岩[图3-16(c)]。

(2) 代表性矿石。

柿竹园矿区的矿石矿物组合复杂多样，矿石构造上，主要有块状矽卡岩型白钨矿矿石[图3-17(a)(b)]、大理岩型网脉状锡铍矿矿石[图3-17(c)(d)]和叠加云英岩脉(网脉)的矽卡岩型钨锡钼铋矿矿石[图3-17(e)(f)]。

(a)粗粒黑云母花岗岩 (b)细中粒黑云母花岗岩 (c)花岗斑岩

图 3-16　柿竹园矿区典型花岗岩野外照片(扫章首码查看彩图)

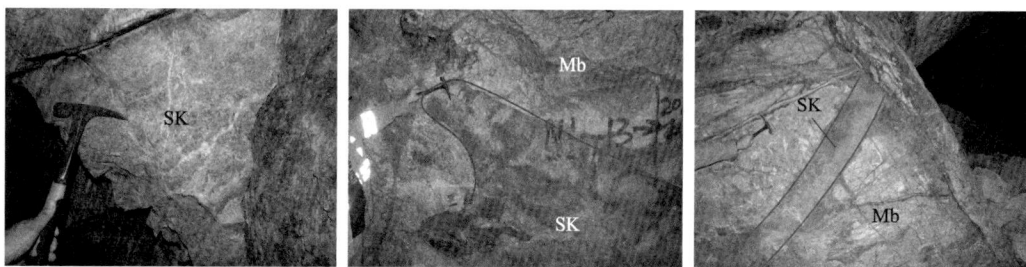

(a)石榴子石-透辉石矽卡岩型矿石 (b)石榴子石-透辉石矽卡岩穿插大理岩脉 (c)大理岩中石榴子石-透辉石脉、云英岩脉

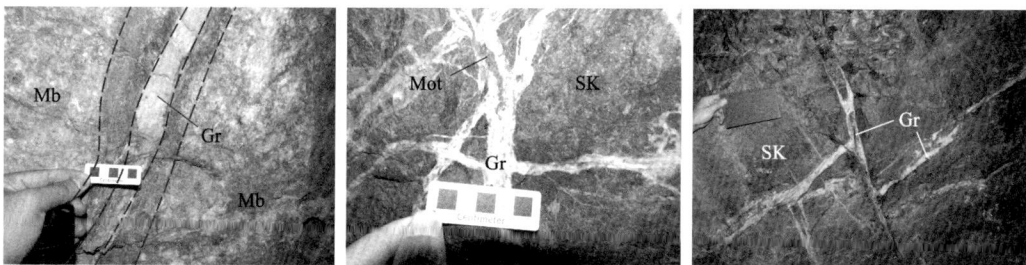

(d)大理岩中石榴子石-透辉石与云英岩脉复合脉 (e)石榴子石-透辉石矽卡岩中叠加网脉状云英岩脉,脉体中发育辉钼矿矿化 (f)石榴子石矽卡岩发育网脉状云英岩脉,脉体边部发育辉钼矿

SK—矽卡岩;Mb—大理岩;Gr—云英岩;Mot—辉钼矿。

图 3-17　柿竹园-柴山矿床典型矿石照片(扫章首码查看彩图)

3.1.6.2　思考题

(1)柿竹园矽卡岩-云英岩型钨锡钼铋矿床的成矿条件有哪些?

(2)柿竹园矿床经历了矽卡岩成矿与云英岩成矿两个过程,各自的特点是什么?

(3)不同阶段的白钨矿有哪些差别?其指示的成矿环境有什么差异?

3.2　湘南香花岭矽卡岩型-热液脉型锡铅锌矿床

3.2.1　自然地理概况

香花岭锡多金属矿田位于湖南省临武县北部的通天山一带, 行政区划上属于临武县香花岭镇、镇南乡、万水乡、花塘乡管辖。衡武高速公路从矿田西侧通过, 矿田范围内矿山与各乡镇之间有简易公路和水泥公路相通, 交通十分方便(图 3-18)。区内地势北高南低、西高东低, 海拔 1000~1300 m, 主峰通天庙高达 1593.7 m; 山势陡峻, 多悬崖绝壁、深切割, "V"形谷发育; 水系发育极不均衡, 为湘江流域与珠江流域的分水岭; 气候属大陆亚热带气候, 春夏多雨, 秋冬干燥。区内经济较为活跃, 工业以采矿业为主。区内人口较少, 居民点分布很不均匀, 低山丘陵区居民点较多, 人口相对密集, 均为汉族。

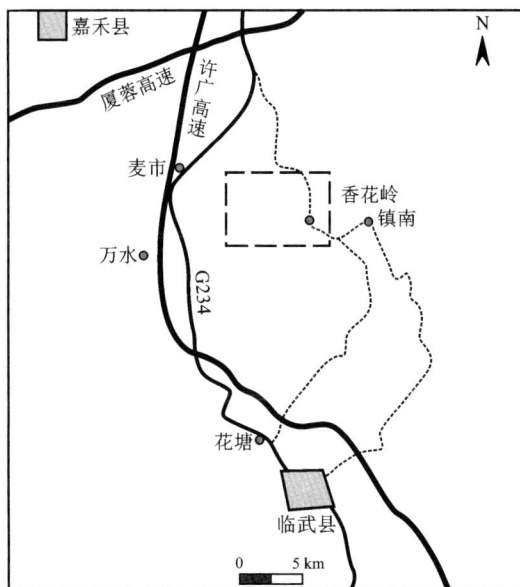

图 3-18　香花岭锡矿床交通位置图

3.2.2　区域地质背景

香花岭锡多金属矿床位于湘南矿集区的东南角, 区域区域地质背景与柿竹园矿床相似(见 3.1.2 节)。

3.2.3　矿床地质特征

3.2.3.1　矿区地质

1)矿区地层
香花岭矿床出露的地层有寒武系、泥盆系(中、上统)、石炭系及第四系。寒武系地层和泥盆系地层在矿区分布广泛，也是矿区的主要赋矿地层。

(1)下寒武统($\mathbb{C}_1$)。该地层出露于矿区南部及F_1断裂的下盘(新风至塘官铺一带)，为一套类复理石建造的浅变质岩系。岩性主要为厚层状灰绿色浅变质石英砂岩、绢云母石英砂岩、长石石英砂岩及砂质板岩、黑色碳质板岩等。岩层倾向150°~180°，倾角50°~65°，厚度不详。

(2)泥盆系(D)。矿区仅见泥盆系中、上统，下统缺失，与下覆寒武系地层呈不整合接触。①泥盆系中统跳马涧组(D_2t)：广泛出露于矿区西部，为一套陆源滨海相碎屑岩沉积建造；岩性主要为紫红色砂岩、灰白色石英砂岩及泥质粉砂岩与砂质页岩等，总厚320 m，是香花岭矿区主要赋矿围岩之一。②泥盆系中统棋梓桥组(D_2q)：出露于矿区中部甘溪坪-新风选厂-下黄保塘一带，为一套浅海相夹滨海相的碳酸盐岩沉积建造；岩性主要为青灰色泥灰岩、白云质灰岩，走向295°~322°，倾向25°~52°，倾角26°~37°，总厚500 m，是矿区主要赋矿围岩之一。③泥盆系上统佘田桥组(D_3s)：出露于矿区中部花生隆-葫芦洞-炸药库一带，岩性主要为深灰色竹叶状灰岩、粒状白云岩，走向311°~332°，倾向41°~62°，倾角28°~35°，总厚750 m。

(3)石炭系(C)。孟公坳组(C_1m)：出露于矿区东部，岩性为深灰色厚层状白云质灰岩及薄层状泥灰岩，厚300 m。

(4)第四系(Q)。该地层零星出露于矿区东南部，主要为残、坡积层及溪谷两岸的冲、洪积层，在残、坡积层中含褐铁矿，在冲、洪积层中可见钨、锡砂矿。

2)矿区构造

香花岭矿区主体控矿构造为通天庙穹隆(短轴背斜)构造与北东向为主的断裂带的叠加控制。地表的岩浆定位受控于断裂，矿体围绕岩体周缘各类构造及岩性界面形成各类型矿体。

(1)通天庙穹隆。该穹隆为近南北向的短轴背斜，两翼地层倾向四周，受东、西两侧南北向的压性断层夹持，背斜在矿区北部的三合坪一带呈30°~40°倾伏，南部过子母山断层之后形踪不明。穹隆核部是寒武系地层，由于受早期南北向挤压力的作用，形成多个平行的东西向褶皱和断裂。穹隆四周是中上泥盆统地层，在东西向挤压力的作用下，组成南北向的短轴背斜，纵跨在由寒武系地层组成的东西向褶皱之上。

(2)断裂构造。香花岭矿床内主要的控矿构造为北东向溪涧冲断裂(F_1断裂)及其次级断裂，总长约14 km，走向上和倾向上变化较大，倾向115°~167°，倾角30°~60°，沿倾向延深>800 m，具上陡下缓、西陡东缓的特征，控制着香花岭新风、太平、塘官铺等矿段内矿体的定位；北西向铁砂坪断裂(F_2断裂)是与F_1断裂共轭作用产生的，长约8 km，倾向22°~53°，倾角26°~53°，沿倾向延深>700 m，控制着铁砂坪等矿体的定位；北东向F_{101}及其次级断裂，沿走向长17 km，倾斜延深>900 m。断裂带最宽超过3 m，最窄0.1 m，控制泡金山、深坑里、茶山等矿床的矿体定位。

3)矿区岩浆岩

区内岩浆活动频繁，岩体一般呈岩株及岩瘤，还有分布广泛的花岗斑岩脉、石英斑岩脉、云英岩脉、细晶岩脉等。

花岗岩体主要分布于矿区南北两端的癞子岭和尖峰岭，岩体面积分别为2.2 km^{2}和4.4 km^2(图3-19)。二者均发育明显的垂向岩性分带(Xiong et al.，2002；来守华，2014)，自下而上依次为：①碱长花岗岩带，岩株的主体相，厚度大于 300 m，从底部到顶部岩石结构显示由中粗粒至中细粒垂向变化，并且黑云母含量逐渐减少，钠长石含量逐渐增多（来守华，2014）；②钠长石花岗岩带，厚度 30~100 m，中-细粒不等粒花岗结构或似斑状结构；③云英岩带，厚度 30~70 m，呈条带状或块状构造；④伟晶岩带，厚度 5~15 m，位于岩体顶部，呈灰白色，条带状或块状构造，粗粒不等粒结构。此外，局部可见伟晶岩细脉侵入云英岩和钠长石花岗岩中。从底部碱长花岗岩至顶部云英岩呈渐变过渡关系，并且同一岩相带内部在结构和矿物组成上也显示递进变化规律，表明不同岩性之间具有密切的成因关联和演化关系。

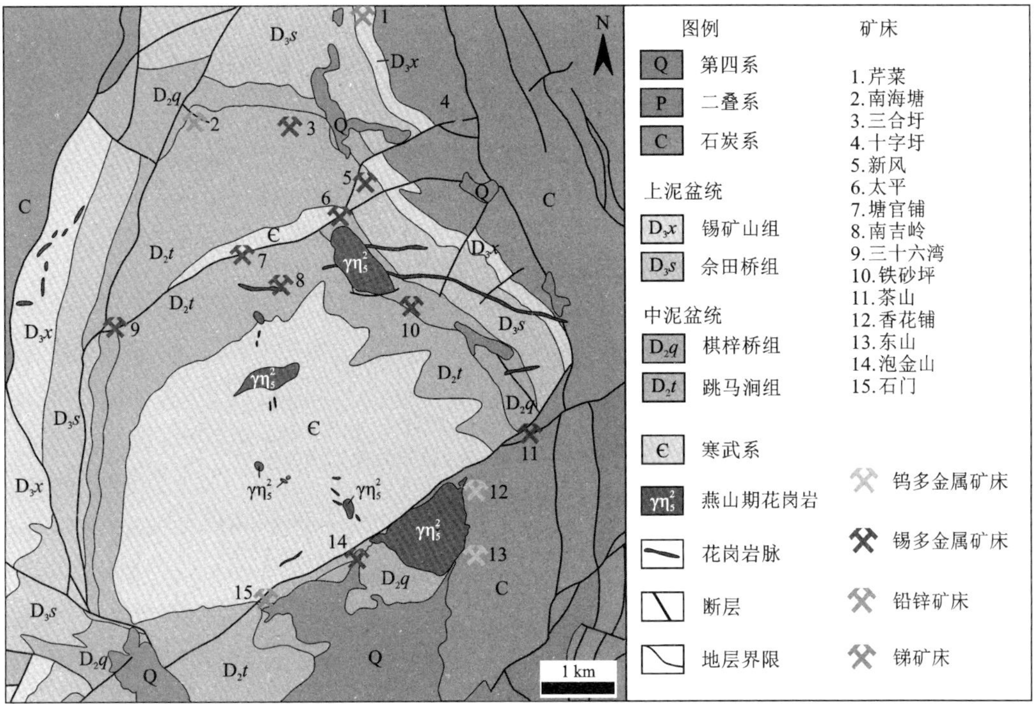

图 3-19　香花岭矿田地质矿产简图（扫章首码查看彩图）

（据陈荣华等，2015）

3.2.3.2　矿体特征

按锡矿成矿作用及容矿构造，香花岭锡矿包含 3 类：①产于断裂带中的锡多金属矿体，是区内最为重要的锡矿化类型，矿床发育于花岗岩的外接触带，当围岩是碳酸盐岩时属于矽卡岩系统的部分，而围岩为碎屑岩或浅变质岩时则是热液充填脉型矿床，分别以 F_1 断裂带东段的新风锡铅锌矿床和西段的三十六湾锡铅锌锑矿床为代表。②产于花岗斑岩中的锡铅锌矿体，分布于 F_1 断裂带的上盘，其中 Ⅰ 号和 Ⅱ 号岩脉勘查显示锡资源达大型规模，铅锌银达中型。近 10 余年对西部三十六湾矿区含矿花岗斑岩进行了系统控制。③碎屑岩中的似层状锡多金属矿体，产于中泥盆统跳马涧组碎屑岩中，集中分布在北部癞子岭、三合圩隐伏岩体和南部尖峰岭岩体的周围，包含 2 个亚类：以跳马涧组泥质碎屑岩为容矿岩石的层状矽卡岩型矿体，以三合圩矿床最为典型；以跳马涧组石英砂岩为容矿岩石的似层状锡矿体，在北部塘官铺矿区、铁砂坪矿区及泡金山矿区均有所发育,其中以泡金山矿区的矿化规模较大。

1)新风脉状锡铅锌矿体

新风矿床位于癞子岭岩体北东侧的 F_1 断裂带中(图3-20)。按含矿断裂的特征,矿体可分为3类(图3-21。王新元和王吾堤,1997;彭麒麟,2000):①产于 F_1 及 F_0 断裂带中的缓倾斜矿体,如0、1、2号矿体;②产于 F_1 和 F_0 断裂上盘的分支断裂 F_{17}、F_3、F_{3-1}、F_{3-2}、F_4 等中的矿体,产状较第①类矿体陡,勘查时俗称陡倾斜矿体;③赋存于断裂带上盘棋梓桥组白云质灰岩中的管脉状锡矿体(彭麒麟,2000)。其中1号矿体群赋存于 F_1 断层面上,呈似层状产出,与 F_1 产状一致。矿体走向北东—南西,倾向117°~130°,倾角20°~38°。矿体在断裂中矿化不连续,形成了多个矿化中心,如19线、49线和59线3个富集中心(罗贤国和陈树桥,2000;易伟平,2011),矿体厚度0.43~4.16 m,由于该矿体延长及延深较大,矿体内部变化较大,呈现垂向分带:①下部接触带为白云岩与花岗岩接触带构造,主要形成接触+断裂面,形成含锡的矽卡岩型矿体;②中部带,下盘为跳马涧组砂岩,上盘为白云岩,是良好的硅钙界面,主要形成锡石硫化物矿体;③上部带,断裂上、下两盘均为白云岩,形成以铅锌为主的矿体。1号矿体平均品位:Sn 2.0%、Pb 0.91%、Zn 1.90%。

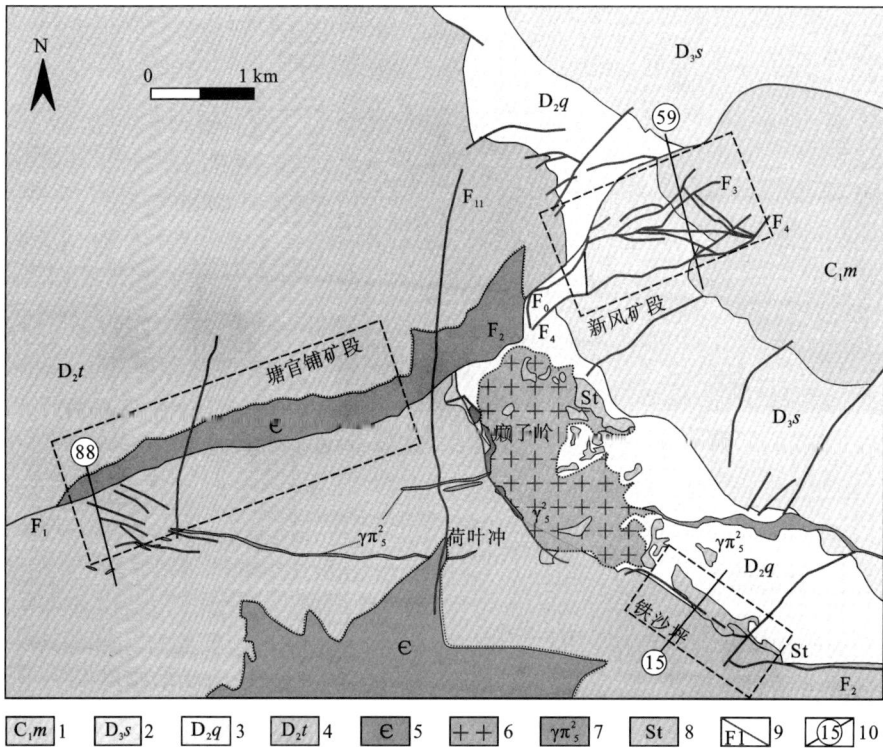

1—石炭系下统孟公坳组；1号 C_1m 2号 D_3s 3号 D_2q 4号 D_2t 5号 $\in$ 6号 ++ 7号 $\gamma\pi_5^2$ 8号 St 9号 F1 10号 15

1—石炭系下统孟公坳组；2—泥盆系上统佘田桥组；3—泥盆系中统棋梓桥组；4—泥盆系中统跳马涧组；

5—寒武系浅变质砂岩；6—黑云母花岗岩；7—花岗斑岩；8—闪长煌斑岩；9—地层及编号；10—勘探线及编号。

图3-20 香花岭新风锡铅锌矿床地质简图(扫章首码查看彩图)

(据蒋喜桥等,2015)

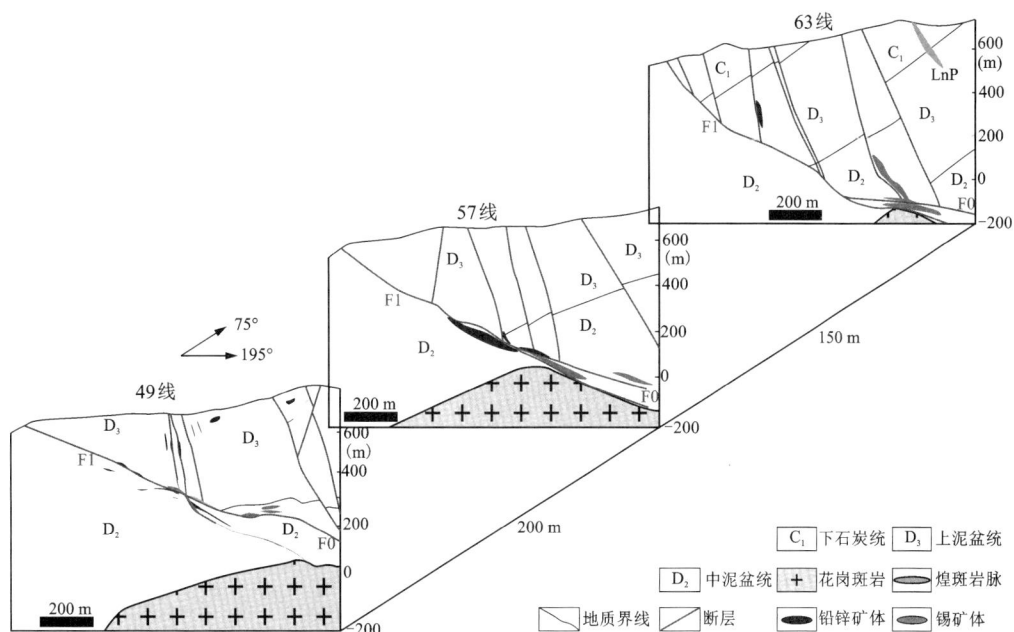

图 3-21　新风矿床联合勘探线剖面图(扫章首码查看彩图)

(据蒋喜桥，2015)

2)三十六湾脉状锡铅锌锑矿体

三十六湾脉状锡铅锌锑矿体位于通天庙穹隆的北西与 F_1 断裂交会部位(图 3-22)，容矿围岩为寒武系和跳马涧组地层。矿区主要发育 F_1 及其次级断裂[图 3-22(a)]，主要容矿断裂为 F_1 及其次级断裂 F_{29}、F_{53}、F_{315} 等。地表出露花岗斑岩脉，深部勘探工程揭露发育隐伏花岗岩[图 3-22(b)(c)]。主矿体为 F_1 及其次级断裂中的锡铅锌锑矿体，矿化带呈北东向展布，走向长>4000 m，矿化带宽 600~800 m。矿化带具由北东端向南西端深部侧伏的特点。最大 F_1 锡铅锌锑矿体贯穿整个 F_1 断裂。矿体呈似层状、板脉状、透镜状产出，倾向 160°左右，倾角 71°~23°。矿体以 10°左右的侧伏角向南西侧伏。断裂带中的矿体垂向上可分为3 类矿体：铅锌矿体、锡铅锌锑矿体和锡矿体[图 3-22(d)]。铅锌矿体主要有 F_{1-1}、F_{1-2}、F_{1-3} 等，其中 F_{1-1} 铅锌矿体长约 220 m，延深约 300 m。锡铅锌锑矿体主要有 F_{1-1}、F_{1-4}、F_{1-5}、F_{1-6} 等，其中 F_{1-6} 锡铅锌锑矿体走向长 150~255 m，倾向为 140°~170°，倾向控制延深>600 m，倾角为 40°~48°，厚度为 1.7~2.15 m，Sn、Pb、Zn、Sb 的平均品位约为 0.5%、3.4%、4.6%、0.9%。独立锡矿体仅在矿区东部的深部地段发育，如 F_{1-1} 锡矿体长约 850 m，延深约 200 m。

3)三十六湾斑岩型锡铅锌矿体

三十六湾矿区含锡铅锌花岗斑岩脉，分布在 100 线~112 线(图 3-23)，长约 600 m，倾向 165°~180°，平均倾角 40°，倾向延深 400 m。矿体形态呈大脉状、板脉状[图 3-23(a)]，厚度为 1.00~11.81 m，平均为 3.45 m。矿体平均品位：Sn 0.57%、Pb 1.67%、Zn 0.74%。矿石主要为浸染状构造，局部呈细脉状构造。斑岩中锡矿化垂向分带明显[图 3-23(b)]，自下而上可分为：下部锌矿带，为富 In 的 Zn-(Pb-Zn)矿体，包括 545 m 中段、585 m 中段、

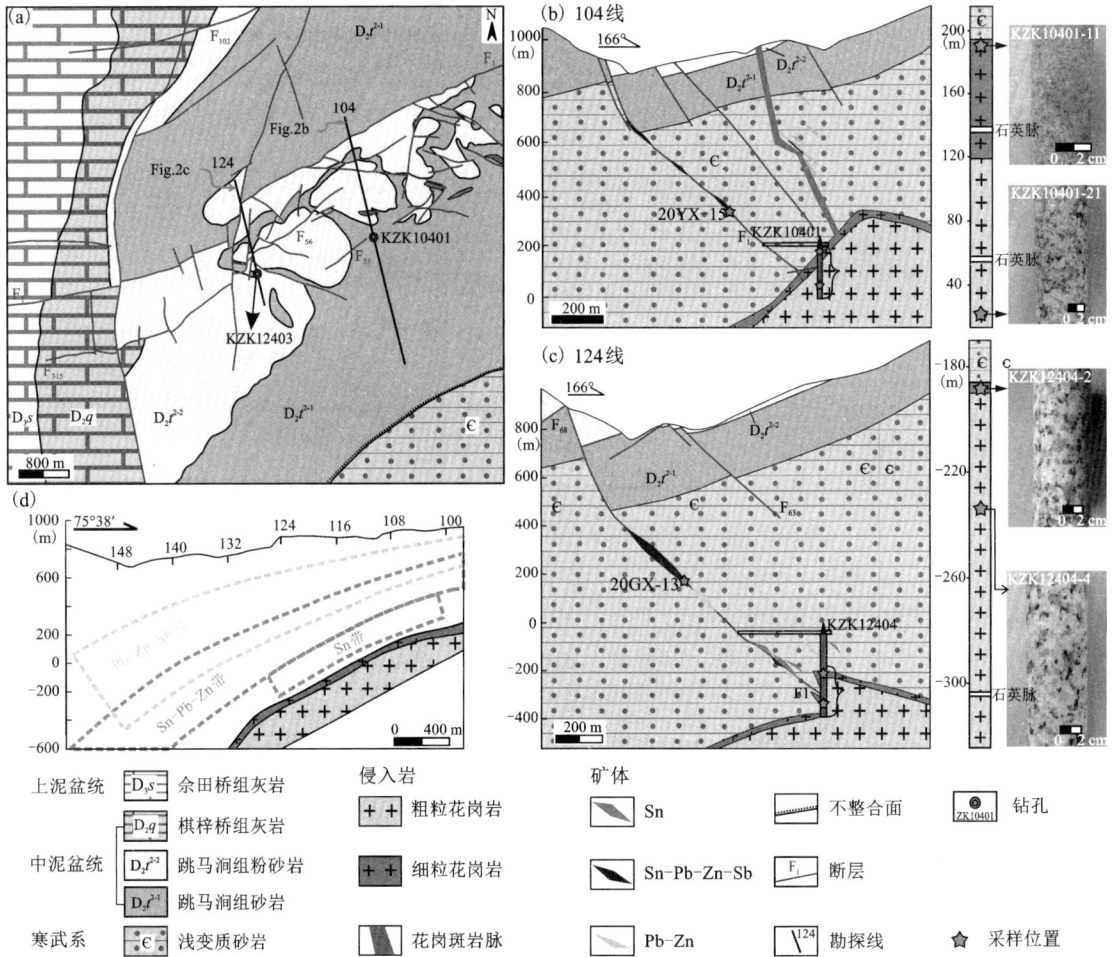

图 3-22　三十六湾矿床地质平面及剖面图(扫章首码查看彩图)

(据陈荣华等, 2015)

624 m 中段; 上部矿化带, 为贫 In 的 Sn-(Pb-Zn-Ag) 矿体, 标高范围为 650~780 m, 包括 667 m 中段、708 m 中段、741 m 中段; 顶部无矿带, 标高 780 m 以上, 包括 850 m 中段。

4) 三合圩碎屑岩中似层状锡铅锌矿体

该类锡矿体隐伏于产于中泥盆统跳马涧组中段第一层的紫红色砂岩中(图 3-24)。经勘查工程揭露, 矿化范围为南北 1 km 和东西 1 km, 层位中断续矿化厚度超过 200 m [图 3-24(b)], 矿体产状与地层产状一致, 倾向北东, 倾角 10°~25°, 矿石为斑杂状锡石闪锌矿矿石, Sn 品位 0.231%。坑道调查显示层状矽卡岩为热液顺层面向砂岩、泥岩不均匀交代并伴随着锡矿化, 此外, 坑道中还见到切穿层状矽卡岩的脉状石英-硫化物矿脉, 矿脉宽 10~30 cm, 局部平行产出, 矿石中毒砂等硫化物较多。

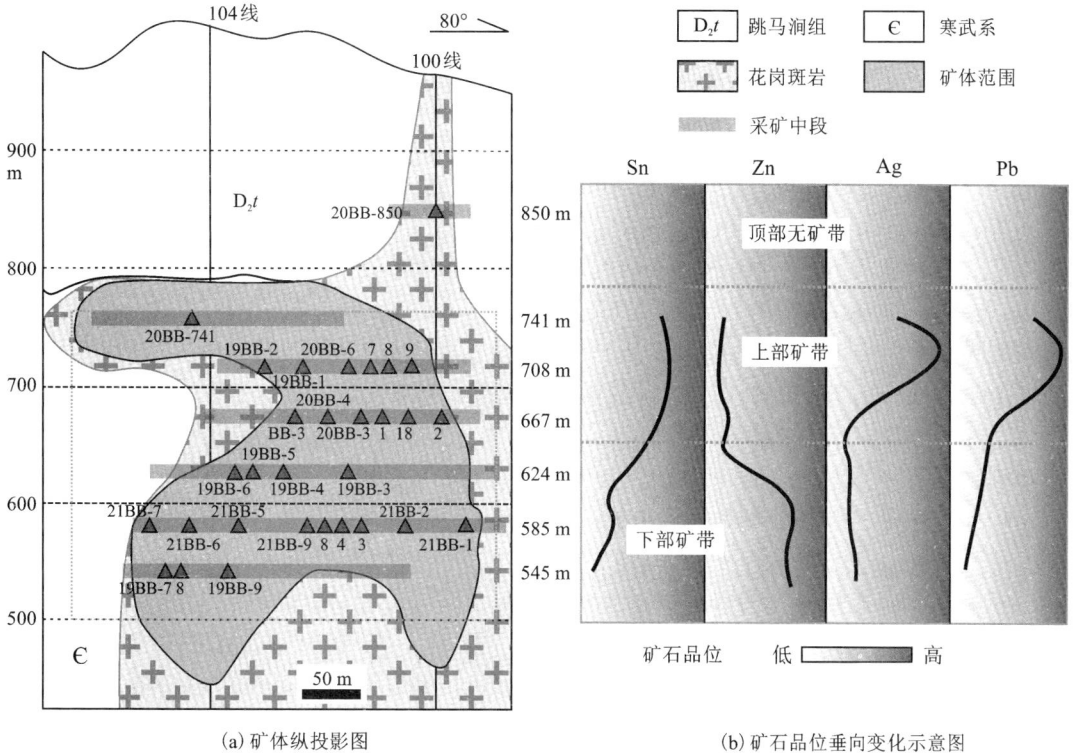

(a) 矿体纵投影图

(b) 矿石品位垂向变化示意图

图 3-23　三十六湾花岗斑岩中矿体纵投影图和矿体矿化蚀变分带示意图(扫章首码查看彩图)

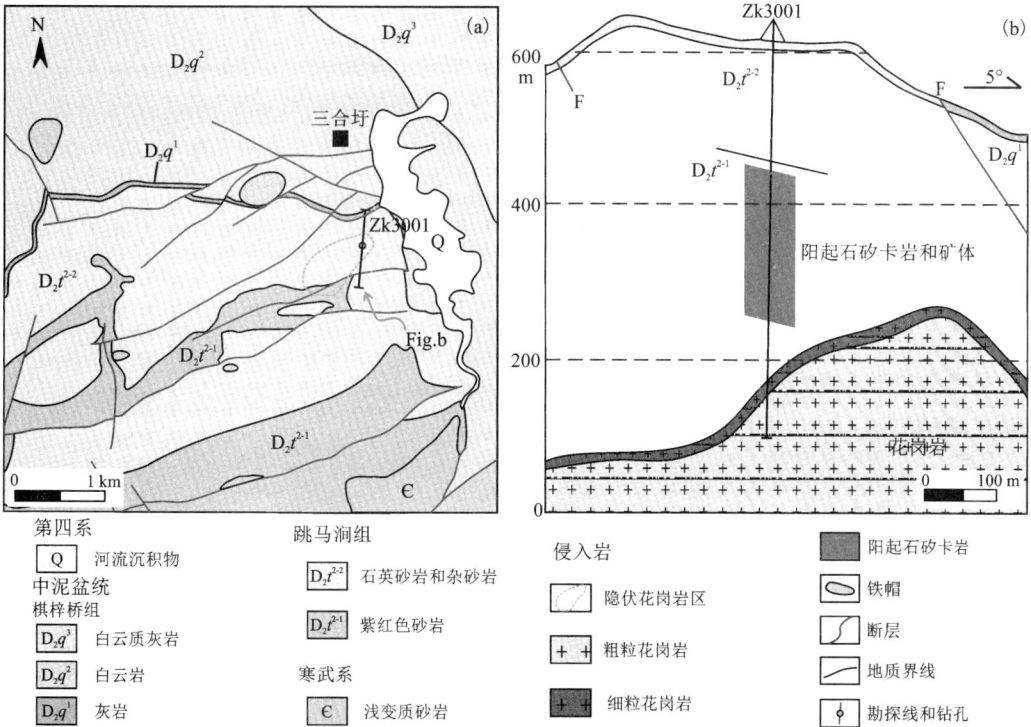

图 3-24　三合圩锡铅锌矿床平面地质图及典型剖面图(扫章首码查看彩图)

[(a)据姚伟等, 2020; (b)据屈利军等, 2020]

3.2.3.3 矿石特征

(1)断裂带中脉状矿石。其以新风矿床为典型,矿石包含4类(张德全和王立华,1988)。①锡石磁铁矿矿石:主要分布于岩体外侧几十米范围内的近接触带,包括磁铁矿与粒硅镁石、金云母、氟硼镁石、萤石等,微细粒状锡石常被包裹于磁铁矿中,或与磁铁矿组成条带状集合体。②锡石毒砂(斜方砷铁矿)磁黄铁矿矿石:是锡矿的主要矿石类型,常分布于锡石磁铁矿矿石之外侧。③含锡的闪锌矿、方铅矿矿石:除闪锌矿、方铅矿外,尚含黄铁矿和少量黄锡矿与锡石,是铅锌矿的主要矿石类型。其分布于距花岗岩接触面100~1000 m的白云岩破碎带或裂隙中。④含锡的硫化物硫盐矿石:常叠加于最外部的铅锌矿体之上部地段,主要由方铅矿、黄铁矿、脆硫锑铅矿、毒砂及少量黄锡矿或锡石组成。

(2)花岗斑岩中锡铅锌矿石。其以浸染状为主,少数脉状构造。矿石结构有自形结构、交代溶蚀结构、交代残余结构等。矿石金属矿物有锡石、黑钨矿、毒砂、黄铁矿、磁黄铁矿、黄铜矿、闪锌矿、方铅矿,其次有辉铋矿、车轮矿、黝锡矿、黝铜矿,脉状矿物有石英、长石、云母、黄玉、绢云母、电气石、方解石等。

(3)碎屑岩中似层状矽卡岩型矿石。其矿物组成较为简单,容矿岩石主要为矽卡岩化的砂岩、泥岩,受交代程度不同和局部岩石结构特点影响,主要成斑块状和条带状构造,而晚期脉状矿石发育大量石英-硫化物-黑钨矿等。似层状锡矿体矿石金属矿物包括磁铁矿、锡石、毒砂、磁黄铁矿、黄铁矿、白铁矿、闪锌矿、黄铜矿、黝锡矿、方铅矿、硫锑铅矿、赤铁矿等;非金属矿物包括阳起石、绿泥石、石英、萤石、菱铁矿等。

3.2.3.4 围岩蚀变

香花岭矿床除产于花岗斑岩中的锡铅锌矿外,其余两种锡矿样式各异,但整体处于岩体外接触及远接触带,当围岩为碳酸盐岩时,如新风矿床,在断裂带中发育以石榴子石、符山石为主的矽卡岩蚀变矿物并局部形成矽卡岩锡石磁铁矿型矿石,在灰岩或大理岩裂隙或断裂中发育铍交代岩。而锡石硫化物型矿体的围岩蚀变非常弱,在上部断裂带中的铅锌矿体则发育强烈的绿泥石化。前人对香花岭锡矿床的矽卡岩进行了较为详细的研究(张德全和王立华,1986),矿区处于白云岩与花岗岩接触带,或有断裂通过的砂岩与白云岩接触带,形成了岩浆阶段镁矽卡岩并叠加了后期钙矽卡岩、氟硼质交代岩及矿区独特的铍交代岩,表现出了复杂的镁矽卡岩及与其有关的交代杂岩,矿区绝大部分锡矿体产于复杂的交代杂岩中(张德全和王立华,1986)。蚀变岩矿物学及地球化学研究显示镁矽卡岩产于断裂带近岩体部位,上、下两盘分别为白云岩和砂岩,后叠加了Ca、Si、Al、Fe、F的交代,形成了符山石-石榴子石矽卡岩,镁矽卡岩被改造成钙质矽卡岩,后又经历了富氟、硼的高温热液改造,形成了锡石-磁铁矿矿化,并形成了铍交代岩。最后的酸性淋滤阶段镁矽卡岩被淋滤溶解,磁铁矿被磁黄铁矿交代,并形成大量的锡石、白钨矿、毒砂、闪锌矿和方铅矿,构成了锡石硫化物矿石(张德全和王立华,1986)。而以碎屑岩为主要围岩的三十六湾矿床则以热液蚀变为主,有硅化、萤石化、绿泥石化、碳酸盐化等。

产在跳马涧组碎屑岩中的似层状锡矿体围岩蚀变主要为阳起石矽卡岩化、硅化、绿泥石化、萤石化。产于花岗斑岩中的锡铅锌矿体围岩蚀变有黄玉化、萤石化、云英岩化、绢云岩化等。

3.2.3.5 成矿期次

区内锡铅锌矿床主要为矽卡岩型-热液脉型锡铅锌矿化, 其成矿过程主要经历了矽卡岩阶段和热液阶段, 只是在不同围岩条件不同阶段发育强度有所区别。在新风矿床, 经历了较为完整的矽卡岩阶段和热液阶段。而在西段的三十六湾则主要经历热液阶段(表 3-4), 进一步可划分为三个阶段: 锡石-硫化物阶段、铅锌锑硫化物阶段和碳酸盐阶段。其中前两个阶段分别为锡和铅锌锑矿体的主要形成阶段。而产在碎屑岩中的锡铅锌矿床则主要经历湿矽卡岩阶段和热液阶段。

表 3-4 三十六湾矿床矿物生成顺序表

矿物	锡石-硫化物阶段	铅锌锑硫化物阶段	碳酸盐阶段
萤石	▬		
石英	▬▬▬ I	▬ II	
毒砂	▬		
黄铁矿	▬		
锡石	▬		
磁黄铁矿	▬▬ I		▬ II
黄铜矿	▬ Ia ▬ Ib		
自然铋	--		
辉铋矿	--		
闪锌矿	▬ Ia Ib Ic	▬▬ II	
黝锡矿	—		
方铅矿	▬ I	▬▬ II	
银黝铜矿		---	
脆硫锑铅矿		▬	
硫锑铅矿		—	
绿泥石		▬	
硫锑铁矿			---
自然锑			---
菱铁(锰)矿			▬
方解石			▬▬▬▬
白云石			▬▬▬▬

▬ 大量　　▬ 许多　　— 少量　　----- 微量

3.2.4 矿床地球化学特征

3.2.4.1 锡石 U-Pb 年代学

对香花岭锡多金属矿床 3 类锡多金属矿体(三十六湾热液脉型锡铅锌锑矿体、三十六湾斑岩中的锡铅锌矿体和三合圩碎屑岩中的似层状锡矿体)分别开展了锡石 U-Pb 年代学研究。

锡石 LA-ICP-MS U-Pb 定年用 NWR 193 nm ArF 准分子激光烧蚀系统联用 ICAP RQ ICPMS 测定。使用 NIST 610 标准玻璃对 ICPMS 进行调谐,将 0.7 L/min He 载气送入杯中,随后将气溶胶与 0.83 L/min Ar 补充气混合。激光能量密度为 3.5 J/cm², 重复频率为 6 Hz, 光斑尺寸为 50 m, 背景测量为 40 s, 分析时间为 40 s。使用"U-Pb 地质年代学"数据缩减方案(DRS)缩减原始同位素数据。DRS 在软件 IOLITE 中运行。两个标准块和一个 NIST610 标准玻璃分析块之后是 5 到 8 个未知样品。对于锡石分析,使用 AY-4 天然矿物标准(Yuan et al, 2011;该晶体的加权平均 ID-TIMS concordia 年龄为 158.2+0.4 Ma)作为主要标准。测试代表性数据见表 3-5。

表 3-5 三十六湾矿体锡石 LA-ICP-MS U-Pb 同位素测试代表性数据

测点	同位素比值						年龄/Ma	
	$^{207}Pb/^{206}Pb$	1σ	$^{207}Pb/^{235}U$	1σ	$^{206}Pb/^{238}U$	1σ	$^{206}Pb/^{238}U$	1σ
20YX15-3	0.17956	0.02182	0.80862	0.12317	0.03078	0.00119	195.5	7.4
20YX15-4	0.19651	0.02143	0.94678	0.13280	0.03197	0.00112	202.9	7.0
20YX15-5	0.09670	0.00842	0.34713	0.02694	0.02715	0.00070	172.7	4.4
20YX15-7	0.26868	0.01858	1.32156	0.12481	0.03389	0.00113	214.9	7.0
20YX15-8	0.21897	0.01462	0.95383	0.07982	0.03132	0.00125	198.8	7.8
20YX15-17	0.19275	0.01434	0.76855	0.05700	0.02938	0.00072	186.7	4.5
20YX15-18	0.49030	0.02625	4.12424	0.34320	0.05816	0.00277	364.4	16.9
20YX15-19	0.57911	0.02207	5.59265	0.43343	0.06794	0.00350	423.7	21.1
20YX15-20	0.09899	0.00878	0.31905	0.02732	0.02417	0.00063	154.0	4.0
20YX15-22	0.09216	0.00501	0.31876	0.01627	0.02573	0.00051	163.8	3.2
20GY13-12	0.36583	0.02244	2.05489	0.12571	0.04094	0.00106	258.7	6.6
20GY13-13	0.14784	0.01294	0.60941	0.06468	0.02862	0.00078	181.9	4.9
20GY13-14	0.18910	0.00816	0.80518	0.03824	0.03052	0.00053	193.8	3.3
20GY13-15	0.12464	0.00796	0.45544	0.02696	0.02668	0.00047	169.7	2.9
20GY13-09	0.15782	0.00933	0.60427	0.03370	0.02811	0.00067	178.7	4.2
20GY13-10	0.70091	0.02377	24.22364	1.07847	0.24940	0.00764	1435.4	39.4

(1)三十六湾热液脉型锡铅锌锑矿体。采集锡石-硫化物矿石(样号 20YX-15)和铅锌锑硫化物矿石(样号 20GY-13),锡石硫化物中的锡石的 38 个数据点显示$^{207}Pb/^{206}Pb$-$^{238}U/^{206}Pb$

Tera-Wasserburg 谐和年龄[图 3-25(a)]为(156.5±2.1)Ma(n=38，MSWD=1.11)。锡铅锌锑矿石中锡石 15 个数据点显示$^{207}Pb/^{206}Pb-^{238}U/^{206}Pb$ Tera-Wasserburg 谐和年龄[图 3-25(b)]为(155.3±3.6)Ma(n=15，MSWD=0.61)。

（2）花岗斑岩中的锡多金属矿体。对花岗斑岩体中脉状锡石进行了 U-Pb 定年，完成了 30 个测点，其中 24 个有效点，结果为$^{238}U/^{206}Pb$ 加权平均年龄(153.3±3.4)Ma，MSWD=1.6[图 3-25(c)]。

（3）三合圩似层状锡多金属矿体。在三合圩矿床坑道中采集碎屑岩中的似层状交代型锡矿石(样号 FLHY10)，获得了锡石 U-Pb 同位素 39 个测点数据，$^{207}Pb/^{206}Pb-^{238}U/^{206}Pb$ Tera-Wasserburg 谐和年龄计算结果为(156.09±0.49)Ma(n=39，MSWD=2)[图 3-25(d)]。

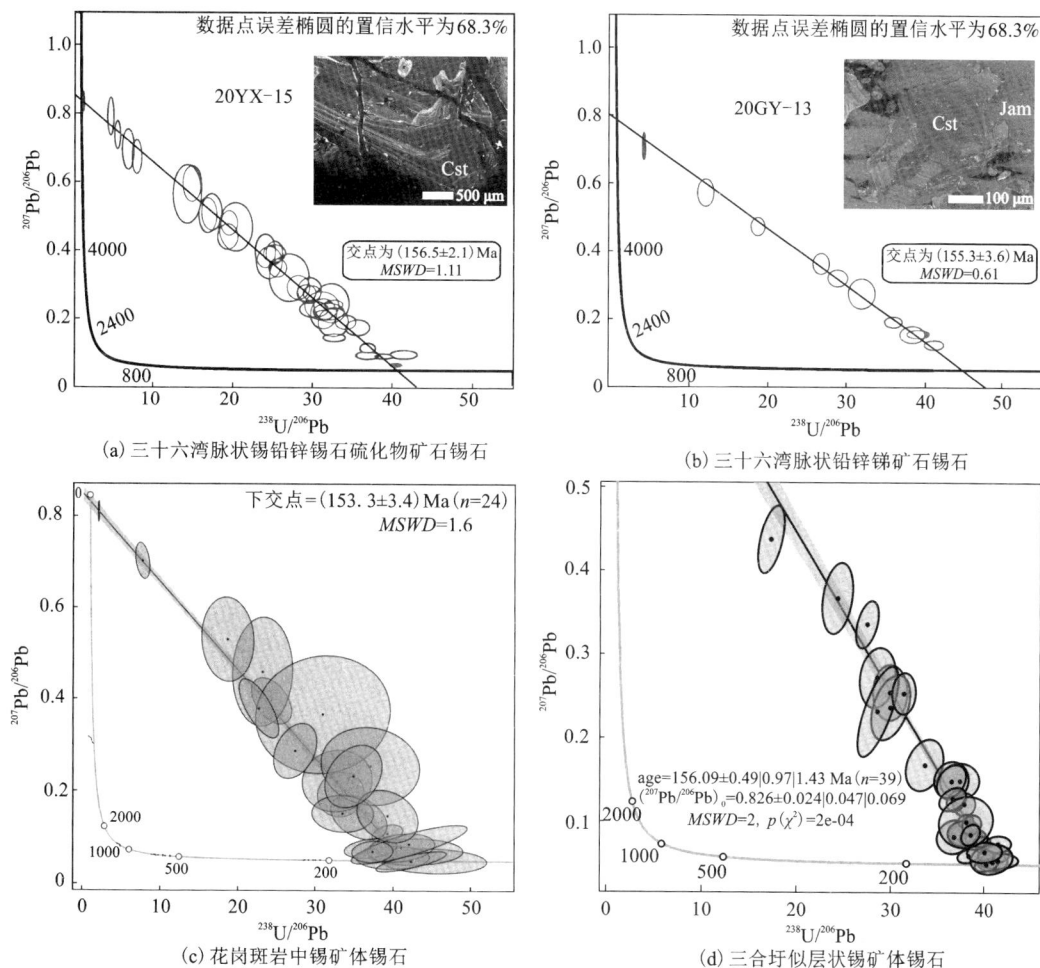

（a）三十六湾脉状锡铅锌锡石硫化物矿石锡石

（b）三十六湾脉状铅锌锑矿石锡石

（c）花岗斑岩中锡矿体锡石

（d）三合圩似层状锡矿体锡石

图 3-25 香花岭不同锡矿化类型锡石 U-Pb Tera-Wasserburg 谐和年龄图解（扫章首码查看彩图）

因此，三类锡矿成矿时代一致。前人通过对香花岭锡多金属矿区的研究获得了大量的成岩成矿年龄，主要集中于 160~155 Ma，从目前所获得的年龄数据可知，由岩体内 Nb-Ta 矿床到近接触带锡铅锌矿床，年龄逐渐变年轻，锡成矿年龄集中于 155 Ma，与南岭地区大规模钨锡多金属成矿事件(160~150 Ma)在时间上相符(毛景文等，2011)。

3.2.4.2　电气石地球化学特征

（1）电气石主微量元素。开展了香花岭锡矿床（主要为新风矿床、塘官铺矿床）电气石矿物学及地球化学研究，通过野外地质调查及岩相学观察，识别出香花岭锡多金属矿床 5 种类型电气石：①呈浸染状分布于黑云母花岗岩中的电气石（Tur-Ⅰ）；②分布于内矽卡岩中块状电气石-萤石集合体中的电气石（Tur-Ⅱ）；③分布于内矽卡岩中块状电气石-绿帘石集合体中的电气石（Tur-Ⅲ），与 Sn-Pb-Zn 矿化有关；④大理岩中外矽卡岩内的电气石-萤石脉中的电气石（Tur-Ⅳ）；⑤与 Sn-Pb-Zn 矿化相关的，石英砂岩中锡石-硫化物-电气石-黄玉脉中的电气石（Tur-Ⅴ）。5 类电气石的产状及矿物地球化学显示 Tur-Ⅰ 为岩浆成因电气石，Tur-Ⅱ、Tur-Ⅲ、Tur-Ⅳ、Tur-Ⅴ 属于热液电气石。Tur-Ⅰ 与 Tur-Ⅳ 具相似的主量元素，表明岩浆热液仅与围岩发生微弱的水岩反应以及成分交换，由岩浆热液直接冷凝结晶。与矽卡岩有关的 Tur-Ⅱ、Tur-Ⅲ、Tur-Ⅴ 电气石成分变化明显，可能有外部流体的加入或者与围岩发生了反应。

（2）电气石 B 同位素。5 类电气石的 B 同位素组成范围为 -14.8‰ 至 -11.6‰，各类电气石 $\delta^{11}B$ 值变化很小，$\delta^{11}B$ 值集中，呈塔式分布，与矿体相关的电气石与花岗岩中的电气石具有相似的 $\delta^{11}B$ 值（图 3-26），表明电气石的 B 来源单一且反映岩浆来源。结合同类型矿床电气石的结晶温度以及流体包裹体数据，根据熔-电气石/流体-电气石的 B 同位素分馏系数，发现从岩浆至热液流体及热液演化，$\delta^{11}B$ 值不断上升（图 3-26），这与 ^{11}B 更容易富集于流体的性质有关。

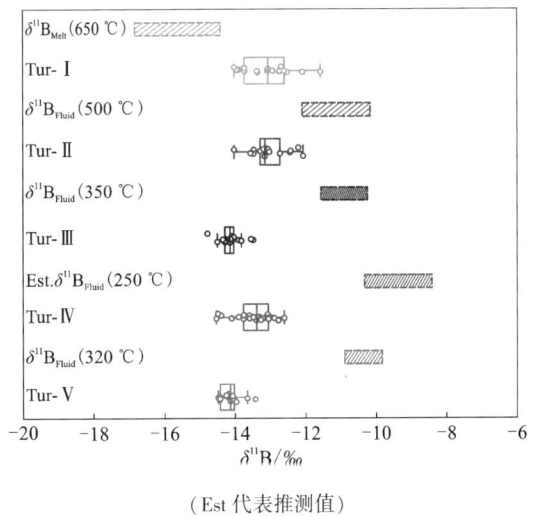

（Est 代表推测值）

图 3-26　香花岭锡多金属矿床不同产状电气石 B 同位素的组成以及相应温度下熔体和流体 B 同位素组成
（扫章首码查看彩图）

（3）电气石地球化学对成矿的指示。岩浆结晶分异的过程中，在岩浆晚期形成 Tur-Ⅰ型电气石，富锡的还原性热液流体从花岗岩浆中出溶，气液部分沿构造产生的断裂不断迁移上升，一部分流体与碳酸盐岩围岩发生接触交代作用，形成 Tur-Ⅱ型电气石，并发生矽卡岩化，Si、Ca、Mg 等元素不断迁移，并且在与围岩的反应过程中不断消耗酸，促进锡石的沉淀，最终，随着温度的逐渐降低，锡石沉淀，并形成 Tur-Ⅲ型电气石。这些过程消耗了热液中大量的 Si、Fe 组分，并增加了来自围岩的 Ca、Mg 组分，致使热液中 pH 升高，F 从与 Sn 形成的络合物［Sn(Ⅱ)-Cl 复合物］中不断释放，并与 Ca 结合形成萤石，形成 Tur-Ⅳ型电气石。另一部分热液在沿着裂隙运移的过程中，进入了石英砂岩，直接冷却沉淀锡石，同时形成 Tur-Ⅴ型电气石。

3.2.4.3　流体包裹体特征

对碎屑岩为容矿岩石的断裂带中三十六湾脉状锡多金属矿体不同中段不同阶段的矿石样

品开展了石英包裹体的研究。两阶段石英的阴极发光均有所差别，锡石硫化物阶段石英 CL 图像具明显的核边结构，铅锌锑硫化物阶段石英发育显著的生长环带。岩相观察显示两阶段石英均发育大量流体包裹体，包含 4 种类型：Ⅰ 型为富液相两相水溶液包裹体、Ⅱ 型为富气相两相水溶液包裹体、Ⅲ 型为含 CO_2 包裹体、Ⅳ 型为含子晶的多相包裹体（图 3-27）。锡石硫化物阶段石英中的包裹体类型以 Ⅰ 型为主，Ⅱ 型和 Ⅳ 型次之，偶见不规则状 Ⅲ 型包裹体。铅锌锑硫化物阶段石英的包裹体与锡石硫化物阶段类型相似，但 Ⅰ 型包裹体气液比小于锡石硫化物阶段。

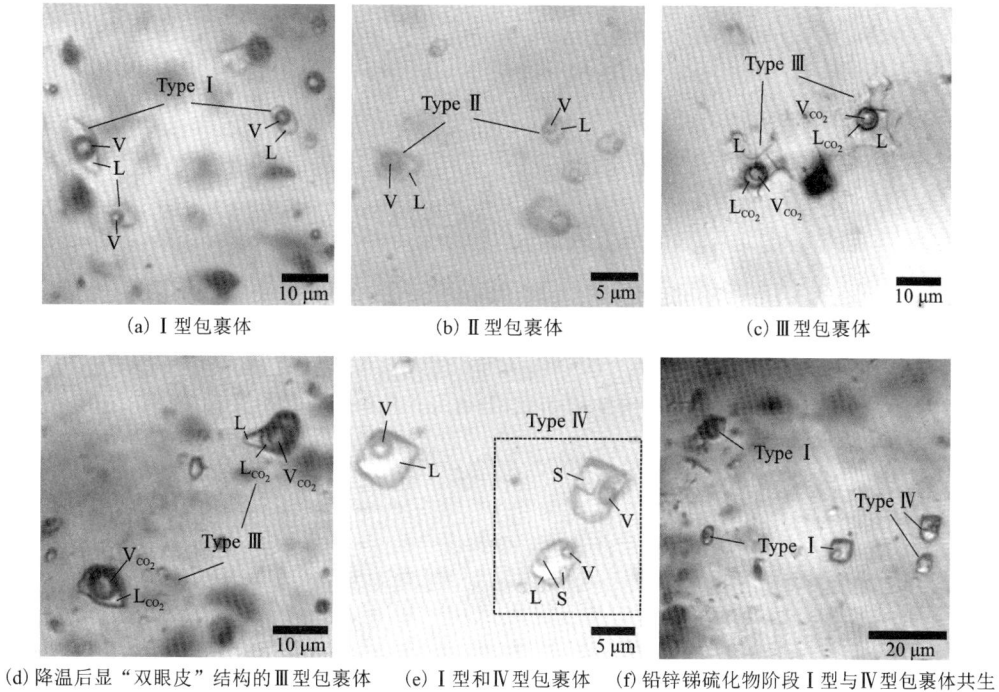

(a) Ⅰ 型包裹体　　　　(b) Ⅱ 型包裹体　　　　(c) Ⅲ 型包裹体

(d) 降温后显"双眼皮"结构的 Ⅲ 型包裹体　　(e) Ⅰ 型和 Ⅳ 型包裹体　　(f) 铅锌锑硫化物阶段 Ⅰ 型与 Ⅳ 型包裹体共生

图 3-27　不同类型包裹体及其组合显微照片（扫章首码查看彩图）

对两阶段石英流体包裹体进行了显微测温，获得了均一温度和计算的盐度，其直方图见图 3-28。锡石硫化物阶段（石英 Ⅰ）石英包裹体的均一温度范围为 244.3~417.5 ℃，集中于 320~400 ℃ [图 3-28(a)]；盐度范围为 0.87%~47.4% NaCl equiv.，集中分布于 0~6% NaCl equiv.[图 3-28(b)]。铅锌锑硫化物阶段（石英 Ⅱ）石英包裹体的均一温度范围为 141.3~253.4 ℃，集中于 180~260 ℃ [图 3-28(c)]；盐度范围为 0.18%~9.86% NaCl equiv.，集中分布于 0~6% NaCl equiv.[图 3-28(d)]。总体上锡石硫化物阶段的包裹体均一温度和盐度高于铅锌锑硫化物阶段。两阶段石英中富液相两相水溶液包裹体（Ⅰ 型）单个包裹体 LA-ICP-MS 成分分析显示成矿流体成分丰富，主要含有 Na、K、Sn、Pb、Zn、Sb、Fe、Li、B、Al、Mn、Rb、Sr、Cs 等元素，但两阶段成矿流体部分元素的含量存在一定差别（图 3-29），主要体现在：①第 Ⅰ 阶段基本不含 Mn，第 Ⅱ 阶段具有一定含量的 Mn；②两个阶段均含有一定量的 Sn 和 Sb，总体上两阶段 Sn/Na 值相当，而第 Ⅱ 阶段的 Sb/Na 值明显高于第 Ⅰ 阶段；③两个阶段含一定量的 Pb 和 Zn，但总体上第 Ⅱ 阶段 Pb/Na 和 Zn/Na 值高于第 Ⅰ 阶段。

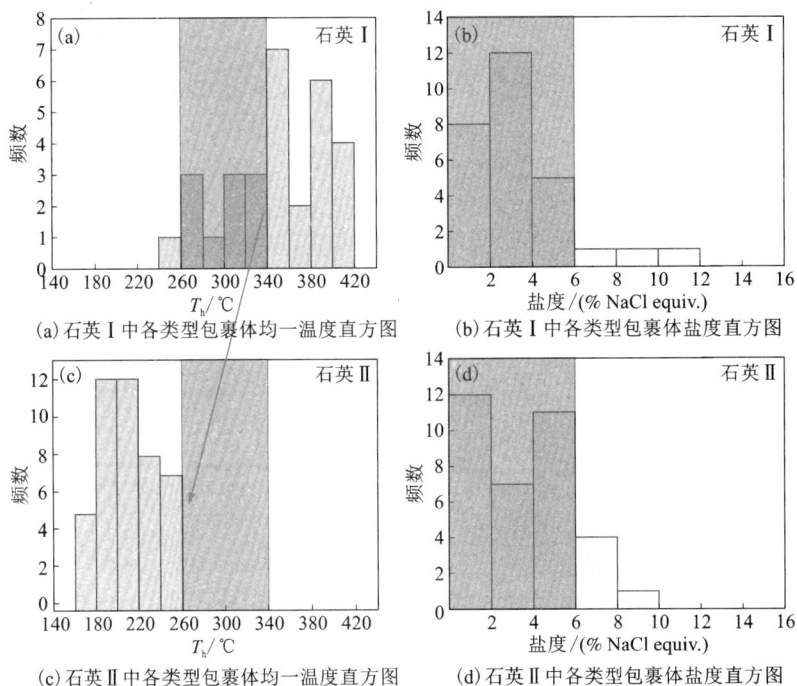

(a) 石英Ⅰ中各类型包裹体均一温度直方图

(b) 石英Ⅰ中各类型包裹体盐度直方图

(c) 石英Ⅱ中各类型包裹体均一温度直方图

(d) 石英Ⅱ中各类型包裹体盐度直方图

图 3-28　三十六湾矿床两阶段石英流体包裹体均一温度和盐度(扫章首码查看彩图)

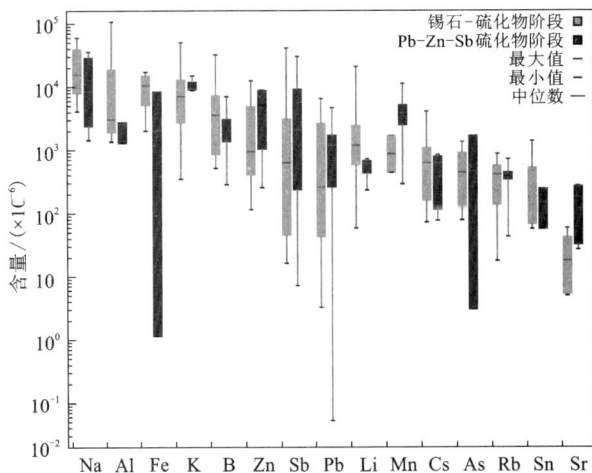

图 3-29　三十六湾矿床两阶段成矿流体中各元素绝对含量箱形图(扫章首码查看彩图)

因此,三十六湾锡铅锌锑矿床锡石硫化物阶段成矿流体为中-高温、中-低盐度的 NaCl-H₂O-CO₂ 流体体系。铅锌锑硫化物阶段成矿流体为中-高温、低盐度的 NaCl-H₂O-CO₂ 流体体系,发生了流体不混溶作用(Baker and Lang,2003;王旭东等,2012)。单个流体包裹体成分分析显示该阶段成矿流体含有一定量的 Sn、Pb、Zn。因此,流体不混溶作用可能是大量锡石和少量闪锌矿、方铅矿沉淀的原因,同时 Mn 元素的识别与菱锰矿沉淀的地质事实相吻合。

3.2.4.4　硫同位素

前人对香花岭锡多金属矿床开展了硫化物硫同位素研究，本次研究系统开展了花岗斑岩中锡多金属矿石的闪锌矿原位硫同位素测试，并收集了香花岭新风、太平、塘官铺断裂带矿石中的闪锌矿进行硫同位素对比。闪锌矿的微区原位硫同位素测试采样为 Thermo Scientific 公司生产的 Neptune Plus 多接收等离子体质谱仪和与之连用的 RESOlution SE 193 nm 固体激光器。利用激光剥蚀系统对硫化物进行剥蚀，剥蚀采用点剥蚀，剥蚀直径 30 μm，能量密度 3 J/cm²，频率 5 Hz。采用高纯 He 作为载气，吹出剥蚀产生的气溶胶，送入 MC-ICP-MS 进行质谱测试。^{32}S 和 ^{34}S 用法拉第杯静态同时接收，积分时间为 0.131 s。测试之前，以硫化物标样对仪器参数进行调试，使之达到最佳状态。为减小基质效应对测试结果的影响，分析过程中分别用与样品基质相似的硫化物为标样，并用标准-样品-标准交叉法进行质量歧视校正。硫同位素代表性数据结果见表 3-6。

表 3-6　闪锌矿原位硫同位素组成代表性数据

测点号	$\delta^{34}S_{V-CDT}/‰$	测点号	$\delta^{34}S_{V-CDT}/‰$
20BB-4.1	5.57	19BB-5.1	2.44
20BB-4.2	6.19	19BB-5.2	2.79
20BB-4.3	5.90	21BB-9.1	3.57
19BB-1.1	6.54	21BB-9.2	3.38
19BB-1.2	5.67	21BB-9.3	3.31
19BB-1.3	5.92	21BB-9.4	3.30
19BB-1.4	5.67	21BB-9.5	2.26
20BB-741.1	5.83	21BB-9.6	2.12
20BB-741.2	5.54	21BB-3.1	5.07
20BB-741.3	5.52	21BB-3.2	5.12
20BB-741.4	5.13	21BB-3.3	4.94
BB3.1	4.63	21BB-3.4	4.92
BB3.2	4.57	21BB-3.5	3.31
BB3.3	4.48	21BB-3.6	3.41
BB3.4	4.65	19BB-3.1	5.75
BB3.5	4.46	19BB-3.2	5.16

花岗斑岩中矿石闪锌矿 δ^{34}S 值范围为 2.1‰~6.5‰，δ^{34}S 平均值为 4.7‰，主要集中于 4‰~6‰。前人获得的香花岭锡矿床(塘官铺、太平、新风脉状矿床)闪锌矿 δ^{34}S 值相对集中，变化范围为 0.2‰~5.8‰，平均值为 3.1‰，峰度 0.35‰[图 3-30(a)](王立华和张德全，1988；周涛，2008；来守华，2014)。斑岩中矿石的闪锌矿 δ^{34}S 随着矿体就位离隐伏岩体距离增加而增大[图 3-30(b)]，硫同位素在 667 m 中段以下，δ^{34}S 偏小，数据更为发散，667 m 中段上部，δ^{34}S 偏大，且更为集中[图 3-30(b)]，说明流体在演化过程中下部更加富

集轻硫，到上部轻硫减少，重硫富集特征更明显。667 m 中段为矿石闪锌矿 δ^{34}S 变化转折点，矿体往上闪锌矿 δ^{34}S 变大，指示成矿流体在斑岩体下部还主要由岩浆热液控制，斑岩体 624~667 m 范围内可能是受到外部作用导致减压并且有少量外来硫的混入，也有可能是斑岩体 850 m 中段与跳马涧组砂岩接触，导致在成矿过程中受到盖层砂岩硫源从上往下的影响。此外，变化范围相对较窄的硫同位素值指示成矿作用是在相对较低的 fO$_2$ 环境下进行的（Ohmoto，1972）。因此，斑岩体下部成矿流体属于 fO$_2$ 相对较高的富硫溶液，上部和顶部成矿流体是 fO$_2$ 相对较低的贫硫溶液。对比区内脉状矿床（图 3-30），如香花岭锡矿床（塘官铺、太平、新风），硫同位素值比斑岩矿床要更低，表明香花岭锡矿床与斑岩体成矿流体演化早期阶段相似，成矿流体表现为富硫、高氧逸度特征。

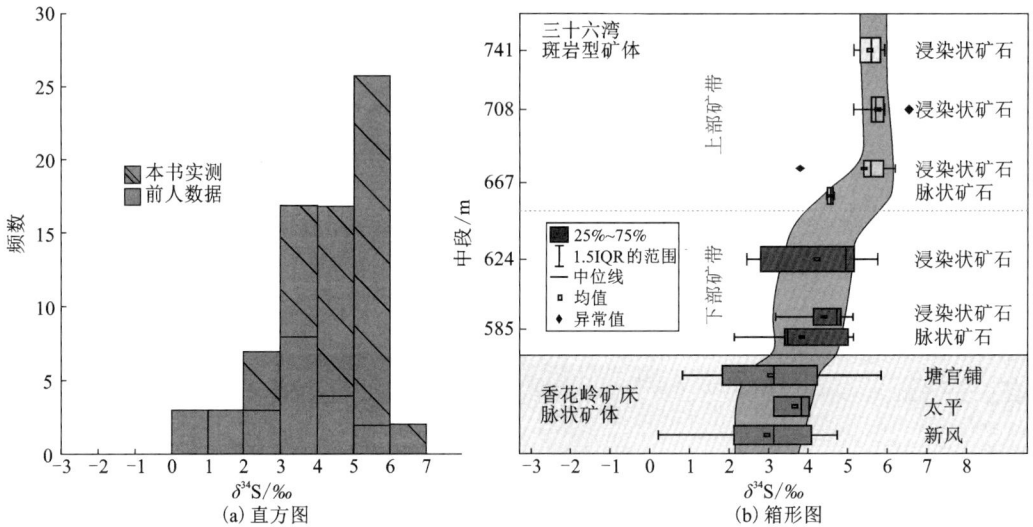

图 3-30 香花岭矿田花岗斑岩与断裂带中锡多金属矿中闪锌矿硫同位素直方图和硫同位素箱形图
（扫章首码查看彩图）

3.2.5 成矿作用及成矿模式

3.2.5.1 矿质沉淀控制因素

香花岭矿田内发育有完善的各式锡多金属成矿系统，其成矿流体经历了不同的演化阶段，在特定的环境中形成不同类型矿床。就三种锡矿化类型而言，产于断裂带中的锡多金属矿床中的新风矿床，属于岩浆接触带叠加断裂的与镁质矽卡岩及其交代岩有关的系统，而三十六湾断裂带中的锡多金属矿属于充填为主系统。前述三十六湾脉状锡多金属矿床两阶段的流体包裹体岩相观察显示其具有流体沸腾的特征，结合矿床以脉状充填为主的特点，可知其形成机制为减压沸腾的成矿机制。花岗斑岩中锡多金属矿体以脉状产出，矿石矿物以浸染状产于蚀变花岗斑岩中，其成岩成矿系统是连续的过程。花岗斑岩的斑状结构和假 β 石英斑晶的形成（何俊等，2016），暗示了成岩成矿系统是在减压环境中形成的。碎屑岩中似层状锡矿床，底部以接触交代型锡锌矿化为主，而上部发育网脉状矿化，前者应属于水岩反应导致形成的锡的沉淀，而上部是以充填作用为主的成矿作用方式，其机制也可能是减压沸腾成矿机制。此外，前人在云英岩富锡矿体中也发现了沸腾包裹体的证据（王立华和张德全，1988），因此,减压沸腾成矿作用是香花岭锡矿体重要的矿质沉淀机制,这与该区锡矿体受断裂构造控制为主的地质特点是吻合的。

3.2.5.2 成矿模式

燕山期华南软流圈地幔上涌,导致富钨锡等成矿物质的下地壳物质部分熔融(注入有幔源物质)形成花岗质岩浆,岩浆经过结晶分异,沿着郴州-临武区域性断裂上侵在香花岭地区形成隐伏的黑云母花岗岩岩基。由于岩浆富含 Li、F 等组分,经过进一步演化形成高分异岩浆沿着表壳的断裂侵位,在通天庙穹隆北东向和北西向断裂交会处形成岩突,即形成出露地表的癞子岭、尖峰岭、通天庙等岩体及塘官铺、三合圩、三十六湾等隐伏的花岗岩。这些花岗岩体在垂向上形成了碱长花岗岩、钠长石花岗岩及云英岩和伟晶岩壳,同时在旁侧形成了香花岭岩及花岗岩斑岩。在碱长花岗岩周围以碳酸盐岩为围岩的地段,在近接触带形成了以锡为主的交代型锡石磁铁矿型、锡石硫化物型、热液脉型锡矿床,在远接触带形成了脉状铅锌矿床;而在以碎屑岩为围岩的地段,在近接触带形成了交代型锡铅锌矿床、网脉-脉状充填型锡矿床。岩体顶部形成了与钠长石花岗岩有关的花岗岩型 Nb-Ta-(W-Sn) 矿床,与云英岩壳有关的云英岩型 W-Sn 矿床及岩体顶部石英脉型钨锡钼石英脉。此外,形成的香花岭岩及其伴随的岩体型 Nb-Ta 矿床,在花岗岩斑岩中形成了锡铅锌矿床。综合前人成果和笔者的认识,构建了香花岭矿田锡多金属成矿模式,如图 3-31 所示。

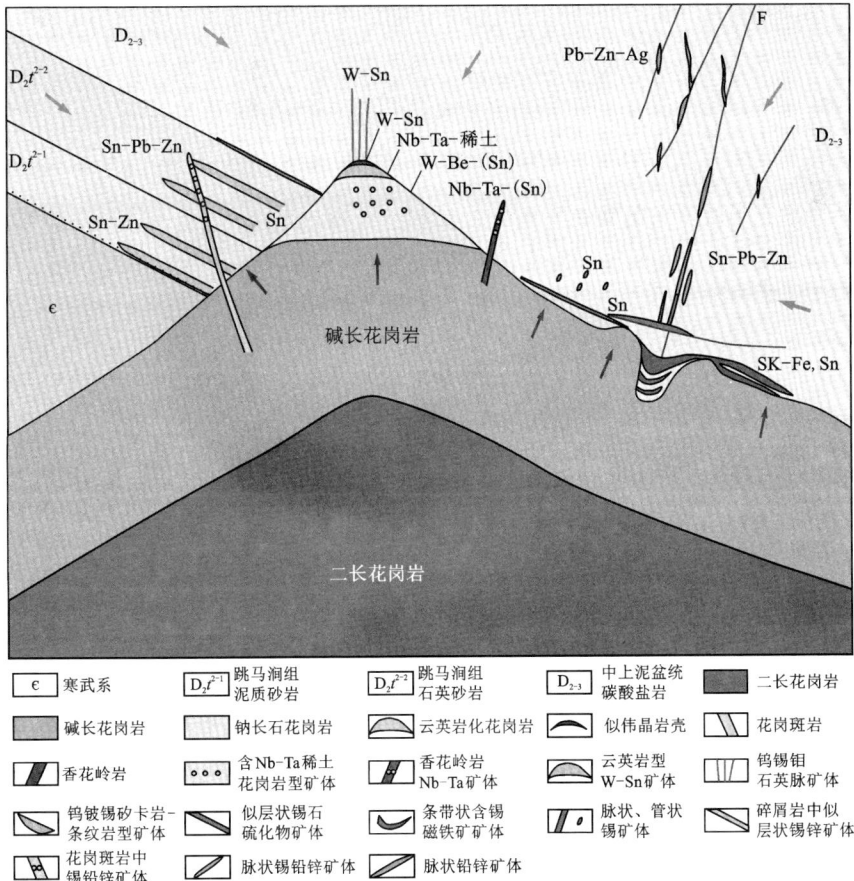

图 3-31 香花岭矿田成矿模式示意图(扫章首码查看彩图)

3.2.6 教学安排

3.2.6.1 需要详细观察和了解的典型现象

1) 典型矿体及控矿构造

(1) 断裂带中的脉状锡铅锌锑矿体。

断裂带中的脉状矿体以新风、塘官铺和三十六湾矿区为典型,产于岩体外接触带的断裂带中。如果围岩为碳酸盐岩则发育矽卡岩化,但围岩为碎屑岩时,无矽卡岩矿物。矿体垂向变化明显,如59线上部为铅锌矿体,中深部为锡铅锌矿体,深部为锡矿体(图3-31)。矿体厚度与断裂产状关系密切,如三十六湾断裂带中的矿体具有"陡宽缓窄"的特点(图3-32)。

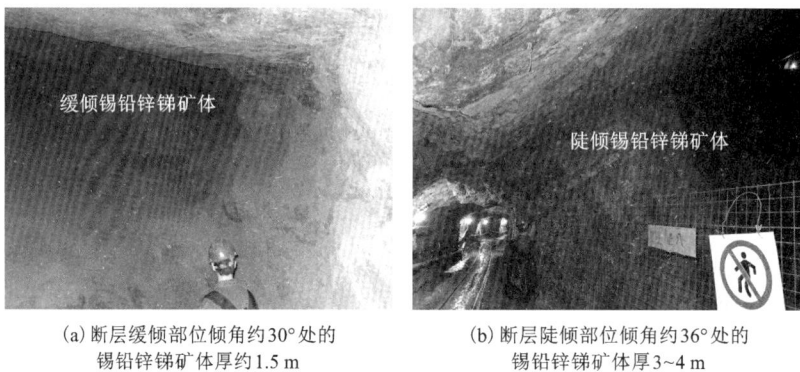

(a) 断层缓倾部位倾角约30°处的
锡铅锌锑矿体厚约1.5 m

(b) 断层陡倾部位倾角约36°处的
锡铅锌锑矿体厚3~4 m

图3-32 三十六湾矿床 F₁ 断裂带 178 m 中段中不同产状矿体野外照片(扫章首码查看彩图)

(2) 花岗斑岩中的锡铅锌矿体。

香花岭北部花岗斑岩中的锡铅锌矿体呈脉状产于F₁断裂的上盘,呈雁行排列,走向近东西向,局部北西或南西,倾向南,倾角50°~80°。东部的Ⅰ号和Ⅱ号脉地表出露,西部三十六湾矿区则呈隐伏矿体产出(图3-33)。

(3) 碎屑岩中的似层状锡多金属矿体。

跳马涧组碎屑岩中的似层状锡矿体在北部的三合圩和塘官铺矿区坑道和钻孔揭露较为充分,如三合圩典型的坑道[图3-34(a)]显示矿化沿着紫红色砂岩层面交代,形成顺层矿化,交代呈斑杂状构造[图3-34(b)],此外,后期还发育少量的石英硫化物脉[图3-34(c)]。对典型钻孔 ZK3001 进行观察,显示矿体深部发育花岗岩体,矽卡岩化矿体呈多层产出。

2) 典型岩矿石

(1) 典型花岗岩。

香花岭地区花岗岩尤以北部癞子岭最为发育,发育多个岩相带,如伟晶岩带、云英岩带、钠长石花岗岩带、黑云母花岗岩带等(图3-35)。

(2) 典型矿石。

香花岭矿床的矿石包含的有用组分主要为锡铅锌,从矿物组合及矿石构造上,典型矿石有块状锡石-磁黄铁矿矿石、网脉状铅锌硫化物矿石、块状铅锌硫化物矿石(图3-36)。斑岩中锡铅锌矿石呈浸染状产于花岗斑岩[图3-36(a)~(c)]。碎屑岩中似层状矿石见图3-34,典型花岗岩斑岩中矿石见图3-36(e)(f)。

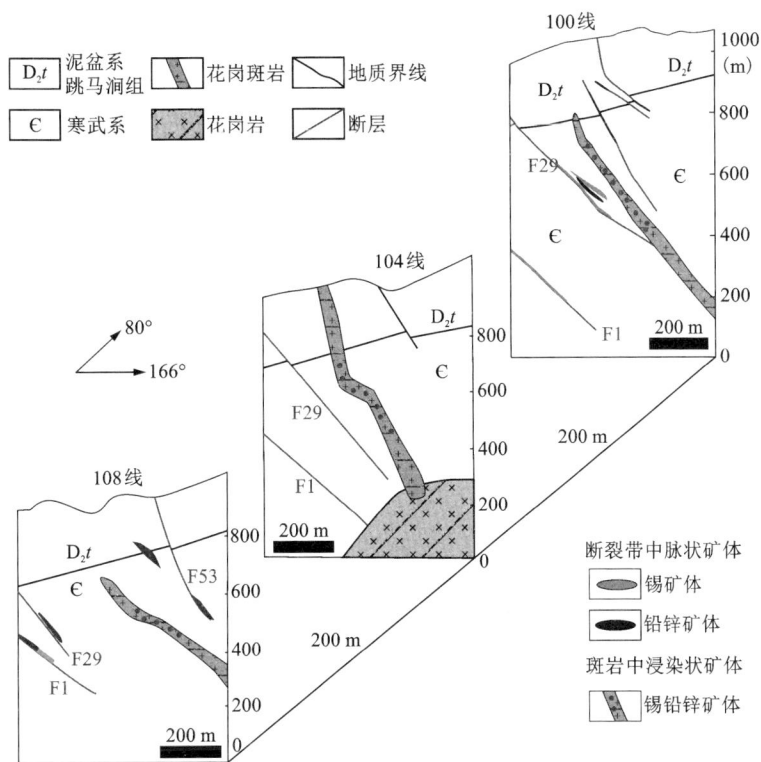

图 3-33 三十六湾斑岩分布特征示意图(扫章首码查看彩图)

(据陈荣华等, 2015)

(a) 紫红色砂岩被交代形成锡锌矿石,
由层面向内矿化减弱

(b) 紫红色砂岩交代呈斑杂状构造矿石

(c) 砂岩中发育石英硫化物脉

图 3-34 三合圩似层状锡矿体典型照片(扫章首码查看彩图)

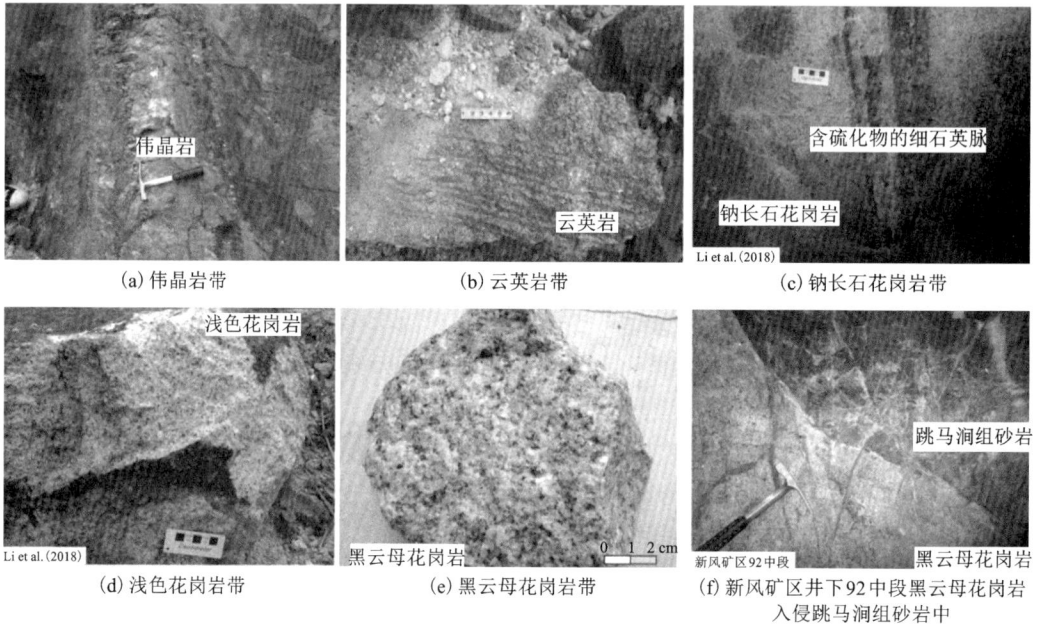

(a) 伟晶岩带 (b) 云英岩带 (c) 钠长石花岗岩带

(d) 浅色花岗岩带 (e) 黑云母花岗岩带 (f) 新风矿区井下92中段黑云母花岗岩入侵跳马涧组砂岩中

图 3-35 癫子岭岩体各岩相带野外照片（扫章首码查看彩图）

(a) 浸染状锡石硫化物矿石 (b) 网脉状铅锌硫化物矿石 (c) 块状铅锌硫化物矿石

(d) 浸染状矿化花岗斑岩矿石，含方铅矿和磁黄铁矿 (e) 绿泥石化含矿花岗斑岩 (f) 花岗斑岩中裂隙中发育方铅矿和闪锌矿

Sp—闪锌矿；Cpy—黄铜矿；Py—黄铁矿；Apy—毒砂；Gn—方铅矿；Po—磁黄铁矿；Cst—锡石；Cc—方解石；Qtz—石英。

图 3-36 香花岭断裂带中脉状（新风）和斑岩中浸染状（三十六湾）典型矿石标本照片（扫章首码查看彩图）

（3）典型围岩蚀变。

香花岭地区典型的围岩蚀变随围岩的不同有所差异，如碳酸盐岩中的围岩蚀变有石榴子石矽卡岩化，符山石矽卡岩化及绿泥石化［图3-37(a)~(c)］；而碎屑岩中的围岩蚀变则发育云英岩化、硅化、绿泥石和铁锰碳酸盐化［图3-37(d)~(f)］。

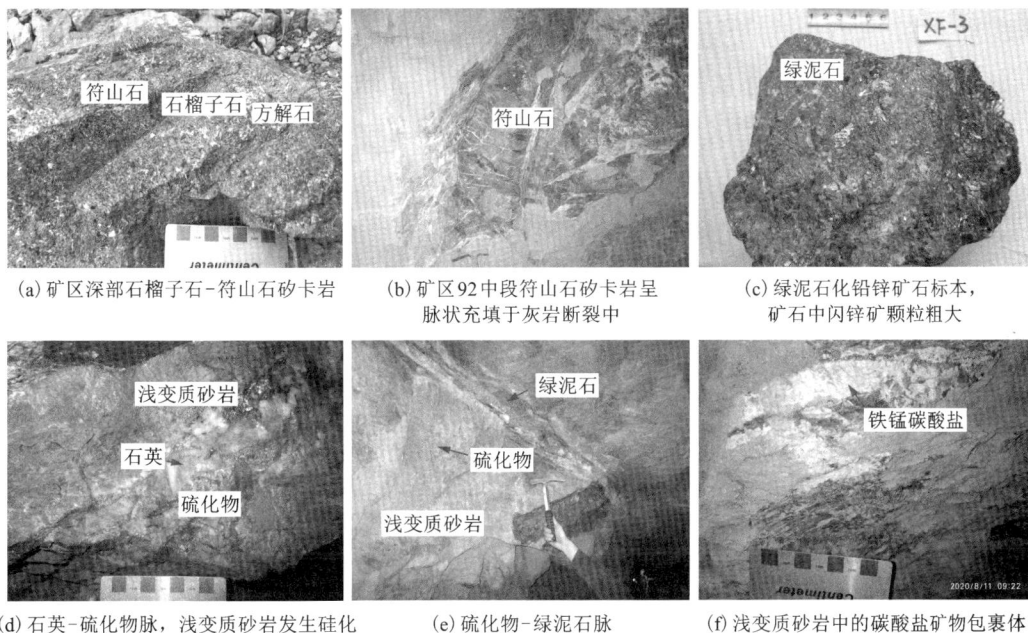

图3-37 碳酸盐岩和碎屑岩为容岩的不同围岩蚀变照片（扫章首码查看彩图）

3.2.6.2 思考题

（1）香花岭锡多金属矿床的控矿构造有哪些类型？各自有什么特点？

（2）围岩对矽卡岩型锡多金属矿的控制作用表现在哪些方面？为什么砂岩中能形成似层状锡矿体？

（3）矽卡岩型锡矿床与矽卡岩型钨矿床矿化特征有什么差异？

3.3 湘南瑶岗仙石英脉型-矽卡岩型钨矿床

3.3.1 自然地理概况

瑶岗仙钨矿床是我国钨业的起源地，是国内最大的黑钨矿生产矿山，位于郴州市宜章县、汝城县、资兴市三县市交界处，行政区划上属宜章县瑶岗仙镇管辖（图3-38）。矿区西侧距离县城55 km，瑶岗仙镇距离S324省道10 km，从矿区到白石渡车站有公路相通，行程43 km，从白石渡车站经京广铁路可以到达长沙、广州等地，交通便利。该区大部分为山地、丘陵，地势北高南低，山势险峻，最高峰为海拔 1692 m 的天鹅峰，平均海拔为 1000 m；气候属于亚热带季风气候，四季分明，温暖湿润，雨热同期；除矿业外，区内形成了以蔬菜、烤烟、养殖为主的优势农业。

3.3.2 区域地质背景

湘南地区是南岭地区最为重要的钨锡分布区，区域地质背景与前述的柿竹园和香花岭相同（见 3.1.2 节），区内拥有大量大型至超大型钨锡矿床（田），如柿竹园、瑶岗仙、骑田岭、锡田、香花岭等（图 3-2）。区域内钨锡矿床与花岗质岩浆作用密切相关，矿床类型包括矽卡岩型、石英脉型、云英岩型等钨（锡）矿床。瑶岗仙矿床是典型的石英脉型和矽卡岩型钨矿床的代表。

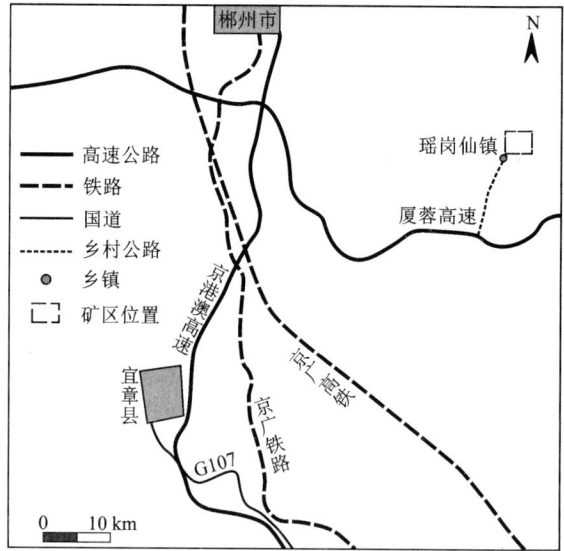

图 3-38 湘南瑶岗仙钨矿床交通位置简图

3.3.3 矿床地质特征

3.3.3.1 矿区地质

瑶岗仙钨矿床基底由弱变质的前寒武系褶皱地层组成，其上不整合覆盖古生代褶皱和浅海成因的晚中生代地层。矿区出露地层为寒武系—中泥盆统跳马涧组、棋梓桥组和上泥盆统佘田桥组，下石炭统孟公坳组、石磴子组和测水组。岩性由下至上为变质砂岩、中厚层石灰岩夹薄层砂岩和少量第四系覆盖物。裕新地区石灰岩与花岗岩的外部接触带发育矽卡岩[图 3-39（a）]。

瑶岗仙钨矿床控矿构造包括褶皱构造、断裂构造、岩体侵入接触构造等。通过矿区地质构造特征可知矿区经历了多次构造运动，多期次岩浆作用和成矿作用。区内构造既控制沉积岩的分布，也控制岩浆岩的分布，且派生出的一系列规模较小的断层和裂隙又直接被矿液或晚期岩脉所充填。矿区内发育多条 NE 向和 NWW 向断裂，规模较大的是 NE 向狗头榴-中坪断裂，为区域性基底大断裂，该断裂切穿古生界和前寒武系地层。NE-SW 向背斜是矿区主要构造，NW-SE 向的次级断裂为含黑钨矿石英脉的形成提供了空间[图 3-39（a）]。

瑶岗仙复式岩体出露面积为 1.34 km²，侵位于瑶岗仙背斜核部，围岩为泥盆系和寒武系地层。根据野外地质观察及前人工作，瑶岗仙复式岩体可划分为中粗粒黑云母花岗岩、细粒斑状花岗岩和石英斑岩三个阶段。细粒斑状花岗岩侵位于中粗粒黑云母花岗岩，且两期花岗岩并未发现冷凝边，两期花岗岩既是钨矿化的母岩，也是围岩。出露的花岗质侵入体包括粗粒二云母花岗岩和细粒白云母花岗岩。

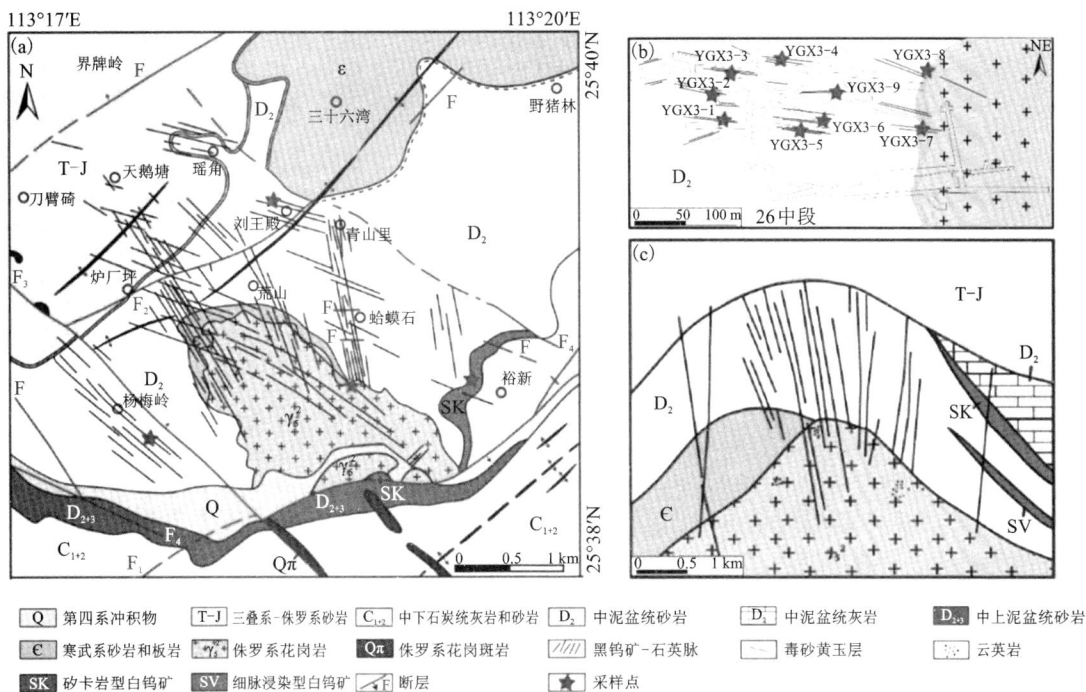

(a) 瑶岗仙钨矿床地质图(据 Peng et al., 2006);(b) 瑶岗仙钨矿床老区 26 中段的取样位置和坑道图;

(c) 瑶岗仙钨矿床成矿模型图(据陈依壤, 1988)。

图 3-39　瑶岗仙钨矿床矿石地质(扫章首码查看彩图)

3.3.3.2　矿体特征

瑶岗仙含矿石英脉主要赋存于花岗岩中或附近。矿脉为一组 NW-NNW 向南倾的石英脉和一组 NWW 向南倾的石英脉。单脉垂向延深 500～1400 m。矿脉的宽度和矿物组成垂向上呈分带状。在脉系下部,脉宽 0.8～1.3 m(平均 1.0 m),以石英为主。在脉系中部,脉宽通常为 0.5～1 m(平均 0.6 m),包含最重要的矿体。矿物包括黑钨矿、白钨矿和石英,还有少量闪锌矿、黄铜矿、黄铁矿、萤石和方解石等。矽卡岩白钨矿体位于裕新地区碳酸盐岩和砂岩中,矽卡岩矿体与接触面大致成平行状态,矿体主要呈层状、条带状,产于砂岩和石灰岩的接触带及上部薄层灰岩中。矿物包括白钨矿、辉钼矿、毒砂、闪锌矿、石榴子石、透辉石等。白钨矿以浸染状形式与萤石、辉钼矿、石榴子石等矽卡岩矿物伴生,裕新采场观察到的白钨矿矿体基本上都被风化剥蚀,除了白钨矿外,还包含黄铁矿、毒砂等硫化物。

3.3.3.3　矿石特征

石英脉型矿石以黑钨矿为主,白钨矿、黄铁矿、闪锌矿、毒砂等矿物多以浸染状分布其中;矽卡岩型矿石中,以白钨矿为主,辉钼矿、黄铁矿、黄铜矿、石榴子石、透辉石、绿泥石、绿帘石、萤石等矿物多以浸染状分布其中。含黑钨矿石英脉中的矿石矿物主要为黑钨矿、锡石、白钨矿、辉钼矿和黄铜矿,少量为方铅矿和闪锌矿,黑钨矿主要呈自形,为深棕色簇状或放射状晶体,多数分布在矿脉边缘,在白云母花岗岩中有少量浸染状黑钨矿颗粒。

矽卡岩型白钨矿体位于裕新地区碳酸盐岩和砂岩中。矽卡岩矿物主要为石榴子石、透辉石、绿泥石、绿帘石，伴生或副矿物主要为萤石、方解石、石英、白钨矿、黄铁矿、黄铜矿、磷灰石。白钨矿主要以浸染状形式产于矽卡岩中。

3.3.3.4 围岩蚀变

矿区围岩蚀变普遍发育，云英岩化、大理岩化、硅化、黄铁矿化、铅锌矿化沿含矿矿脉与变质砂岩接触带广泛发育。矽卡岩化主要发生在泥盆系砂岩与灰岩的接触带。泥盆系钙质砂岩中也发育少量脉状浸染白钨矿化。其他围岩蚀变类型主要包括萤石化、绢云母化、碳酸盐化。

3.3.3.5 成矿期次

通过显微观察，结合野外矿脉相互穿插关系，将成矿划分为两期七阶段，即矽卡岩期和热液期，其中矽卡岩期可分为早矽卡岩阶段、晚矽卡岩阶段、氧化物阶段、石英–硫化物阶段，白钨矿主要存在于前两个阶段，黄铁矿等硫化物主要存在于后两个阶段；热液期可以分为热液早阶段、热液中阶段、热液晚阶段，黑钨矿、白钨矿、黄铁矿等硫化物主要存在于前两个阶段(表3–7)。

表3–7 瑶岗仙钨矿床矿物生成顺序表

矿物	矽卡岩期				热液期		
	早矽卡岩阶段	晚矽卡岩阶段	氧化物阶段	石英–硫化物阶段	热液早阶段	热液中阶段	热液晚阶段
石英	———				———		
石榴子石	———						
透辉石	———						
黑钨矿					———		
锡石					———		
白钨矿	————————				———		
辉钼矿	————————						
萤石	————————————						———
绿帘石	————						
绿泥石	————						
毒砂					———		
黄铜矿			- - - - -		———		
黄铁矿			- - - - - - - -		———		
闪锌矿			- - - - -				
方解石				———			———

——— 主量　　——— 少量　　- - - - - - - 微量

3.3.4 矿床地球化学特征

3.3.4.1 矿物地球化学

1)黑钨矿

已鉴定出矿床发育三种类型的黑钨矿(Wol Ⅰ、Wol Ⅱ、Wol Ⅲ)：形成于岩浆–热液阶段的黑钨矿(Wol Ⅰ)，即产于云英岩中的黑钨矿Ⅰ，颗粒长100~200 μm，呈自形到半自形

[图 3-40（a）]；形成于热液阶段的黑钨矿（Wol Ⅱ 和 Wol Ⅲ），石英脉中的黑钨矿Ⅱ（Wol Ⅱ）晶粒呈扁平振荡分带，黑钨矿Ⅲ（Wol Ⅲ）晶粒发生交代作用，被晚期白钨矿（Sch Ⅱ）所取代[图 3-40（b）（c）]。三类黑钨矿床地球化学差别明显，Wol Ⅰ晶粒的特征是高浓度的 ΣREE+Y 含量（$72.2×10^{-6}$～$13942×10^{-6}$，平均 $1917×10^{-6}$）和重稀土富集[图 3-41（a）～（c）]。Wol Ⅱ 颗粒具有与 Wol Ⅰ 相似的稀土元素模式（重稀土富集），但 ΣREE+Y 浓度较低（$167×10^{-6}$～$274×10^{-6}$；Y 含量较低，为 $60.8×10^{-6}$～$119×10^{-6}$，平均 $85.9×10^{-6}$）。Wol Ⅲ 颗粒具有与 Wol Ⅰ 相似的稀土元素模式，但 ΣREE+Y 浓度较低（$84.3×10^{-6}$～$457×10^{-6}$；Y 含量较低，为 $34.8×10^{-6}$～$189×10^{-6}$，平均 $76.8×10^{-6}$）。综上所述，Wol Ⅰ、Wol Ⅱ 和 Wol Ⅲ 晶粒的稀土元素模式相似，均为重稀土富集和轻稀土缺失，Eu 呈负异常，其中 Wol Ⅱ 晶粒的 Sn 含量最高[图 3-41（d）～（f）]。

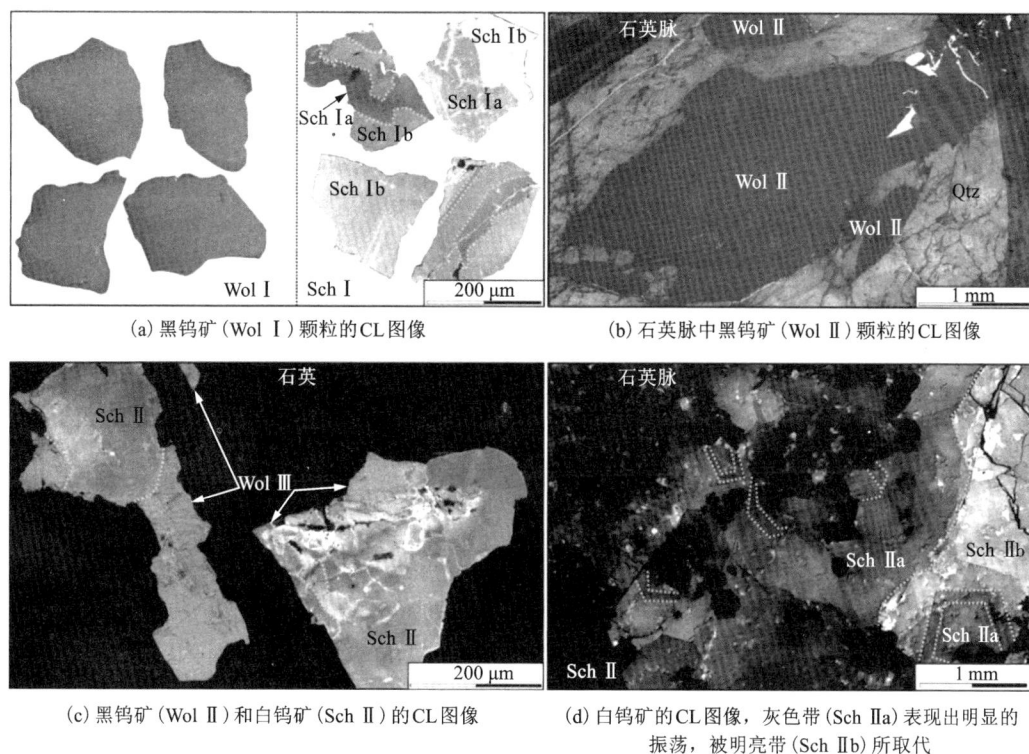

（a）黑钨矿（Wol Ⅰ）颗粒的 CL 图像

（b）石英脉中黑钨矿（Wol Ⅱ）颗粒的 CL 图像

（c）黑钨矿（Wol Ⅱ）和白钨矿（Sch Ⅱ）的 CL 图像

（d）白钨矿的 CL 图像，灰色带（Sch Ⅱa）表现出明显的振荡，被明亮带（Sch Ⅱb）所取代

图 3-40　瑶岗仙钨矿床云英岩和石英脉中黑钨矿和白钨矿晶体的 CL 图像（扫章首码查看彩图）

2）白钨矿

白钨矿分为石英脉型白钨矿和矽卡岩型白钨矿，两类白钨矿化学成分稳定。石英脉型白钨矿的 CaO 含量为 18.81%～19.69%（平均值 19.21%），WO_3 含量为 78.71%～81.54%（平均值 79.95%）。矽卡岩型白钨矿的 CaO 含量为 18.67%～19.46%（平均值 19.19%），WO_3 含量为 78.48%～81.56%（平均值 80.39%）。两类白钨矿的 CaO 和 WO_3 含量与其理论值较接近（CaO：19.47%。WO_3：80.53%）。

石英脉型和矽卡岩型白钨矿在微量元素含量上存在一定差异。Ti、As、Rb、Sr、Nb、Mo、Th、U 等元素含量在两类白钨矿中相差较大。其中 Mo 含量有显著差异，石英脉型白钨矿

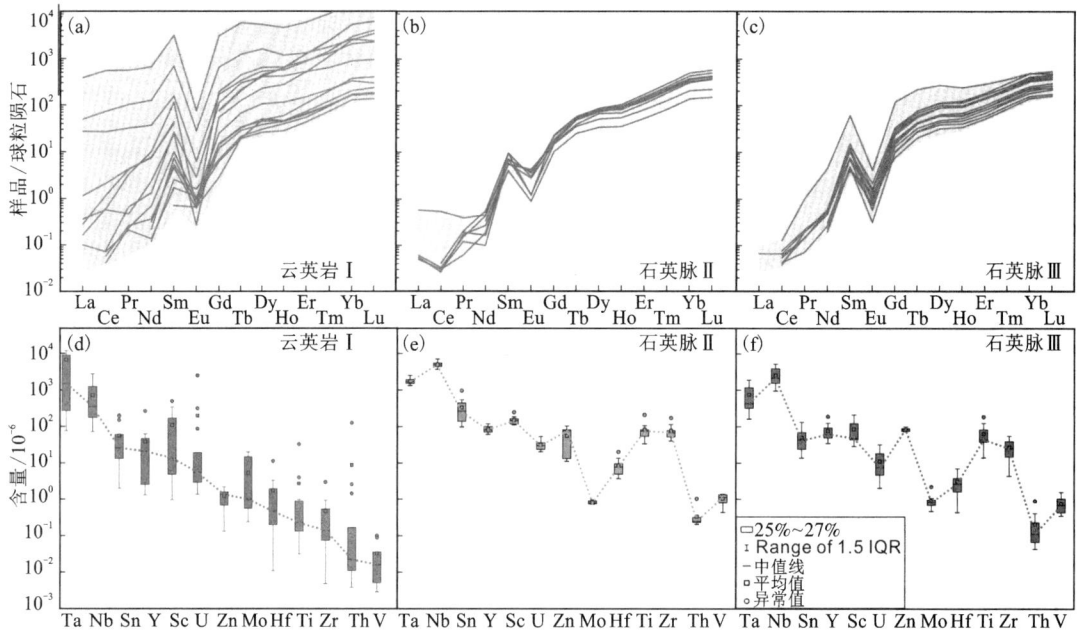

（a）~（c）云英岩（Wol Ⅰ）和石英脉（Wol Ⅱ和Wol Ⅲ）中黑钨矿颗粒球粒陨石标准化REE模式；

（d）~（f）云英岩（Wol Ⅰ）和石英脉（Wol Ⅱ和Wol Ⅲ）中黑钨矿颗粒中微量元素的箱形图。

图3-41　三类黑钨矿地球化学差别（扫章首码查看彩图）

中Mo含量远低于矽卡岩型白钨矿。石英脉型白钨矿B、Mg、Ti、As、Rb、Sr、Zr、Ba、Th、U含量稍高于矽卡岩型白钨矿，其他微量元素含量以及REEs均低于矽卡岩型白钨矿中含量。

石英脉型和矽卡岩型白钨矿的稀土元素特征存在一定差异。矽卡岩型白钨矿的$\sum$REE+Y含量为$109.3 \times 10^{-6} \sim 8279.3 \times 10^{-6}$，平均为$3375.8 \times 10^{-6}$；轻稀土元素含量高，特别是Pr、Nd、Sm和Gd，平均值分别达364.4×10^{-6}、397.1×10^{-6}、398.1×10^{-6}和306.8×10^{-6}，其余元素平均含量介于56.3×10^{-6}和273.9×10^{-6}之间；$w(LREE)/w(HREE)$平均值为2.29，轻稀土富集、重稀土相对亏损，具有不同程度的负Eu异常（δEu平均值为0.81），且Ce为正异常（δCe平均值为1.06）的LREE富集模式（图3-42）。石英脉型白钨矿的$\sum$REE+Y含量为$215.7 \times 10^{-6} \sim 1425.7 \times 10^{-6}$，平均为$605.1 \times 10^{-6}$；重稀土元素含量偏高，特别是Tb、Dy、Ho，平均值分别达66.2×10^{-6}、61.7×10^{-6}、62.9×10^{-6}，其余元素平均含量介于8.4×10^{-6}和52.8×10^{-6}之间；$w(LREE)/w(HREE)$平均值为0.42，具有轻稀土亏损、重稀土相对富集、中稀土最富集的向上拱曲MREE富集模式，其中Eu和Ce为正异常（δEu平均值为1.13，δCe平均值为1.12）（图3-43）。两种类型的白钨矿Eu异常差异明显，而Ce异常差异不明显。Eu_N和Eu_N^*之间相关图（图3-44）显示矽卡岩型白钨矿的大部分数据位于1：1线以下，显示负Eu异常；而石英脉型白钨矿数据位于1：1线以上，显示正Eu异常。总体上矽卡岩型白钨矿Mo、Sn含量相对较高，Sr含量很低，Eu为负；而石英脉型白钨矿的Mo和Sn含量较低，Sr含量略高，Eu为正值。

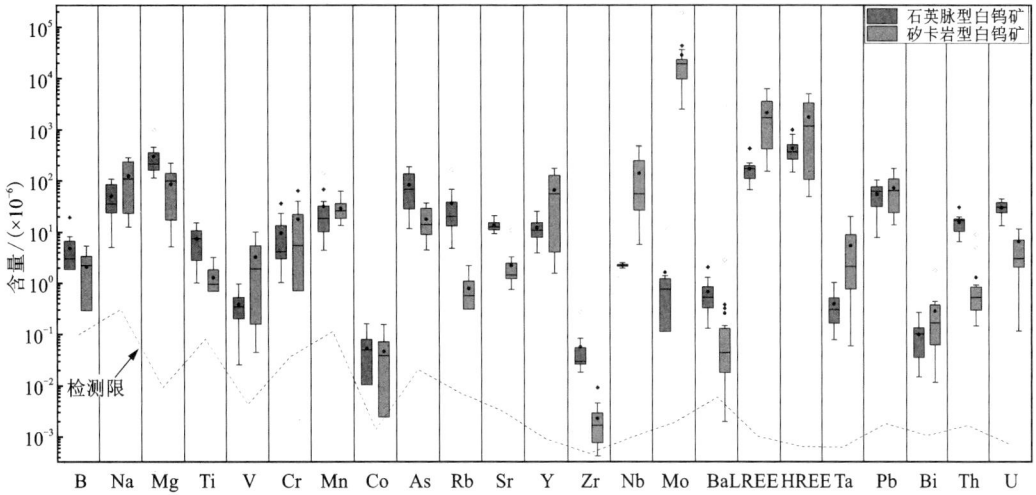

图 3-42 石英脉型和矽卡岩型白钨矿微量元素箱形图(扫章首码查看彩图)

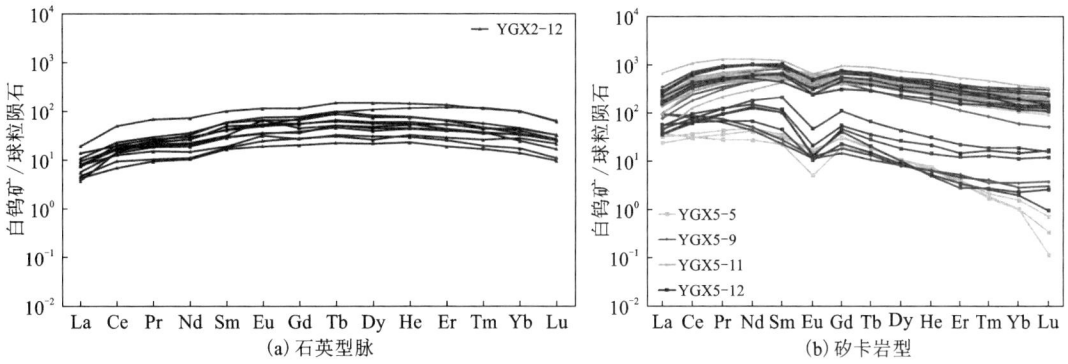

图 3-43 石英脉型(a)和矽卡岩型(b)白钨矿稀土元素蛛网图(扫章首码查看彩图)

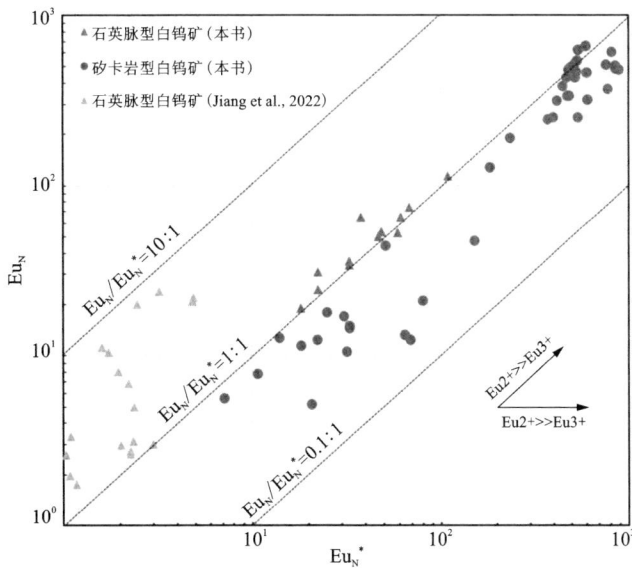

图 3-44 石英脉型和矽卡岩型白钨矿 Eu_N 与 Eu_N^* 关系图(扫章首码查看彩图)

(底图据 Wu et al., 2023)

3.3.4.2 流体包裹体

1)包裹体岩相特征

通过室温、加热和冷却过程中的相变，发现黑钨矿、石英和萤石中发育三种类型的流体包裹体：两相富液包裹体（L型）、两相含 CO_2 包裹体（CB型）和三相富 CO_2 包裹体（C型）。CB型包裹体在室温下不表现出明显的 CO_2 液相，但在冷却过程中通过观察其包含物将其与L型包裹体进行了区分。C型包裹体在室温下表现为水相和液相 CO_2 相，并存在蒸汽气泡。所有类型包裹体根据其含矿物进一步细分为"Q"（石英）、"W"（黑钨矿）和"F"（萤石）。

(1)黑钨矿。黑钨矿中的包裹体呈圆形、拉长状或负晶状。在黑钨矿中发现了 L_W 型和 CB_W 型包裹体[图 3-45(e)(f)]，它们在室温下都含有水相和蒸汽气泡，并通过蒸汽消失而均匀化。在黑钨矿生长平面[图 3-45(a)(c)(e)]中发现了原生 L_W 型包裹体，它们有长棱柱状、平板棱柱状（负晶）或椭圆状，气相通常占 20 vol%~40 vol%（vol%为体积百分数，下同）。有些包裹体是孤立的，有些包裹体沿晶体生长过程中形成的条纹呈线性分布。原生 CB_W 型包裹体包含一个深色气泡（25 vol%~35 vol%）和液相。在冷却过程中检测到包合物，因此它们被认为是含二氧化碳的流体包裹体。它们有长或椭圆形的形状，直径通常为 8~25 μm。这些包裹体通常沿晶体生长平面分布[图 3-45(a)(f)]。次生 L_W 型包裹体通常沿黑钨矿愈合的穿晶裂缝分布，因此被认为是次生成因。它们通常呈圆形或不规则形状，大小在 5~15 μm[图 3-45(b)(i)(g)(k)]。次生包裹体在变形块状石英脉中的黑钨矿晶体中相对罕见，而在晶洞中独立的黑钨矿晶体中几乎不存在次生包裹体。

(2)石英和萤石。L型流体包裹体普遍存在于与黑钨矿伴生的石英中[图 3-46(b)]。沿矿物生长带或晶体中心生长的孤立团簇的L型包裹体被解释为原生包裹体，而沿愈合的晶内线性分布的包裹体被认为是次生的包裹体。富 CO_2 三相流体包裹体（C型）通常具有较高体积比例（V_{CO_2}>70%）。C型包裹体通常呈负晶、椭圆和圆形，尺寸为 10~55 μm。它们与石英中的L型包裹体成簇，伴生黑钨矿[图 3-46(c)(d)]。石英中CB型包裹体为含 CO_2 的两相包裹体，气相比例为 30%~45%，在室温下与L型夹杂物表现相同，但在冷却中出现液态 CO_2 相[图 3-46(a)]。所研究的萤石是独立单面体晶体，而且捕获二次包裹体的机会很小。在第三期无矿碳酸盐石英脉萤石中仅发现L型包裹体。气相所占体积百分比一般为 5 vol%~15 vol%[图 3-46(f)]。

2)包裹体显微测温

对第一阶段黑钨矿-锡石-石英脉的 L_W 型、CB_W 型、L_Q 型和 C_Q 型包裹体，第二阶段硫化物-石英脉的 L_Q 型包裹体和第三阶段萤石-碳酸盐-石英脉的 L_F 型包裹体进行测温研究。

(1)黑钨矿。L_W 型流体包裹体的均一温度范围为 280~360 ℃，峰值为 300~340 ℃[图 3-47(a)]。它们的最终温度范围为 -1.3~-4.8 ℃，对应的盐度为 2.2%~7.6% NaCl equiv.[图 3-47(b)]。次生 L_W 型包裹体在 204~256 ℃均一化为液相[图 3-47(a)]。它们的凝固点为 -3.5~-0.8 ℃。黑钨矿中很少发现 CB 型包裹体，其 CO_2 包体熔化温度为 8.1~8.6 ℃。相应的，这些夹杂物中水相的盐度范围为 2.8%~3.6% NaCl equiv.[图 3-47(b)]。在 321~355 ℃的温度下，这些包裹体最终为液相[图 3-47(a)]。在冷却过程中检测到包合物，表明 CB_W 型包裹体中存在 CO_2（图 3-47）。在冷却和加热过程中，初级 CB_W 型包裹体的相变化表明，包裹体在 -120 ℃时被冻结[图 3-47(a)]。

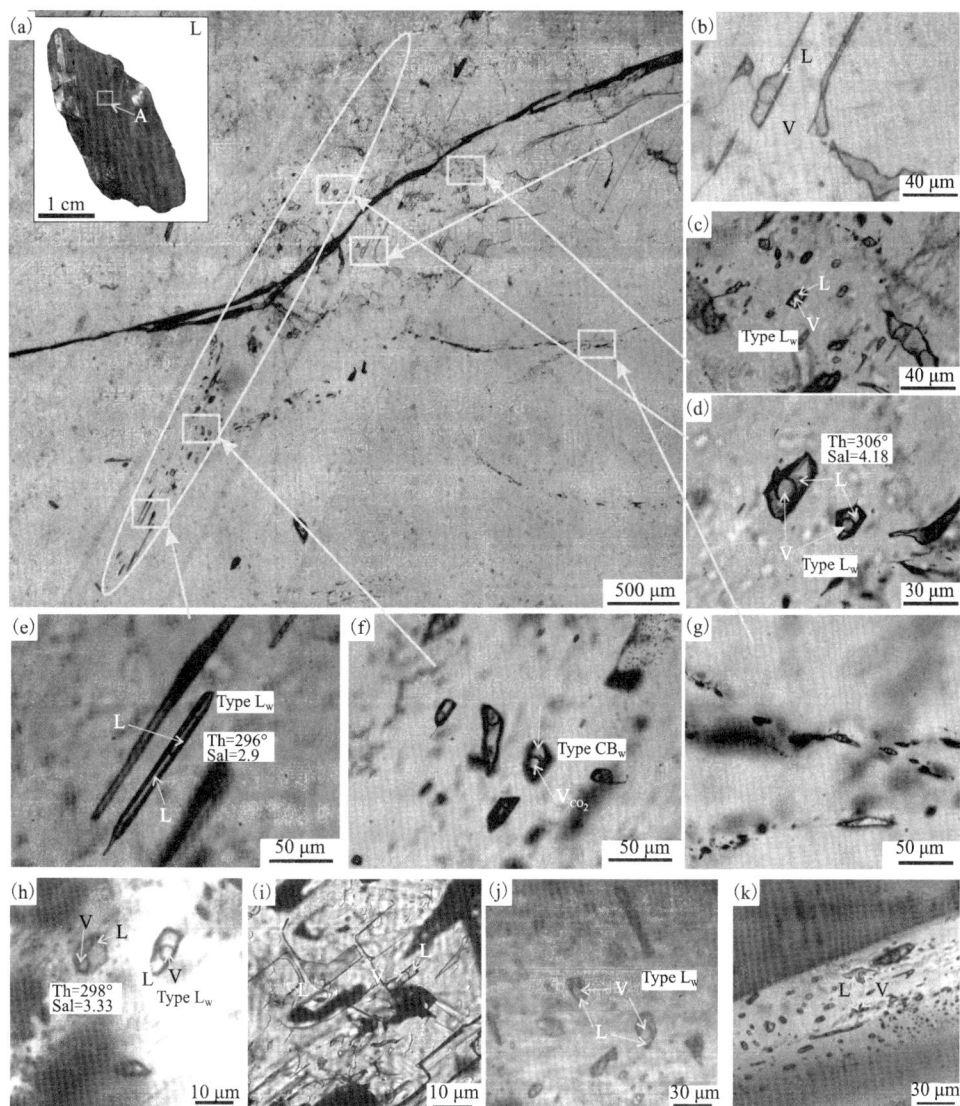

（a）黑钨矿板状晶体中不同类型流体包裹体的分布；（b）和（g）次生 L_W 型包裹体始终沿黑钨矿愈合的穿晶断口分布；（c）和（d）原生 L_W 型包裹体分布在黑钨矿生长平面上，呈不规则长棱柱状；（e）黑钨矿晶体中的原生 L_W 型板柱状（负晶）流体包裹体；（f）原生 CB_W 型包裹体沿晶体生长平面分布；（h）和（j）块状黑钨矿-锡石-石英脉黑钨矿中原生 L_W 型流体包裹体；（g）和（k）次生 L_W 型包裹体；（i）块状黑钨矿-锡石-石英脉黑钨矿晶体。缩写：L—水液相；V—水汽相；V_{CO_2}—CO_2 气相。

图 3-45　瑶岗仙钨矿床黑钨矿中不同类型流体包裹体特征的显微照片（扫章首码查看彩图）

（2）石英和萤石。在第一阶段的矿化过程中，与黑钨矿相结合的石英中主要的 L 型流体包裹体的融化温度为 $-4.6 \sim -2.5$ ℃，盐度为 $4.2\% \sim 7.3\%$ NaCl equiv. ［图 3-48（b）］。它们在 $244 \sim 308$ ℃ 的温度下均一为液相［图 3-48（a）］。石英中的 C 型包裹体在 $276 \sim 317$ ℃ 的温度下完全均质为 CO_2 相［图 3-48（c）］。对于 C 型包裹体，CO_2 相在 $28.5 \sim 30.7$ ℃ 的温度下均质为液体。固体 CO_2 的融化温度范围为 $-59 \sim -56.6$ ℃，低于 CO_2 的三点（-56.5 ℃），表明

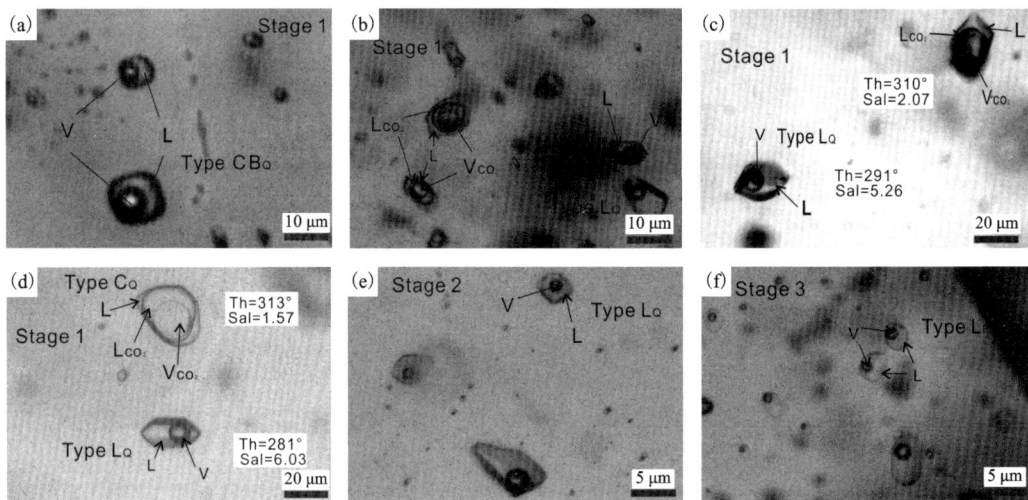

（a）第一阶段黑钨矿–锡石–石英脉中的石英中 CB_Q 型包裹体；（b）第一阶段黑钨矿–锡石–石英脉中石英 L_Q 型和 C_Q 型包裹体；（c）与（d） L_Q 型和 C_Q 型不混相流体包裹体组合在第一阶段黑钨矿–锡石–石英脉中；（e）第二阶段硫化物–石英脉石英中 L_Q 型包裹体；（f）第三阶段萤石–碳酸盐–石英脉萤石中的 L_F 型流体包裹体。缩写： L_{CO_2} —— CO_2 液相； V_{CO_2} —— CO_2 气相；L——水液相；V——水气相。

图 3-46　瑶岗仙钨矿石英中不同类型流体包裹体的显微照片特征（扫章首码查看彩图）

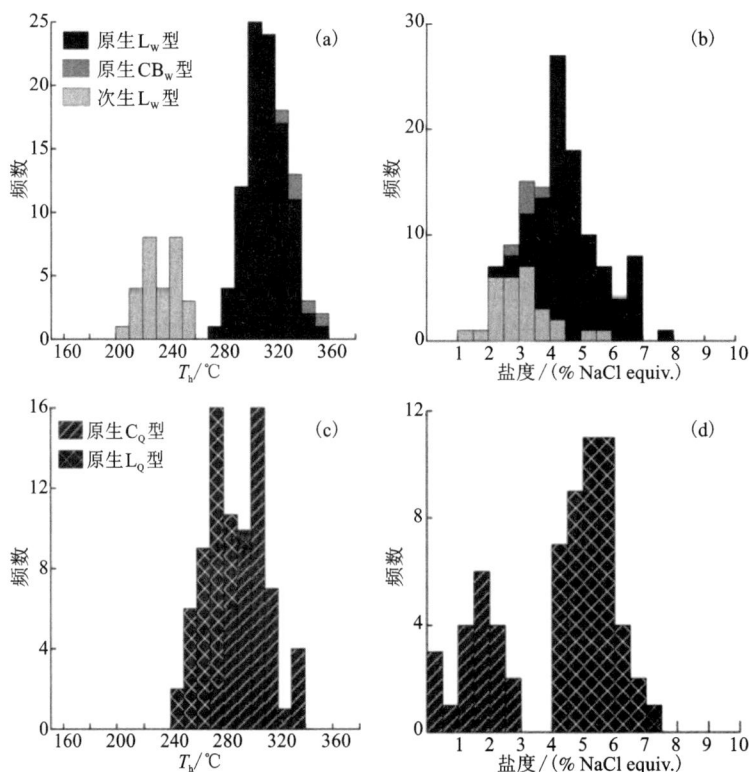

（a）和（b）黑钨矿中原生 L_W 型、原生 CB_W 型和次生 L_W 型包裹体均一温度（T_h）和盐度直方图；

（c）和（d）第一阶段黑钨矿–锡石–石英脉中 L_Q 和 C_Q 原生包裹体均一温度（T_h）和盐度直方图。

图 3-47　第一阶段包裹体均一温度和盐度直方图（扫章首码查看彩图）

碳相中有少量溶解组分。这与拉曼分析表明流体包裹体中存在少量 CH_4 的结果一致。在 CO_2 液体的存在下，CO_2 包合物的融化发生在 $8.6 \sim 9.9\ ℃$，计算出的水相盐度范围为 $0.2\% \sim 2.8\%$ NaCl equiv.［图 3-48(d)］。在第二阶段，石英中的原生 L 型流体包裹体与硫化物均一化温度值为 $219 \sim 276\ ℃$，峰值为 $230 \sim 260\ ℃$［图 3-48(c)］，盐度为 $2.1\% \sim 5.7\%$ NaCl equiv.［图 3-48(d)］。这些数据与黑钨矿中的次生 L 型包裹体相似，表明黑钨矿被与碱性硫化物成矿相关的流体叠合。在第三阶段，来自萤石-碳酸盐-石英脉的萤石中的 L 型原生包裹

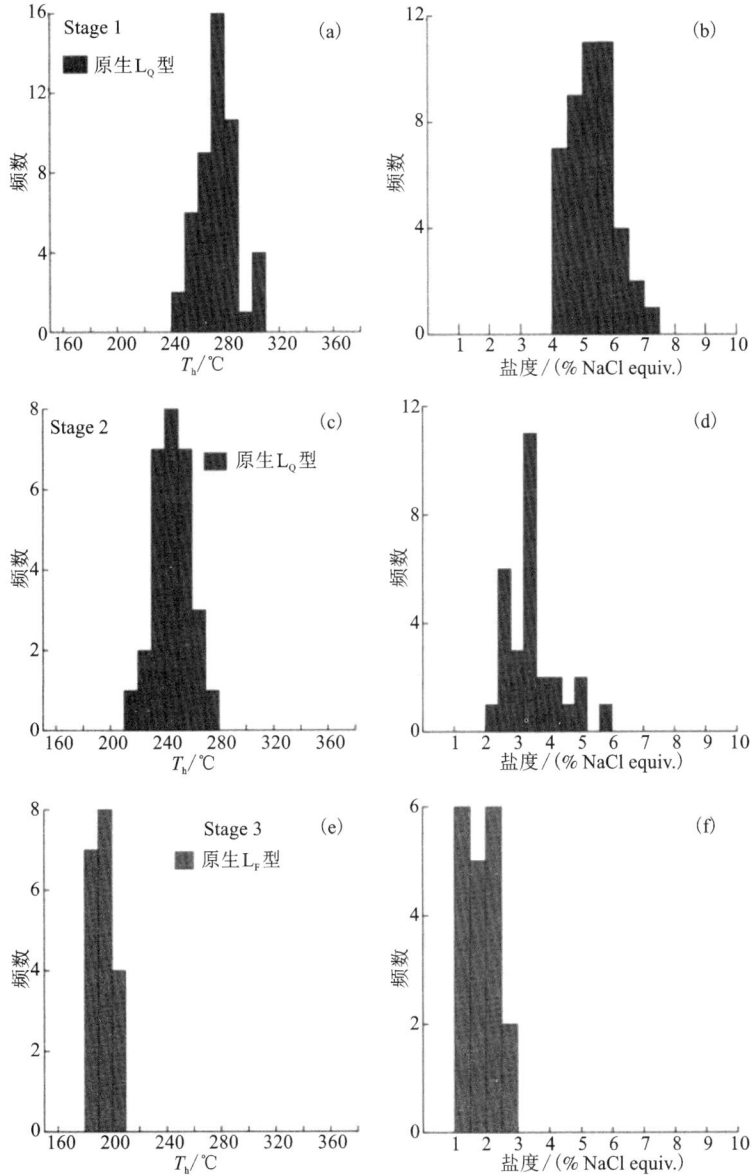

（a）和（b）第一阶段黑钨矿-锡石-石英脉中 L_Q 型和 C_Q 型包裹体均一温度（T_h）和盐度直方图；

（c）和（d）第二阶段硫化物-石英脉中 L_Q 型包裹体的均一温度（T_h）和盐度直方图；

（e）和（f）第三阶段萤石-碳酸盐-石英脉中 L_F 型包裹体均一温度（T_h）和盐度直方图。

图 3-48　石英和萤石包裹体的均一温度和盐度直方图（扫章首码查看彩图）

体的融化温度为 $-1.7 \sim -0.6\,℃$，盐度为 $1.1\% \sim 3.0\%$ NaCl equiv. [图 3-48(f)]。它们在 $183 \sim 205\,℃$ 的温度下均质成液相[图 3-48(e)]。

3.3.4.3 同位素地球化学

（1）硫化物硫同位素。本研究对石英脉黑钨矿矿石中毒砂和辉钼矿进行了硫同位素测试，结果显示硫同位素值（$\delta^{34}S$）从 $-0.2‰$ 到 $1.4‰$ 不等（图 3-49）。

（2）石英 H-O 同位素。本研究采集石英脉型矿体三个成矿阶段的石英开展了 H-O 同位素研究，获得了石英的 δD、$\delta^{18}O_{V-SMOW}$ 值，利用石英和水的 O 同位素平衡分馏方程 $[\delta^{18}O_{流体} - \delta^{18}O_{石英} = (-3.38 \times 10^6)/T^2 + 3.40]$，计算热液流体的 O 同位素组成。此公式适用于石英形成温度为 $200 \sim 500\,℃$ 的条件。前人测得石英中流体包裹体均一温度为 $200 \sim 300\,℃$，选择 $250\,℃$ 作为石英形成的温度，计算获得了流体 O 同位素组分。三个阶段石英 δD 范围为 $-81.2‰ \sim -63.8‰$，热液流体的 $\delta^{18}O_{V-SMOW}$ 范围为 $4.44‰ \sim 8.94‰$。结果表明，瑶岗仙钨矿床的热液流体以岩浆水为主，大气降水混入不明显（图 3-50）。

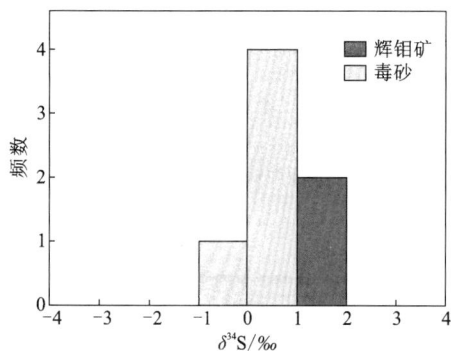

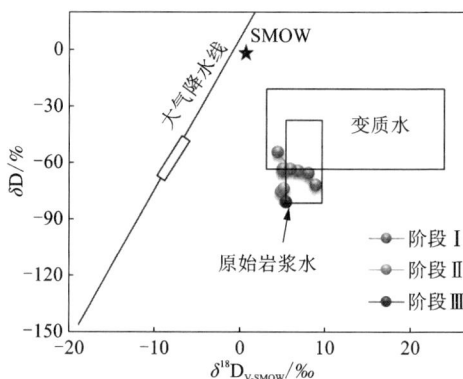

图 3-49　瑶岗仙石英脉型钨矿床硫同位素直方图　图 3-50　瑶岗仙石英脉型钨矿床石英 H-O 同位素投图
（扫章首码查看彩图）

（3）石英 C-O 同位素。采集石英脉体中的石英开展 C-O 同位素研究，测试结果显示瑶岗仙的 $\delta^{13}C_{V-PDB}$ 值范围为 $-11.2‰ \sim 3.7‰$，$\delta^{18}O_{V-SMOW}$ 值范围为 $12.3‰ \sim 16.2‰$。

（4）矿物和岩石 Sr-O 同位素。白钨矿（Sch IIa、Sch IIb）、黑钨矿（Wol II）、围岩（蚀变砂岩、新鲜砂岩、新鲜灰岩）的 $^{87}Sr/^{86}Sr$ 值分别为 $0.78376 \sim 0.78397$、$074972 \sim 0.75008$、$0.754135 \sim 0.760069$。用于白钨矿和锡石 O 同位素组成分析的样品采自灰岩和石英脉。O 同位素分析结果表明，石英脉型白钨矿的 $\delta^{18}O_{SMOW}$ 值为 $0.2‰ \sim 0.4‰$，黑钨矿 $\delta^{18}O_{SMOW}$ 值为 $6.2‰ \sim 6.5‰$。Sr 同位素指示瑶岗仙矿床成矿过程中强烈的水岩反应导致黑钨矿和白钨矿的沉淀。O 同位素结果指示早期的岩浆热液主要形成黑钨矿，而晚期的天水混合导致白钨矿的沉淀。

3.3.4.4 成矿年代学

（1）黑钨矿 U-Pb 年代学。对石英脉型矿体中的黑钨矿进行了 30 个点 U-Pb 同位素分析，U 浓度为 $7.28 \times 10^{-6} \sim 51.0 \times 10^{-6}$，年龄为 (160.18 ± 0.99) Ma（2σ，$MSWD = 1.7$）（图 3-51）。

（2）锡石 U-Pb 年代学。对石英脉型钨矿床的锡石进行了 U-Pb 同位素分析，将结果绘制在 U-Pb 图上，其年龄为 (158.1 ± 1.9) Ma（2σ，$n = 17$，$MSWD = 0.78$）。经过 ^{207}Pb 的校正，

分析得到$^{238}U/^{206}Pb$ 年龄的加权平均值为$(158.0\pm1.9)Ma(2\sigma, n=17, MSWD=0.66)$(图3-52)。上述$^{238}U/^{206}Pb$ 年龄的加权平均值在分析误差范围内一致，说明了瑶岗仙矿床锡石的形成时间。

（3）辉钼矿 Re-Os 年代学。李顺庭(2011)对两种类型钨矿石的辉钼矿开展了 Re-Os 同位素定年。与黑钨矿共生的辉钼矿 Re-Os 等时线年龄为$(158\pm1.2)Ma(n=7, MSWD=1.3)$，和尚滩矽卡岩型白钨矿的辉钼矿 Re-Os 等时线年龄为$(160\pm3.3)Ma(n=6, MSWD=2.7)$。

图3-51 瑶岗仙钨矿床黑钨矿 Tera-Wasserburg U-Pb 图

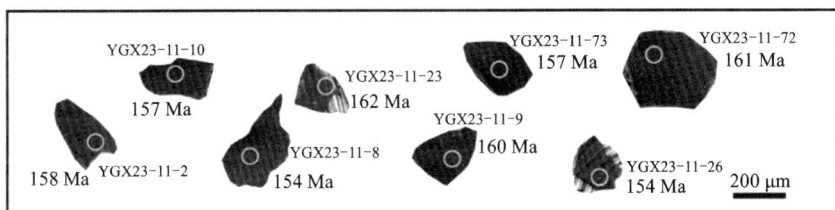

综上可知，瑶岗仙矿床的成矿时代为160~158 Ma，矽卡岩型白钨矿形成可能早于石英脉型钨矿体。

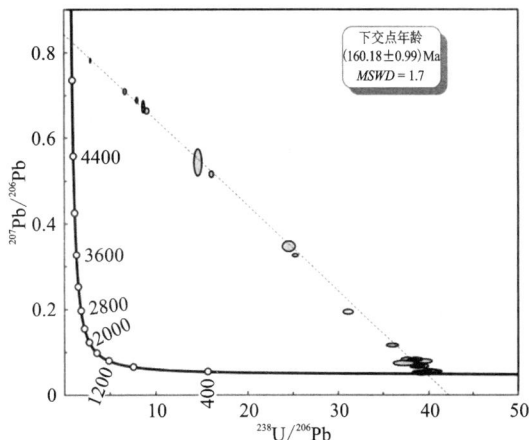

(a) 锡石的CL图像

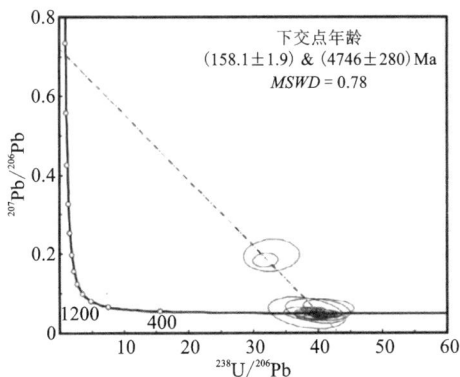

(b) 锡石U-Pb图

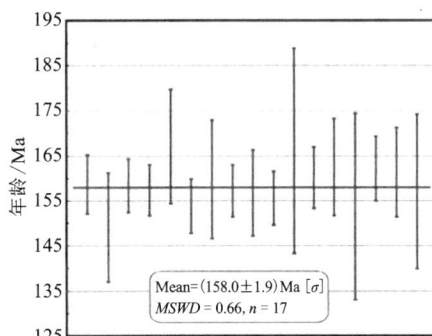

(c) 锡石的加权平均年龄图

图3-52 瑶岗仙钨矿床锡石 CL 图像及 U-Pb 年龄图(扫章首码查看彩图)

（引自 Li et al., 2020）

3.3.5 成矿作用及成矿模式

3.3.5.1 成矿作用

对瑶岗仙花岗岩的岩石学、年代学和微量元素研究显示，主体花岗岩发育两个岩相粗粒黑云母花岗岩和高分异的细粒白云母花岗岩。野外观察显示粗粒黑云母花岗岩的侵位伴随着大量围岩裂隙的形成，但成矿作用较弱。随着岩浆的不断演化，形成了细粒的白云母花岗岩，具有高分异的特点，与 Pb、Zn 和 Cu 元素相比，更有利于 W 元素富集。细粒白云母花岗岩与钨矿化关系更为密切。瑶岗仙钨矿床发育石英脉型黑钨矿矿体和矽卡岩型白钨矿矿体，两者成矿时间相近，应属于同一岩浆活动在不同围岩条件下成矿的产物。因此，瑶岗仙矿床石英脉型黑钨矿和矽卡岩型白钨矿是与燕山早期岩浆活动密切相关的岩浆热液成矿系列。

3.3.5.2 成矿模式

对南岭地区花岗岩及相关钨锡矿床的研究显示，成岩成矿的主要峰期为燕山早期（160~150 Ma），为古太平洋板块俯冲控制的侏罗纪岩石圈伸展和体制下的造山岩浆环境。

大约 160 Ma 时富含成矿元素的高热中酸性岩浆沿着天鹅塘-瑶岗仙短轴倾伏背斜的轴部由东南向北侵入寒武系砂岩、泥盆系跳马涧组砂岩、泥盆系佘田桥组和棋梓桥组灰岩。最早侵位的是中粗粒黑云母花岗岩，侵入围岩主要为寒武系砂岩和泥盆系跳马涧组砂岩。随着岩浆分异演化的进行，逐渐形成富挥发分和高场强元素的细粒白云母花岗岩，并随之与棋梓桥组灰岩反应发生矽卡岩化。在岩浆热液接触交代作用下，形成了规模巨大的矽卡岩型白钨矿床，成矿年龄为（160±3.3）Ma［图 3-53（a）］。

由细粒白云母花岗岩经过高度分异演化而来的富含 W、Mo 等成矿物质的岩浆-热液过渡性流体沿着北北西向、北西向裂隙向上流动，在花岗岩中引发云英岩化，即在花岗岩体顶部发生自蚀变而产生了云英岩型钨矿化。随着岩浆冷凝固结，在岩体顶部产生大量裂隙，携带成矿物质的岩浆期后热液在上部地层引发硅化和绢云母化，在遇到层位变化或者热动力条件减弱的情况下，W 和 Mo 成矿物质与石英沉淀下来，形成了规模巨大的石英脉型黑钨矿床，成矿年龄为（158±1.2）Ma［图 3-53（b）］。

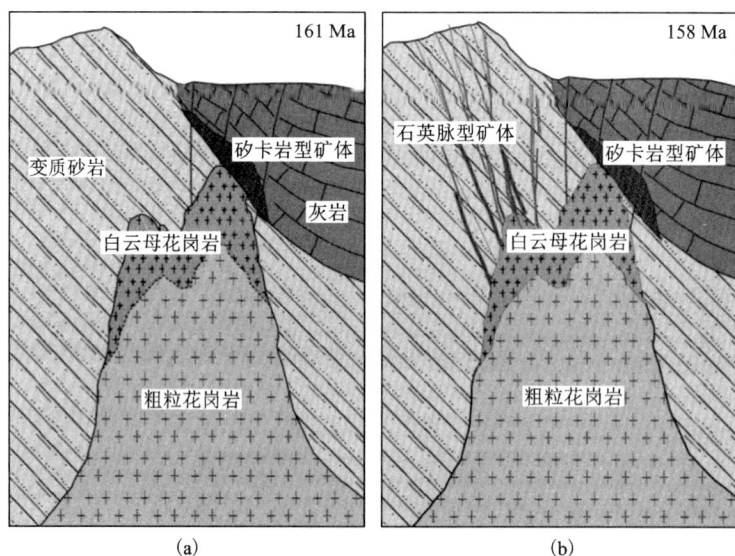

图 3-53　瑶岗仙钨矿成矿过程综合模型（扫章首码查看彩图）

3.3.6　教学安排

3.3.6.1　需要详细观察和了解的典型现象

1) 典型矿体及控矿构造

在瑶岗仙花岗岩体北端接触带内外侧，自东向西依次为北北西组、北西组、北西西组三组脉群呈放射状排列产出。赋存矿体的围岩中有内接触带的花岗岩体，外接触带的寒武系、泥盆系地层，以及侏罗系砂页岩地层等。矿体沿含矿断裂-节理带产出，空间分布上多成群成组产出。

北北西组黑钨矿石英脉：产于外接触带，走向 345°~360°，倾向西，倾角 65°~85°，矿脉长几十米至 800 余米，延深几十米至 300 m，矿脉厚 0.15~1.20 m。赋矿标高 1300~700 m（19 中段），延深主要以岩体顶部为下界。脉组主要分布于岩体东侧的蛤蟆石、宜兴一带。

北西组（上部）黑钨矿硫化物石英脉：走向 315°~345°，倾向南西，少数倾向北东，倾角为 70°~85°，多为 75°，矿脉长几十米至 1200 m，延深几十米至 600 m，矿脉厚度 0.10~1.80 m，赋矿标高 1670~900 m（14 中段）。脉组分布于大岩门、天鹅塘一带，发育于瑶岗仙岩体的隆起部位的寒武系、泥盆系、侏罗系地层中；以 35、49、69、71 号脉为代表，富含钨及硫化物，由 80 余条矿脉组成。

北西西组黑钨矿硫化物石英脉：走向 275°~315°，倾向南西或北东，倾角多为 60°~80°，部分倾角小于 60°，矿脉成组成带分布，矿带延长达 1400 m 以上，延深达数百米甚至到 1400 m，矿脉厚度悬殊较大，为 0.01~2.45 m，赋矿标高由地表 1670 m 至 35 m，切穿地层，进入岩体，分布于大岩门、炉厂坪一带地表至深部 35 中段（35 m 标高）间。矿体由大脉和细脉群构成，有的呈半隐伏状产出，一般规模较大；以 69、71、49~501、510、398 号等矿脉为代表，富含钨及硫化物，由 20 余条矿脉组成。

矿体整体形态特征与石英脉一致，规模大小不一，常由一条主干矿体、数条分支较小矿体组成，矿脉形态组合在平面上呈舒缓波状、分支复合、尖灭侧现、折线状、连锁状、网脉状、网格状，剖面上呈"S"形脉状、束状、前列式或后列式的尖灭再现或交替重叠、"Y"形分支等。矿体的总体产状特征以陡倾角为主，倾向除 1 号、1 支矿体局部反转外整体上较一致，以老区倾向 SW、西部杨梅岭区倾向 NE 为主要特征。部分矿体在空间上具较明显的侧伏规律，以向 SE 侧伏为主。细脉带型钨矿体由密集的薄脉、细脉以脉组或脉带的形式构成矿体。

东部矿体主要为花岗岩与灰岩地层接触交代所形成的矽卡岩型白钨矿体，其空间分布特征如图 3-54 所示。瑶岗仙钨矿床石英脉型黑钨矿野外照片见图 3-55。

2) 典型岩矿石

瑶岗仙主要矿化为含黑钨矿石英脉（图 3-55），主要分布在瑶岗仙中部地区和西部杨梅岭地区。它们主要赋存于花岗岩的围岩和石英脉中。单矿脉在形态和矿物组合上表现出典型的"五层楼"垂直分带。含黑钨矿石英脉中的矿石矿物主要为黑钨矿、锡石、白钨矿、辉钼矿和黄铜矿，少量为方铅矿和闪锌矿，黑钨矿主要呈自形、深棕色簇状或放射状晶体，多数分布在矿脉边缘（图 3-55），在灰色白云母花岗岩中有少量浸染状黑钨矿颗粒。

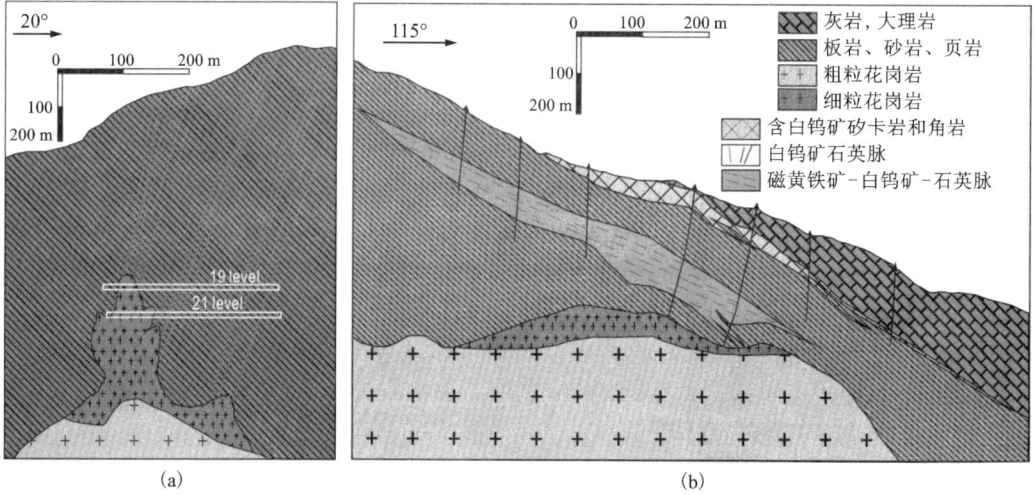

图 3-54　瑶岗仙矿床典型剖面图(扫章首码查看彩图)

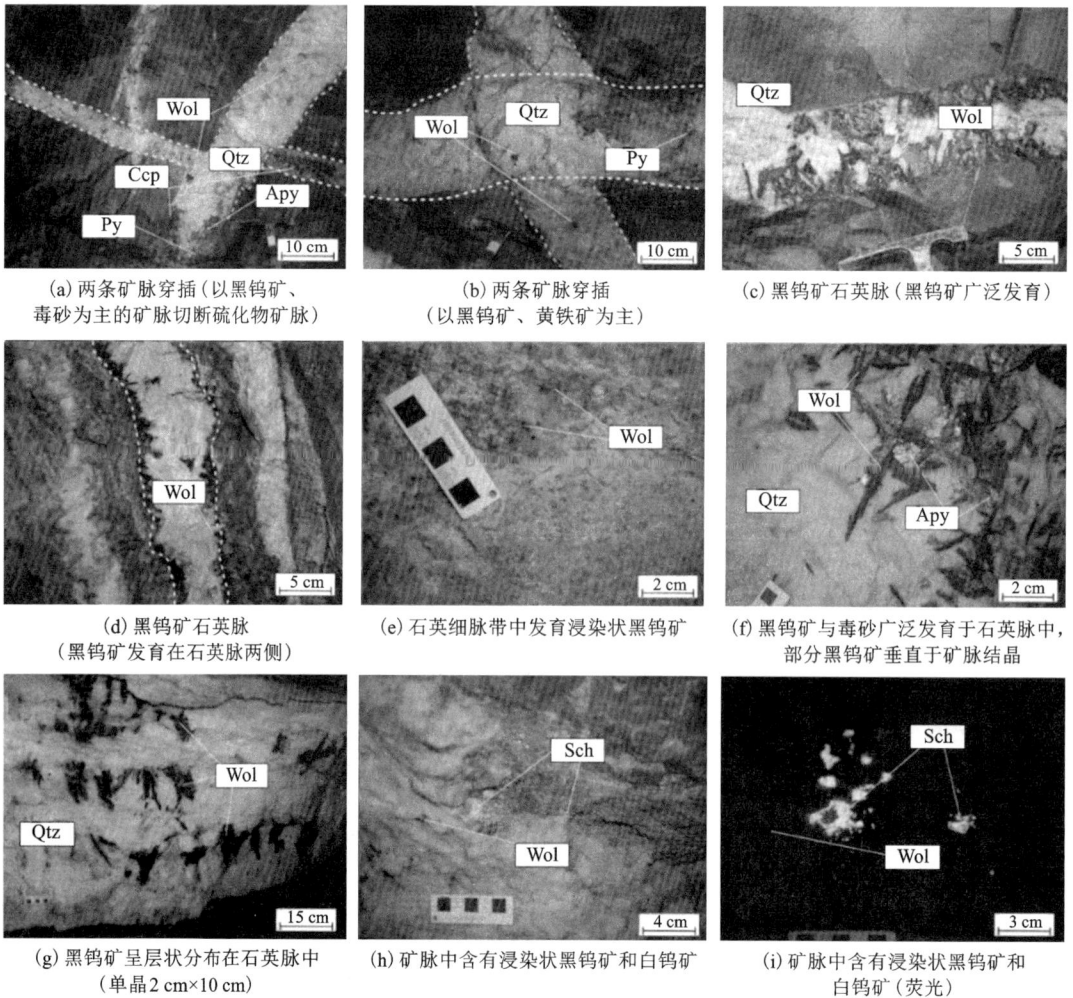

(a) 两条矿脉穿插(以黑钨矿、毒砂为主的矿脉切断硫化物矿脉)

(b) 两条矿脉穿插(以黑钨矿、黄铁矿为主)

(c) 黑钨矿石英脉(黑钨矿广泛发育)

(d) 黑钨矿石英脉(黑钨矿发育在石英脉两侧)

(e) 石英细脉带中发育浸染状黑钨矿

(f) 黑钨矿与毒砂广泛发育于石英脉中,部分黑钨矿垂直于矿脉结晶

(g) 黑钨矿呈层状分布在石英脉中(单晶2 cm×10 cm)

(h) 矿脉中含有浸染状黑钨矿和白钨矿

(i) 矿脉中含有浸染状黑钨矿和白钨矿(荧光)

Wol—黑钨矿；Sch—白钨矿；Qtz—石英；Py—黄铁矿；Ccp—黄铜矿；Apy—毒砂。

图 3-55　瑶岗仙钨矿床石英脉型黑钨矿野外照片(扫章首码查看彩图)

矽卡岩白钨矿矿体位于裕新地区碳酸盐岩和砂岩中。矽卡岩矿物主要为石榴子石、透辉石、绿泥石、绿帘石，伴生或副矿物为萤石、方解石、石英、白钨矿、赤铁矿、黄铁矿、黄铜矿、磷灰石。白钨矿以浸染状分布于矽卡岩中(图 3-56)。

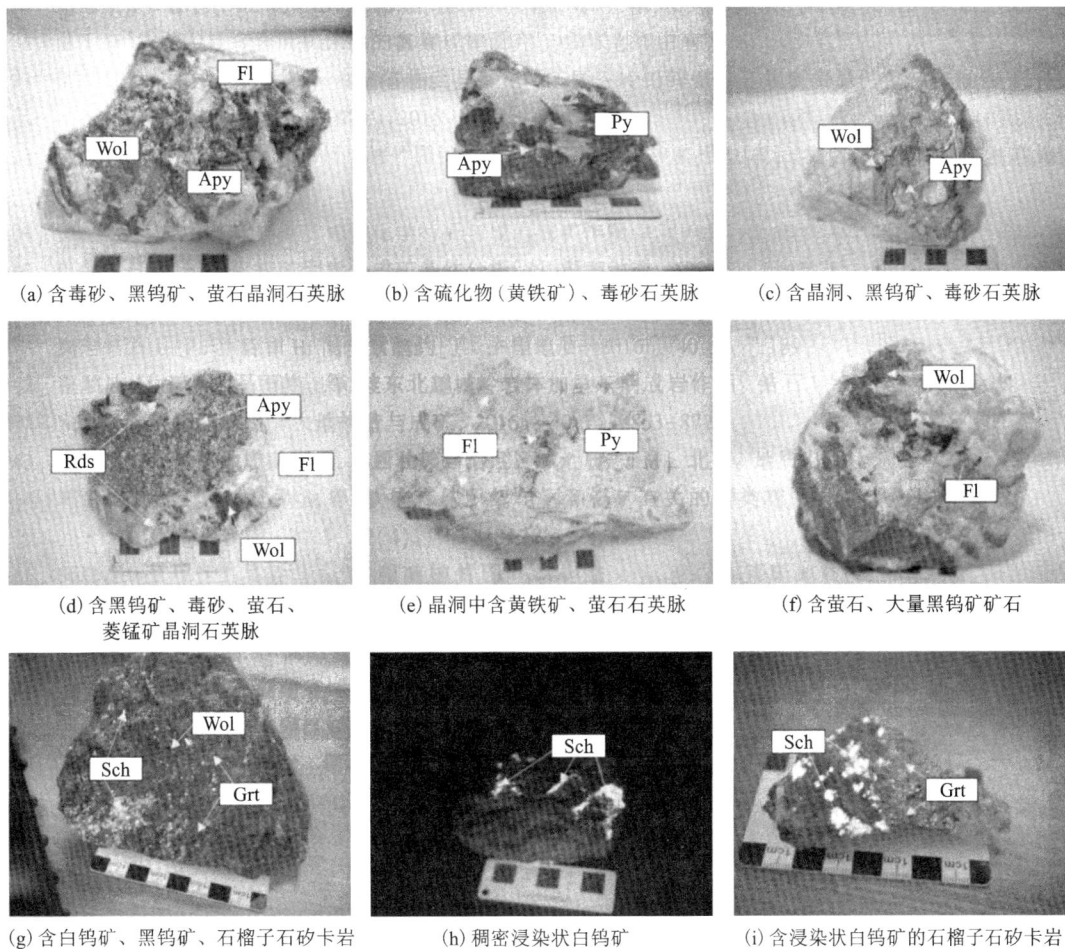

(a) 含毒砂、黑钨矿、萤石晶洞石英脉　(b) 含硫化物(黄铁矿)、毒砂石英脉　(c) 含晶洞、黑钨矿、毒砂石英脉

(d) 含黑钨矿、毒砂、萤石、
菱锰矿晶洞石英脉　(e) 晶洞中含黄铁矿、萤石石英脉　(f) 含萤石、大量黑钨矿矿石

(g) 含白钨矿、黑钨矿、石榴子石矽卡岩　(h) 稠密浸染状白钨矿　(i) 含浸染状白钨矿的石榴子石矽卡岩

Wol—黑钨矿；Sch—白钨矿；Py—黄铁矿；Grt—石榴子石；Rds—菱锰矿；Apy—毒砂；Fl—萤石。

图 3-56　瑶岗仙钨矿床矿石标本照片(扫章首码查看彩图)

通过野外详细的地质观察，拍照记录描述矿石特征，并对采集的手标本进行肉眼和镜下仔细观察，发现矿石具有自形-粒状结构、半自形-他形粒状结构、脉状结构、压溶结构、交代残余结构等(图 3-57)；具有脉状(网脉状、细脉状)构造、浸染状构造、块状构造等。

3.3.6.2　思考题

(1) 石英脉型钨矿体和矽卡岩型钨矿体的成因差异主要是? 大气降水在成矿过程中起到的作用是?

(2) 石英脉型矿体和矽卡岩型矿体的形成早晚如何区分?

(3) 湘南瑶岗仙矿床是否存在燕山晚期成矿作用以及对应的成矿岩体是什么?

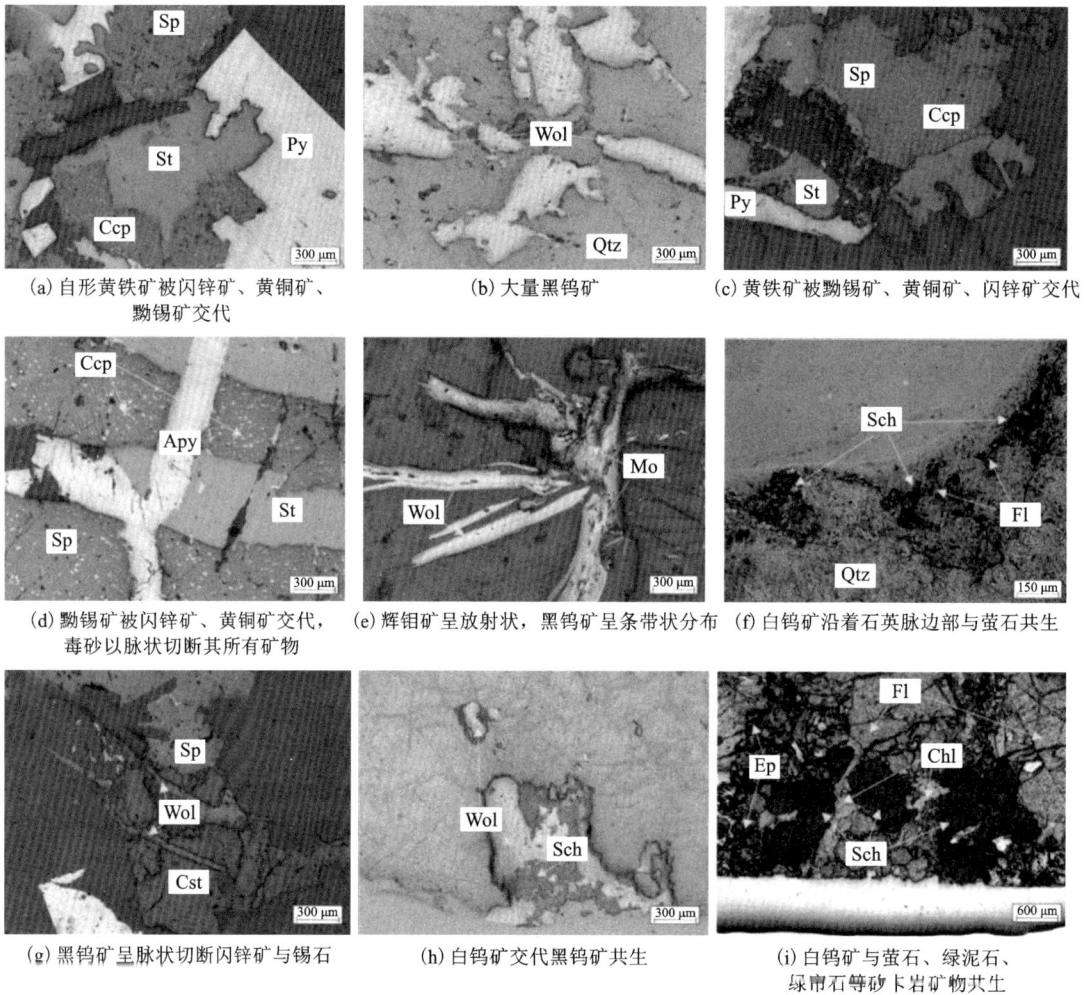

(a) 自形黄铁矿被闪锌矿、黄铜矿、
黝锡矿交代

(b) 大量黑钨矿

(c) 黄铁矿被黝锡矿、黄铜矿、闪锌矿交代

(d) 黝锡矿被闪锌矿、黄铜矿交代，
毒砂以脉状切断其所有矿物

(e) 辉钼矿呈放射状，黑钨矿呈条带状分布

(f) 白钨矿沿着石英脉边部与萤石共生

(g) 黑钨矿呈脉状切断闪锌矿与锡石

(h) 白钨矿交代黑钨矿共生

(i) 白钨矿与萤石、绿泥石、
绿帘石等矽卡岩矿物共生

Wol—黑钨矿；Sch—白钨矿；Py—黄铁矿；Apy—毒砂；Sp—闪锌矿；St—黝锡矿；Cst—锡石；
Ccp—黄铜矿；Chl—绿泥石；Ep—绿帘石；Fl—萤石；Qtz—石英；Mo—辉钼矿。

图 3-57　瑶岗仙钨矿床矿物显微照片 (扫章首码查看彩图)

3.4　湘西南苗儿山平滩热液脉型白钨矿矿床

3.4.1　自然地理概况

湘西南苗儿山平滩矿床位于湖南省邵阳市城步苗族自治县与新宁两县交界处，距离城步县北东 60° 方向约 48 km (图 3-58)。区内交通以公路为主，研究区西部有 S219 省道经过城步县，东部有 S220 省道经过新宁县，城步至新宁有县级公路相通，并经过矿区。新开通的洞(洞口)–新(新宁县)高速公路从本区东侧通过，向北可达沪昆高速，形成公路交通网络，区

内交通较为方便。矿床地处雪峰山
之南端，属深切割高中山区，地势总
体中部高，东西两侧低，山势连绵起
伏，海拔标高一般为 800～1600 m，
最高山峰为矿区南部的花竹山，海
拔 1650.8 m。区内山势陡峭，沟壑
纵横，山坡坡度一般 25°～35°。区内
植被覆盖面积达 85%以上，通行、通
视条件较差；水系较发育，但多属山
间小溪。该区属亚热带季风性湿润
气候，温暖潮湿，四季分明。区内为
少数民族贫困山区，以苗族和瑶族
为主，人口稀少，且居住分散，主要
从事农业、林业，少数从事加工业。
区内建有两个小型水电站，并已与

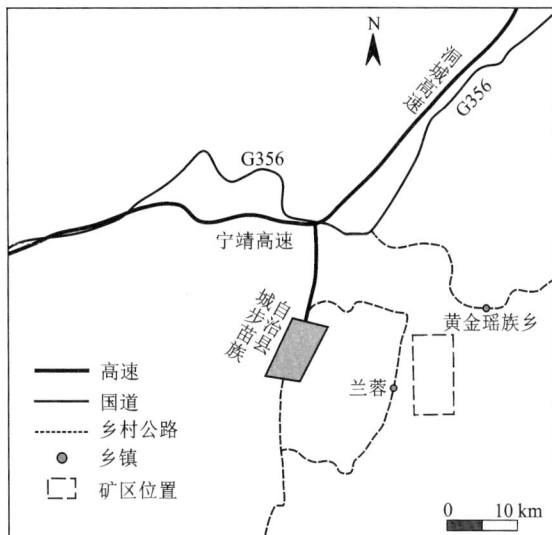

图 3-58　湘西南苗儿山平滩钨矿床交通位置简图

附近高压电网联网，能满足居民生活用电及矿山等工业用电需要。

3.4.2　区域地质背景

3.4.2.1　大地构造位置

区域上，湘西南苗儿山位于雪峰山弧形构造带南西端，狗子田-猫儿界复式背斜北北西翼(图 3-59)，区内地层发育，岩浆岩活动强烈，区域地质构造复杂，地壳演化和岩石圈板块运动特点显示区内经历了武陵、加里东、印支、燕山等多个发展阶段。

3.4.2.2　区域地层

区域内地层除缺失志留系、三叠系、侏罗系外，其他从青白口系到白垩系均有出露(图 3-59)。其中青白口系至奥陶系为一套陆源碎屑复理石夹硅质和碳泥质的沉积建造，部分层位夹碳酸盐岩，岩石基本都经历浅变质作用。

3.4.2.3　区域构造

区内分别经历了雪峰期、加里东期、印支期、燕山期构造发展阶段，构造变形强烈，褶皱、断裂发育(图 3-59)。不同构造期次变形特征各异。在雪峰期，主要表现为北东向紧闭的倒转褶皱，并伴生北东向区域性构造形迹。加里东期—燕山期塑造并定形了区内构造格架。不同期次断裂的形成与叠加及花岗岩的侵入使得本区构造十分复杂，北东向、北北东向、南北向及东西向构造较发育。

(1)褶皱构造。区内地层中褶皱构造普遍发育，主要表现为紧闭的背斜、向斜褶皱，整体走向北东，受断层和挤压的破坏常出露不完整，依据褶皱展布方向，将区内褶皱划分为北北东向-北东向、北西向两组。北北东向-北东向褶皱是区内褶皱的主体，具北东向的延伸方向和规模大、数量多的构造形迹。

（2）断层构造。区内断层发育，根据其走向，大致可以分为三组：北东向、南北向和北西向断层。区内断层以北东向为主，具备规模大、数量最多，构造形迹非常醒目，叠加改造复杂等特点。区域性的大断裂有新-资超大断裂（图3-59），较大规模的断层有王家殿断层、白毛坪断层、兰蓉断层、岩寨断层、白水坪断层、甘甲断层、五团河断层等，与成矿关系较为密切。

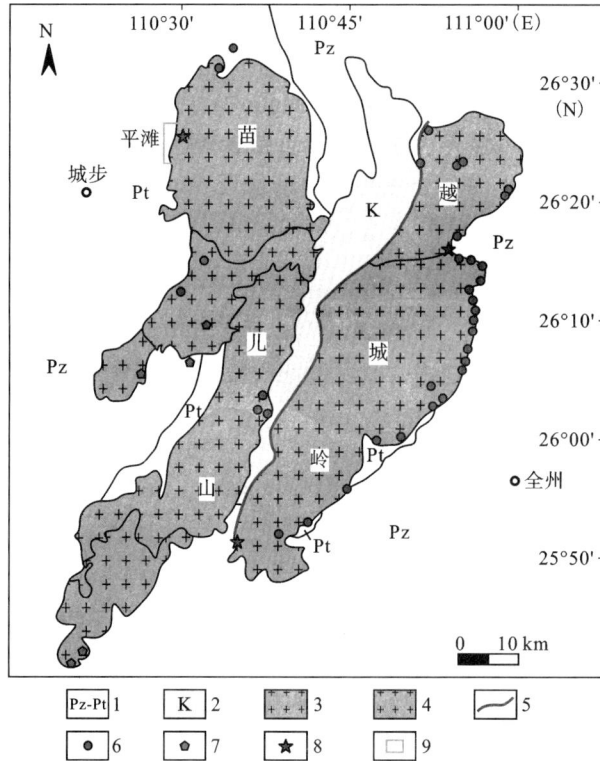

图3-59 苗儿山-越城岭岩体地质简图（扫章首码查看彩图）

（据程顺波等，2016；陈文迪等，2016修改）

1—古生界 元古界；2—白平系；3—加里东期花岗岩；4—印支期花岗岩；5—断裂；
6—钨（锡）矿床（点）；7—印支期矿床；8—加里东期矿床；9—研究区。

3.4.2.4 区域岩浆岩

区域出露的岩体为苗儿山-越城岭复式岩基，其面积超过3000 km²，新-资超大型断裂将岩体分为西侧的苗儿山岩体和东侧的越城岭岩体（图3-59），地球物理资料显示两者在深部连通。该复式岩体主体形成于加里东期，其次为印支期（图3-59），另在苗儿山岩体西部出露有少量青白口系的花岗岩（图3-60）。

3.4.2.5 区域矿产

区域内主要产出钨、锡、铜、铅锌、金、银、锰、铁以及铀等金属矿产，以及钾长石、滑石、花岗岩石材、水晶、硅灰石、萤石等非金属矿产，目前已经发现的矿床（点）有30余处。

这些矿床(点)的产出大多分布于断裂构造带两侧以及花岗岩岩体内外接触带附近。矿床的成因类型以热液充填型和蚀变花岗岩型为主,沉积变质型和风化淋滤型次之。

3.4.3 矿床地质特征

3.4.3.1 矿区地质

1)矿区地层

矿区内地层单一,为新元古界青白口系高涧群黄狮洞组(Qbhs),总体走向为北东,倾向北西(290°~320°),倾角45°~60°。岩性为灰绿色绢云母粉砂质板岩、砂质板岩、含碳质板岩,夹石英砂岩,条带状浅变质砂岩。黄狮洞组地层厚度约730.5 m,分布于矿区西部,与矿区东部的苗儿山岩体呈侵入接触关系(图3-60)。

2)矿区构造

(1)褶皱。平滩矿区在区域上位于狗子田-猫儿界复式背斜的西翼,苗儿山岩体北西部接触带上。矿区褶皱构造不甚发育,仅在局部青白口系黄狮洞组地层内见有小规模同层褶皱和挤压拖拽的小褶皱现象。

(2)断层。区内断层发育,分布在岩体与围岩的接触带两侧,按走向分为北东向和南北向两组,以北东向断层为主,代表性断层有F_1、F_2、F_3、F_6,近南北向断层有F_4、F_5等(图3-60)。断层呈平行羽裂式排列,其中北东向断裂是区内主要控矿容矿构造,区内主要矿脉Ⅰ号钨矿脉严格受F_1断裂控制。

3)矿区岩浆岩

区内岩浆岩发育,为苗儿山岩体的一部分,分布于矿区东部,

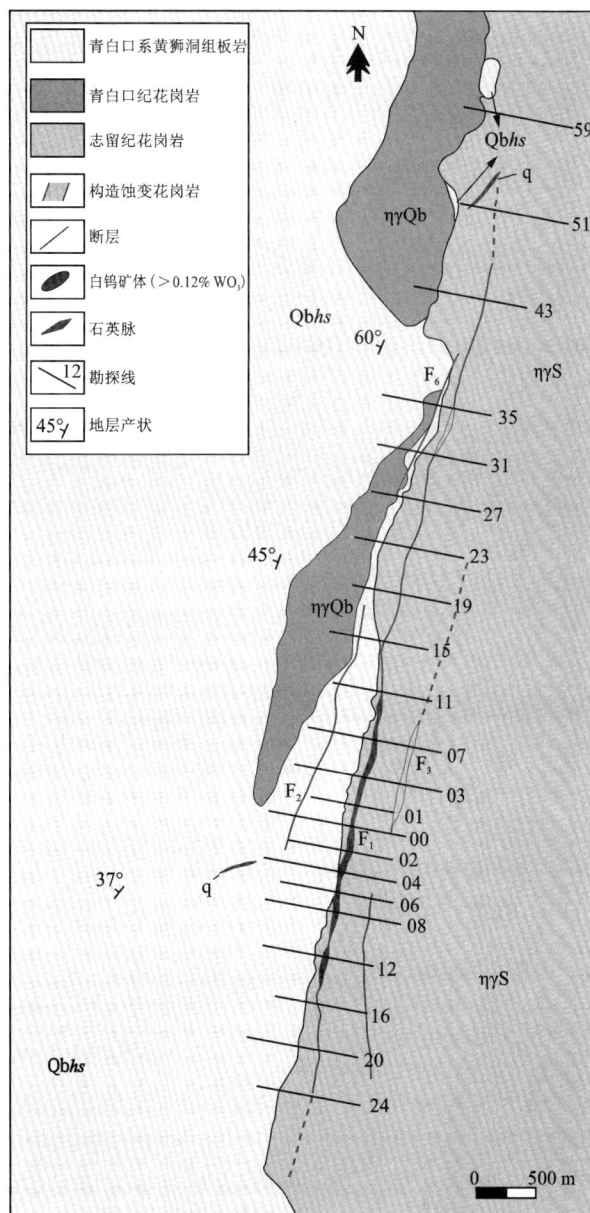

图3-60 平滩钨矿床地质简图(扫章首码查看彩图)

(据湖南省地质调查院,2014修改)

包括青白口纪花岗岩、志留纪花岗岩，细晶岩脉在地表及钻孔中常见。青白口纪花岗岩分布于矿区中、北部，出露于黄狮洞组地层和志留纪花岗岩之间（图3-60），呈岩株、岩脉状产出，侵入于下青白口统地层中。岩性为片麻状细中粒黑云母花岗闪长岩，变质后成二长片麻岩。岩石呈片麻状构造，矿物定向排列，其中长石、石英等矿物的压扁变形明显，并且以含数量不等的淡蓝色调石英为特点。志留纪花岗岩主要分布于矿区的东部，约占矿区面积的35%，主要岩性为浅灰色中粗粒斑状黑云母二长花岗岩。岩石为块状构造，似斑状花岗结构，斑晶含量5%~15%，主要成分为钾长石和石英，以及少量的斜长石。基质主要为斜长石、钾长石、石英、黑云母。细晶岩在矿区地表上仅零星出露，但矿区所有钻孔内几乎均可见到，呈脉状产出于中粗粒斑状黑云母二长花岗岩中，宽几厘米至2 m不等。少量细晶岩脉与围岩花岗岩接触处可见明显白钨矿化、辉钼矿化等。

3.4.3.2 矿体特征

平滩白钨矿床受断裂破碎带控制，矿体产于碎裂蚀变花岗岩中，矿体围岩为志留纪中粗粒斑状黑云母二长花岗岩。根据矿化分布特征，矿区内可分为Ⅰ、Ⅱ、Ⅲ三个矿脉带。

（1）Ⅰ号矿脉带。Ⅰ号矿脉带位于矿区北端，产于志留纪花岗岩与围岩接触带附近的内接触带内，受F_1断裂破碎带控制，是本矿区规模最大、最主要的矿脉；总体走向北北东，倾向280°~290°，倾角为65°~75°，地表出露总长约6250 m，宽3~55 m。Ⅰ号矿脉共圈出了五个矿体，即Ⅰ-1、Ⅰ-2、Ⅰ-3、Ⅰ-4、Ⅰ-5号矿体，各矿体产出特征见表3-8、图3-61。走向上各矿体平行展布，相距15~35 m。其中Ⅰ-1、Ⅰ-2、Ⅰ-3号矿体均产于接触带F_1破碎带中的蚀变花岗岩中，地表有出露；Ⅰ-4、Ⅰ-5号矿体产于F_1下盘花岗岩裂隙中，为半隐伏矿体。Ⅰ-1、Ⅰ-2号为主要矿体，矿化较好的地段主要在0~12线之间，其走向和延深较大，厚度较大。

表3-8 平滩钨矿床Ⅰ号矿脉带各矿体特征简表

矿体号	产状/(°)		规模/m			矿体品位	出露标高/m	矿石类型
	倾向	倾角	矿体长	平均真厚	控制斜深	WO₃/%		
Ⅰ-1	280~295	46~80	3750	4.53	60~450	0.204	1380~1620	白钨矿
Ⅰ-2	280~295	60~75	2260	3.55	65~460	0.214	1410~1500	白钨矿
Ⅰ-3	285	50~70	300	4.60	50~120	0.209	1410~1465	白钨矿
Ⅰ-4	285	65	180	1.64	60	0.201		白钨矿
Ⅰ-5	285	70	200	1.28	160	0.193		白钨矿

（2）Ⅱ号矿脉带。该矿脉带位于Ⅰ号矿脉带东北部，产于志留纪花岗岩内接触带，受F_3号断裂控制，地表控制长800 m，地表揭露破碎带宽3~45 m，矿脉总体走向北东，倾向100°~110°，倾角为55°~75°，槽探及钻孔揭露Ⅱ号矿脉带矿化不强，未形成工业矿体。

（3）Ⅲ号矿脉带。该矿脉带位于Ⅰ号矿脉带东南部，产于志留纪花岗岩内接触带，受F_4号断裂控制，地表控制其长约700 m，宽1.2~6.1 m，倾向115°，倾角为70°~80°，地表矿化较差，未形成工业矿体。

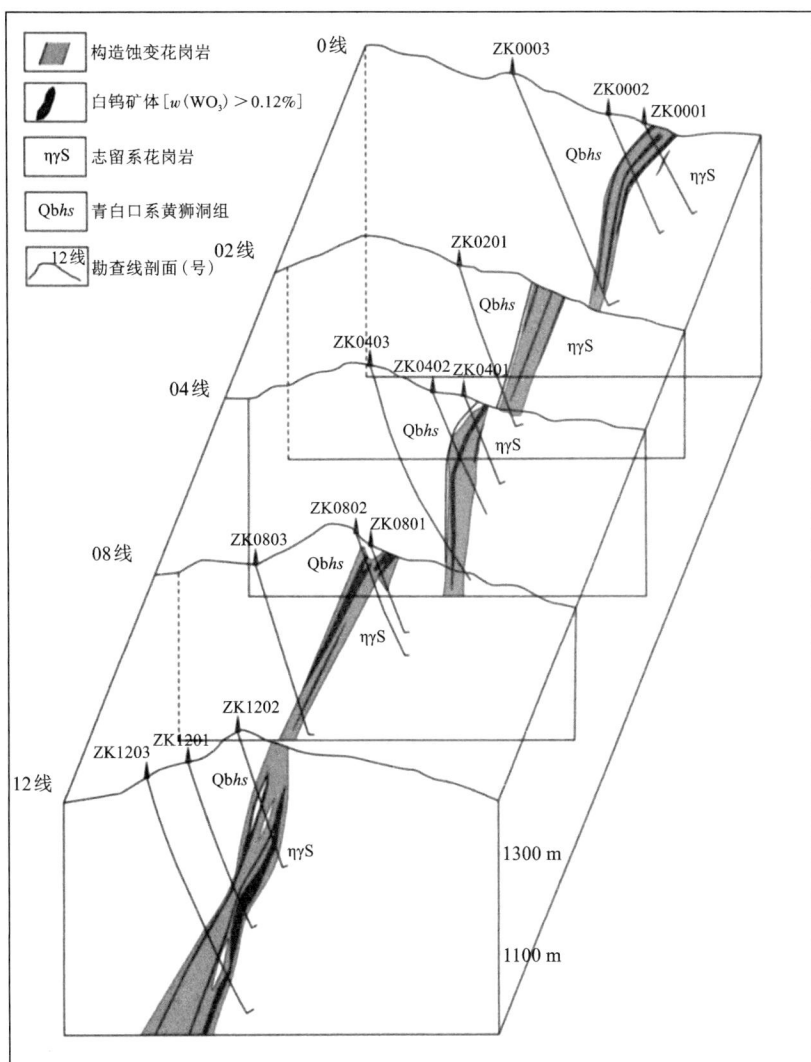

图 3-61　平滩钨矿床 I 号矿脉带勘探线联合剖面图

(据湖南省地质调查院，2014 修改)

3.4.3.3　矿石特征

1) 矿石的类型和矿物组分

矿石类型有蚀变花岗岩白钨矿矿石和石英脉白钨矿矿石两类。①蚀变花岗岩白钨矿矿石的金属矿物主要有白钨矿、辉钼矿，次为锡石、黄铁矿、黄铜矿、磁黄铁矿；非金属矿物主要有石英、钾长石、斜长石、黑云母，次为绢云母、绿泥石、钠长石、堇青石、电气石、阳起石、方解石、金红石、锆石、绿帘石等。②石英脉白钨矿矿石的金属矿物主要有白钨矿、黄铁矿，次为辉钼矿、黄铜矿、辉铋矿、磁黄铁矿、毒砂；非金属矿物主要有石英，局部见少量长石。

2) 矿石组构

(1) 矿石构造。本区矿石最常见的有浸染状构造、脉状构造、角砾状构造等。①浸染状构造[图3-62(a)]：细小的白钨矿、黄铁矿、黄铜矿颗粒呈星点状分布于矿石中。②脉状构造[图3-62(b)]：白钨矿、辉钼矿、黄铁矿、黄铜矿沿石英脉或压碎裂隙进行充填交代，形成脉状、网脉状构造。③角砾状构造[图3-62(c)]：构造破碎带中常见早期形成岩石或含矿石英脉受后期构造破坏，发生破碎后，被后期物质所胶结而成角砾状。

（2）矿石结构。矿石结构主要有自形晶结构、半自形-他形晶结构、碎裂结构、交代结构、填隙结构等，其中大部分矿物以半自形-他形晶结构为主。

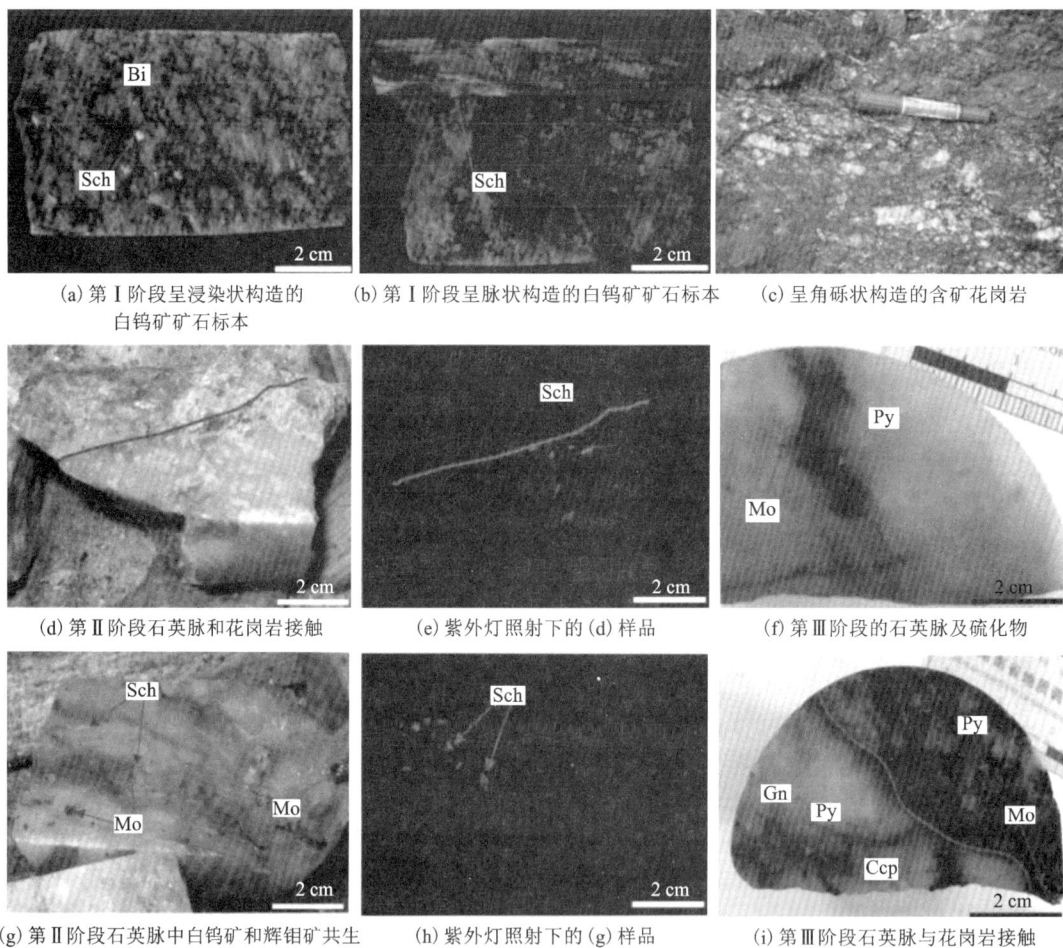

(a) 第Ⅰ阶段呈浸染状构造的　　(b) 第Ⅰ阶段呈脉状构造的白钨矿矿石标本　　(c) 呈角砾状构造的含矿花岗岩
白钨矿矿石标本

(d) 第Ⅱ阶段石英脉和花岗岩接触　　(e) 紫外灯照射下的(d)样品　　(f) 第Ⅲ阶段的石英脉及硫化物

(g) 第Ⅱ阶段石英脉中白钨矿和辉钼矿共生　　(h) 紫外灯照射下的(g)样品　　(i) 第Ⅲ阶段石英脉与花岗岩接触

Sch—白钨矿；Bi—黑云田；Mo—辉钼矿；Py—黄铁矿；Gn—方铅矿；Ccp—黄铜矿。

图3-62　平滩钨矿床不同成矿阶段矿石照片（扫章首码查看彩图）

3.4.3.4　围岩蚀变

矿区围岩蚀变较强烈，蚀变带宽几米至数十米不等，主要产于F_1断裂破碎带中，种类较多，主要有硅化、绿泥石化、绢云母化、黄铁矿化、钾长石化等。接触变质作用有角岩化、硅化等。其中与矿化有关的蚀变主要有硅化、绿泥石化、绢云母化、黄铁矿化等。硅化：是矿区最重要，也是最普遍的一种围岩蚀变，破碎带中最为常见，与矿化关系最为密切。次生石英未完全交代花岗岩，形成了矿区内的强硅化花岗岩。当破碎带中硅化强烈，并叠加有绿泥石化、绢云母化时，常常钨矿化较好。绿泥石化、绢云母化：蚀变作用主要见于破碎带中，绿泥石化、绢云母化一般不稳定，断续分布，但与矿化关系较为密切，为矿区重要的找矿蚀变标志。电气石化：区内较少见，电气石呈细粒柱状、长柱状、针状、不规则粒状集合体或不规则脉状体散布于蚀变花岗岩的矿物颗粒间，电气石呈棕色、柱状，粒度一般为 0.2~4 mm。黄铁矿化：多与硅化伴生产于断层破碎带内，但强度不高，分布不均匀，破碎带中的石英脉中相对较多。钾长石化：在断裂及旁侧的岩体中常见，常与硅化同时出现，钾长石化较强的部位矿化往往较弱。

3.4.3.5　成矿期次

根据钻孔岩芯编录、矿石矿物组合及穿插关系，将平滩钨矿床成矿期次划分为一期三阶段，一期为岩浆热液期，包含三个成矿阶段（Ⅰ、Ⅱ、Ⅲ），其矿物生成顺序见表3-9。Ⅰ阶段为硅化蚀变花岗岩-白钨矿阶段[图 3-62(a)(b)]，为矿区主成矿阶段，其金属矿物主要有白钨矿，以及少量辉钼矿、黄铁矿和毒砂，非金属矿物主要为长石、石英和绢云母，围岩有较明显的硅化、绿泥石化、绢云母化、钾化等，白钨矿主要呈浸染状、细脉状以及聚片状分布于花岗岩中。Ⅱ阶段为石英-白钨矿阶段[图 3-62(d)(e)(g)(h)]，为矿区的次要成矿阶段，其金属矿物主要有白钨矿、辉钼矿和少量黄铁矿，偶见闪锌矿、方铅矿、黄铜矿、毒砂等，非金属矿物主要为石英和少量绢云母，石英-白钨矿脉穿插于早阶段花岗岩中[图 3-62(d)(e)]，但又被后期的脉截断。Ⅲ阶段为石英-硫化物阶段[图 3-62(f)(i)]，其金属矿物主要有黄铁矿，少量辉钼矿、磁黄铁矿、黄铜矿、方铅矿、闪锌矿，在多数情况下肉眼只能看到黄铁矿和辉钼矿。

表 3-9　平滩钨矿床矿物生成顺序表

矿物	岩浆热液期		
	硅化蚀变花岗岩-白钨矿阶段（Ⅰ）	石英-白钨矿阶段（Ⅱ）	石英-硫化物阶段（Ⅲ）
白钨矿	大量	少量	
辉钼矿	少量		微量
石英	大量	大量	大量
毒砂	微量		
黄铜矿		少量	
黄铁矿	微量		大量
闪锌矿		少量	少量
方铅矿		少量	
磁黄铁矿			少量
钾长石	大量		
绢云母	少量	微量	
绿泥石	少量		

时间 →

—— 大量　　　—— 少量　　　- - - - 微量

3.4.4 矿床地球化学特征

3.4.4.1 成岩成矿时代

对于中粗粒斑状黑云母二长花岗岩，两件样品锆石的 U-Pb 定年分别为（431.0±1.8）Ma 和（430.8±2.4）Ma，矿区 8 件与白钨矿共生的辉钼矿 Re-Os 法测年结果显示，成矿年龄为（427.0±5.4）Ma，成岩年龄与成矿年龄在误差范围内一致，均属于加里东晚期。

3.4.4.2 硫化物硫同位素

在钻孔岩芯中采集三个成矿阶段的黄铁矿和辉钼矿，挑选单矿物进行硫同位素测试分析，各阶段石英脉中黄铁矿、辉钼矿的 $\delta^{34}S$ 变化范围非常狭窄（−2.702‰ ~ +2.247‰，图 3-63），表明平滩钨矿成矿热液中沉淀的硫化物可能具有单一来源的特点或者其成矿作用发生的物理化学条件范围集中，各硫化物硫同位素组成稳定，接近零值（平均为+0.208‰），矿区硫化物硫同位素分布于壳源重熔型花岗岩的硫成分的范围内，表明其成矿物质来源可能与矿区苗儿山岩体花岗岩（S 型花岗岩）具有同源性。

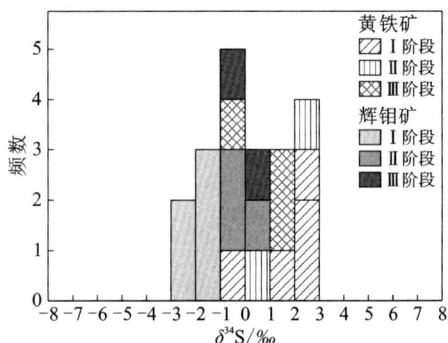

图 3-63　平滩钨矿床硫化物硫同位素直方图

3.4.4.3 流体包裹体

对三个成矿阶段的石英进行了流体包裹体研究，获得的均一温度集中范围分别为 280~380 ℃、260~380 ℃ 和 220~300 ℃，主要成矿阶段石英矿物中存在大量的含子晶高盐度包裹体，以及激光拉曼的分析结果等均表明平滩钨矿的成矿流体为中−高温、中−高盐度的 $NaCl-(KCl)-H_2O\pm CO_2\pm CH_4\pm N_2$ 流体体系，Ⅰ 和 Ⅱ 阶段石英中可观测到流体发生沸腾的现象。

3.4.5 成矿作用及成矿模式

3.4.5.1 成矿作用

综合矿体形态、矿物成分、矿石组构以及围岩蚀变等方面因素来看，平滩白钨矿床符合岩浆热液型矿床的基本特征。矿床的形成与加里东期中酸性岩浆的侵位活动密切相关，岩浆活动为成矿提供了成矿物质和成矿能量，区内北东向的断裂为成矿流体提供了运移和储存空间。富含钨等矿质的岩浆在经历了较高程度的分异作用后，钨主要以络合物的形式在岩浆热液中迁移，当迁移至构造有利部位时压力降低，发生了沸腾作用，造成了钨的络合物的分解和钨矿质的沉淀。

3.4.5.2　成矿模式

扬子地块与华夏地块的陆内俯冲和汇聚挤压,造成造山带在 460~440 Ma 的快速褶皱缩短、逆冲加厚,形成岩石圈山根,岩石圈地幔与软流圈之间的对流引起岩石圈的拆沉作用和上地幔的隆起,导致幔源岩浆的产生和底侵,底侵的幔源岩浆在 440~420 Ma 引起下地壳的部分熔融,形成大面积的中酸性岩浆侵入活动[Li et al.,2010;Zhao et al.,2013。图 3-64(a)]。其中分异演化程度高的富含 W 的壳源重熔 S 型花岗质岩浆主碰撞期后沿深断裂上升,在硅化蚀变花岗岩-白钨矿阶段(Ⅰ阶段),由岩浆分异出的成矿热液流体运移至构造有利部位时,压力得到释放,矿区发生第一次沸腾作用,造成钨等矿质在此阶段的大量沉淀[图 3-64(b)],此阶段也为主要成矿阶段;在石英-白钨矿阶段(Ⅱ阶段),由于早期岩浆中的长石和石英等无水矿物的逐步结晶析出,此阶段的水达到饱和,矿区便发生了第二次沸腾作用,钨等矿质得到进一步沉淀;到成矿作用的石英-硫化物阶段(Ⅲ阶段),自然冷却作用和外界流体的混入造成成矿流体温度的进一步降低,成矿过程逐渐趋于结束,伴随了大量石英矿物和少量硫化物的沉淀。

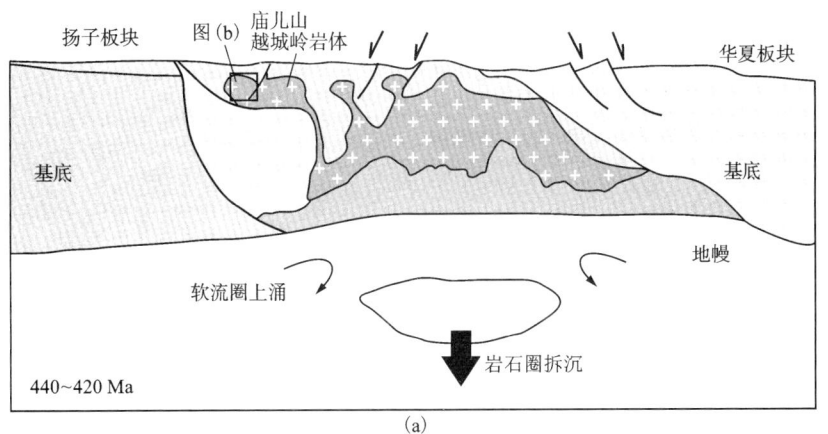

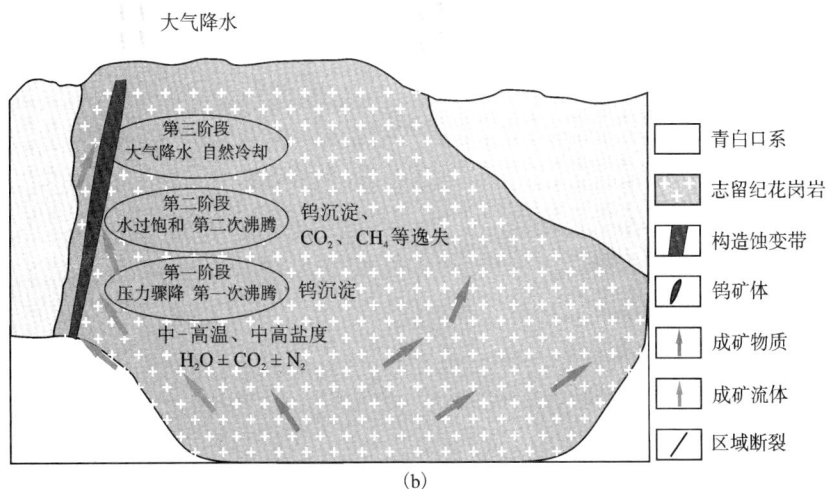

图 3-64　平滩白钨矿床成矿模式图(扫章首码查看彩图)

3.4.6 教学安排

3.4.6.1 需要详细观察和了解的典型现象

1）典型矿体及容矿构造

Ⅰ号矿脉带为矿区主要矿脉带，该矿脉带产于地层与志留纪花岗岩接触带附近的内接触带的 F_1 构造破碎带。破碎带走向北北东（10°～20°），长约6250 m，宽3～55 m，倾向北西，倾角65°～75°。断层兼具脆性–韧性剪切变形的特征，以脆性变形为主，断裂面与两侧围岩花岗岩界线不清楚，呈渐变过渡关系。破碎带内由碎裂蚀变花岗岩、硅化花岗岩及断层角砾岩组成，且石英脉较为发育，常成群成带产出。破碎带中蚀变矿化明显，主要有硅化、绿泥石化、绢云母化、云英岩化等。带内矿化主要有白钨矿化，其次为辉钼矿化、黄铁矿化、黄铜矿化等。产出的最重要、典型矿体有Ⅰ-1矿体和Ⅰ-2矿体。

（1）Ⅰ-1矿体。该矿体产于 F_1 断裂破碎带的上部，走向北北东向，倾向280°～295°，倾角46°～80°，矿体在浅部缓、深部较陡。单工程控制厚度1.02～17.88 m，平均真厚度4.53 m，矿体平均品位 WO_3 为0.204%。矿体呈似层状、板状、厚板状产出。总体上矿体沿走向上连续，深部延伸也较大，控制其最大斜深达450 m。平面图（图3-65）上显示，在0～

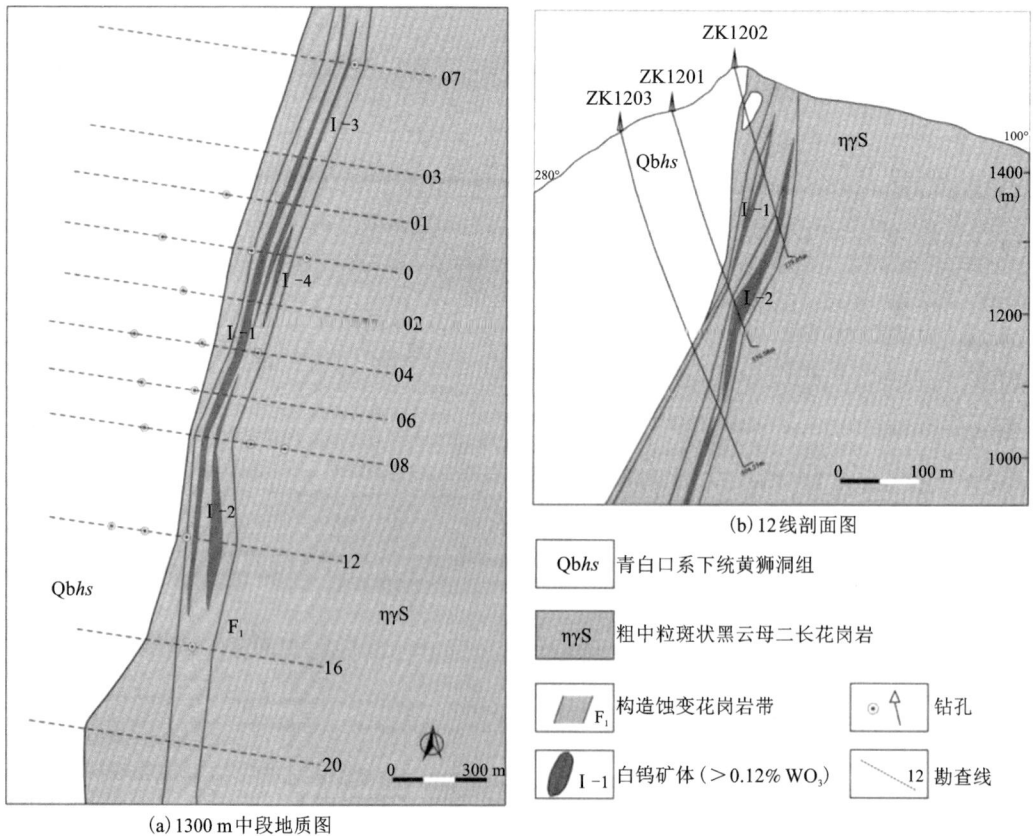

（a）1300 m中段地质图

（b）12线剖面图

| Qbhs | 青白口系下统黄狮洞组 |

| ηγS | 粗中粒斑状黑云母二长花岗岩 |

| F_1 | 构造蚀变花岗岩带 | ⊙ | 钻孔 |

| Ⅰ-1 | 白钨矿体（>0.12% WO_3） | 12 | 勘查线 |

图3-65 平滩钨矿床Ⅰ号矿脉带1300 m中段地质图（a）和12线剖面图（b）（扫章首码查看彩图）

（据 Chen et al.，2019 修改）

12 线矿体较厚，两端相对较薄，呈舒缓波状产出，且矿体具有膨大缩小和分支复合的特征。在 1300~1600 m 标高矿体倾角较缓，且矿体较厚，相对富集；1300 m 标高以下矿体具倾角较陡，且矿体相对较薄的特点(图 3-65)。

(2) Ⅰ-2 矿体。该矿体产于 F₁ 断裂破碎带的中部，即 Ⅰ-1 矿体的下部，与之距离相隔有 5~35 m，钻探控制长约 2260 m，斜深 65~460 m。矿体平均厚度 3.55 m，平均品位 WO₃ 为 0.214%，主要组分均匀。矿体呈似层状、板状、厚板状产出。该矿体在南端 16 线较薄，中部 12 线相对较厚，单工程控制其厚度最大达 21.14 m，且矿体可见有膨大缩小和分支复合现象(图 3-65)，在北端 7 线处矿体较薄，单工程厚只有 0.70 m。

2)典型岩矿石

(1)矿石类型。由矿体及矿石特征分析可知，矿体产于构造破裂蚀变带，包含蚀变花岗岩型白钨矿矿石和石英脉白钨矿矿石。图 3-66 为蚀变花岗岩型白钨矿矿石野外及镜下照片，可见白钨矿和辉钼矿等主要矿物组成。

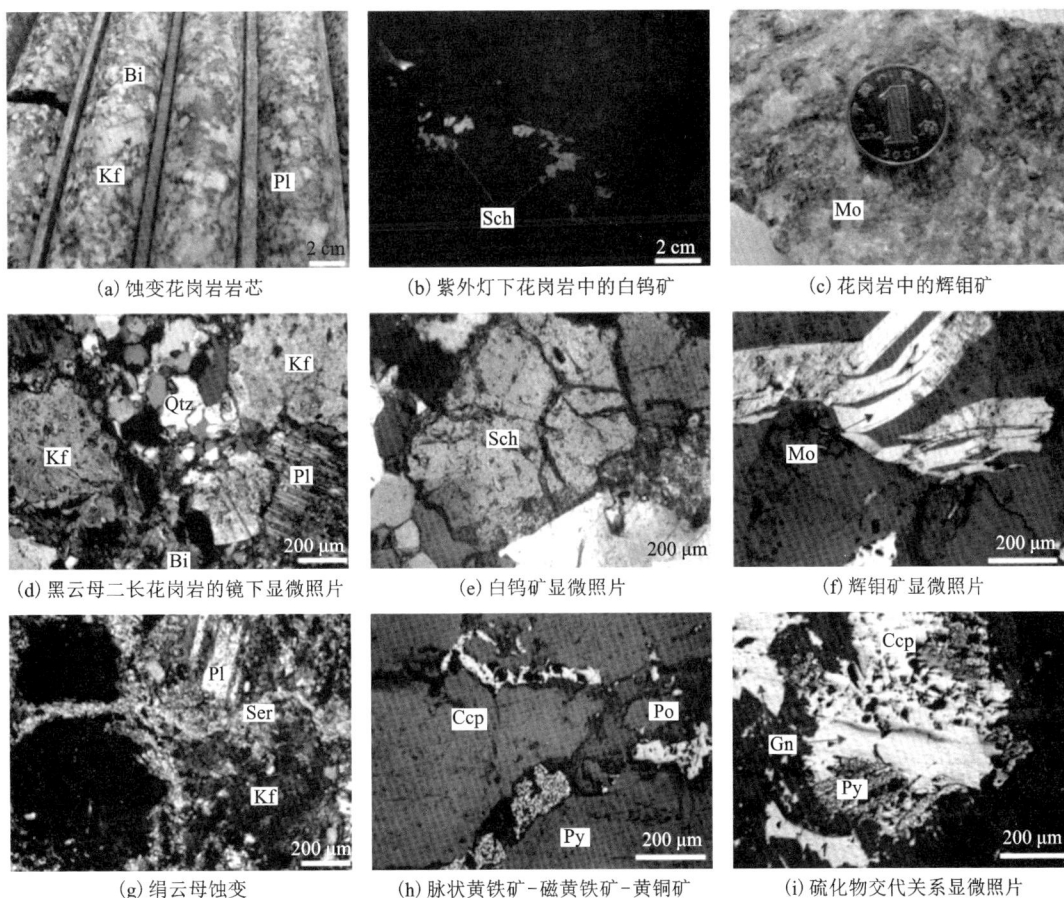

(a) 蚀变花岗岩岩芯 　(b) 紫外灯下花岗岩中的白钨矿 　(c) 花岗岩中的辉钼矿

(d) 黑云母二长花岗岩的镜下显微照片 　(e) 白钨矿显微照片 　(f) 辉钼矿显微照片

(g) 绢云母蚀变 　(h) 脉状黄铁矿-磁黄铁矿-黄铜矿 　(i) 硫化物交代关系显微照片

Qtz—石英；Bi—黑云母；Kf—正长石；Pl—斜长石；Sch—白钨矿；Mo—辉钼矿；
Ser—绢云母；Py—黄铁矿；Po—磁黄铁矿；Gn—方铅矿；Ccp—黄铜矿。

图 3-66　平滩钨矿床矿石标本及显微镜下特征(扫章首码查看彩图)

（2）白钨矿特征。白钨矿主要产于Ⅰ号矿脉构造破碎带蚀变花岗岩中，多呈浸染状和细脉状，少数呈集合片状[图3-66(b)]赋存于碎裂蚀变花岗岩中。白钨矿呈白色、米黄色，具油脂光泽，紫外灯下呈天蓝色荧光[图3-66(b)]。显微镜下特征显示（图3-67），白钨矿多为半自形-他形板片状，大小多为0.06~2.00 mm，可见其与造岩矿物接触界线较为平直[图3-67(a)(b)(d)(f)]的现象，有的包裹在单颗粒造岩矿物中[图3-67(c)]，且部分白钨矿与相邻的造岩矿物未见明显的热液蚀变现象[图3-67(a)(d)(f)]，这些岩相学特征初步显示，白钨矿应属于花岗岩岩浆阶段结晶的产物。

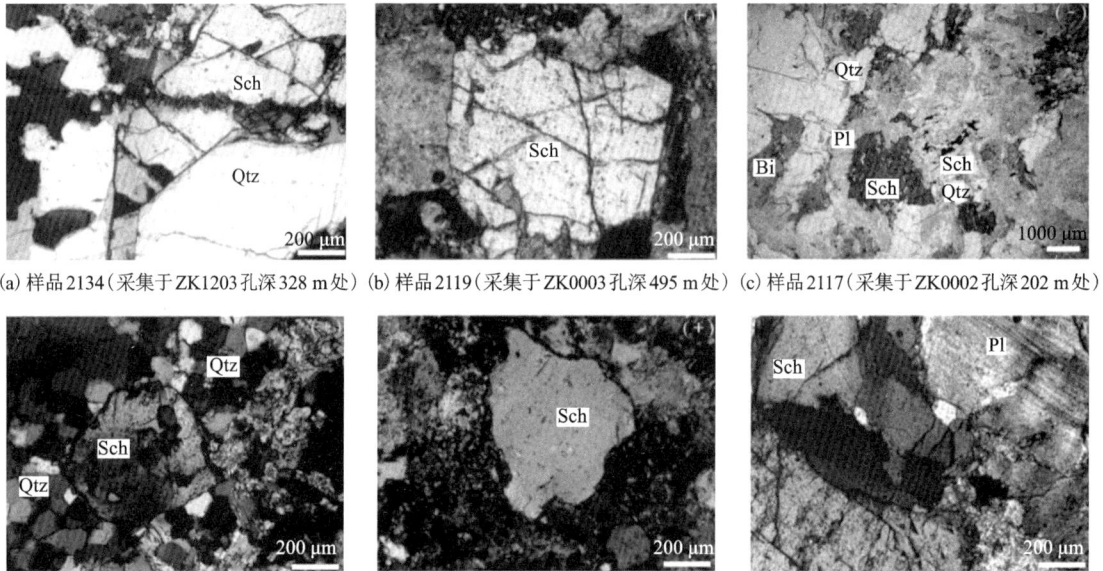

(a) 样品2134（采集于ZK1203孔深328 m处）　　(b) 样品2119（采集于ZK0003孔深495 m处）　　(c) 样品2117（采集于ZK0002孔深202 m处）

(d) 样品2112（采集于ZK0002孔深133 m处）　　(e) 样品2112（采集于ZK1202孔深55 m处）　　(f) 样品2104（采集于ZK0401孔深78 m处）

Qtz—石英；Bi—黑云母；Pl—斜长石；Sch—白钨矿。

图3-67　平滩钨矿床白钨矿的显微镜下特征（扫章首码查看彩图）

3.4.6.2　思考题

（1）平滩钨矿床的主要控矿因素有哪些？

（2）为什么平滩钨矿床矿石不发育黑钨矿？

（3）比较平滩热液脉型白钨矿与湘南矽卡岩型白钨矿床成矿差异。

参考文献

[1]　Baker T, Lang J R. Reconciling fluid inclusion types, fluid processes, and fluid sources in skarns: an example from theBismark Deposit, Mexico[J]. Mineralium Deposita, 2003, 38(4): 474-495.

[2]　Chen B, Ma X H, Wang Z Q, et al. Origin of the fluorine-rich highly differentiated granites from theQianlishan composite plutons (South China) and implications for polymetallic mineralization[J]. Journal of Asian Earth Sciences, 2014, 93: 301-314.

[3] Chen J F, Shen D, Shao Y J, et al. Silurian S-type granite-related W-(Mo) mineralization in theNanling Range, South China: A case study of the Pingtan W-(Mo) deposit[J]. Ore Geology Reviews, 2019, 107: 186-200.

[4] Chen W D, Zhang W L, Wang R C, et al. A study on theDushiling tungsten-copper deposit in the Miao'ershan-Yuechengling area, Northern Guangxi, China: Implications for variations in the mineralization of multi-aged composite granite plutons[J]. Science China Earth Sciences, 2016, 59: 2121-2141.

[5] Guo C L, Wang R C, Yuan S D, et al. Geochronological and geochemical constraints on the petrogenesis and geodynamic setting of theQianlishan granitic pluton, southeast China[J]. Mineralogy and Petrology, 2015, 109: 253-282.

[6] Hu R Z, Zhou M F. Multiple Mesozoic mineralization events in South China—an introduction to the thematic issue[J]. Mineralium Deposita, 2012, 47: 579-588.

[7] Jiang H, Jiang S Y, Li W Q, et al. Highly fractionated Jurassic I-type granites and related tungsten mineralization in theShirenzhang deposit, northern Guangdong, South China: Evidence from cassiterite and zircon U-Pb ages, geochemistry and Sr-Nd-Pb-Hf isotopes[J]. Lithos, 2018: 312-313, 186-203.

[8] Jiang H, Liu B, Kong H, et al. In situ geochemistry and Sr-O isotopic composition of wolframite and scheelite from theYaogangxian quartz vein-type W(-Sn) deposit, South China[J]. Ore Geology Reviews, 2022, 149: 105066.

[9] Jiang S Y, Zhao K D, Jiang H, et al. Spatiotemporal distribution, geological characteristics and met allogenic mechanism of tungsten and tin deposits in China: an overview[J]. China Science Bulletin, 2020, 65: 3730-3745.

[10] Jiang S Y, Zhao K D, Jiang Y H, et al. Characteristics and genesis ofmesozoic a-type granites and associated mineral deposits in the southern Hunan and northern Guangxi Provinces along the Shi-hang belt, south china[J]. Geological Journal of China Universities, 2008, 14: 496-509 (in Chinese with English abstract).

[11] Jiang Y H, Jiang S Y, Dai B Z, et al. Middle to late Jurassic felsic and mafic magmatism in southern Hunan province, southeast China: Implications for a continental arc to rifting[J]. Lithos, 2009, 107: 185-204.

[12] Li B, Li N X, Yang J N, et al. Genesis of theXianghualing tin-polymetallic deposit in southern Hunan, South China: Constraints from chemical and boron isotopic compositions of tourmaline[J]. Ore Geology Reviews, 2023, 154: 105303.

[13] Li W S, Ni P, Pan J Y, et al. Fluid inclusion characteristics as an indicator for tungsten mineralization in the MesozoicYaogangxian tungsten deposit, central Nanling district, South China[J]. Journal of Geochemical Exploration, 2018, 92: 1-17.

[14] Li X H, Liu D Y, Sun M, et al. PreciseSm-Nd and U-Pb isotopic dating of the supergiant Shizhuyuan polymetallic deposit and its host granite, SE China[J]. Geological Magazine, 2004, 141: 225-231.

[15] Li Y, Yuan F, Jowitt S M, et al. Combined garnet, scheelite and apatite U-Pb dating of mineralizing events in the Qiaomaishan Cu-W skarn deposit, eastern China[J]. Geoscience Frontiers, 2023, 14(1): 101459.

[16] Li Z X, Li X H, Wartho J, et al. Magmatic and metamorphic events during the early Paleozoic Wuyi-Yunkai orogeny, southeastern South China: New age constraints and pressure-temperature conditions[J]. Geological Society of America Bulletin, 2010, 122(5-6): 772-793.

[17] Liu B, Kong H, Wu Q H, et al. Origin and evolution of W mineralization in theTongshanling Cu-polymetallic ore field, South China: Constraints from scheelite microstructure, geochemistry, and Nd-O isotope evidence [J]. Ore Geology Reviews, 2022: 1431047.

［18］ Liu J P, Ding T, Fu S L, et al. Genesis of theSanshiliuwan Sn－Pb－Zn－Sb deposit in the Xianghualing ore district (Southern Hunan, South China)：Constraints from geology, fluid inclusion analyses, and geochronology［J］. Ore Geology Reviews, 2023, 152：105227.

［19］ Ludwig K R. ISOPLOT 3. 00：A Geochronological Toolkit for Microsoft Excel［R］. Berkeley, California：Berkeley Geochronology Center, 2003.

［20］ Lu H Z, Liu Y M, Wang C L, et al. Mineralization and fluid inclusion study of theShizhuyuan W－Sn－Bi－Mo－F skarn deposit, Hunan Province, China［J］. Economic Geology, 2003, 98：955－974.

［21］ Mao J W, Li H Y. Evolution of theQianlishan granite stock and its relation to the Shizhuyuan polymetallic tungsten deposit［J］. International Geology Review, 1995, 37：63－80.

［22］ Miranda A C R, Beaudoin G, Rottier B. Scheelite chemistry from skarn systems：implications for ore－forming processes and mineral exploration［J］. Mineralium Deposita, 2022, 57(8)：1469－1497.

［23］ Peng J T, Zhou M F, Hu R Z, et al. Precise molybdenite Re－Os and mica Ar－Ar dating of the Mesozoic Yaogangxian tungsten deposit, central Nanling district, South China［J］. Mineralium Deposita, 2006, 41：661－669.

［24］ Song G, Qin K, Li G, et al. Scheelite elemental and isotopic signatures：Implications for the genesis of skarn－type W－Mo deposits in theChizhou Area, Anhui Province, Eastern China［J］. American Mineralogist. 2014, 99(2－3)：303－317.

［25］ Wintzer N E, Schmitz M D, Gillerman V S, et al. U－Pb scheelite ages of tungsten and antimony mineralization in the Stibnite－Yellow Pine district, Central Idaho［J］. Economic Geology, 2022：1－17.

［26］ Wood S A, Samson A I. The hydrothermal geochemistry of tungsten in granitoid environments：I. relative solubilities of ferberite and scheelite as a function of T, P, pH, and m_{NaCl}［J］. Economic Geology, 2000, 95：143－182.

［27］ Wu K Y, Liu B, Wu Q H, et al. Trace element geochemistry, oxygen isotope and U－Pb geochronology of multistage scheelite：Implications for W－mineralization and fluid evolution of Shizhuyuan W－Sn deposit, South China［J］. Journal of Geochemical Exploration, 2023：107192.

［28］ Xiong X, Rao B, Chen F, et al. Crystallization and melting experiments of a fluorine－rich leucogranite from theXianghualing Pluton, South China, at 150 MPa and H_2O－saturated conditions［J］. Journal of Asian Earth Sciences, 2002, 21(2)：175－188.

［29］ Xiong Y Q, Shao Y J, Cheng Y B, et al. Discrete Jurassic and Cretaceous Mineralization Events at the Xiangdong W(－Sn) Deposit, Nanling Range, South China［J］. Economic Geology, 2020(115)：385－413.

［30］ Xiong Y Q, Shao Y J, Mao J W, et al. The polymetallic magmatic－hydrothermal Xiangdong and Dalong systems in the W－Sn－Cu－Pb－Zn－Ag Dengfuxian orefield, SE China：Constraints from geology, fluid inclusions, H－O－S－Pb isotopes, and sphalerite Rb－Sr geochronology［J］. Mineralium Deposita, 2019(54)：1101－1124.

［31］ Xiong Y Q, Shao Y J, Zhou H D, et al. Ore－forming mechanism of quartz－vein－type W－Sn deposits of the Xitian district in SE China：Implications from the trace element analysis of wolframite and investigation of fluid inclusions［J］. Ore Geology Reviews, 2017, 83：152－173.

［32］ Yuan S D, Peng J T, Hao S, et al. In situ LA－MC－ICP－MS and ID－TIMS U－Pb geochronology of cassiterite in the giant Furong tin deposit, Hunan Province. South China：New constraints on the timing of tin－polymetallic mineralization［J］. Ore Geology Reviews, 2011, 43：235－242.

［33］ Zhao K D, Jiang S Y, Sun T, et al. Zircon U－Pb dating, trace element and Sr－Nd－Hf isotope geochemistry of Paleozoic granites in the Miao'ershan－Yuechengling batholith, South China：Implication for petrogenesis and tectonic-magmatic evolution[J].Journal of Asian Earth Sciences, 2013, 74: 244-264.

[34] 柏道远, 陈建成, 孟德保, 等.湖南炎陵印支期隔槽式褶皱形成机制[J].地球科学与环境学报, 2006, 28(4): 10-14.

[35] 陈迪, 马铁球, 刘伟, 等.湘东南万洋山岩体的锆石 SHRIMP U-Pb 年龄、成因及构造意义[J].大地构造与成矿, 2016, 40(4): 873-890.

[36] 陈卫康.香花岭锡多金属矿床铟的富集规律研究[D].长沙: 中南大学, 2020.

[37] 陈荣华, 陈志永, 朱魁, 等.湖南省临武县香花岭矿区玉岭铅锌锡多金属矿资源储量核实报告[R].湖南郴州: 湖南省湘南地质勘察院, 2015.

[38] 陈荣华, 刘亚新.湖南省郴州市柿竹园钨多金属矿资源储量核实报告[R].湖南郴州: 湖南省湘南地质勘察院, 2015.

[39] 陈依壤.瑶岗仙花岗岩地质地球化学特征与成岩成矿作用[J].矿产与地质, 1988, 2(1): 62-72.

[40] 陈依壤.瑶岗仙矿田控矿因素及成矿条件分析[J].湖南地质, 1992, 11(4): 285-293.

[41] 程顺波, 付建明, 马丽艳, 等.桂东北越城岭—苗儿山地区印支期成矿作用: 油麻岭和界牌矿区成矿花岗岩锆石 U-Pb 年龄和 Hf 同位素制约[J].中国地质, 2016b, 40(4): 1189-1201.

[42] 程顺波, 付建明, 马丽艳, 等.桂东北越城岭岩体加里东期成岩作用: 锆石 U-Pb 年代学、地球化学和 Nd-Hf 同位素制约[J].大地构造与成矿, 2016a, 40(4): 853-872.

[43] 广西壮族自治区地质矿产局.广西壮族自治区区域地质志[M].北京: 地质出版社, 1985.

[44] 郭春丽, 许以明, 楼法生, 等.钦杭带侏罗纪与铜和锡矿有关的两类花岗岩对比及动力学背景探讨[J].岩石矿物学杂志, 2013, 32(4): 463-484.

[45] 郭春丽, 袁顺达, 吴胜华, 等.湖南柿竹园钨锡钼铋多金属矿及邻床地质[M].北京: 地质出版社, 2015.

[46] 湖南省地质调查院.1∶5 万岩寨、五团、城步、白毛坪幅区域地质调查报告[R].2008.

[47] 湖南省地质调查院.湖南省城步苗族自治县平滩矿区钨矿普查地质报告[R].2014.

[48] 湖南省地质调查院.中国区域地质志·湖南志[M].北京: 地质出版社, 2017.

[49] 华仁民, 陈培荣, 张文兰, 等.华南中、新生代与花岗岩类有关的成矿系统[J].中国科学(D辑: 地球科学), 2003, 33(4): 335-343.

[50] 华仁民, 李光来, 张文兰, 等.华南钨和锡大规模成矿作用的差异及其原因初探[J].矿床地质, 2010, 29(1): 9-23.

[51] 蒋喜桥, 颜冬国, 管康兰, 等.湖南省临武县香花岭矿区锡铅锌矿资源储量核实报告[R].湖南郴州: 湖南省有色地质勘查局一总队, 2015.

[52] 来守华.湖南香花岭锡多金属矿床成矿作用研究[D].北京: 中国地质大学(北京), 2014.

[53] 李顺庭, 王京彬, 祝新友, 等.湖南瑶岗仙复式岩体的年代学特征[J].地质与勘探, 2011a, 47(2): 143-150.

[54] 李顺庭, 王京彬, 祝新友, 等.湖南瑶岗仙钨多金属矿床辉钼矿 Re-Os 同位素定年和硫同位素分析及其地质意义[J].现代地质, 2011b, 25(2): 228-235.

[55] 李文杰, 梁金城, 冯佐海, 等.桂东北地区几个加里东期花岗岩体的地球化学特征及其构造环境的判别[J].矿产与地质, 2006(Z1): 353-360.

[56] 刘少青.湘南三十六湾锡铅锌锑矿床地质特征及成因研究[D].长沙: 中南大学, 2021.

[57] 刘盛镇, 李仕生, 彭放明.湖南省郴县野鸡尾矿区锡多金属矿床初步勘察地质报告[R].湖南省地质矿产局湘南地质队, 1986.

[58] 刘英俊, 马东升.钨的地球化学[M].北京: 科学出版社, 1987.

[59] 毛景文, 李红艳, 裴荣富.千里山花岗岩体地质地球化学及与成矿关系[J].矿床地质, 1995, 14(1):

12-25.

[60] 毛景文, 李红艳, 宋学信, 等. 湖南柿竹园钨锡钼铋多金属矿床地质与地球化学[M]. 北京: 地质出版社, 1998.

[61] 毛景文, 谢桂青, 郭春丽, 等. 南岭地区大规模钨锡多金属成矿作用成矿时限及地球动力学背景[J]. 岩石学报, 2007(10): 2329-2338.

[62] 毛景文, 谢桂青, 李晓峰, 等. 华南地区中生代大规模成矿作用与岩石圈多阶段伸展[J]. 地学前缘, 2004(1): 45-55.

[63] 毛景文, 袁顺达, 谢桂青, 等. 21世纪以来中国关键金属矿产找矿勘查与研究新进展[J]. 矿床地质, 2019(38): 935-969.

[64] 弥佳茹. 湘南铜钨成矿岩体差异性研究[D]. 北京: 中国地质大学, 2016.

[65] 彭建堂, 王川, 李玉坤, 等. 湖南包金山矿区白钨矿的地球化学特征及 Sm-Nd 同位素年代学[J]. 岩石学报, 2021, 37(3): 665-682.

[66] 王昌烈, 罗仁徽, 胥友志, 等. 柿竹园钨多金属矿床地质[M]. 北京: 地质出版社, 1987.

[67] 王立华, 张德全. 湖南香花岭锡矿床地质特征及成矿机理[M]. 北京: 科学技术出版社, 1988.

[68] 王书凤, 张绮玲. 柿竹园矿床地质引论[M]. 北京: 科学技术出版社, 1988.

[69] 中国有色金属工业总公司地质勘查总局. 湖南香花岭有色稀有多金属矿床地质[M]. 北京: 中国有色金属工业总公司, 1997: 1-76.

[70] 吴锟言, 刘飚, 吴堃虹, 等. 岩浆热液白钨矿氧同位素组成研究: 对流体源区与演化过程的示踪[J/OL]. 地学前缘. https://doi.org/10.13745/j.esf.sf.2023.2.85.

[71] 吴锟言. 白钨矿微量元素与氧同位素组成示踪成矿过程: 以柿竹园为例[D]. 长沙: 中南大学, 2023.

[72] 徐文光, 何泗威, 曹仲儒, 等. 东坡矿田锡成矿规律及找矿方向[R]. 湖南省地质矿产局湘南地质队, 湖南省地质实验研究中心, 1987.

[73] 杨振, 王汝成, 张文兰, 等. 桂北牛塘界加里东期花岗岩及其矽卡岩型钨成矿作用研究[J]. 中国科学: 地球科学, 2014, 44(7): 1357-1373.

[74] 姚军明, 华仁民, 林锦富. 湘东南黄沙坪花岗岩 LA-ICP-MS 锆石 U-Pb 定年及岩石地球化学特征[J]. 岩石学报, 2005(3): 688-696.

[75] 姚伟, 工庆, 屈利军, 等. 湖南省香花岭三合圩锡多金属矿区地质特征及找矿预测[J]. 地质找矿论丛, 2020, 35(3): 287-292.

[76] 于志峰, 许虹, 祝新友, 等. 湖南瑶岗仙钨矿床成矿流体演化特征研究[J]. 矿床地质, 2015, 34(2): 309-320.

[77] 周涛, 刘悟辉, 李蔺, 等. 湖南香花岭锡多金属矿床同位素地球化学研究[J]. 地球学报, 2008, 29(6): 703-708.

[78] 周永章, 李兴远, 郑义, 等. 钦杭结合带区域地质背景及成矿规律[J]. 岩石学报, 2017, 33(3): 667-681.

[79] 祝新友, 王艳丽, 程细音. 湖南瑶岗仙石英脉型钨矿床成矿系统[J]. 矿床地质, 2015, 34(5): 874-894.

第 4 章　岩浆热液型铜铅锌多金属矿床

扫码查看本章彩图

4.1　湘南黄沙坪矽卡岩型铅锌多金属矿床

4.1.1　自然地理概况

黄沙坪矿床位于湖南省郴州市桂阳县黄沙坪镇内(图 4-1)。黄沙坪镇位于县城的西南方向,距离桂阳县城约 9 km,与郴州市直线距离约 34 km。研究区总面积约 6.8 km²,距离京珠高速公路和京广铁路约 50 km,郴桂公路从边缘经过,厦蓉高速和省道 S322、S214 分别从矿区的东西向、南北向穿过,地理位置优越,交通便利。黄沙坪矿床位于南岭北部,湘江支流春陵江的中上游;地形以山地为主,宝岭、观音打坐、上银山等为主要山脉;气候类型为亚热带湿润季风气候,四季分明;夏季炎热多雨,冬季寒冷干燥,春季温度变化较大,秋季降温快,一般四到五月降水较多,水源充足。

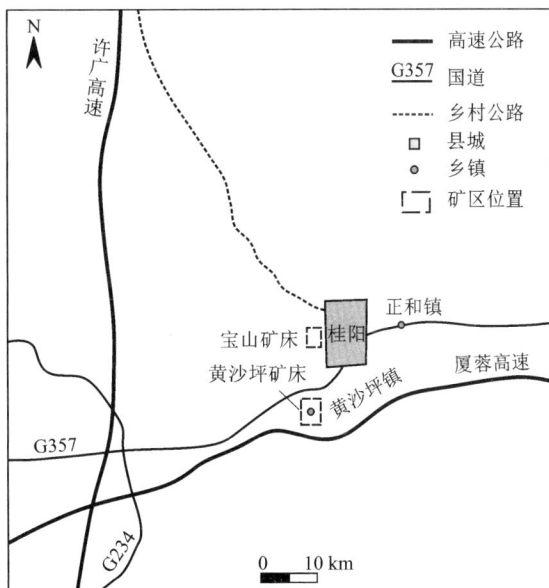

图 4-1　湘南黄沙坪、宝山矿床交通位置图

4.1.2　区域地质背景

黄沙坪铅锌多金属矿床是湘南矿集区重要的矿床之一,其区域地质背景与柿竹园钨多金属矿床、香花岭锡多金属矿床、瑶岗仙钨矿床类似,详见 3.1.2 节描述。

4.1.3 矿床地质特征

4.1.3.1 矿区地质

1）矿区地层

矿区出露地层主要为上泥盆统佘田桥组、锡矿山组，下石炭统陡岭坳组、石磴子组、测水组和梓门桥组（图4-2）。其中，上泥盆统佘田桥组、锡矿山组出露于矿区东南部，岩性分别为灰岩夹条带状白云岩、灰岩。下石炭统陡岭坳组分布在矿区东南部，岩性主要为灰岩；石磴子组分布广泛，是矿的主要容矿地层，岩性主要为灰岩；测水组也是矿区内重要的含矿地层，岩性主要为钙质砂岩，局部含页岩和少量粉砂岩；梓门桥组岩性则主要为白云岩（艾昊，2013）。

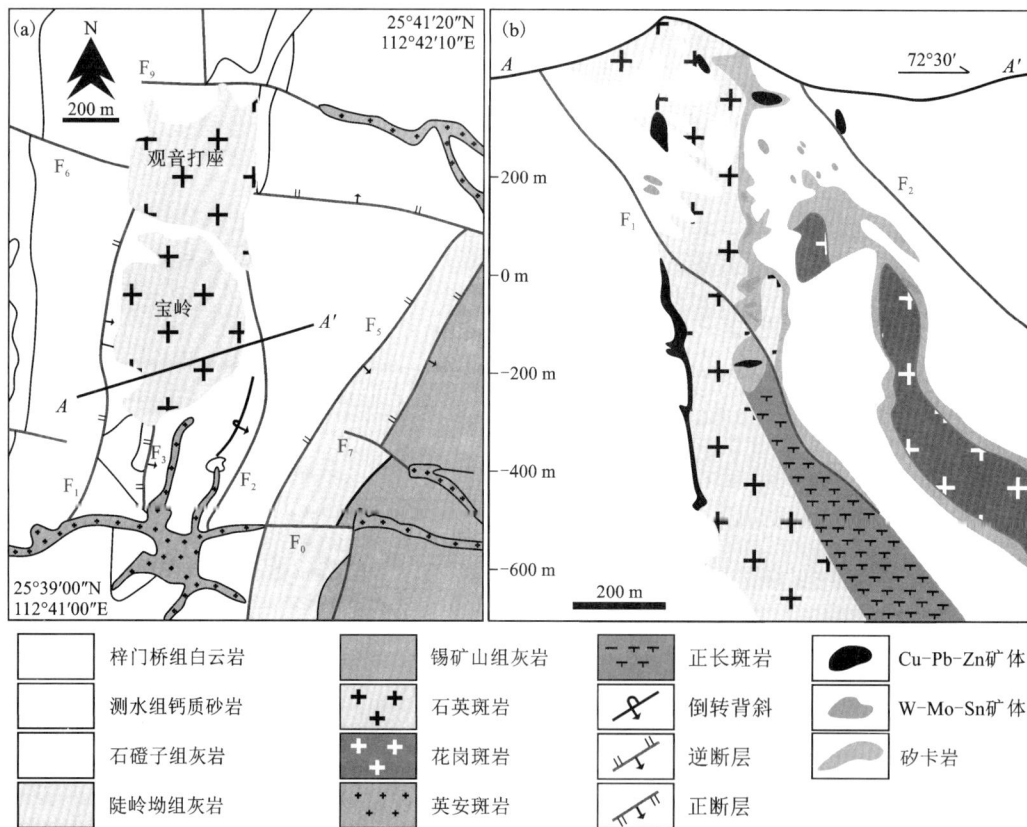

图例：
- 梓门桥组白云岩
- 测水组钙质砂岩
- 石磴子组灰岩
- 陡岭坳组灰岩
- 锡矿山组灰岩
- 石英斑岩
- 花岗斑岩
- 英安斑岩
- 正长斑岩
- 倒转背斜
- 逆断层
- 正断层
- Cu-Pb-Zn矿体
- W-Mo-Sn矿体
- 矽卡岩

图4-2 黄沙坪矿床地质图（a）和 A-A′ 剖面图（b）（扫章首码查看彩图）
（a据姚军明等，2007；b据祝新友等，2012）

2）矿区构造

矿区构造主要包括南北向的观音打坐-宝岭复式倒转背斜，南北向的逆断层 F_1、F_2、F_3 以及东西向的正断层 F_0、F_6、F_9，构成了矿区"井"字形构造格局（图4-2）。该构造格局不仅控制着岩体的产出，也控制着矿体的类型和分布（艾昊，2013）。

3) 矿区岩浆岩

黄沙坪矿区岩浆作用强烈,总体侵位较浅,岩体产出面积较小,但分布广泛,且空间上明显受断裂控制。矿区已发现的岩浆岩类型包括出露地表的石英斑岩和英安斑岩,隐伏的花岗斑岩和正长斑岩(图 4-2。Hu et al., 2017)。其中,石英斑岩和花岗斑岩为成矿岩体,英安斑岩和正长斑岩为非成矿岩体。四种岩石的标本特征及显微特征见图 4-3。

(a) 石英斑岩

(b) 花岗斑岩

(c) 英安斑岩

(d) 正长斑岩

Qtz—石英;Kfs—钾长石;Ser—绢云母;Py—黄铁矿;Pl—斜长石;Bi—黑云母。

图 4-3　黄沙坪矿区主要岩浆岩岩相学特征(扫章首码查看彩图)

石英斑岩呈超浅成相岩枝产出，出露面积为 0.65 km²，该岩枝的主体为观音打坐和宝岭两个地表不相连的小岩体，似哑铃状（图 4-2）。其中观音打坐岩体长约 560 m，宽约 480 m，出露面积为 0.23 km²；宝岭岩体长约 640 m，宽约 420 m，出露面积为 0.29 km²（Li et al.，2014）。石英斑岩岩体主要沿近 SN 向逆断层 F_1 和 F_2 侵位，与围岩呈侵入接触。观音打坐与宝岭两岩体在浅部均呈漏斗状互不相连，随着深度加大，在标高 200 m 之下呈脉状产出，并出现多条分支复合现象。空间上，石英斑岩主要与 Cu-Pb-Zn 矿化关系密切，岩体内局部发育斑岩型 Cu 矿化，接触带发育矽卡岩型 Cu-Pb-Zn 矿化（Li et al.，2014；原垭斌等，2018）。并且，石英斑岩内部可见花岗质岩石包体（原垭斌等，2014；Ding et al.，2016）。

花岗斑岩隐伏于矿区东南部 100 m 标高以下，是由多个小岩体构成的岩枝群，长约 1000 m，宽 200~500 m，介于 F_1 和 F_2 断层之间（图 4-2），总体倾向东，倾角为 60°~80°。单个岩体形态产状多样，如椭圆状、瘤状、扁豆状、脉状等，与石炭系石磴子组地层呈侵入接触。花岗斑岩岩体与围岩的内外接触带上常见多金属矿化，在空间上发育矽卡岩型 W-Mo-Sn-Pb-Zn 矿化（Ding et al.，2016；原垭斌等，2018），是矿区内重要的成矿岩体，也是区内深部找矿潜力较大的地带。

4.1.3.2 矿体特征

黄沙坪矿区已发现矿体数百个，类型以矽卡岩型磁铁钨钼（锡）矿体、矽卡岩型铜铅锌矿体及脉状铅锌矿体为主。

（1）矽卡岩型磁铁钨钼（锡）矿体。该矿体主要产于矿区东南部隐伏花岗斑岩与石磴子组灰岩的矽卡岩接触带，构成 301 成矿系统。矿体呈似层状、透镜状、不规则状等，形态与矽卡岩基本一致。矽卡岩型磁铁矿体多分布于 -200 m 标高以上花岗斑岩的岩瘤、岩枝顶部，矿体呈扁豆状、舌状、新月状等形态分布于矿化矽卡岩内，大小不等，走向长 70~400 m，倾斜延伸 80~120 m，厚 20~30 m，最厚可达 60 m。矽卡岩型钨钼（锡）矿体主要分布于隐伏的花岗斑岩岩体与石磴子组灰岩的接触带内（101~129 线），以 W216 钨钼多金属矿体群为代表（图 4-4），其 W 储量占矿区 W 总储量的 88% 左右，产于不规则分布的矿化矽卡岩中，矿体形态各异，局部有分支复合现象，主要赋存在 -760~330 m 标高间，矿体走向长约 800 m，宽 60~430 m，倾斜延伸近 1000 m，厚 12~338.45 m。矿体平均品位：WO₃ 0.260%、Mo 0.072%、Bi 0.046%、Sn 0.181%、TFe 14.73%~23.42%。另外，在 6~24 线石英斑岩岩体东侧的矽卡岩接触带中，发现 W1 钨钼多金属矿体群[图 4-4（a）]，受 F_3 断裂控制，矿体主要赋存于 -480~80 m 标高间，走向 NNE，倾向 SEE，倾角 70°~90°，厚度 3~45 m，平均厚 15 m。

（2）矽卡岩型铜铅锌矿体。该矿体主要分布于矿区北西部（1~13 线西段）0~200 m 标高和西部（8~16 线西段）-56~100 m 标高，产于 F_1 下盘隐伏的石英斑岩岩体顶部和侧凹部与石磴子组灰岩的矽卡岩接触带中[图 4-4（b）]，构成 304 成矿系统。矿体成群出现，多呈不连续的透镜状、扁豆状等。单个矿体长 50~120 m，延伸约 300 m，厚 1.20~10.66 m。典型矿体如 516#、530#、542# 等。

（3）脉状铅锌矿体。该矿体主要产出于岩体外接触带的大理岩化灰岩中，少数产出于石英斑岩接触带。矿体大多数分布于 -56~300 m 标高，其产出主要受 F_3 断层上盘及 F_3 的分支断裂控制。目前已探获大小矿体 400 余个，其中具有工业价值的矿体约 200 个。典型矿体如

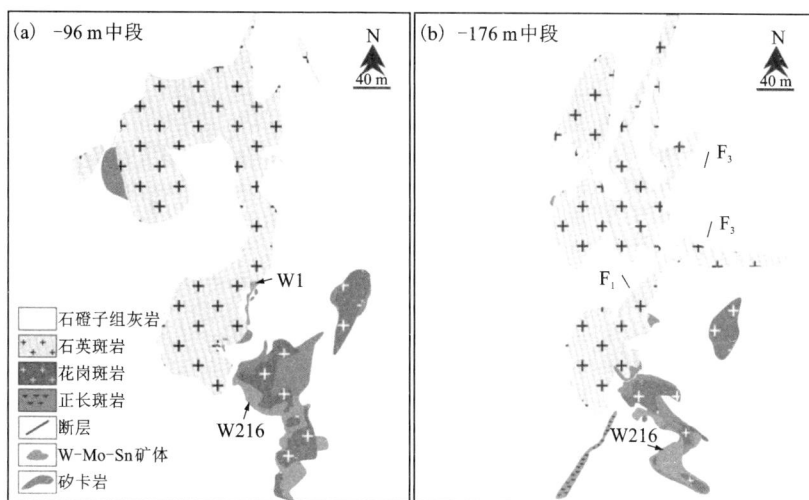

图 4-4　黄沙坪矿床典型中段平面图(扫章首码查看彩图)

(据 Zhao et al., 2021)

196#、257#、277#、516#、580#、627#等。

4.1.3.3　矿石特征

根据有用矿物组合,黄沙坪两套成矿系统的矿石类型包括磁铁矿矿石、磁铁矿-黄铁矿-黄铜矿矿石、磁铁矿-白钨矿-辉钼矿矿石、白钨矿-辉钼矿矿石、黄铁矿-黄铜矿-方铅矿-闪锌矿矿石、方铅矿-闪锌矿矿石等(图 4-5)。

黄沙坪两套成矿系统矿物组成复杂,其中 301 成矿系统金属矿物包括磁铁矿、白钨矿、辉钼矿、锡石、赤铁矿、黄铁矿、胶状黄铁矿、白铁矿、磁黄铁矿、毒砂、自然铋、辉铋矿、硫碲铋矿、方铅矿、闪锌矿等,非金属矿物包括石榴子石、透辉石、硅灰石、符山石、透闪石、阳起石、萤石、绿帘石、石英、绿泥石、方解石等;304 成矿系统金属矿物包括黄铜矿、方铅矿、闪锌矿、黄铁矿、胶状黄铁矿、白铁矿、磁黄铁矿和少量磁铁矿、赤铁矿、白钨矿、辉钼矿等,非金属矿物包括石榴子石、透辉石、硅灰石、符山石、萤石、绿帘石、石英、绿泥石、方解石等。

矿石构造包括块状构造、条带状构造、团块状构造、浸染状构造、脉状构造、层纹状构造、角砾状构造等。矿石结构包括自形-半自形-他形粒状结构、胶状结构、交代结构、交代残余结构、交代假象结构、压碎结构、包含结构、固溶体分离结构等(图 4-5)。

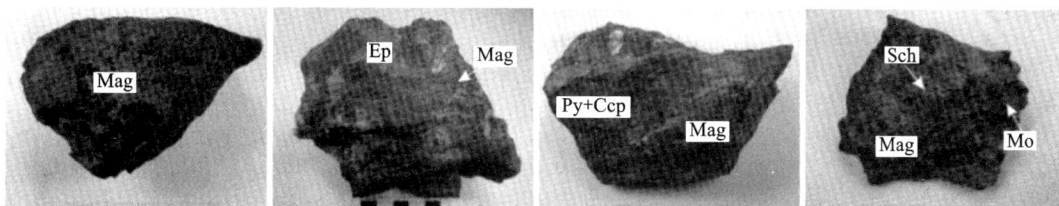

(a) 具块状构造的磁铁矿矿石　(b) 具层纹状构造的绿帘石磁铁矿矿石　(c) 具团块状构造的磁铁矿-黄铁矿-黄铜矿矿石　(d) 含浸染状磁铁矿-白钨矿-辉钼矿的矽卡岩矿石

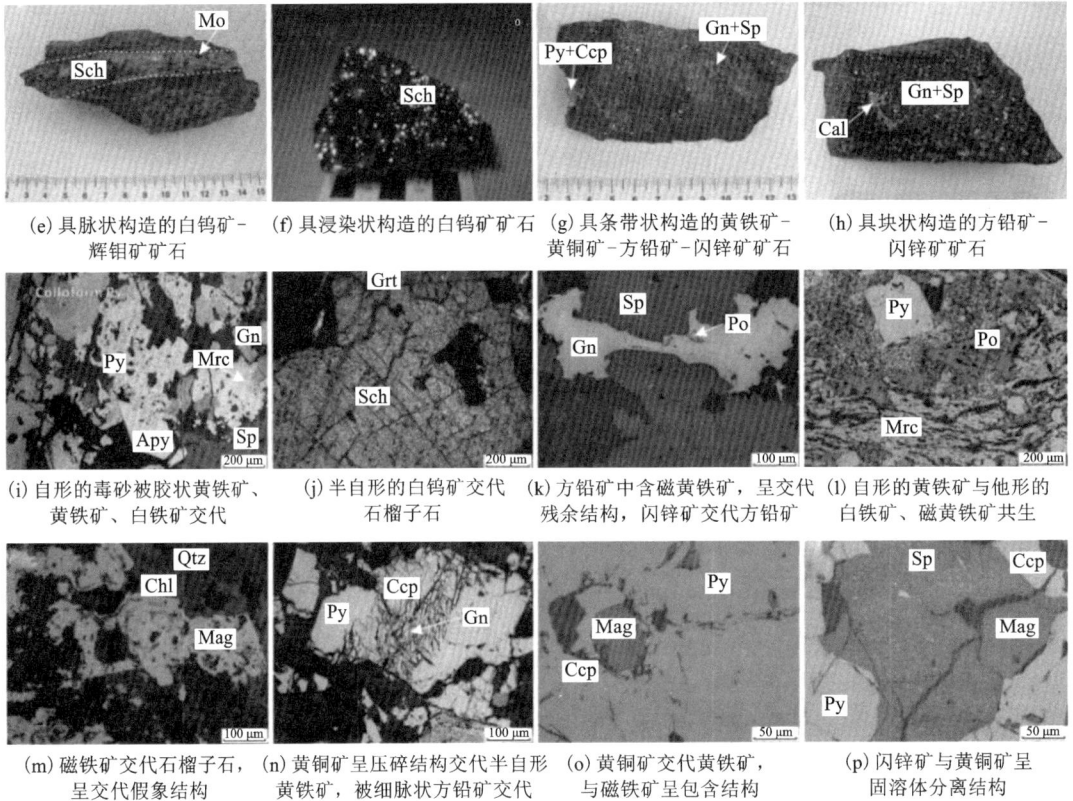

(e) 具脉状构造的白钨矿-辉钼矿矿石　(f) 具浸染状构造的白钨矿矿石　(g) 具条带状构造的黄铁矿-黄铜矿-方铅矿-闪锌矿矿石　(h) 具块状构造的方铅矿-闪锌矿矿石

(i) 自形的毒砂被胶状黄铁矿、黄铁矿、白铁矿交代　(j) 半自形的白钨矿交代石榴子石　(k) 方铅矿中含磁黄铁矿，呈交代残余结构，闪锌矿交代方铅矿　(l) 自形的黄铁矿与他形的白铁矿、磁黄铁矿共生

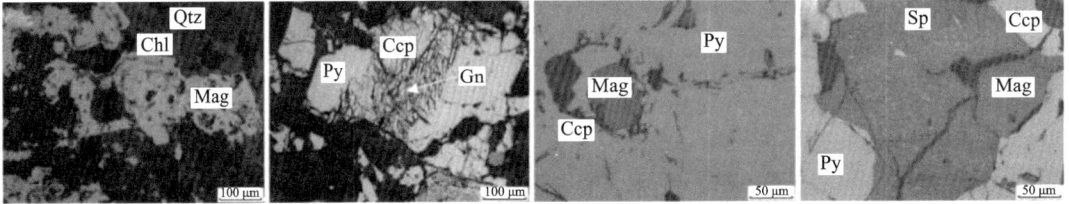

(m) 磁铁矿交代石榴子石，呈交代假象结构　(n) 黄铜矿呈压碎结构交代半自形黄铁矿，被细脉状方铅矿交代　(o) 黄铜矿交代黄铁矿，与磁铁矿呈包含结构　(p) 闪锌矿与黄铜矿呈固溶体分离结构

Mag—磁铁矿；Ep—绿帘石；Py—黄铁矿；Ccp—黄铜矿；Sch—白钨矿；Mo—辉钼矿；Gn—方铅矿；Sp—闪锌矿；
Cal—方解石；Apy—毒砂；Mrc—白铁矿；Grt—石榴子石；Po—磁黄铁矿；Qtz—石英；Chl—绿泥石。

图4-5　黄沙坪矿区两套成矿系统矿石组构特征(扫章首码查看彩图)

4.1.3.4　围岩蚀变与成矿期次

基于矿物组合和结构关系，黄沙坪矿床两套成矿系统的形成过程均可划分为五个成矿阶段：早矽卡岩阶段、晚矽卡岩阶段、氧化物阶段、石英-硫化物阶段及碳酸盐-硫化物阶段（表4-1）。

早矽卡岩阶段：301和304两套成矿系统都以发育大量的石榴子石和透辉石为特征，同时发育少量的硅灰石和符山石。石榴子石和透辉石均为自形-半自形，常被晚期的白钨矿、绿帘石、萤石、磁铁矿、阳起石及辉钼矿等矿物交代。

晚矽卡岩阶段：两套成矿系统均以发育阳起石、绿帘石、萤石、磁铁矿等矿物为特征，且各矿物结构相似。阳起石多呈柱状，粒径100~500 μm；绿帘石呈他形粒状，颗粒细小，粒径10~50 μm，且常以集合体出现；萤石呈他形粒状，粒径30~200 μm；磁铁矿呈半自形-他形，粒径30~300 μm，并且在301成矿系统显著发育而在304成矿系统极少发育。另外，301成矿系统可见他形的透闪石、钍石和马来亚石，粒径20~50 μm，而304成矿系统尚未发现这几种矿物。

表 4-1　黄沙坪矿床两套系统成矿期次表（扫章首码查看彩图）

矿物	I 早矽卡岩阶段	II 晚矽卡岩阶段	III 氧化物阶段	IV 石英-硫化物阶段	V 碳酸盐-硫化物阶段
石榴子石					
透辉石					
硅灰石					
符山石					
透闪石					
阳起石					
萤石					
绿帘石					
磁铁矿					
钍石					
马来亚石					
赤铁矿					
白钨矿					
黑钨矿					
锡石					
铌铁矿					
辉钼矿					
自然铋					
辉铋矿					
硫碲铋矿					
石英					
绿泥石					
黄铁矿					
胶状黄铁矿					
白铁矿					
磁黄铁矿					
毒砂					
黄铜矿					
方铅矿					
闪锌矿					
方解石					

———— 301　———— 304　———— 大量　——— 少量　- - - - - 微量

氧化物阶段：两套成矿系统均以发育白钨矿、赤铁矿和石英为显著特征。白钨矿常呈浸染状或赋存于石英-白钨矿-辉钼矿脉中，交代早期形成的石榴子石、透辉石及磁铁矿等矿物，且在301成矿系统中更为富集。赤铁矿常呈不规则状，交代早期形成的透辉石、磁铁矿等矿物。然而，此阶段大量的锡石以及微量的黑钨矿、铌铁矿只在301成矿系统出现，呈他形粒状交代磁铁矿,粒径 5~50 μm。

石英-硫化物阶段:两套成矿系统均发育大量的石英、绿泥石、黄铁矿和少量的胶状黄铁矿、白铁矿、磁黄铁矿及方解石。黄铁矿呈半自形-他形,粒径 30~300 μm,通常与白铁矿、磁黄铁矿共生并且局部交代胶状黄铁矿。毒砂仅在 301 成矿系统出现,被黄铁矿交代。自然铋、辉铋矿、硫碲铋矿等含铋矿物仅在 301 成矿系统出现,粒径 10~50 μm,交代早期形成的石榴子石和透辉石等矿物。304 成矿系统在本阶段以发育大量黄铜矿为特征,粒径 20~200 μm,交代早期黄铁矿。而 301 成矿系统比 304 成矿系统则发育更多的辉钼矿,呈浸染状或赋存于石英-白钨矿-辉钼矿脉中,交代早期形成的石榴子石等矿物。

碳酸盐-硫化物阶段:两套成矿系统均发育大量方解石,伴随着大量的方铅矿、闪锌矿和少量的石英、绿泥石、黄铁矿、黄铜矿等矿物生成。方铅矿、闪锌矿常呈他形粒状(50~500 μm)或脉状,交代早期形成的黄铁矿、黄铜矿等矿物。

4.1.4 矿床地球化学特征

4.1.4.1 同位素地球化学

1)硫化物原位 S 同位素

对黄沙坪矿床两套成矿系统中矽卡岩型硫化物矿石开展了黄铁矿、闪锌矿和方铅矿原位 S 同位素测试。测试结果显示(表 4-2),301 成矿系统 S 同位素值范围为 13.18‰~18.15‰,个别值为 2.53‰,显著高于 304 成矿系统硫化物 S 同位素值范围(4.57‰~6.71‰),显示出二者具有显著不同的成矿物质来源(图 4-6)。

从同位素角度分析,黄沙坪矿床 S 同位素组成显示成矿物质来源并非典型的岩浆热液(-5‰ ~ +5‰),暗示其成矿物质可能存在多种来源。301 成矿系统具有高 S 同位素值(13.18‰~18.15‰),表明其致矿岩体花岗斑岩所分异出的岩浆热液流体在向上迁移过程中与围岩发生了强烈的水岩反应,可能受到了围岩物质(特别是膏盐地层)的混染(Ding et al.,2022)。而 304 成矿系统中硫化物 S 同位素值较低(4.57‰~6.71‰),且接近基底地层的 S 同位素值(3.80‰~7.70‰。Ding et al.,2022。图 4-6),表明其成矿物质可能主要来自基底地层,可能存在少量围岩物质的混染。

2)石英 H-O 同位素

黄沙坪 301 成矿系统矽卡岩中两件石英 H-O 同位素研究显示样品 WK-6a 中石英的 $\delta D = -56.7‰$,$\delta^{18}O_{V-SMOW} = 12.45‰$;样品 WK-6b 中石英的 $\delta D = -51.3‰$,$\delta^{18}O_{V-SMOW} = 14.69‰$。石英中的 δD 值可以代表其形成时热液流体的 H 同位素组成,而石英中的 $\delta^{18}O$ 值需要结合其形成温度,利用石英和水的 O 同位素平衡分馏方程($\delta^{18}O_{流体} - \delta^{18}O_{石英} = -3.38 \times 10^{6}/T^{2} + 3.40$),计算热液流体的 O 同位素组成。该公式适用于石英形成温度为 200~500 ℃的条件,公式中 T 为热力学温度(单位:K)。前人测得矽卡岩矿石中石英中流体包裹体均一温度为 300~367 ℃(Li et al.,2016),因此选择 350 ℃作为石英形成的温度以计算流体的 O 同位素组成。计算结果显示,WK-6a 和 WK-6b 两个样品石英形成时热液流体的 $\delta^{18}O_{V-SMOW}$ 值分别为 7.14‰和 9.38‰。结果表明黄沙坪矿床 301 成矿系统的成矿流体以岩浆水为主,大气降水混入不明显(图 4-7)。

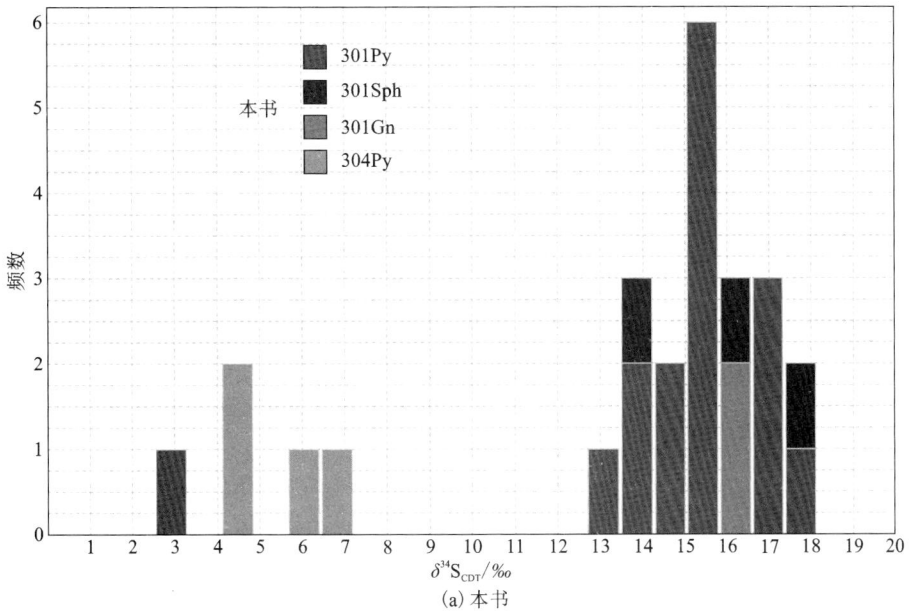

(a) 本书

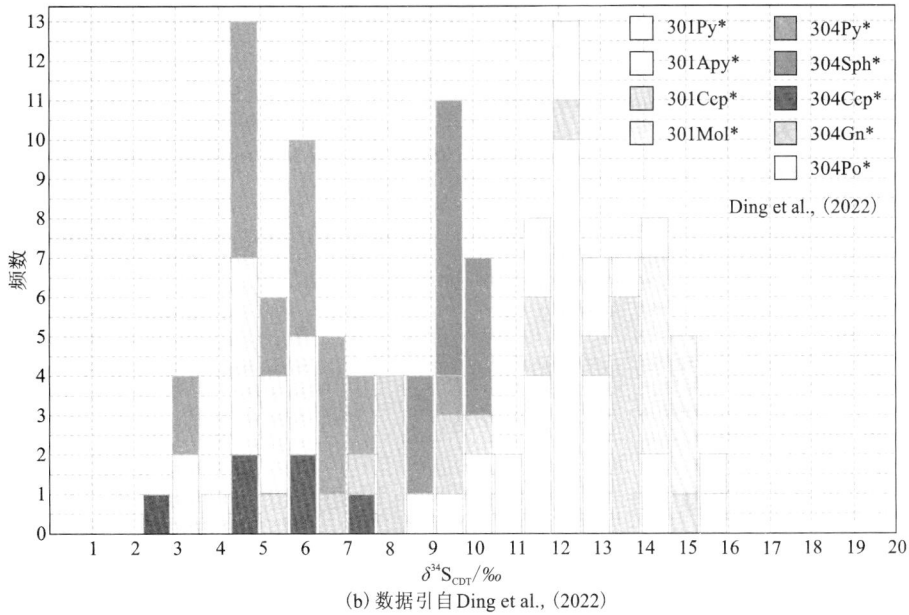

(b) 数据引自 Ding et al., (2022)

Py—黄铁矿；Sph—闪锌矿；Gn—方铅矿；Apy—毒砂；Ccp—黄铜矿；Mol—辉钼矿；Po—磁黄铁矿。

图 4-6　黄沙坪两套成矿系统硫化物原位 S 同位素直方图（扫章首码查看彩图）

3）方解石 C-O 同位素

黄沙坪两套成矿系统方解石 C-O 同位素研究显示 304 成矿系统方解石的 $\delta^{13}C_{V-PDB}$ 值介于 -17.68‰ 到 -17.16‰ 之间，$\delta^{18}O_{V-SMOW}$ 值介于 12.63‰ 到 13.18‰ 之间；301 成矿系统方解石的 $\delta^{13}C_{V-PDB}$ 值介于 -15.92‰ 到 -15.16‰ 之间，$\delta^{18}O_{V-SMOW}$ 值介于 14.45‰ 到 15.23‰ 之间。根据矿物与流体的分馏程度，黄沙坪热液沉淀的方解石（流体包裹体均一温度为 172 ~

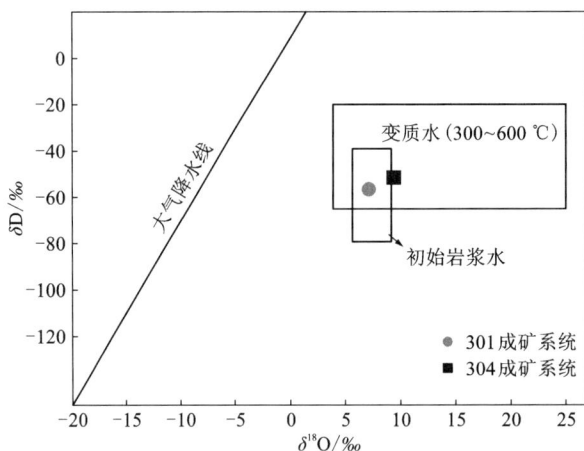

图 4-7　黄沙坪 W-Sn 成矿系统流体 H-O 同位素投图

（据 Taylor，1974 修改）

275 ℃，Li et al.，2016）的 $\delta^{13}C$ 值近似代表热液流体中 CO_2 的 C 同位素组成，再结合其 O 同位素组成，即可判断成矿流体中 CO_2 的来源。将本次研究及前人获得的方解石的 C-O 同位素组成进行投图，投点均位于花岗岩和海相碳酸盐岩之间，并且靠近花岗岩区域（图 4-8），表明黄沙坪两套成矿系统热液流体均主要来自致矿花岗岩，有围岩物质的混入。并且，301 成矿系统具有明显更多的围岩物质加入（图 4-8），表明其可能发生了更强烈的水岩反应。

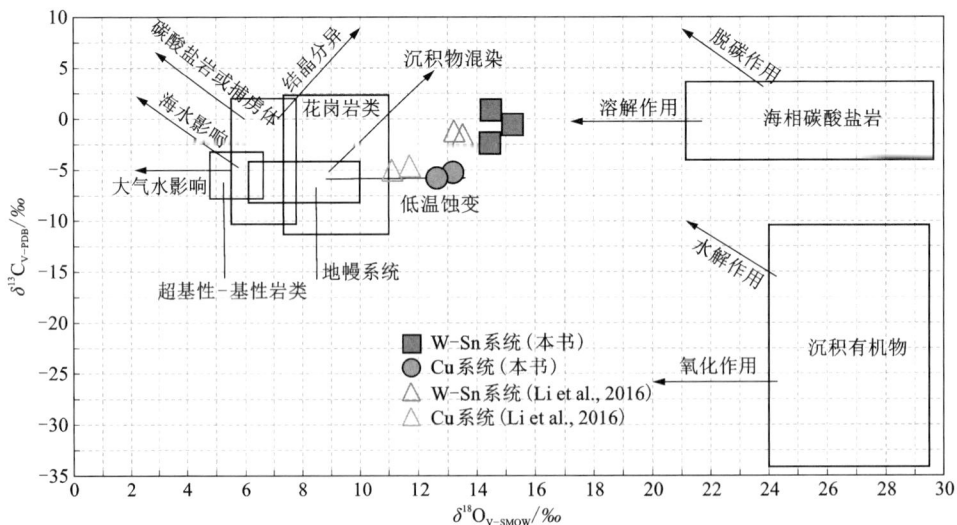

图 4-8　黄沙坪两套成矿系统热液流体 C-O 同位素投图(扫章首码查看彩图)

（底图据 Chen et al.，2020 修改）

4.1.4.2　流体包裹体

Li et al.（2016）对黄沙坪矿床不同成矿阶段形成的矿物中的流体包裹体开展了系统的研

究，在石榴子石、阳起石、白钨矿、萤石、石英和方解石等矿物中识别出多种类型的流体包裹体，包括富液相流体包裹体(Type Ⅰa)、富气相流体包裹体(Type Ⅰb)、含子晶流体包裹体(Type Ⅱa：均一至气相消失。Type Ⅱb：均一至子晶消失)、含 CO_2 包裹体(Type Ⅲ)。各类型流体包裹休均一温度及盐度范围见表4-2。

表4-2　黄沙坪矿床不同成矿阶段矿物中流体包裹体类型及均一温度、盐度统计

样品	矿物	包裹体类型	气相体积比/vol%	均一温度 T/℃	盐度/(% NaCl equiv.)
矽卡岩	石榴子石(6)	Type Ⅰa	16~30	至液相：>600	
	石榴子石(3)	Type Ⅰb	66~85	至气相：584~600	3~5
	石榴子石(38)	Type Ⅱa	9~33	气相：530~600。石盐：323~346	40~42
	阳起石(10)	Type Ⅱa	25~40	气相：568~600。石盐：357~381	43~45
	白钨矿(39)	Type Ⅱa	10~33	气相：381~488。石盐：306~372	39~45
	白钨矿(8)	Type Ⅰa	20~30		8~9
	方解石(24)	Type Ⅰa	14~25	至液相：286~405	15~22
矽卡岩型 W-Mo 矿石	紫色萤石(7)	Type Ⅱb	7~35	气相：200~310。石盐：250~303	35~41
	紫色萤石(38)	Type Ⅰa	5~22	至液相：202~354。Tm=1~6.5	9~16
	彩色萤石(116)	Type Ⅰa	8~40	至液相：220~380。Tm=0.1~0.6	6~13
	绿色萤石(12)	Type Ⅰa	7~38	至液相：230~303。Tm=0.1	8~15
	石英(22)	Type Ⅰa	15~40	至液相：300~367	7~16
含 Mo 石英脉	石英(7)	Type Ⅰb	55~70	至气相：316~435	13~17
	石英(2)	Type Ⅲ	20~35	至气相：237。Tm=5.1	8~9
Pb-Zn 矿脉	绿色萤石(42)	Type Ⅰa	10~40	至液相：170~313。Tm=1.1~4.5	2~16
	彩色萤石(116)	Type Ⅰa	7~30	至液相：165~306。Tm=0.2~3	5~15
	白钨矿(14)	Type Ⅱa	10~30	气相：463~517。石盐：250~271	35~36
方解石-黄铜矿脉		Type Ⅰa	6~20	至液相：366~485	8.4~9.3
	方解石(26)	Type Ⅰa	8~30	至液相：172~275	5~19

注：流体包裹体数据引自 Li et al., 2016。括号内数字为所测包裹体数目，Tm 为子晶熔融温度。

早矽卡岩阶段，石榴子石和阳起石中流体包裹体均一温度为530~600℃，普遍发育含石盐子晶包裹体(盐度达40%~45% NaCl equiv.)和低盐度(3%~5% NaCl equiv.)富气相包裹体，表现出流体不混溶现象。此阶段估算的压力范围为60~80 MPa，在静岩压力条件下对应深度为2.2~3.0 km。晚矽卡岩阶段，白钨矿中流体包裹体均一温度为381~488℃，盐度为39%~45% NaCl equiv.，具有高温、高盐度的特征，可能是沸腾作用下发生沉淀的。此阶段估算的压力范围为20~40 MPa，在静岩压力条件下对应深度为0.7~1.5 km。金属硫化物阶段，含 Mo 石英脉中石英流体包裹体具有富气相和富液相包裹体共存的特征，其均一温度相

近(300~435 ℃)而盐度相差较大(7%~17% NaCl equiv.),同样表明沸腾作用的存在。晚期铅锌矿化阶段,萤石中主要发育富液相包裹体,均一温度范围为165~313 ℃,沸腾作用不明显,可能存在大气降水与岩浆热液流体的混合。综上所述,黄沙坪矿床成矿流体经历了从早期高温、高盐度到晚期低温、低盐度的转变,其间可能存在多次流体沸腾作用(Li et al.,2016)。

4.1.4.3 成矿年代学

1)锡石 U-Pb 年代学

采集黄沙坪301成矿系统-96 m中段105线和113线附近的样品(H3-7,H10-7)挑选锡石单矿物进行LA-ICP-MS U-Pb年代学研究。其中,样品H3-7为层纹状磁铁矿矿石,锡石主要赋存在磁铁矿中[图4-9(a)],粒径1~100 μm,CL图像中结构均一,未见明显的震荡环带[图4-9(b)]。H10-7为石榴子石-透辉石矽卡岩[图4-9(c)],锡石粒径50~100 μm,CL图像中可见明显的震荡环带[图4-9(d)]。样品H3-7共开展了27点测试,谐和年龄为(158.2±1.8)Ma(*MSWD*=0.9)[图4-10(a)]。样品H10-7共开展了38点测试,在Tera-Wasserburg图上的下交点年龄为(159.1±0.6)Ma(*MSWD*=1.8)[图4-10(b)]。

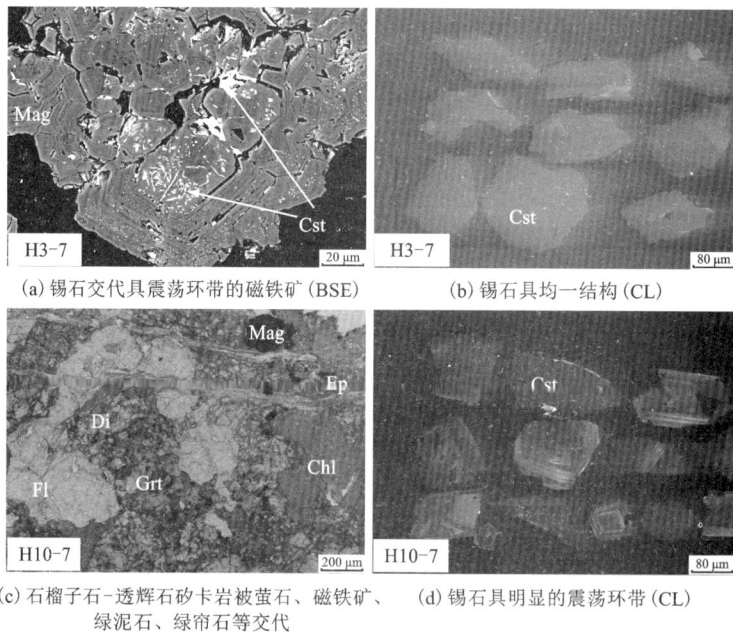

(a)锡石交代具震荡环带的磁铁矿(BSE)

(b)锡石具均一结构(CL)

(c)石榴子石-透辉石矽卡岩被萤石、磁铁矿、绿泥石、绿帘石等交代

(d)锡石具明显的震荡环带(CL)

Mag—磁铁矿;Cst—锡石;Grt—石榴子石;Di—透辉石;Fl—萤石;Chl—绿泥石;Ep—绿帘石。

图4-9 黄沙坪矿床301成矿系统锡石特征(扫章首码查看彩图)

2)符山石 U-Pb 年代学

在黄沙坪矿床301成矿系统-176 m中段107线和304成矿系统-96 m中段115线石门9附近分别采集两套系统含符山石的矽卡岩样品H5-10和H15-38。其中,H5-10为含符山石的石榴子石矽卡岩,石榴子石被符山石、萤石、白钨矿、绿泥石、磁铁矿等矿物交代,符山石为自形-半自形柱状,粒径20~100 μm[图4-11(a)(b)]。H15-38为含符山石的石榴子

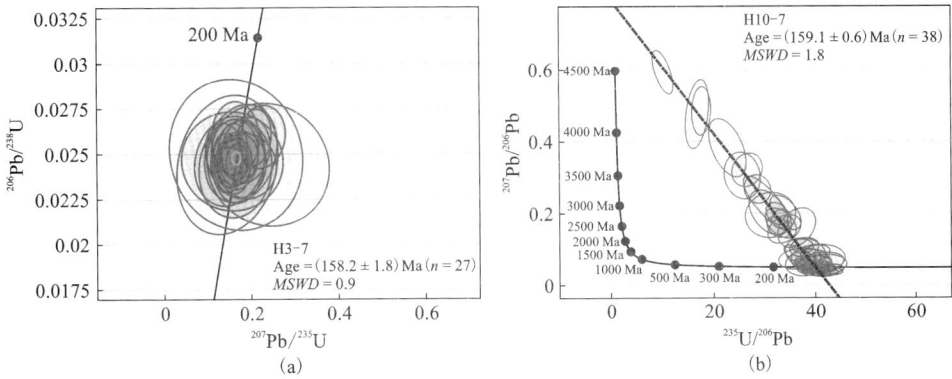

图 4-10 黄沙坪矿床 301 成矿系统锡石 LA-ICP-MS U-Pb 年龄(扫章首码查看彩图)

石矽卡岩,符山石呈自形-半自形柱状,粒径 10~100 μm,交代石榴子石[图 4-11(c)(d)]。

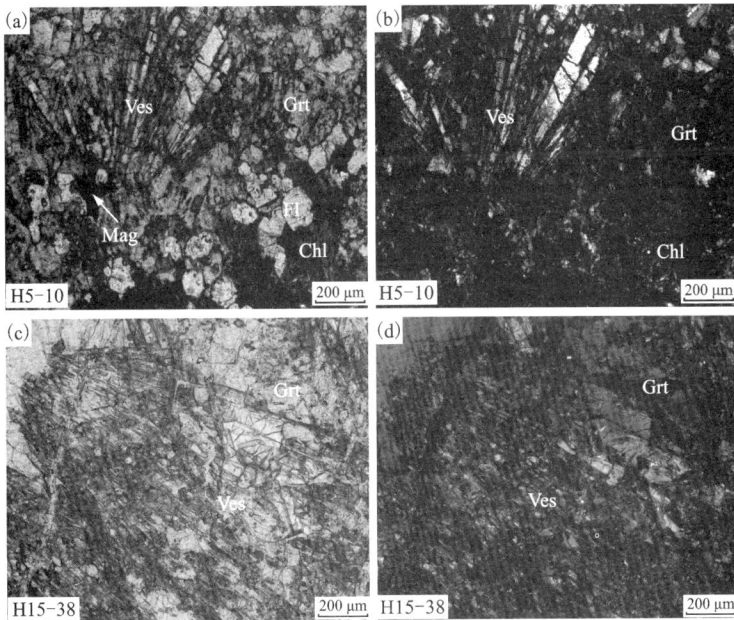

Ves—符山石;Grt—石榴子石;Mag—磁铁矿;Fl—萤石;Chl—绿泥石。

图 4-11 黄沙坪矿床两套成矿系统符山石镜下特征(扫章首码查看彩图)

　　对 301 成矿系统的符山石样品(H5-10)共开展了 40 点测试,U 含量 81.0×10^{-6} ~ 265×10^{-6},平均值为 179×10^{-6}。40 点在 Tera-Wasserburg 图上的下交点年龄为(158.74 ± 0.27)Ma($MSWD = 1.9$)[图 4-12(a)]。对 304 成矿系统的符山石样品(H15-38)共开展了 45 点测试,U 含量 47.0×10^{-6} ~ 407×10^{-6},平均值为 127×10^{-6}。45 点在 Tera-Wasserburg 图上的下交点年龄为(161.44 ± 0.52)Ma($MSWD = 1.8$)[图 4-12(b)]。另外,301 成矿系统的符山石的普通铅含量明显低于 304 成矿系统的符山石(图 4-12)。

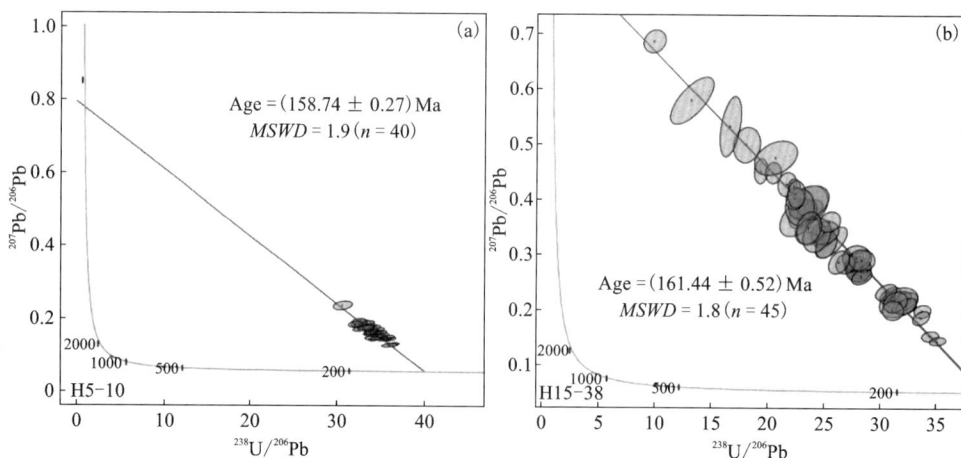

图 4-12　黄沙坪矿床两套成矿系统符山石 U-Pb 年龄

4.1.5　成矿作用及成矿模式

黄沙坪矿床 W-Sn 矿化和 Cu 矿化分别与花岗斑岩和石英斑岩具有密切的成因联系，具体表现在以下几方面：①W-Sn 成矿时间（约 158 Ma）、Cu 成矿时间（约 161 Ma）与花岗斑岩、石英斑岩的成岩时间接近（160~150 Ma）；②矽卡岩型 W-Sn 和 Cu 多金属矿体多赋存于花岗斑岩、石英斑岩与石炭系石磴子组灰岩的接触带，产状与矽卡岩一致；③硫化物原位 S 同位素表明成矿物质主要来自岩浆，有围岩物质的加入；④石英 H-O 同位素、方解石 C-O 同位素表明成矿流体主要来自岩浆水，有围岩物质的加入。以上证据表明，黄沙坪矿床 W-Sn 和 Cu 多金属矿化均是由致矿岩浆分异出岩浆热液流体，在向上运移的过程中与围岩发生水岩反应而形成的，因此属于典型的矽卡岩矿床。由于致矿岩体的成岩源区及成岩机制不同，因此在同一矿床形成两种不同类型的矽卡岩矿化。

在矽卡岩矿床形成过程中，碳酸盐岩转变为矽卡岩时会释放大量的 CO_2，加之成矿岩浆热液逐渐加入，使得成矿系统的压力逐步增大（Meinert et al.，2005）。当流体压力大于静岩压力时，就会导致围岩发生广泛的液压致裂，成矿系统的压力会突然降低，并伴随流体沸腾和与其相分离，随后的流体填充在液压致裂缝隙并发生冷凝沉淀形成了矽卡岩矿床围岩中广泛发育的脉体，如石英-硫化物脉和绿泥石脉等。前人流体包裹体研究显示，黄沙坪 W-Sn 成矿系统早矽卡岩阶段的石榴子石和阳起石中，晚矽卡岩阶段的白钨矿中，石英-硫化物阶段的石英中均普遍发育均一温度相近而盐度差异大的多相流体包裹体，说明该系统在形成期间发生了多次流体沸腾作用（Li et al.，2016），这也与黄沙坪矿床广泛发育快速形成的胶状黄铁矿吻合。液压致裂和流体沸腾会导致成矿流体氧逸度和 pH 的升高（Ohmoto，1972），这可能是矽卡岩矿床硫化物沉淀的重要控制因素。另外，成矿晚期，大气降水的注入并与岩浆热液发生混合，也促使了脉状铅锌矿化的形成（Li et al.，2016）。

综合矿床地质特征、成岩机制、成矿年龄、成矿地球化学特征及前人研究结果，提出黄沙坪矿床成矿过程及成矿模式如下：

在 161 Ma 左右，石英斑岩对应的岩浆沿着近 SN 向逆断层 F_1 和 F_2 侵位，其冷凝后分异的岩浆热液与石磴子组灰岩发生强烈的水岩反应，在灰岩转变为矽卡岩的过程中，释放大量的 CO_2，另外岩浆热液的不断补充进入，使成矿系统的压力逐渐增大。当压力大于围岩压力的时候，围岩发生液压致裂，成矿流体的压力迅速降低，流体发生沸腾进而导致胶状黄铁矿形成。同时，流体沸腾导致酸性挥发分沿着形成的节理逃逸，伴随着成矿流体氧逸度和 pH 的升高以及温度的下降，促使金属硫化物沉淀，形成铜多金属矿体(图 4-13)。

在 158 Ma 左右，花岗斑岩对应的岩浆向上侵位(图 4-13)。同样，矽卡岩的形成导致系统压力逐渐增大，并使得围岩发生液压致裂、流体沸腾、氧逸度和 pH 的升高以及胶状黄铁矿的形成。矽卡岩阶段形成的液压致裂，因为流体进入冷凝而封闭，成矿系统的压力开始重建，最后发生多次液压致裂和流体沸腾，并在石英-硫化物阶段先后形成胶状黄铁矿和钨-钼矿体。在该成矿系统晚期，流体逃逸结构及断裂系统为大气降水的注入提供了有利通道，使得大气降水和岩浆热液发生混合，促进初始脉状铅锌矿体的形成(Li et al.，2016)。

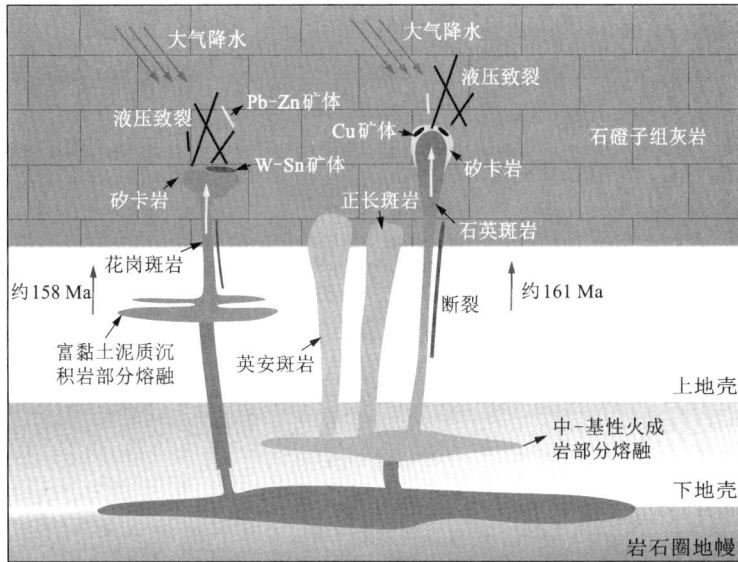

图 4-13　黄沙坪矿床成矿模式图(扫章首码查看彩图)

4.1.6　教学安排

4.1.6.1　需要详细观察和了解的典型现象

1) 典型矿体及容矿构造

黄沙坪矿床矿体仅在坑道中可见，其中矽卡岩型磁铁钨钼(锡)矿体主要见于花岗斑岩与石磴子组灰岩接触带，矿体呈似层状、透镜状或不规则状，形态与矽卡岩基本一致[图 4-14(a)(b)]，以 W216 钨钼多金属矿体群为代表，其钨储量占矿区钨总储量的 88% 左右，产于不规则分布的矿化矽卡岩中，矿体形态各异，局部有分支复合现象，主要赋存在 -760~330 m 标高间，矿体走向长约 800 m，宽 60~430 m，倾斜延伸近 1000 m，厚 12~338.45 m。矽卡岩型铜铅锌矿体主要见于 F_1 下盘隐伏的石英斑岩岩体顶部和侧凹部与石磴子组灰岩接触带，矿体成群出现，多呈不连续的透镜状、扁豆状等［图 4-14(c)］，单个矿体长 50~120 m，延伸约 300 m，厚 1.20~10.66 m。脉状铅锌矿体主要见于岩浆岩外接触带的大理岩化灰岩中［图 4-14(d)］，少数见于石英斑岩接触带，矿体大多数分布于 -56~300 m 标高，其产出主要受 F_3 断层上盘及 F_3 的分支断裂控制。

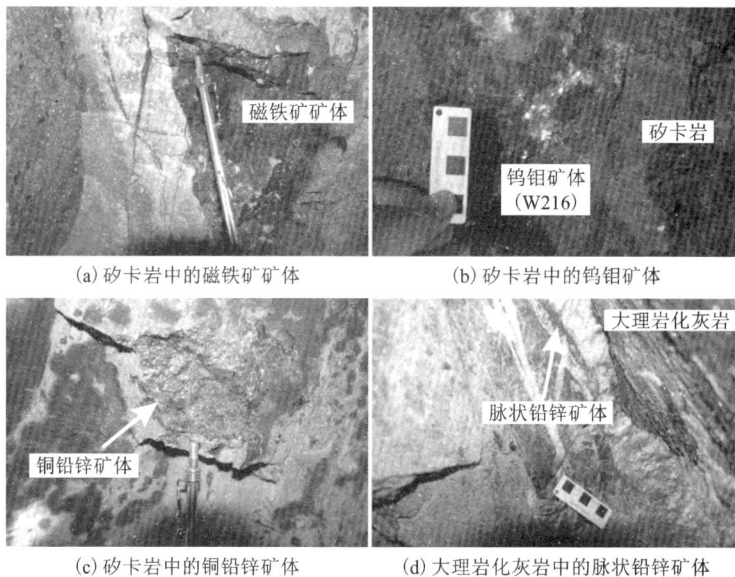

(a)矽卡岩中的磁铁矿矿体   (b)矽卡岩中的钨钼矿体

(c)矽卡岩中的铜铅锌矿体   (d)大理岩化灰岩中的脉状铅锌矿体

图 4-14 黄沙坪矿床典型矿体宏观照片(扫章首码查看彩图)

对黄沙坪矿床两套成矿系统在 -96 m 中段的叠加部位(石门 13 附近)典型剖面(图 4-15)的观察及综合研究显示：由花岗斑岩岩体向西依次为富磁铁矿矽卡岩、富石榴子石矽卡岩、贫磁铁矿矽卡岩以及大理岩化灰岩，至石英斑岩岩体，并且磁铁矿与 301 成矿系统磁铁矿的特征吻合。更重要的是，在 301 蚀变带中见有两条宽约 4 m 和 1 m 的石英斑岩岩脉(采样 H16-30、H16-31、H16-46)，石英斑岩蚀变较强，镜下见有石英细脉穿插石英斑岩，而后被石榴子石脉、绿泥石-磁铁矿脉穿切(采样 H16-31)，说明矽卡岩蚀变晚于石英斑岩形成时间，并且磁铁矿为热液成因。同时，在蚀变的石英斑岩中可见磁铁矿与黄铁矿、胶状黄铁矿等热液矿物共生(采样 H16-30)，也表明石英斑岩中的磁铁矿为热液成因，可能来自另一套成矿系统(301 成矿系统)。此外，在大理岩化灰岩中(采样 H16-50,H16-52)可见石榴子石-磁铁矿-方铅矿-闪锌矿脉、磁铁矿-黄铁矿脉，表明两套成矿系统具有热液交换和叠加成矿的可能性。

2) 典型岩矿石

根据矿物组合，矿石类型主要包括磁铁矿矿石［图 4-5(a)(b)］、磁铁矿-黄铁矿-黄铜矿矿石［图 4-5(c)］、磁铁矿-白钨矿-辉钼矿矿石［图 4-5(d)］、白钨矿-辉钼矿矿石［图 4-5(e)(f)］、黄铁矿-黄铜矿-方铅矿-闪锌矿矿石［图 4-5(g)］、方铅矿-闪锌矿矿石［图 4-5(h)］等。

矿石构造包括块状构造、条带状构造、团块状构造、浸染状构造、脉状构造、层纹状构造、角砾状构造等。矿石结构包括自形-半自形-他形粒状结构、胶状结构、交代结构、交代

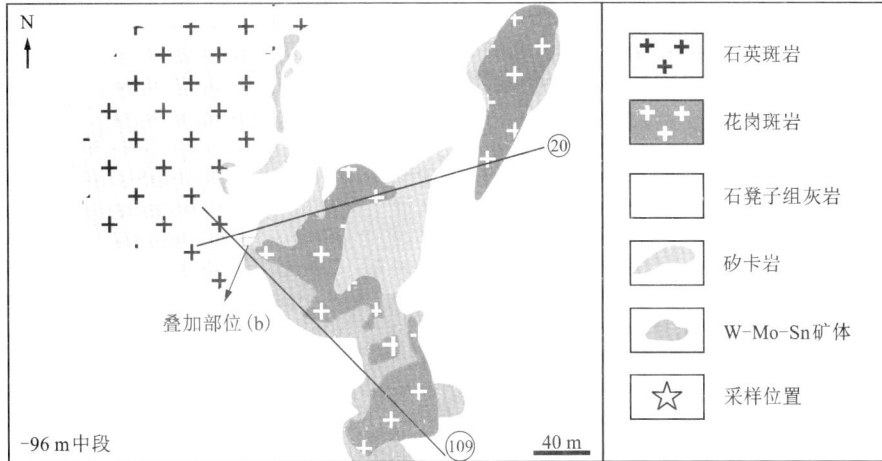

(a) -96 m 中段地质图

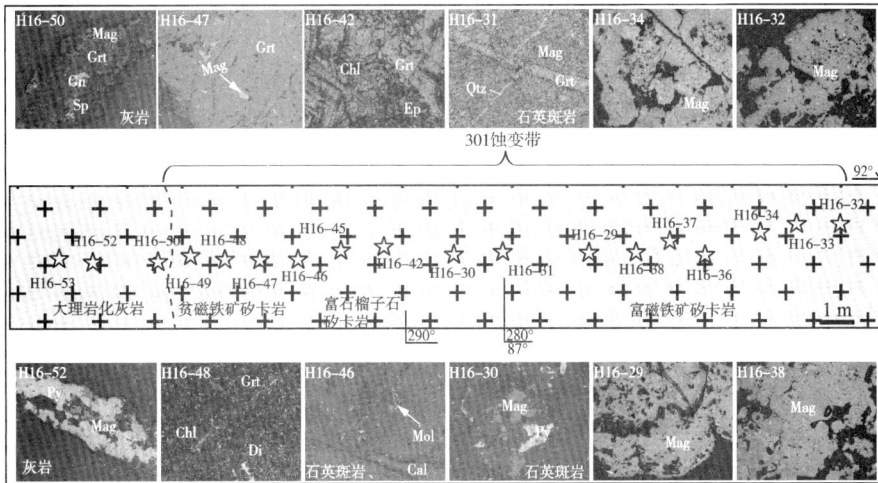

(b) 叠加部位坑道素描图及标本显微照片

图 4-15　黄沙坪矿床-96 m 中段叠加部位地质平面图(a)和剖面图(b)(扫章首码查看彩图)

残余结构、交代假象结构、压碎结构、包含结构、固溶体分离结构等(图 4-5)。

3)其他典型地质现象

黄沙坪矿床坑道中常见热液角砾岩发育,角砾为灰岩,胶结物为方解石[图 4-16(a)]。另外,流体逃逸结构普遍,灰岩中常见石榴子石等网脉[图 4-16(b)]。

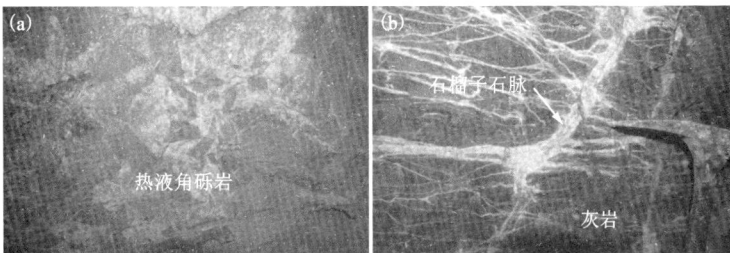

图 4-16　黄沙坪矿床发育的热液角砾岩及流体逃逸结构(扫章首码查看彩图)

4.1.6.2 思考题

(1) 综合分析矿床特征，黄沙坪矿床两套矽卡岩成矿系统有哪些不同之处？

(2) 矿区发育空间邻近的多期次岩体，从哪些方面分析判断是成矿岩体？

(3) 根据热液角砾岩和流体逃逸结构，简要分析矿质沉淀的控制因素。

4.2 湘南宝山矽卡岩型-热液脉型铜铅锌多金属矿床

4.2.1 自然地理概况

湖南宝山铜铅锌多金属矿床位于湖南省郴州市桂阳县城西部约 1 km 处 (图 4-1)，矿区中心地理坐标为东经 $122°41'45''$、北纬 $25°43'22''$。矿区内铺设水泥路，可与高等级公路、国道、省道连通，沿高等级公路东行约 40 km 可至郴州市区，之后可与京珠高速以及京广铁路相连，交通便捷，有利于工作的开展。研究区整体以山地、丘陵为主，具有南东高而北西低的地势特征，海拔高度总体处于 200~400 m 之间，四季分明，为亚热带季风性湿润气候。

4.2.2 区域地质背景

宝山矿床位于钦杭成矿带和南岭成矿带叠合部位，区域成矿构造背景与黄沙坪矿床相似 (见 4.1.2 节)，区内地壳演化和岩石圈板块运动先后经历了晋宁期、加里东期、印支期及燕山期等多个发展阶段，形成区内北北东向、近南北向断裂及北东向、北北东向复式褶皱为主的构造格局，控制着区内众多矿床的产出，宝山铜铅锌多金属矿床位于桂阳复式背斜西翼的次级褶皱之中。另外，北西向和北东向断裂在区内也较为发育。

区域地层从震旦系至第四系均有出露，其中泥盆系—三叠系地层分布最为广泛，是本区重要的含矿层位，蕴藏大量丰富的金属矿产资源。区内复杂的构造运动同时伴随着多期岩浆活动，其中以燕山期岩浆活动最为强烈，现已探明的有色金属矿床，稀有、稀散、稀贵等关键金属矿床均与燕山期岩浆活动有成因联系。研究表明，出露于地表的大规模高分异花岗岩与钨锡多金属矿床关系密切，而中等分异的小型岩脉与铜铅锌多金属矿床关系密切。

4.2.3 矿床地质特征

4.2.3.1 矿区地质

1) 矿区地层

矿区内主要出露泥盆系和石炭系地层 (图 4-17，表 4-3。湖南省有色地质勘查局一总队，2010)，包括泥盆系上统锡矿山组 (D_3x)、石炭系下统孟公坳组 (C_1m)、石磴子组 (C_1s)、测水组 (C_1c)、梓门桥组 (C_1z)，以及石炭系中上统壶天群 ($C_{2+3}h$)。其中，石炭系下统石磴子组灰岩，测水组石英粉砂岩、碳质页岩以及梓门桥组白云岩为本区主要的赋矿围岩。

2）矿区构造

矿区构造格架主要受印支—燕山期构造运动的影响，形成一系列压扭性逆冲断裂和倒转褶皱。

根据不同走向，可将矿区内的断裂大致分为北东向与北西向两组（图 4-17），北东向构造多为早期形成的压扭性逆冲断裂，该组断裂多倾向北西，与成矿关系密切，为矿区内重要的导矿和控矿构造，典型代表有 F_0、F_1、F_{21} 和 F_{25}；北西向构造多为晚期形成的张性左行走滑正断裂，多倾向北东，少数倾向南西，典型代表有 F_3、F_4 和 F_5。

矿区内发育紧闭倒转背斜与向斜褶皱构造，褶皱走向通常为北东-北东东向，南东翼地层多发生倒转，其中，中部宝岭倒转背斜、西部牛心倒转向斜以及北部财神庙倒转背斜与成矿关系密切。宝山中部矽卡岩型铜多金属矿体严格受宝岭倒转背斜的控制。

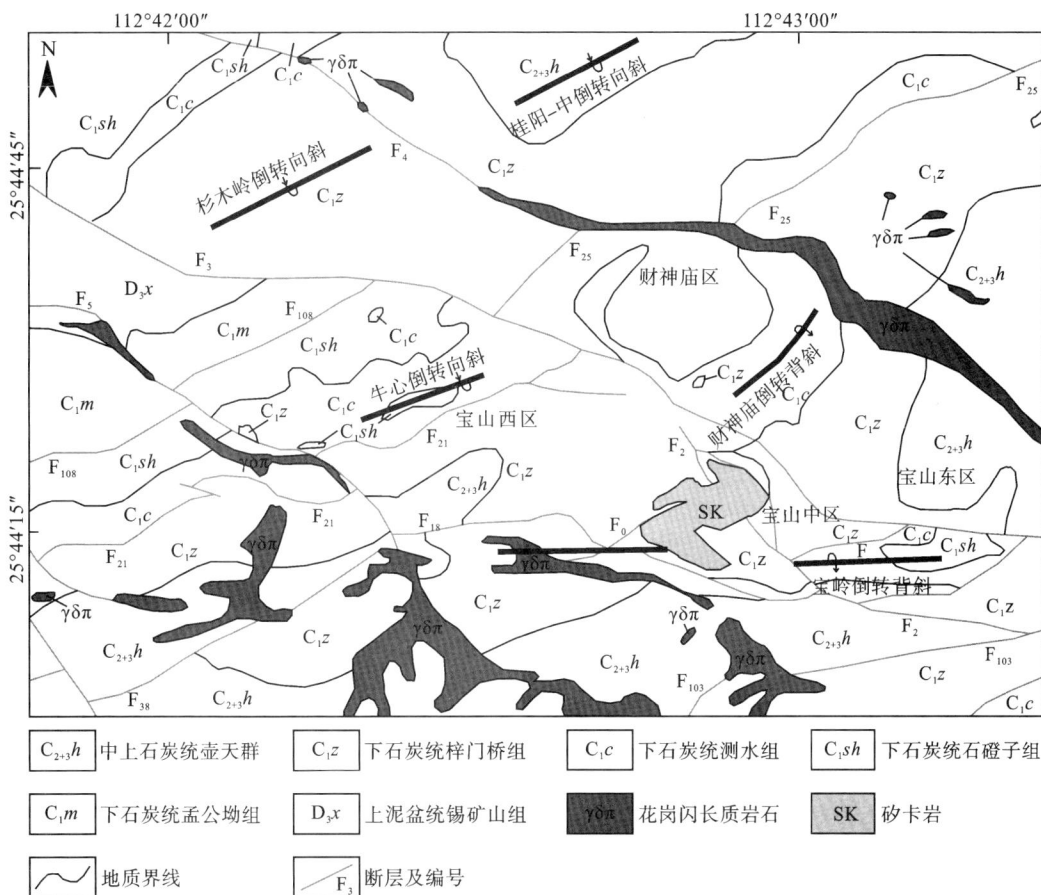

图 4-17　宝山矿床地质图（扫章首码查看彩图）

（据 Xie et al.，2013；Li et al.，2019 修改）

表 4-3　宝山矿床地层岩性表

地层时代					代号	厚度/m	岩性特征
界	系	统	组	段			
上古生界	石炭系	中上统	壶天群		$C_{2+3}h$	180	上部：青灰色致密灰岩与白云岩互层 下部：中-粗粒结晶白云岩
		下统	梓门桥组	上段	C_1z^2	110	灰白、黄白色细晶白云岩为主，间夹角砾状白云岩
				下段	C_1z^1	80	深灰-灰黑色中细粒结晶白云岩
			测水组		C_1c	26~40	上部：灰色粉砂岩、粉砂质页岩为主 中部：细粒石英砂岩、粉砂岩、砂质页岩、页岩和碳质页岩为主 下部：碳质页岩、含砂质页岩夹少量砂岩
			石磴子组		C_1s	400~470	上部：中厚层含碳质灰岩 中部：中厚层灰岩，底部富含白云质 下部：具燧石条带及燧石团块灰岩与白云质灰岩互层
			孟公坳组	上段	C_1m^2	30~40	黄褐色含绢云母泥质粉砂岩夹页岩，泥灰岩夹页岩
				下段	C_1m^1	280~320	上部：厚层状白云质灰岩或白云岩夹少量瘤状灰岩 中部：中厚层状瘤瘤条带状灰岩，局部夹白云岩，偶夹燧石团块 下部：致密灰岩夹少量瘤瘤状灰岩、白云岩
	泥盆系	上统	锡矿山组	上段	D_3x^2	40~70	上部：厚层灰岩、白云质灰岩 下部：块状-巨厚层状白云岩夹泥晶灰岩
				下段	D_3x^1	120	灰岩、白云质灰岩夹白云岩，含燧石条带；可见鸟眼构造、雪花状构造以及缝合线构造

3）矿区岩浆岩

矿区内的岩浆活动强烈，主要为燕山期侵位的浅成中-酸性侵入体，岩体多呈岩脉或岩枝状产出，主要岩石类型为花岗闪长斑岩、似斑状花岗闪长岩以及少量煌斑岩（图 4-18）。

宝山矿床中最具代表性的花岗闪长斑岩为隐伏于宝岭倒转背斜核部的花岗闪长斑岩脉，该岩脉侵位于宝岭倒转背斜核部，沿褶皱轴面走向延伸约 400 m，向北北西倾伏延伸约 1200 m，倾角为 50°~65°。该岩脉封闭于宝岭倒转背斜核部，上部被测水组长石石英粉砂岩、碳质泥质页岩遮挡，岩浆挥发分不易扩散，同石磴子组灰岩之间具有充分接触交代的条件，与成矿关系极为密切，在靠近接触带附近的岩体内可见钾化、硅化、绢云母化以及绿帘石化蚀变，具有典型成矿岩体蚀变组合特征。

似斑状花岗闪长岩多见于矿区地表，或西部、北部矿段，与围岩地层常呈断层接触，断层面较平直或呈舒缓波状，可见擦痕和构造透镜体，岩体与围岩接触部位未见明显矿化蚀变现象，前人获得其成岩年龄为 (180.5±1.6) Ma (Kong et al., 2018)，为成矿前侵入岩体。

煌斑岩仅见于 -110~-70 m 中段 151 线，呈岩枝状产出，走向 320°，倾角近于直立

[图 4-18(e)]，岩石与围岩呈侵入接触关系，接触部位未见矿化或蚀变现象，其成岩年龄为 (156±2) Ma (Kong et al.，2013)，明显晚于石榴子石矽卡岩化与辉钼矿化形成时间(162～160 Ma，路远发等，2006；Li et al.，2019)。

Kfs—钾长石；Pl—斜长石；Bi—黑云母；Ser—绢云母；Qtz—石英；Cb—碳酸盐矿物；Px—辉石。

图 4-18　宝山矿床岩浆岩岩石学特征(扫章首码查看彩图)

4.2.3.2　矿体特征

宝山铜铅锌多金属矿床主要由中部铜多金属矿段、东部铅锌银矿段、北部财神庙铅锌银矿段和西部铅锌银矿段组成。

(1)中部铜多金属矿段。矿体位于宝岭倒转背斜中段，主要由矽卡岩型铜、钼、钨、铋多金属矿体组成。矿体主要赋存于宝岭倒转背斜核部的石磴子组灰岩中及正常翼(北西翼)中，主要矿体在石炭系下统石磴子组中上部不纯灰岩中，部分在石炭系下统测水组砂页岩内。中部铜多金属储量分别占钼矿总储量的近 90% 和铜矿总储量的 85% 以上。

(2)西部铅锌银矿段。矿体主要产于 F_{21}、F_{0-1} 及宝岭北倒转向斜层间滑动破碎带中，共有大小铅锌矿体 106 个，其中规模较大的主要矿体为赋存在 F_{21} 断层破碎带中的 1 号矿体、赋存在 F_{0-1} 断层中的 0 号矿体及赋存在测水组和梓门桥组地层层间滑动破碎带中的 2 号矿体。矿体总体呈脉状、透镜状及不规则状产出，走向北东，倾向北西。1、0 和 2 号矿体储量占西部铅锌银矿床总储量 80% 以上。

(3)北部财神庙铅锌银矿段。矿体主要产于财神庙倒转背斜正常翼(北西翼)的断裂中。矿体主要受 F_{25}、F_{23}、F_4 断裂及 F_{25} 与 F_4 之间发育于石炭系下统石磴子组灰岩中的裂隙带控制。矿体总体呈脉状、透镜状及不规则状产出，走向北东，倾向北西。主要矿体有 4 个，储量约占北部铅锌银矿床总储量的 85%。

4.2.3.3 矿石特征

（1）矿石类型。铜钼矿体矿石类型主要为细脉浸染状黄铁矿-黄铜矿矿石、细脉浸染状黄铜矿-辉钼矿矿石，局部偶见块状辉钼矿矿石。铜铅锌矿体矿石类型主要为块状含铜方铅矿-闪锌矿矿石，次为细脉浸染状黄铁矿-方铅矿-闪锌矿矿石、条带状黄铁矿-方铅矿-闪锌矿矿石。

（2）矿石组成。矿石金属矿物主要包括黄铜矿、闪锌矿、方铅矿、辉钼矿、黄铁矿及少量的白钨矿、毒砂、磁铁矿、黝铜矿、自然金、自然银等；非金属矿物主要为石榴子石、透辉石、阳起石、绿帘石、绿泥石、方解石、萤石。

（3）矿石组构。矿石结构主要为自形-半自形粒状结构、交代溶蚀结构、交代残余结构、他形粒状结构、压碎结构，次为揉皱结构和文象结构。矿石构造主要为块状构造、浸染状构造、细脉和网脉状构造，次为条带和似条带状构造、角砾状构造。

4.2.3.4 围岩蚀变

中部铜矿段围岩蚀变类型主要包括钾化、矽卡岩化、硅化、大理岩化、绢云母化以及萤石化等。与之相关的矿物成分较为复杂，包括石榴子石、透辉石、绿帘石、绿泥石、阳起石、石英、萤石和绢云母等。其中，钾化、绿帘石化、绿泥石化、硅化常见于成矿花岗闪长斑岩之中[图4-19(a)]；而矽卡岩化、硅化与黄铜矿化、辉钼矿化关系密切[图4-19(b)]。

西部和北部铅锌矿段矽卡岩化不发育，围岩蚀变类型主要为大理岩化、碳酸盐化以及少量萤石化。围岩地层中发育不同程度的大理岩化蚀变，可见大量碳酸盐脉体，局部可见少量萤石化蚀变[图4-19(c)(d)]。

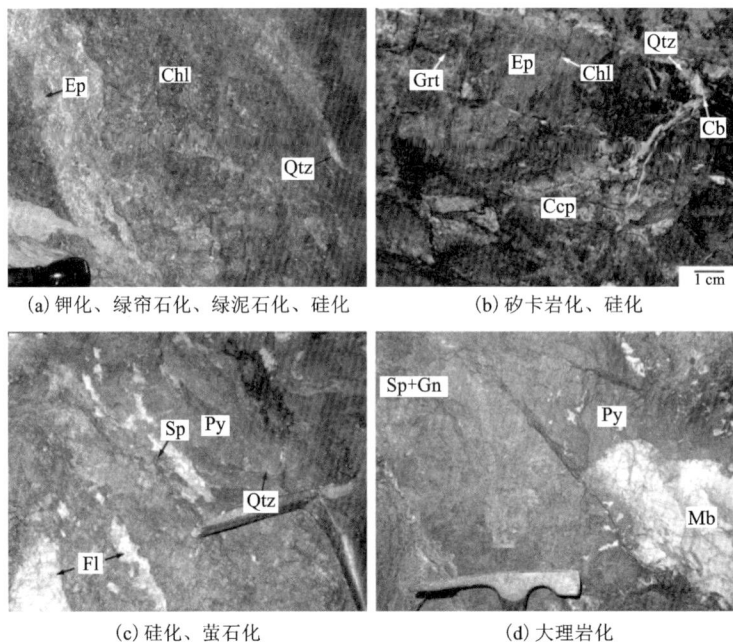

(a)钾化、绿帘石化、绿泥石化、硅化　　　(b)矽卡岩化、硅化

(c)硅化、萤石化　　　(d)大理岩化

Ep—绿帘石；Chl—绿泥石；Qtz—石英；Grt—石榴子石；Ccp—黄铜矿；Cb—碳酸盐矿物；
Sp—闪锌矿；Py—黄铁矿；Fl—萤石；Gn—方铅矿；Mb—大理岩。

图4-19　宝山矿床围岩蚀变特征(扫章首码查看彩图)

4.2.3.5　成矿期次

结合宏观脉体穿插关系以及矿物共生组合与交代顺序，将宝山铜铅锌多金属矿床划分为两期，共 4 个成矿阶段，见表 4-4。

表 4-4　宝山矿床矿物生成顺序表

矿物	矽卡岩期		硫化物期	
	早期矽卡岩阶段	晚期矽卡岩阶段	铜铁硫化物阶段	铅锌硫化物阶段
硅灰石	▬▬			
石榴子石	Grt1 ▬▬ Grt2			
透辉石	▬▬▬			
绿帘石		▬▬▬		
透闪石		------		
阳起石		------		
绿泥石				
白钨矿		Sch1-3 ▬▭▬		
石英		▬▬▬▬▬▬▬▬		
磁铁矿		▭▭		
黄铁矿		Py1 ▬ Py2 ▬ Py3 ▬▬▬▬		Py4 ▬▬ Py5
方解石			▬▬▬▬▬▬▬▬▬	
黄铜矿			▬▬▬▬▬	
自然金			------	
辉钼矿			▬▬▬	
闪锌矿			Sp1 ▭▭ Sp2	Sp3 ▭▭
黝铜矿			▬▬▬	
毒砂				------
方铅矿				▬▬▬▬
萤石				▬▬▬
硫盐矿物				▬▬▬
自然银				------

▬▬ 大量　　　── 少量　　　------ 微量

（1）矽卡岩期。该成矿期没有大规模的硫化物沉淀，但该期形成的石榴子石等矽卡岩矿物对围岩地层的岩石性质进行了调整、改造，有利于后期硫化物的沉淀。该成矿期可进一步划分为两个成矿阶段：

①早期矽卡岩阶段。该阶段主要形成石榴子石、透辉石等早期无水矽卡岩矿物，少见放射状、簇状硅灰石。石榴子石、透辉石等常被后期形成的矿物或脉体穿切、交代[图 4-20(a)]。

②晚期矽卡岩阶段。该阶段表现为早期矽卡岩矿物的退化蚀变作用，主要形成绿帘石、阳起石、绿泥石等矽卡岩矿物，局部可见浸染状白钨矿生成[图 4-20(b)(c)]。该阶段开始有石英脉体的形成[图 4-20(d)]，晚期沉淀出少量黄铁矿和磁铁矿，穿切、交代早期形成的白钨矿颗粒[图 4-20(e)]，上述金属氧化物(白钨矿、磁铁矿)在宝山矿床中均不常见。

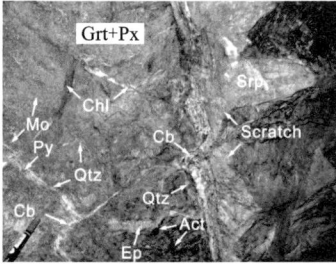

(a) 石榴子石-透辉石矽卡岩被后期石英、方解石脉穿切

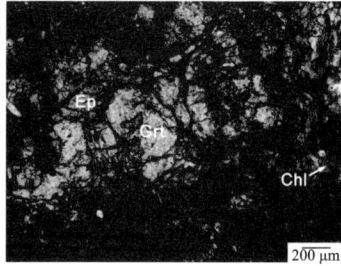

(b) 绿帘石交代早期矽卡岩矿物(-)

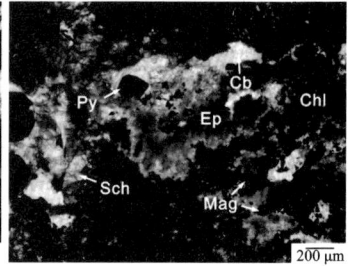

(c) 绿帘石交代白钨矿(-)

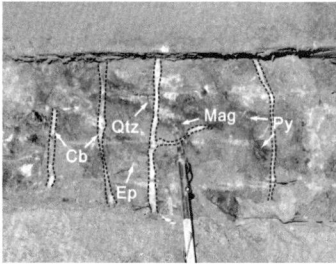

(d) 磁铁矿交代矽卡岩矿物，同时被后期方解石脉切穿

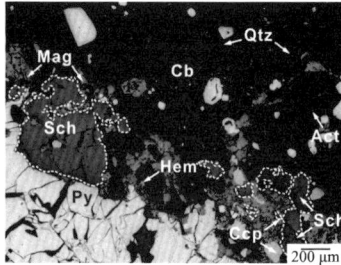

(e) 磁铁矿交代白钨矿，同时被黄铜矿穿切，石英被方解石交代呈孤岛状

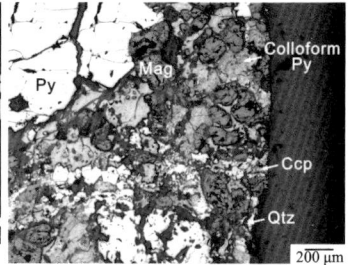

(f) 早期粗粒黄铁矿被磁铁矿交代，随后磁铁矿依次被胶状黄铁矿、黄铜矿以及细脉状黄铁矿交代

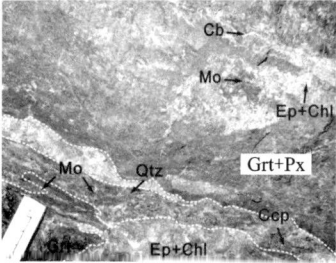

(g) 含黄铜矿、辉钼矿石英硫化物脉切穿矽卡岩

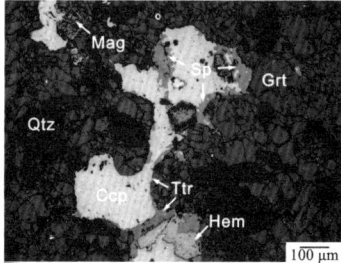

(h) 矽卡岩中的浸染状黄铜矿包含早期磁铁矿，黄铜矿中出溶星状、雪花状或不规则状闪锌矿，随后被黝铜矿交代

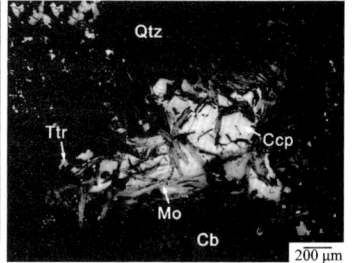

(i) 含黄铜矿、辉钼矿石英硫化物脉中，辉钼矿交代黄铜矿

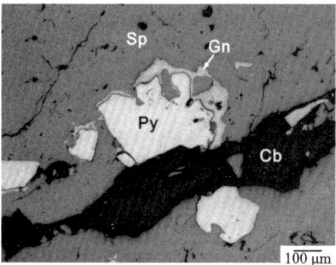

(j) 交代顺序：黄铁矿＞闪锌矿＞方铅矿＞碳酸盐矿物

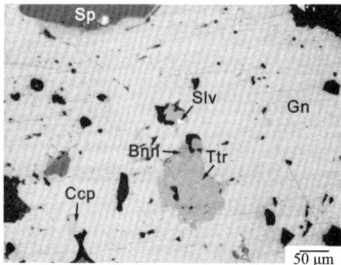

(k) 方铅矿中可见自然银，晚期沉淀出大量硫盐矿物和微量黄铜矿

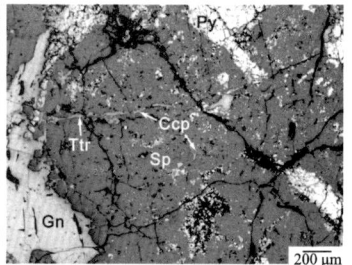

(l) 铅锌矿石中黄铁矿(图外)、闪锌矿、方铅矿依次沉淀，被晚期细粒黄铁矿集合体交代

Grt—石榴子石；Px—辉石；Ep—绿帘石；Act—阳起石；Mo—辉钼矿；Py—黄铁矿；Qtz—石英；Cb—碳酸盐矿物；Srp—蛇纹石；Chl—绿泥石；Sch—白钨矿；Mag—磁铁矿；Hem—赤铁矿；Ccp—黄铜矿；Ttr—黝铜矿；Sp—闪锌矿；Gn—方铅矿；Slv—自然银；Bnn—车轮矿。

图4-20 宝山矿床宏观特征及矿石组成镜下照片(扫章首码查看彩图)

（2）硫化物期。该成矿期为宝山铜铅锌多金属矿床的主要成矿期，形成大量金属矿物，如黄铜矿、辉钼矿、闪锌矿、方铅矿等，并伴随有少量金和银的沉淀。根据矿物生成顺序以及矿物共生组合的不同，进一步可将硫化物期分为铜铁硫化物阶段和铅锌硫化物阶段。

①铜铁硫化物阶段。该阶段为中部铜矿段的主要成矿阶段，形成大量的黄铜矿、黄铁矿、辉钼矿等硫化物。镜下可见胶状黄铁矿交代晚期矽卡岩阶段形成的磁铁矿呈孤岛状，同时伴随有胶状方解石的沉淀。紧随胶状黄铁矿之后开始沉淀出大量的黄铜矿［图 3-11（f）］。宏观上，表现为含黄铜矿、辉钼矿硫化物脉穿切早期形成的矽卡岩［图 4-20（g）］。该阶段可观察到少量闪锌矿生成，大多与黄铜矿关系密切［图 4-20（h）］，本阶段闪锌矿很少单独沉淀且不与方铅矿共生。黄铜矿与辉钼矿之间的交代关系表明二者近于同时沉淀，辉钼矿可能略晚于黄铜矿的形成［图 4-20（i）］。

②铅锌硫化物阶段。该阶段为西部和北部铅锌矿段的主要成矿阶段。典型的矿物组合为黄铁矿-闪锌矿-方铅矿±黝铜矿±自然银±硫盐矿物。这一阶段脉体十分发育，早期可见黄铁矿-闪锌矿-方铅矿-石英（±萤石）脉，到晚期以黄铁矿-闪锌矿-方铅矿-方解石（±萤石）脉为主。与铜铁硫化物阶段相比，该阶段闪锌矿与方铅矿密切共生。硫化物矿石中可见黄铁矿、闪锌矿和方铅矿依次沉淀［图 4-20（j）］。方铅矿作为矿区内主要载银矿物，被晚期硫盐矿物（如车轮矿、脆硫锑铅矿等）交代［图 4-20（k）］。成矿末期沉淀出大量黄铁矿，呈细粒粒状集合体产出，交代方铅矿［图 4-20（l）］。

4.2.4　矿床地球化学特征

4.2.4.1　矿物地球化学特征

1）石榴子石

石榴子石为宝山矿床早期矽卡岩阶段的典型矿物，结合野外地质穿插关系和显微岩相学特征，将宝山矿床石榴子石划分为两个世代［图 4-21（a）］：早世代石榴子石（Grt1），呈棕红色，具粗粒粒状结构，可见明显环带结构［图 4-21（b）］，正交偏光下全消光，具有弱的非均质性，常被辉石、绿帘石、阳起石、石英、方解石以及晚期硫化物等矿物交代；晚世代石榴子石（Grt2），呈深棕色脉状产出，穿切、交代早期石榴子石和辉石［图 4-21（a）（c）］，镜下呈黄棕色，具半自形-他形结构，全消光。

石榴子石主量元素分析结果显示，Grt1 由核部向边部，钙铝榴石分子（$Ad_{35\sim36}Gr_{59\sim61}Sp_{3\sim4}$）逐渐减少而钙铁榴石分子逐渐增多（$Ad_{59\sim61}Gr_{36\sim37}Sp_{2\sim3}$）。与 Grt1 相比，Grt2 中钙铁榴石分子明显增加（$Ad_{41\sim73}Gr_{25\sim55}Sp_{2\sim3}$）。

石榴子石微量元素分析结果显示，Grt1 与 Grt2 微量元素组成特征基本一致，具有富集 Zr 而贫 Nb、Hf 的特征，Grt1 与 Grt2 中 Zr、Nb 和 Hf 含量分别为 $113.7\times10^{-6}\sim274.8\times10^{-6}$ 和 $59\times10^{-6}\sim213\times10^{-6}$，$1.9\times10^{-6}\sim6.6\times10^{-6}$ 和 $7.6\times10^{-6}\sim15.6\times10^{-6}$，$2.5\times10^{-6}\sim6.7\times10^{-6}$ 和 $1.2\times10^{-6}\sim6.4\times10^{-6}$；$\sum REE$ 分别为 $27.4\times10^{-6}\sim69.8\times10^{-6}$ 和 $30.8\times10^{-6}\sim59.8\times10^{-6}$，均具有贫 LREE 和富集 HREE 的特征，Eu 异常不明显。

2）白钨矿

宝山铜铅锌多金属矿床晚期矽卡岩阶段可见少量的白钨矿化，多呈脉状或稀疏浸染状分布于矽卡岩中［图 4-22（a）（b）（c）］。宝山矿床白钨矿大致可划分为 3 个世代［图 4-22（d）］：

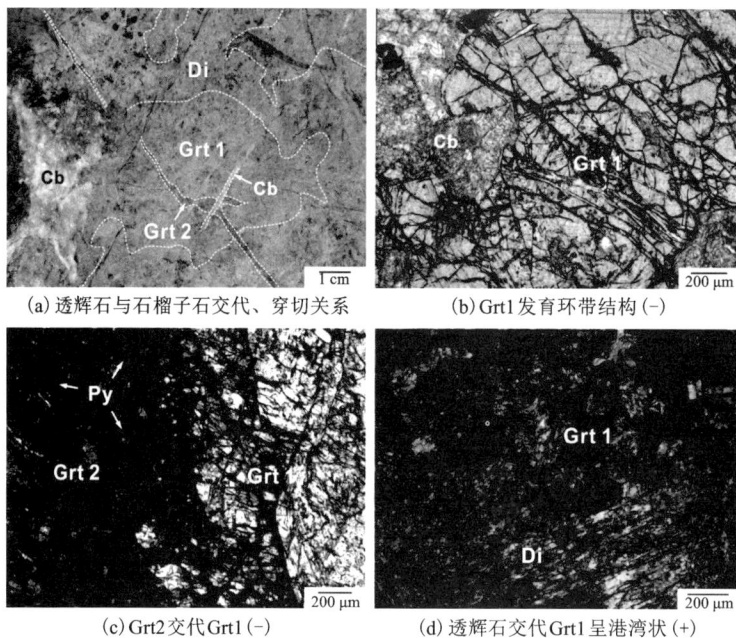

(a) 透辉石与石榴子石交代、穿切关系

(b) Grt1发育环带结构 (-)

(c) Grt2交代Grt1 (-)

(d) 透辉石交代Grt1呈港湾状 (+)

Grt—石榴子石；Di—透辉石；Cb—碳酸盐矿物；Py—黄铁矿。

图4-21 宝山矿床两世代石榴子石和辉石宏观及显微特征(扫章首码查看彩图)

第一世代白钨矿(Sch1)在CL图像中呈灰色，具有半自形粒状结构，隐约可见环带结构；第二世代白钨矿(Sch2)颜色呈浅灰色，他形-不规则状，未见明显环带结构，常交代、穿切Sch1呈孤岛状、港湾状；第三世代白钨矿(Sch3)为深灰色，呈脉状产出，穿切早世代的白钨矿(Sch1和Sch2)。

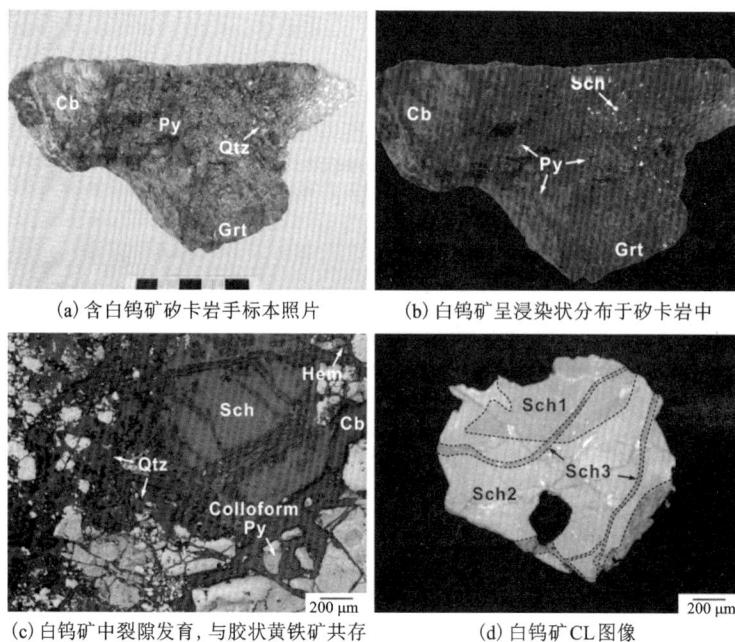

(a) 含白钨矿矽卡岩手标本照片

(b) 白钨矿呈浸染状分布于矽卡岩中

(c) 白钨矿中裂隙发育，与胶状黄铁矿共存

(d) 白钨矿CL图像

Grt—石榴子石；Qtz—石英；Py—黄铁矿；Cb—碳酸盐矿物；Sch—白钨矿；Hem—赤铁矿。

图4-22 宝山矿床白钨矿标本及矿相学特征(扫章首码查看彩图)

白钨矿微量元素分析结果显示，Sch1 与 Sch2 微量元素含量特征较为一致，具有相对富 Mo 而贫 Ga、Sr 的特征，元素含量分别为：Mo $604 \times 10^{-6} \sim 6777 \times 10^{-6}$，平均 2493×10^{-6}；Ga $0.2 \times 10^{-6} \sim 2.3 \times 10^{-6}$，平均 0.9×10^{-6}；Sr $24.1 \times 10^{-6} \sim 35.4 \times 10^{-6}$，平均 31.5×10^{-6}。与之相反，Sch3 具有相对富集 Ga、Rb、Sr 而贫 Mo 的特征，其元素含量分别为：Mo $67 \times 10^{-6} \sim 156 \times 10^{-6}$，平均 96×10^{-6}；Ga $2.1 \times 10^{-6} \sim 3.8 \times 10^{-6}$，平均 2.8×10^{-6}；Sr $78.0 \times 10^{-6} \sim 135.1 \times 10^{-6}$，平均 120.0×10^{-6}。此外，Sch1 与 Sch2 具有富集 LREE 而贫 HREE 的特征，$w(\text{LREE})/w(\text{HREE})$ 为 $2.0 \sim 65.7$；而 Sch3 中 LREE 与 HREE 分馏不明显，$w(\text{LREE})/w(\text{HREE})$ 为 $1.2 \sim 2.0$。

3) 黄铁矿

根据宏观特征与显微岩相学分析，将上述黄铁矿大致划分为 4 个世代(图 4-23)。第一世代黄铁矿(Py1)沉淀于晚期矽卡岩阶段[图 4-23(a)(b)]，其结晶较为粗大，裂纹发育，常呈浸染状分布于矽卡岩中或呈脉状交代石榴子石等矽卡岩矿物。该世代黄铁矿早于磁铁矿沉淀，常见磁铁矿交代 Py1 呈港湾状、不规则状[图 4-23(b)(c)]。第二世代黄铁矿(Py2)形成于磁铁矿之后，为铜铁硫化物阶段的产物，Py2 具有典型的胶状结构特征，常沿磁铁矿矿物颗粒边缘或裂隙交代磁铁矿呈孤岛状、港湾状。紧随 Py2 之后开始出现大量黄铜矿沉淀[图 4-23(c)]，随后沿 Py2 裂隙和边缘沉淀第三世代黄铁矿(Py3)，该世代黄铁矿具有典型细脉状特征[图 4-23(c)(d)]。第四世代黄铁矿(Py4)沉淀于铅锌硫化物阶段，这一世代黄铁矿主要见于铅锌矿石之中[图 4-23(e)]，常呈自形-半自形结合，局部隐约可见环带结构。其生成顺序略早于铅锌硫化物矿石中的闪锌矿和方铅矿，被后者交代呈不规则状、港湾状或孤岛状[图 4-23(f)]。

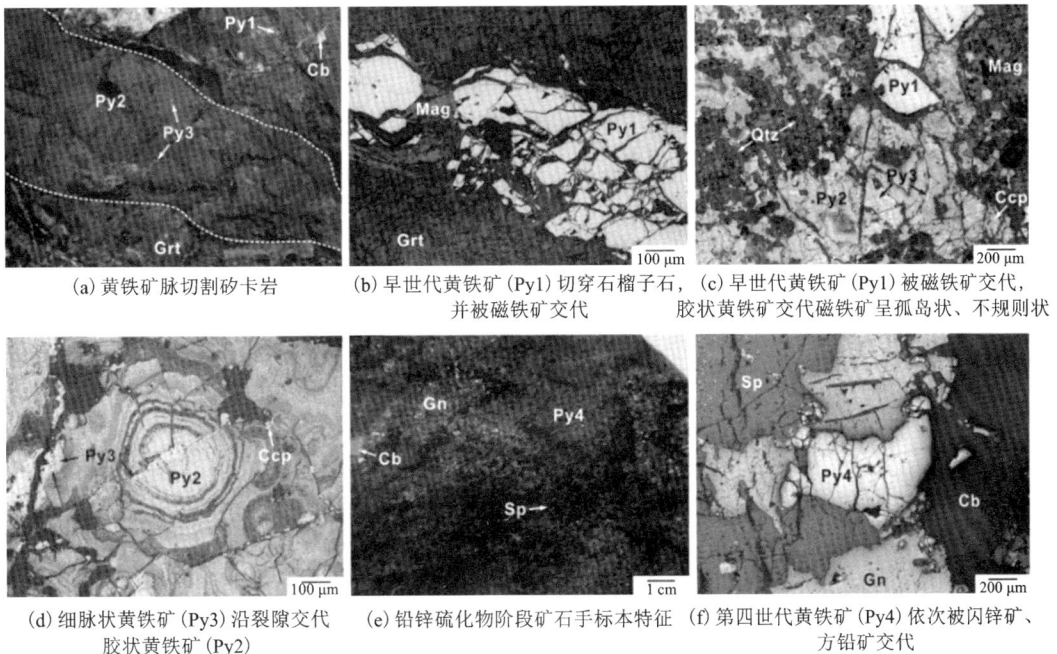

(a) 黄铁矿脉切割矽卡岩　(b) 早世代黄铁矿(Py1)切穿石榴子石，　(c) 早世代黄铁矿(Py1)被磁铁矿交代，
　　　　　　　　　　　　　　 并被磁铁矿交代　　　　　　　　 胶状黄铁矿交代磁铁矿呈孤岛状、不规则状

(d) 细脉状黄铁矿(Py3)沿裂隙交代　(e) 铅锌硫化物阶段矿石手标本特征　(f) 第四世代黄铁矿(Py4)依次被闪锌矿、
　　 胶状黄铁矿(Py2)　　　　　　　　　　　　　　　　　　　　　　　　　 方铅矿交代

Py—黄铁矿；Grt—石榴子石；Cb—碳酸盐矿物；Mag—磁铁矿；Qtz—石英；Ccp—黄铜矿；Sp—闪锌矿；Gn—方铅矿。

图 4-23　宝山矿床黄铁矿化宏观及显微特征(扫章首码查看彩图)

Co、Ni 含量在 Py1 中相对较高，分别为 $58.2\times10^{-6}\sim176.4\times10^{-6}$ 和 $18.4\times10^{-6}\sim128.5\times10^{-6}$；而在 Py2~Py4 中 Co 和 Ni 的含量较低，基本低于检测线，仅铜铁硫化物阶段 Py2 和 Py3 中可检测到少量的 Ni，含量分别为 $8.5\times10^{-6}\sim11.8\times10^{-6}$ 和 $6.5\times10^{-6}\sim18.1\times10^{-6}$。A 元素含量在 Py1、Py2、Py3 和 Py4 中变化较大，其均值分别为 134.5×10^{-6}、903.8×10^{-6}、99.7×10^{-6} 和 28809×10^{-6}。因为相对富 As 的缘故，Py4 中 Au 含量相对较高，平均值为 6.03×10^{-6}。Mn、Mo、Ag、Cd 等元素仅在 Py2 中有较高含量，而在 Py1、Py3 和 Py4 中含量接近或低于检测线。

4）闪锌矿

根据矿物出溶、穿切和交代关系，将宝山闪锌矿大致分为 3 个世代。第一世代闪锌矿（Sp1）沉淀于铜铁硫化物阶段，系黄铜矿中的星状、雪花状闪锌矿出溶体[图 4-24（a）]，与黄铜矿近于同时沉淀。第二世代闪锌矿（Sp2）沉淀稍晚于黄铜矿，具半自形-他形结构，常沿边部交代黄铜矿[图 4-20（h）、图 4-24（b）]，该世代闪锌矿与黄铜矿关系极为密切，且不与方铅矿共生。第三世代闪锌矿（Sp3）沉淀于铅锌硫化物阶段，主要产于西部和北部铅锌矿段，少量可见于宝岭倒转背斜南西倒转翼层间裂隙带中，典型的矿物组合为黄铁矿+闪锌矿+方铅矿，三者依次沉淀[图 4-20（j）]，该世代闪锌矿颜色从不透明—红色—橙黄色—黄白色渐变过渡，镜下未见明显穿插交代迹象，呈自形-半自形结构，少见振荡或韵律环带结构。硫化物阶段晚期可见细粒黄铁矿集合体（±毒砂）穿切、交代闪锌矿、方铅矿[图 4-20（k）、图 4-24（d）]。

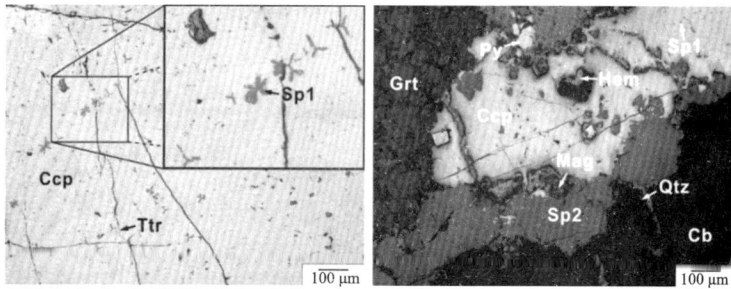

(a) 黄铜矿中出溶的星状、雪花状闪锌矿（Sp1）　(b) 第二世代闪锌矿（Sp2）交代黄铜矿

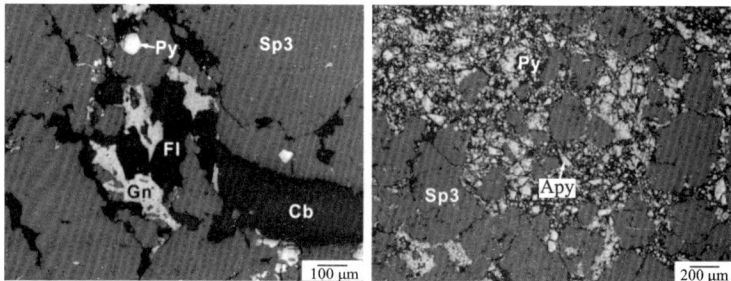

(c) 铅锌硫化物阶段闪锌矿（Sp3）交代　(d) 硫化物阶段晚期黄铁矿细粒集合体
黄铁矿，并被方铅矿、碳酸盐矿物交代　交代闪锌矿呈孤岛状

Ccp-黄铜矿；Sp-闪锌矿；Ttr-黝铜矿；Py-黄铁矿；Grt-石榴子石；Mag-磁铁矿；
Hem-赤铁矿；Qtz-石英；Cb-碳酸盐矿物；Gn-方铅矿；Fl-萤石；Apy-毒砂。

图 4-24　宝山矿床闪锌矿矿相学特征（扫章首码查看彩图）

电子探针分析结果显示，Sp1 具有较高的 Fe 和 Co 含量，分别为 4.3%~7.8% 和 0.16%~0.26%。微量元素测试结果显示，Sp2 中 Fe、Co 和 In 含量较高，分别为 35338×10^{-6}~67269×10^{-6}、315×10^{-6}~916.9×10^{-6} 和 232×10^{-6}~961×10^{-6}；Ga、Ge、Ag、Sb 含量较低，接近或低于检测线。Sp3 中 Fe 含量为 9039×10^{-6}~93956×10^{-6}，Co 含量低于检测线。与 Sp2 相比，Sp3 中 Ga 含量明显升高，为 2.8×10^{-6}~56.4×10^{-6}，平均 21.06×10^{-6}。而 In 和 Ag 元素在不同矿段含量略有不同，其中，较高的 In 和 Ag 元素含量分别出现在中部和西部矿段 Sp3 中，含量分别为 210.7×10^{-6}~594.4×10^{-6} 和 60.7×10^{-6}~390.2×10^{-6}。

4.2.4.2 同位素地球化学

1）C-H-O 同位素

宝山铜铅锌多金属矿床的 H、O、C 同位素测试结果显示，晚期矽卡岩阶段 δD、$\delta^{18}O_{V-SMOW}$ 和 $\delta^{18}O_{H_2O}$ 值分别为 $-56.4‰$~$-54.9‰$、$17.97‰$~$19.61‰$ 和 $7.52‰$~$9.16‰$。铜铁硫化物阶段 δD、$\delta^{18}O_{V-SMOW}$、$\delta^{18}O_{H_2O}$ 和 $\delta^{13}C_{V-PDB}$ 值分别为 $-84.4‰$~$-70.5‰$、$15.61‰$~$17.72‰$、$5.39‰$~$6.02‰$ 和 $1.0‰$。铅锌硫化物阶段 δD、$\delta^{18}O_{V-SMOW}$、$\delta^{18}O_{H_2O}$ 和 $\delta^{13}C_{V-PDB}$ 值分别为 $-101.7‰$~$-83.7‰$、$15.35‰$~$16.22‰$、$1.20‰$~$1.96‰$ 和 $-6.45‰$~$-6.28‰$。从晚期矽卡岩阶段到铅锌硫化物阶段 δD、$\delta^{18}O_{V-SMOW}$、$\delta^{18}O_{H_2O}$ 和 $\delta^{13}C_{V-PDB}$ 值总体呈现出下降趋势。

2）S-Pb 同位素

宝山矿床晚期矽卡岩阶段至铅锌硫化物阶段黄铁矿（Py1~Py4）原位 S 同位素测试结果显示，晚期矽卡岩阶段第一世代黄铁矿（Py1）$\delta^{34}S$ 值为 $3.76‰$~$3.98‰$，平均 $3.88‰$；铜铁硫化物阶段第二世代胶状黄铁矿（Py2）$\delta^{34}S$ 值为 $3.85‰$~$4.59‰$，平均 $4.29‰$；第三世代细脉状黄铁矿（Py3）$\delta^{34}S$ 值为 $4.03‰$~$4.62‰$，平均 $4.33‰$；铅锌硫化物阶段第四世代黄铁矿（Py4）$\delta^{34}S$ 值为 $1.85‰$~$5.86‰$，平均 $4.60‰$，其中，中部矿段为 $4.13‰$~$4.7‰$（平均值 $4.4‰$），西部矿段为 $1.85‰$~$5.74‰$（平均值 $4.1‰$），北部矿段为 $4.93‰$~$5.86‰$（平均值 $5.5‰$）。可以看出，黄铁矿中的 $\delta^{34}S$ 值从早到晚（Py1 至 Py4）呈上升趋势。

宝山矿床方铅矿原位 Pb 同位素测试结果显示，中部、西部和北部矿段方铅矿 $^{208}Pb/^{204}Pb$、$^{207}Pb/^{204}Pb$ 和 $^{206}Pb/^{204}Pb$ 值分别为：中部，39.015~39.035（平均值为 39.027）、15.724~15.729（平均值为 15.727）、18.644~18.646（平均值 18.645）；西部，39.024~39.029（平均值 39.026）、15.726~15.728（平均值 15.727）、18.639~18.641（平均值为 18.640）；北部，39.006~39.017（平均值 39.011）、15.724~15.728（平均值为 15.726）、18.639~18.646（平均值 18.642）。不同矿段方铅矿 Pb 同位素组成差异不大，利用 Geokit 计算出 Pb 同位素 μ 值、ω 值、Th/U 值、$\Delta\alpha$、$\Delta\beta$ 和 $\Delta\gamma$ 分别为：9.68~9.69、38.74~38.88、3.87~3.88、85.9~86.49、26.05~26.44 和 47.78~48.68。

4.2.4.3 流体包裹体

宝山矿床流体包裹体主要赋存于石榴子石、辉石、绿帘石、萤石、石英、闪锌矿和方解石中，形态上呈负晶形、次圆状、圆状，少量为不规则状，具原生包裹体特征。根据流体包裹体岩相学特征，宝山矿床流体包裹体可划分为四类（图 4-25）：含子晶多相流体包裹体（Ⅰ型）、水溶液包裹体（Ⅱ型）、含 CO_2 包裹体（Ⅲ型）以及纯 CO_2 包裹体（Ⅳ型）。各阶段均一温度和

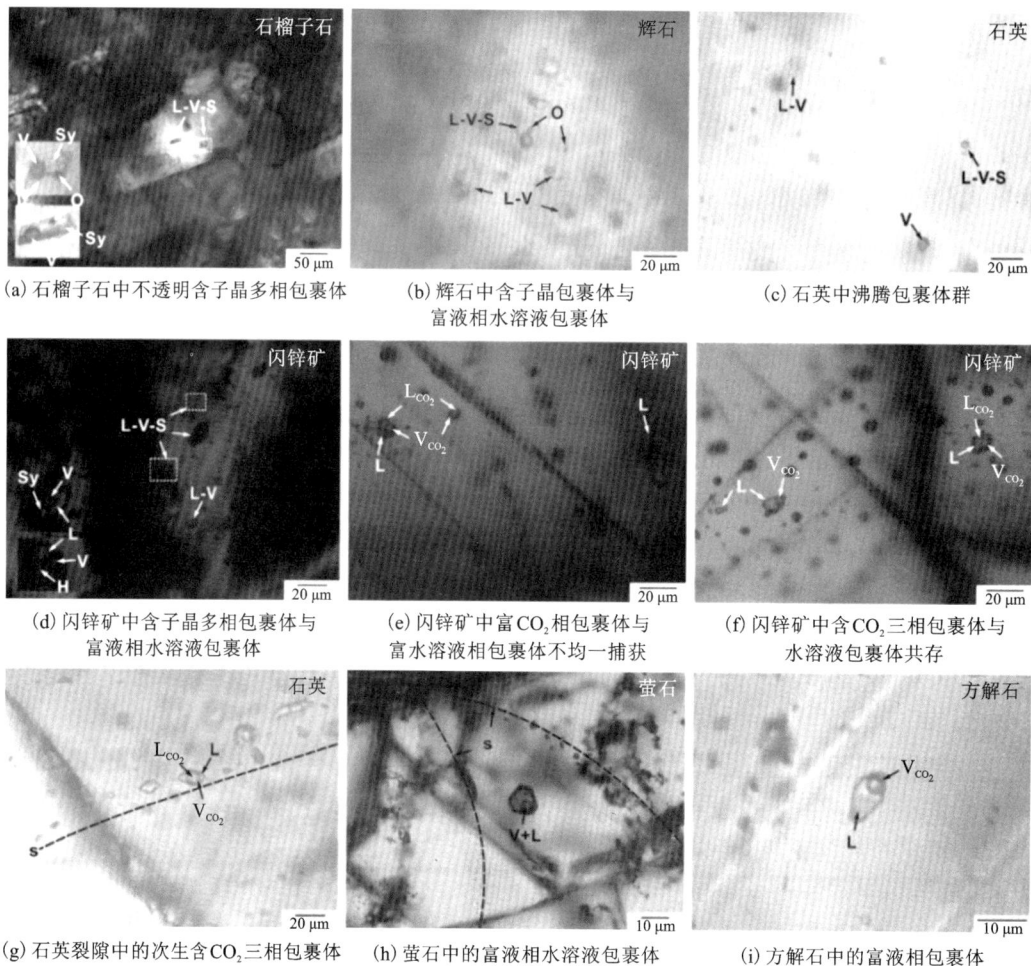

(a) 石榴子石中不透明含子晶多相包裹体　　(b) 辉石中含子晶包裹体与　　(c) 石英中沸腾包裹体群
　　　　　　　　　　　　　　　　　　　　富液相水溶液包裹体

(d) 闪锌矿中含子晶多相包裹体与　　(e) 闪锌矿中富CO_2相包裹体与　　(f) 闪锌矿中含CO_2三相包裹体与
　　富液相水溶液包裹体　　　　　　富水溶液相包裹体不均一捕获　　　　水溶液包裹体共存

(g) 石英裂隙中的次生含CO_2三相包裹体　　(h) 萤石中的富液相水溶液包裹体　　(i) 方解石中的富液相包裹体

V—气相；L—液相；S—子晶；Sy—钾盐；O—不透明子晶；H—石盐；V_{CO_2}—CO_2气相；L_{CO_2}—CO_2液相；s—次生包裹体群。

图 4-25　宝山矿床流体包裹体岩相学特征 (扫章首码查看彩图)

盐度关系详见图 4-26。宝山矿床成矿热液流体由早期 $H_2O-NaCl(-CO_2 \pm N_2 \pm C_2H_6)$ 体系向晚期 $H_2O-NaCl-CO_2(\pm N_2 \pm C_2H_6)$ 体系转变。随着成矿作用的进行，成矿流体温度、盐度以及氧逸度呈现下降趋势，而 pH 呈现相反的变化趋势；成矿压力由矽卡岩期至硫化物期呈现"断崖式"下降趋势，在铅锌硫化物阶段成矿压力略有回升。

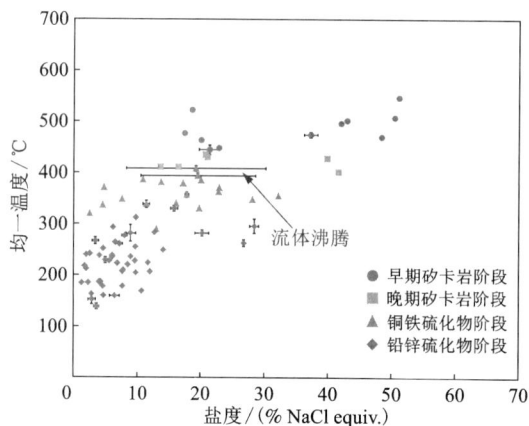

图例：
- 早期矽卡岩阶段
- 晚期矽卡岩阶段
- 铜铁硫化物阶段
- 铅锌硫化物阶段

流体沸腾

图 4-26　流体包裹体均一温度-盐度关系图

4.2.4.4　成岩成矿年代学

宝山花岗闪长斑岩锆石 U-Pb 年龄为（162±1）Ma（*MSWD* = 2.3），石榴子石 U-Pb 以及辉钼矿 Re-Os 年代学研究表明，中部矽卡岩化和铜（钼）矿化年龄分别为（162.6±2.9）Ma（Li et al.，2019）和（160±2）Ma（路远发等，2006）（图 4-27）。通过测定与方铅矿、闪锌矿共生的方解石 U-Pb 年龄，认为北部与西部铅锌矿化年龄分别为（160±1）Ma 和（156±3）Ma。宝山花岗闪长斑岩成岩年龄、石榴子石形成年龄、铜（钼）矿化年龄以及铅锌矿化年龄分别为（162±1）Ma、（162.6±2.9）Ma（Li et al.，2019）、（160±2）Ma（路远发等，2006）和 160~156 Ma，指示宝山矿床成岩与成矿在形成时间上的连续性。

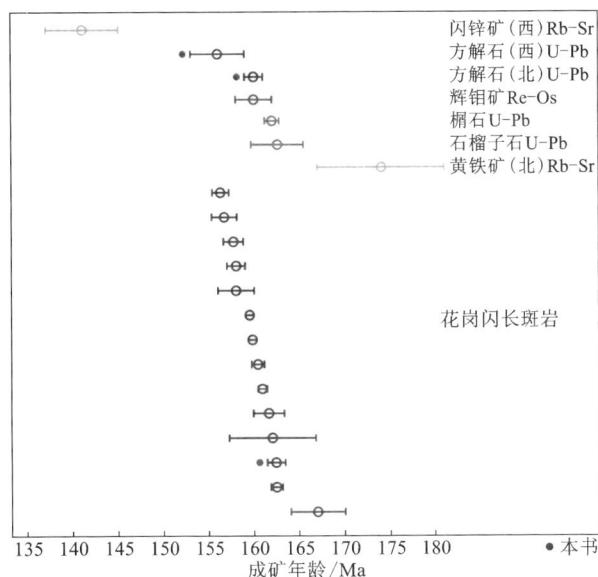

（注：花岗闪长斑岩锆石 U-Pb 年龄据路远发等，2006；Kong et al.，2018；Mi et al.，2018；陈泽锋，2013；谢银财，2013；Xie et al.，2013；Zhu et al.，2022；Zhao et al.，2017；Li et al.，2019。黄铁矿 Rb-Sr 年龄据姚军明等，2006。石榴子石、榍石 U-Pb 年龄据 Li et al.，2019。辉钼矿 Re-Os 年龄据路远发等，2006。闪锌矿 Rb-Sr 年龄据卢友月等，2022）

图 4-27　宝山矿床成岩、成矿年龄对比（扫章首码查看彩图）

4.2.5　成矿作用及成矿模式

根据岩体、矽卡岩、矿体产状与分布特点以及控矿、导矿构造特征，结合成矿流体性质、成矿物质来源以及金属沉淀机制，提出宝山铜铅锌多金属矿床成矿模式，如图 4-28 所示。

180~160 Ma，华南地区岩石圈地幔的大规模拆沉作用诱发软流圈地幔物质上涌，导致湘南地区岩石圈进入强烈伸展状态（陈毓川等，1990；华仁民等，2005；毛景文等，2011；邢光福等，2017；Hou et al.，2013；Wang et al.，2013）。深部物质加热岩石圈地幔导致大量高氧逸度、富水岩石圈地幔熔体底侵于下地壳，诱发了中元古代古老地壳及新元古代新生下地壳的部分熔融作用，形成宝山花岗闪长质岩浆（约 160 Ma）。新生地壳中含 Cu 硫化物的重熔与分解为岩浆提供了大量的金属 Cu（Richards，2009；Hou et al.，2015，2019），高氧逸度、富挥发分的花岗闪长质岩浆携带着 Cu、Pb、Zn 等成矿元素侵位于地壳浅部。随着压力降低、岩浆冷却与结晶作用，分异出大量富含矿质的岩浆热液流体。受地层、构造以及物化条件的制约，最终在岩体与围岩的矽卡岩化接触带内形成铜矿化，而在远离岩体的断裂破碎带、层间裂隙带中形成热液脉型铅锌矿化。

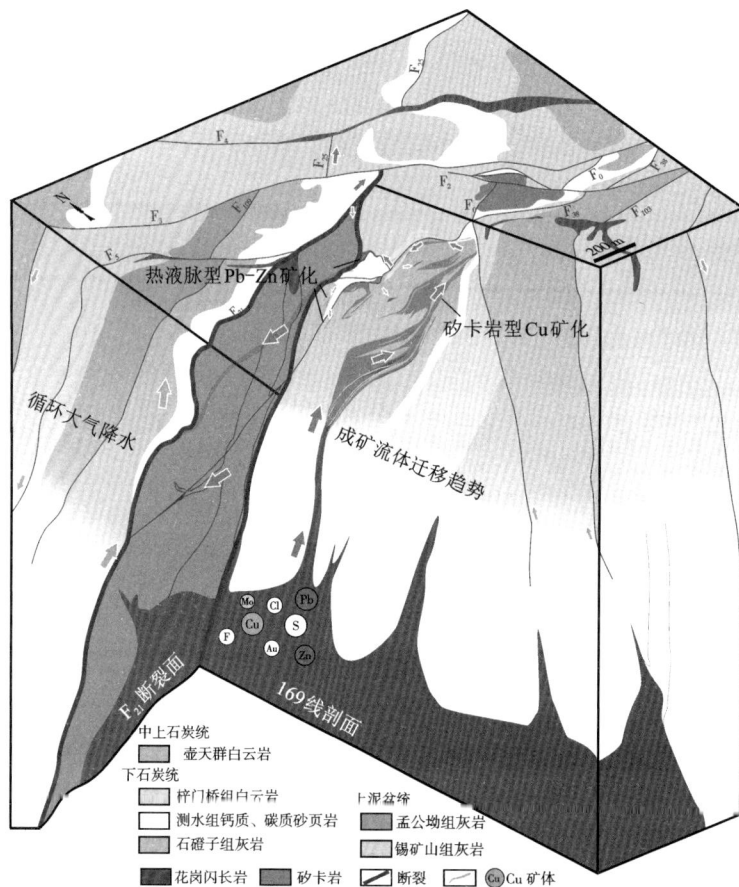

图 4-28 宝山矿床成矿模式图(扫章首码查看彩图)

4.2.6 教学安排

4.2.6.1 需要详细观察和了解的典型现象

1)典型矿体

(1)典型铜矿体。

Cu-2 矿体：分布于 165~169 线之间，受宝岭倒转背斜控制，呈脉状、扁豆状、似层状或透镜状产于宝岭倒转背斜核部的石磴子组灰岩中，走向北东，倾向北西，倾角 35°~68°，矿体沿走向和倾向分别延伸 200 m 和 800 m，矿体平均真厚度为 7.6 m，Cu 品位为 0.72%~2.79%，平均 1.15%。铜矿体典型剖面可参考 167 勘探线北穿脉(图 4-29)。

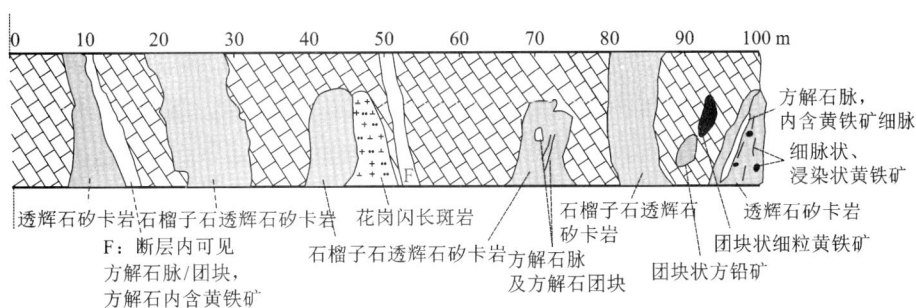

图 4-29　宝山矿床-110 m 中段 167 线北穿脉剖面图（扫章首码查看彩图）

（2）典型铅锌矿体。

PZ-4 矿体：赋存在宝岭北倒转向斜测水组砂页层间裂隙带中，分布于 150 线（图 4-30），受 4 个立钻见矿工程控制。矿体呈脉状、透镜状产出，走向北东，倾向北西，倾角 10°～35°；矿体沿走向和倾向分别延伸 100 m 和 300 m，矿体真厚度为 1.26～20.13 m，平均 10.28 m，厚度较为稳定。其中，Pb 品位为 3.95%～12.95%，平均品位 9.27%；Zn 品位为 2.82%～14.61%，平均品位 9.20%；Ag 品位为 165.4～359.57 g/t，平均品位 86.73 g/t。

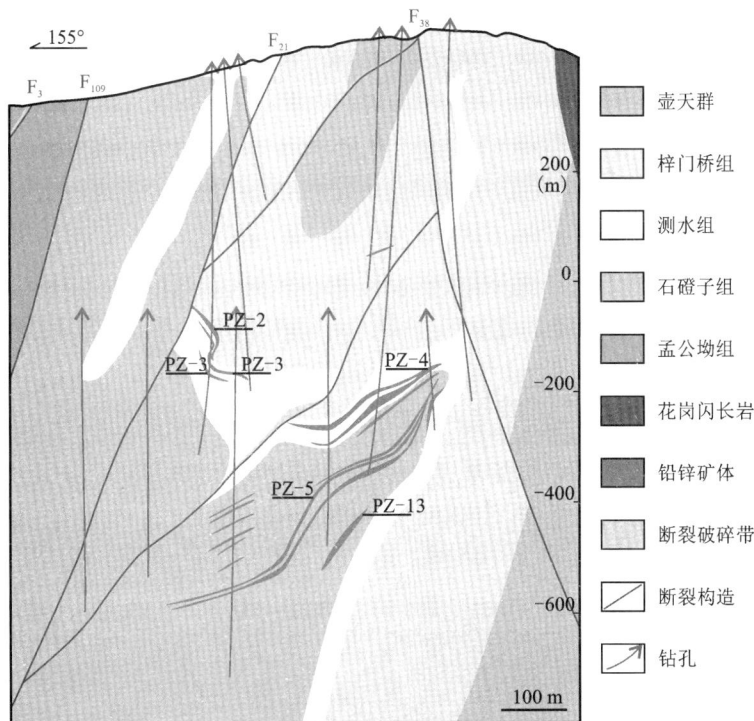

图 4-30　宝山矿床 150 线剖面图（扫章首码查看彩图）

（据谭仕敏等，2016）

2) 典型岩矿石

宝山矿床矿石类型主要包括细脉浸染状黄铁矿黄铜矿矿石、细脉浸染状黄铜矿辉钼矿矿石、块状含铜方铅矿闪锌矿矿石及条带状方铅矿闪锌矿矿石(图4-31);金属矿物主要包括黄铜矿、闪锌矿、方铅矿、辉钼矿、黄铁矿及少量的白钨矿、自然银;非金属矿物主要包括石榴子石、透辉石、斜长石、绿帘石、方解石、萤石(图4-32)。

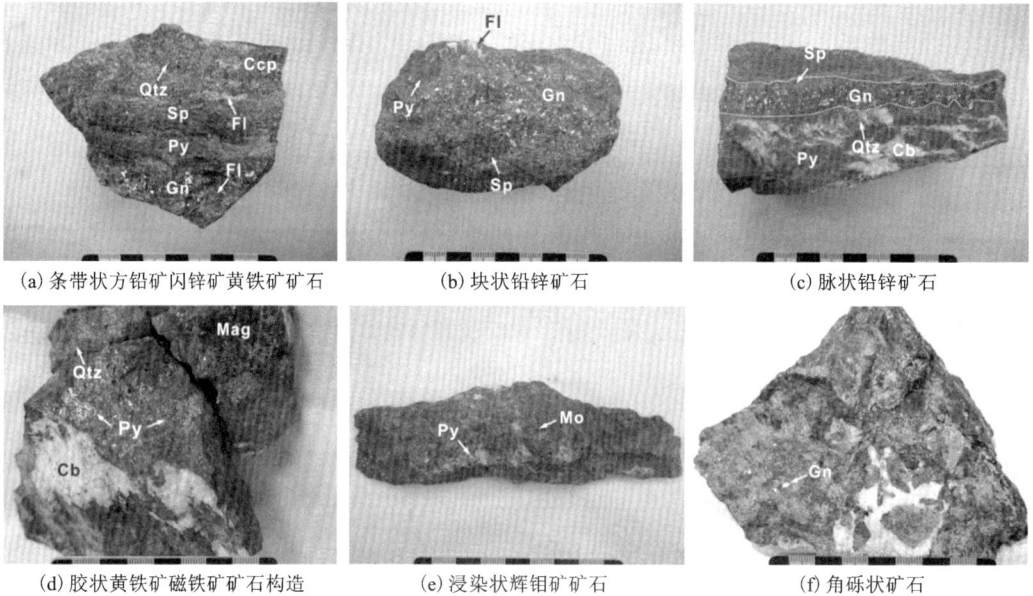

(a) 条带状方铅矿闪锌矿黄铁矿矿石　　(b) 块状铅锌矿矿石　　(c) 脉状铅锌矿矿石

(d) 胶状黄铁矿磁铁矿矿石构造　　(e) 浸染状辉钼矿矿石　　(f) 角砾状矿石

Ccp—黄铜矿;Py—黄铁矿;Sp—闪锌矿;Gn—方铅矿;Qtz—石英;Fl—萤石;
Cb—碳酸盐矿物;Mag—磁铁矿;Mo—辉钼矿。

图4-31 宝山矿床矿石构造特征(扫章首码查看彩图)

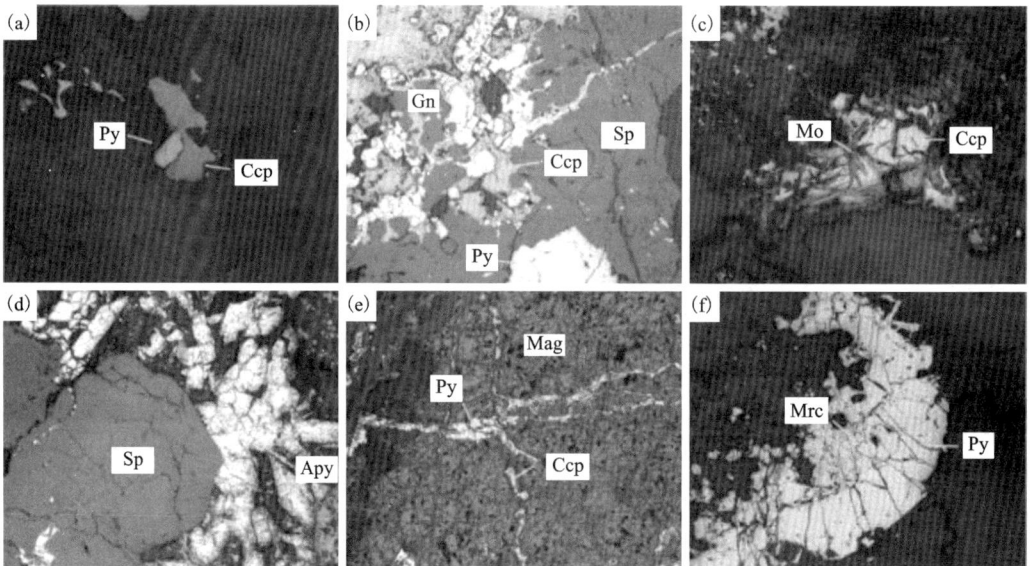

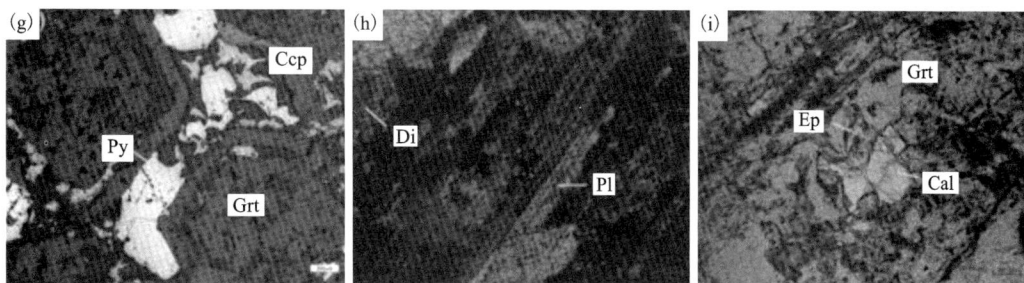

Py—黄铁矿；Ccp—黄铜矿；Sp—闪锌矿；Gn—方铅矿；Mo—辉钼矿；Apy—毒砂；Mag—磁铁矿；

Mrc—白铁矿；Grt—石榴子石；Di—透辉石；Pl—斜长石；Cal—方解石；Ep—绿帘石。

图 4-32　宝山矿床矿物显微照片 (扫章首码查看彩图)

3）其他典型地质现象

根据井下观察，宝山矿床西部和北部财神庙矿段可发现沿断裂充填形成的岩脉，岩脉与围岩接触面清晰 [图 4-33（a）]。在西部矿段 403 线附近断裂带内可见灰岩角砾和方铅矿闪锌矿角砾，被后期方解石胶结 [图 4-33（b）]，方解石内未见矿化。

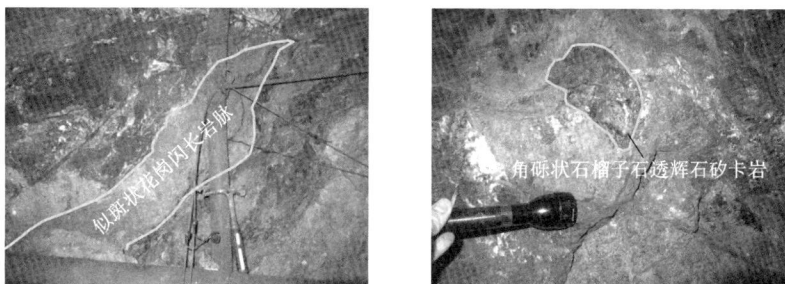

(a)F₅断裂中似斑状花岗闪长岩脉与围岩接触关系　　(b)167线角砾状石榴子石透辉石矽卡岩

图 4-33　宝山矿床其他地质现象 (扫章首码查看彩图)

4.2.6.2　思考题

（1）试论述宝山矿床的主要控矿因素。

（2）从哪些方面可以说明似斑状花岗闪长岩脉在本区为不成矿岩体？

（3）如何根据宏观地质现象及矿床地球化学特征判断 Cu、Pb、Zn 等成矿元素的沉淀机制？

4.3 衡阳盆地康家湾热液脉型铅锌多金属矿床

4.3.1 自然地理概况

康家湾铅锌多金属矿床为水口山矿田中的大型隐伏矿床。水口山铅锌多金属矿田位于湖南省衡阳市常宁市水口山镇，是驰名中外的铅锌之都，被誉为"世界铅都"，是我国铅锌工业的摇篮。区内水陆交通十分便利(图4-34)，以公路为主(衡常公路)，水路有湘江从其旁侧经过，流经衡阳、长沙而入洞庭湖，与长江汇合。水口山矿田气候为中亚热带季风湿润气候，气候温和，四季分明，雨量充沛，具气温总体偏高、冬暖夏凉明显、降水年年偏丰、日照普遍偏少和春寒阴雨等特征。水口山铅锌多金属矿田全年均可进行地质勘查、采矿等工作。湘江为矿田内最大的河流，其由西向东流经水口山矿田的北面。矿田范围内主要有康家溪、曾家溪和荬水等规模较小的支流，部分河溪水与矿坑水力联系密切。区内的河川径流量主要由雨水补给，非汛期降水偏少，汛期降水较集中，年水位变幅大，一般高水位出现于4—7月，低水位出现在10月至次年2月(路睿，2013)。

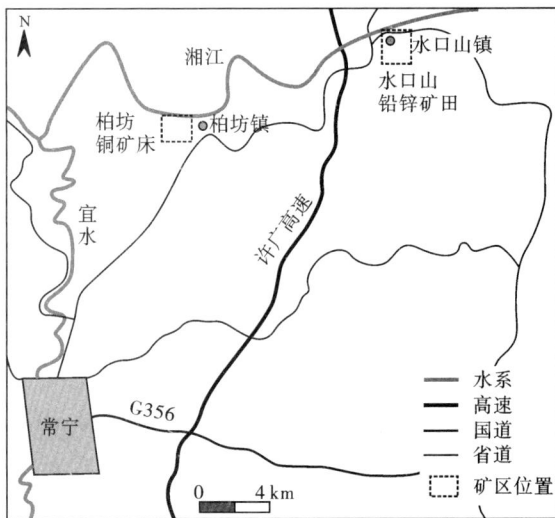

图4-34 水口山铅锌多金属矿田、柏坊铜矿床交通位置简图

4.3.2 区域地质背景

4.3.2.1 大地构造位置

钦杭成矿带处于扬子板块和华夏板块的缝合部位，是中生代一条著名的 Cu-Mo-Pb-Zn 多金属成矿带，赋存着大量重要的斑岩型、矽卡岩型和热液脉型矿床(Mao et al.，2013)，而衡阳盆地位于钦杭成矿带的中部(图4-35)，发育了大量大型-超大型的铅锌矿床，如水口山(李永胜等，2021；Shen et al.，2022)、留书塘(程顺波等，2017)、清水塘(Liu et al.，2022)矿床。

4.3.2.2 区域地质

衡阳盆地位于扬子地块与华夏地块的缝合带，出露地层有震旦系、寒武系、奥陶系、泥盆系、石炭系、二叠系、三叠系、侏罗系、白垩系、第四系。震旦系—奥陶系为碎屑岩沉积，泥盆系—三叠系为碎屑岩和碳酸盐岩沉积，侏罗系—白垩系为碎屑岩沉积。盆地基底由元古

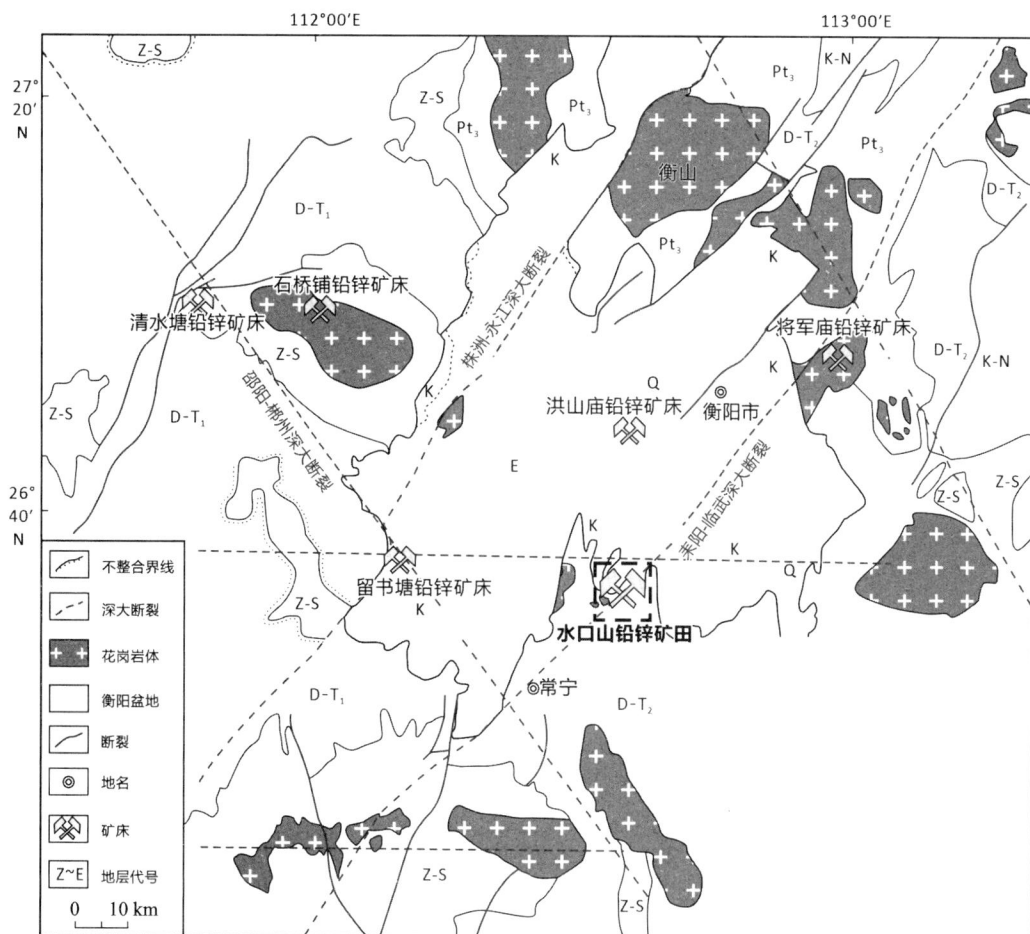

图 4-35　衡阳盆地地质简图(扫章首码查看彩图)

(改自 Zhou et al., 2006; Mao et al., 2013)

界、下古生界低级变质岩和上古生界灰岩组成,基底上不整合覆有泥盆系—二叠系碎屑岩和碳酸盐岩层序(秦锦华等,2019),为区内主要铅锌矿赋矿围岩。

衡阳盆地广泛发生多期构造活动及相关的岩浆活动。自晚古生代以来,该区域发生自西南向东北方向海侵,形成了不断向北东方向超覆的海西凹陷沉积。早中生代早期,特提斯洋南支闭合,自西南向东北发生了强烈的岩浆-构造作用。早中生代晚期,构造线方向由东西向转为北东向,多期次的造山挤压和伸展拉张形成了广泛、多期的火山-侵入杂岩和华南盆岭构造,并在中生代晚期形成了衡阳盆地(秦锦华等,2019)。因此,盆地及周边地区主要受北西向、北东向和东西向断裂的控制,对花岗岩的侵位起着控制作用。中生代的花岗岩类岩石在该区域广泛以岩基、岩盖、岩株和岩脉等形式侵位(图 4-35),主要有:①三叠系花岗岩体,如紫云山、将军庙、五峰仙、关帝庙花岗岩;②中-晚侏罗统,如水口山-铜鼓塘花岗岩和大义山花岗岩;③白垩系,如白石峰黑云二长花岗岩(图 4-35)。

水口山矿田位于衡阳盆地南缘,是我国华南地区最大的铅锌金多金属矿田之一,铅锌约300 万吨(Pb、Zn 品位分别为 0.3%~7.6% 和 0.5%~8.1%),金储量约 70 吨(品位 1.0~

13.9 g/t)(图4-36。李永胜等,2021;Qin et al.,2022),包括水口山、康家湾、老鸦巢、鸭公塘铅锌矿床和龙万山、仙人岩金矿床(图4-36)。

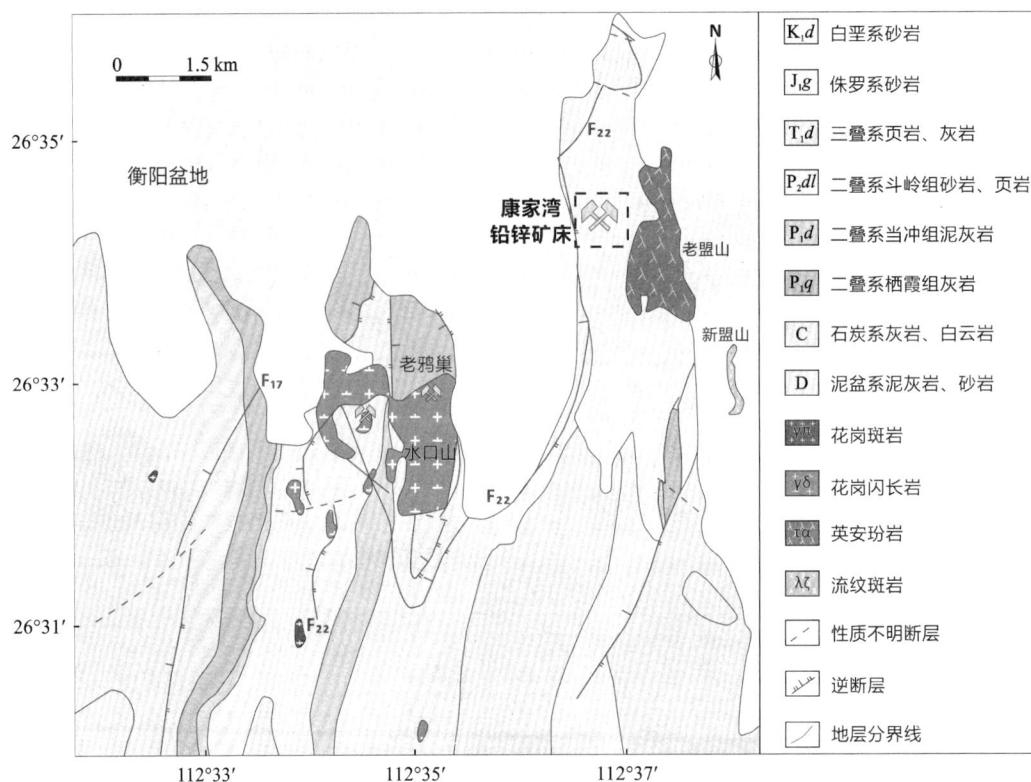

图4-36 水口山矿田地质图(扫章首码查看彩图)

(改自李永胜等,2021)

该矿田基底为前寒武系变质岩,上覆侏罗系和白垩系沉积盖层(Li et al.,2021)。矿区地层由泥盆系灰岩,石炭系灰岩、白云岩,二叠系灰岩、泥灰岩、泥质页岩、硅质岩和三叠系灰岩、泥灰岩、页岩组成,不整合覆有侏罗系和白垩系砂岩、页岩,沉积总厚>3000 m(图4-36)。地层主要为石炭系、二叠系、侏罗系和白垩系地层,从新至老地层简述如表4-5所示。

表4-5 水口山矿田地层简表

地层时代			岩性描述
系	统	组	
白垩系	下统	东井组	紫红色砾岩、泥质粉砂岩、钙质粉砂岩
侏罗系	中统	跃龙组	灰白色石英砂岩、粉砂岩,紫红色、灰绿色粉砂岩、泥岩、砂质泥岩
	下统	高家田组	砂砾岩和硅质岩,泥质粉砂岩、长石砂岩、碳质页岩、泥质粉砂岩、紫红色泥岩

续表4-5

地层时代			岩性描述
系	统	组	
三叠系	下统	大冶组	泥灰岩、钙质页岩、碳质页岩、青灰色灰岩、浅灰色、黄色泥质页岩
二叠系	上统	长兴组	含铁锰硅质页岩、硅质粉砂岩、页岩、灰岩
		斗岭组	页岩、细砂岩、灰绿色泥质粉砂岩、长石石英砂岩、泥质砂岩
	下统	当冲组	灰黑色泥灰岩、碳质泥灰岩及泥岩、含锰硅质岩、硅质页岩
		栖霞组	浅灰色、灰白色灰岩、深灰色灰岩、泥灰岩、碳质灰岩
石炭系	中上统	壶天群	灰白色白云岩、白云质灰岩、淡红色白云岩、浅灰色白云岩、白云质灰岩
	下统	梓门桥组	深灰色、灰黑色白云岩，黑色灰岩、深灰色灰岩、碳质泥灰岩、碳质灰岩及白云质灰岩
		测水组	含砾石英砂岩、浅灰黑色砂质页岩、碳质页岩、石英砂岩或含铁砂岩
		石磴子组	灰白色-灰黑色灰岩、灰白色石英砂岩、灰黑色碳质页岩、碳质页岩
		孟公坳组	棕黄色钙质页岩、泥岩、灰岩、白云质灰岩、钙质页岩、粉砂岩、黏土岩、细砂岩
泥盆系	上统	锡矿山组	灰岩、石英岩、紫色页岩、泥灰岩

在这些地层中，二叠系下统当冲组泥灰岩和栖霞组灰岩是主要的铅锌赋矿地层，矿田构造受一系列近南北走向的褶皱、断裂控制，主要包括鸭公塘、仙人岩、康家湾倒转背斜以及一些大型逆冲断层（图4-36）。矿田火成岩分布范围广，共发现 72 个侵入岩，总面积约 4.5 km²，包括水口山、仙人岩、老盟山、新盟山等。水口山花岗闪长岩侵位于老鸦巢倒转背斜核部或沿 F_{22} 断层（图4-36），而老盟山英安玢岩和新盟山流纹斑岩主要侵入康家湾倒转背斜和 F_{22} 断层东侧（图4-36）。水口山花岗闪长岩呈岩株（露头宽 1.2 km，长 1.6 km）侵入石炭系和二叠系沉积层。此外，该地区地表还出露面积为 0.05~0.25 km² 的小型深成岩体，形成复合岩株、岩脉等。

4.3.3 矿床地质特征

4.3.3.1 矿区地质

康家湾铅锌矿床为水口山矿田中的大型隐伏矿床（图4-36），储量为196万吨，铅平均品位为6.02%，锌平均品位为4.70%（欧阳志强等，2020，2021）。矿区地表全部被白垩系和侏罗系砂岩、页岩覆盖（总厚度大于 3 km），出露地层及岩性以沉积岩为主，主要包括矿区西部大面积的白垩系下统东井组紫红色砂岩，东部的侏罗系下统高家田组砂岩，矿区深部主要为二叠系下统栖霞组灰岩和石炭系壶天群白云岩。水口山矿田内断裂构造十分发育，主要呈近南北向展布，其次为北东向、北西向和近东西向展布（图4-36），控制了水口山矿田的岩浆侵位和成矿作用，并且与矿田内广泛分布的角砾岩密切相关。其中最具代表性的断裂有 F_{22} 石坳岭-康家湾推覆断层、F_{17} 蓬塘-石头排推覆断层以及 F_{25} 狮子岭-新盟山推覆断层。除了主要的断裂外,矿田内还发育近南北向断层(如 F_{20} 和 F_{203})、北东向断层(如 F_{14}、F_{89} 和 F_{25-1})、北西向断层(如 F_7)以及近东西向的断层(如 F_{12}。图4-36)。除了断裂构造外,水口山矿田的褶皱构造也比较发育,主要呈近南北向展布,局部转向北北东向(20°~30°)。矿田褶皱构造依照规模可分为三级,其中 Ⅱ、Ⅲ 级褶皱构造与矿田内成岩成矿关系密切(左昌虎,2015)。康家湾矿区内的地质构造主要发育南北向的康家湾倒转背斜和矿区西部的 F_{22} 逆冲推覆断层,多期构造活动为康家湾矿床的成矿提供了良好的深源通道(欧阳志强等,2014)。

4.3.3.2 矿体特征

康家湾矿床的矿体主要呈脉状和透镜状赋存于二叠系当冲组泥灰岩和硅质岩以及栖霞组灰岩的角砾岩带中(图4-37)。矿区共发现大小矿体61个(7个主矿体,其余为小矿体)。矿体产状比较平缓,与岩层产状大体一致,东翼东倾,倾角上陡(45°~50°)下缓(20°~30°);西翼西倾,倾角15°~20°,靠近背斜轴部的矿体倾角为0°~5°。矿体形态主要呈脉状、似层状、透镜状,部分因受交叉裂隙控制呈小囊状分布(李永胜等,2021)。

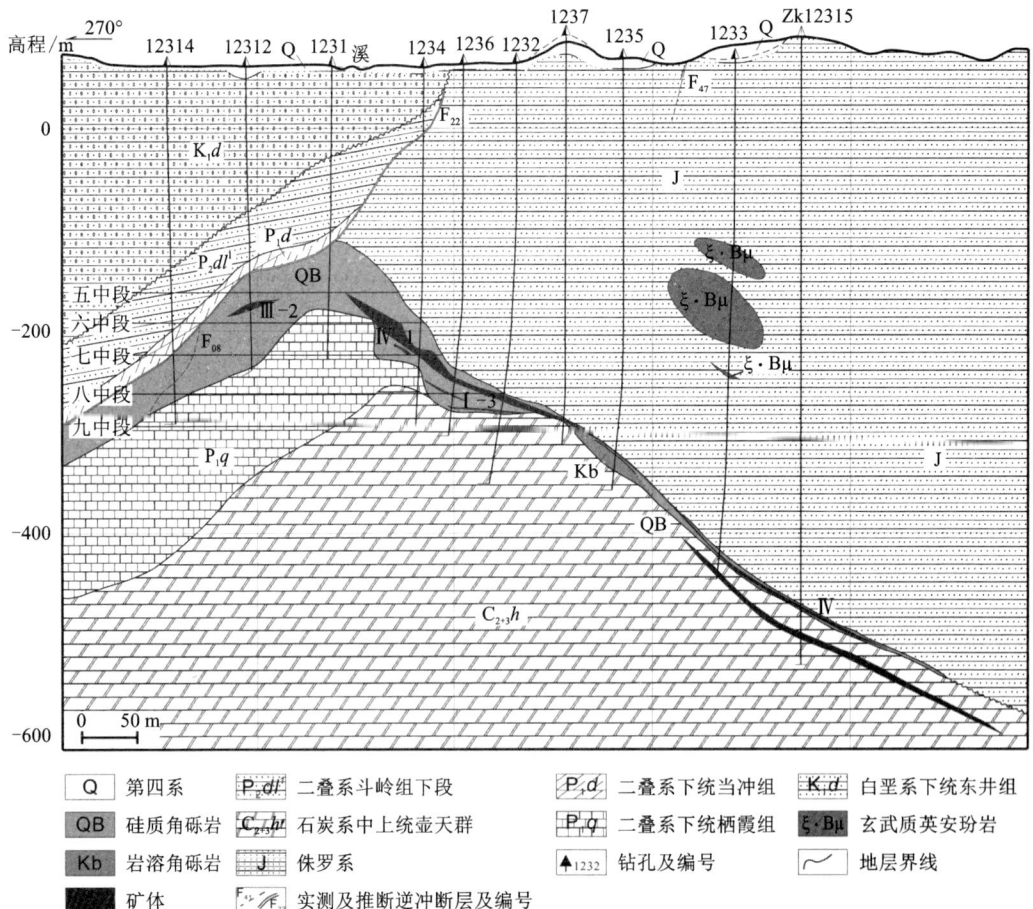

图4-37 康家湾矿床典型地质剖面图(扫章首码查看彩图)

(李永胜等,2021)

5个主矿体（Ⅰ、Ⅱ、Ⅲ、Ⅳ、Ⅴ）均产于倒转背斜轴部及两翼的硅化角砾岩带，而矿体Ⅵ、Ⅶ则产于隐伏倒转背斜倾伏部位的当冲组下段泥灰岩层间破碎带中（李永胜，2012）。康家湾矿区第一矿层为Ⅰ-1、Ⅳ-1、Ⅴ-2号矿体（主要富矿体，Pb+Zn品位可达10%~40%），它们产于隐伏倒转背斜轴部和东翼的含燧石硅化灰岩角砾岩底部与下伏碳酸盐岩接触界面间（左昌虎，2015；李永胜等，2021）。康家湾矿区第二矿层为Ⅲ-1、Ⅲ-2、Ⅴ-1、Ⅴ-3号矿体（Pb+Zn品位可达3%~6%，局部富集>10%），它们产于倒转背斜轴部和西翼的硅化角砾岩与含燧石硅化灰岩角砾岩的接触界面。不同的矿体具有不同的富集特征（左昌虎，2015；李永胜等，2021）。

4.3.3.3　矿石特征

矿区矿石类型主要有含金银方铅矿-闪锌矿-黄铁矿-石英型矿石，含金银方铅矿-闪锌矿-黄铁矿-白云石型矿石，黄铁矿-石英-方解石型矿石。

矿石中主要金属矿物有方铅矿、闪锌矿及黄铁矿，其次有少量磁黄铁矿、赤铁矿、毒砂、黄铜矿、斑铜矿、辉铜矿和微量辉银矿、深红银矿、淡红银矿、银黝铜矿、杂方辉锑银矿、脆银矿、黝锑银矿、银金矿、金银矿、砷黝铜矿、硫锑铜银矿、硫镉矿、硒铅矿、自然金、自然银、碲银矿、白铁矿等30余种。脉石矿物主要有石英、玉髓，次为方解石、层解石、水云母-绢云母，微量绿泥石、绿帘石、磷灰岩、蒙脱石。

矿石构造主要为浸染状构造、块状构造、不规则脉状构造、角砾状构造。浸染状构造：黄铁矿、闪锌矿及其他硫化物矿物呈稀疏浸染状散布，是主要的矿石构造类型[图4-38(a)]。块状构造：矿石主要由方铅矿、闪锌矿、黄铁矿等金属矿物所组成，脉石矿物有少量石英、方解石等[图4-38(b)]。脉状构造：是次要的矿石构造类型，主要表现为含晚期闪锌矿、方铅矿的石英脉、石英非金属脉穿插早期硫化物矿石及围岩角砾，黄铁矿等硫化物集合体呈不规

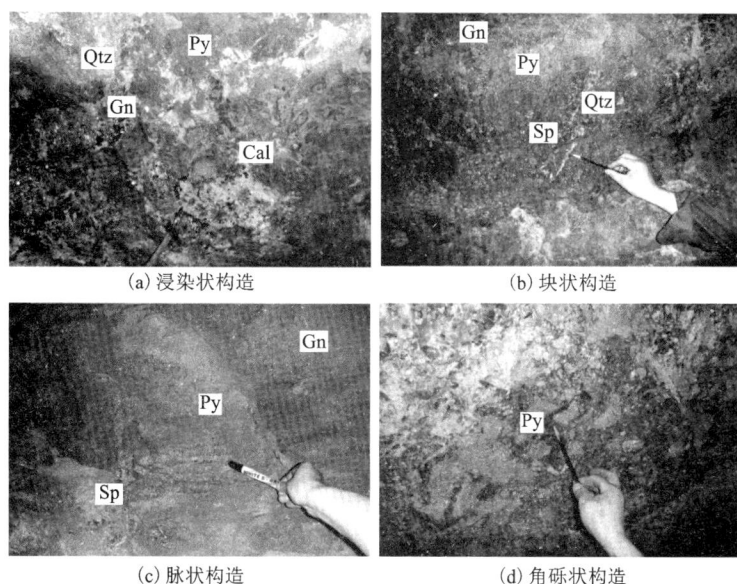

(a) 浸染状构造

(b) 块状构造

(c) 脉状构造

(d) 角砾状构造

Gn—方铅矿；Sp—闪锌矿；Py—黄铁矿；Qtz—石英；Cal—方解石。

图4-38　康家湾矿床典型矿石构造照片（扫章首码查看彩图）

则脉状充填岩石裂隙[图4-38(c)]。角砾状构造：主要分布在燧石角砾岩(硅质角砾岩)中，方铅矿、闪锌矿、黄铁矿等充填在角砾之间的胶结物中或作为胶结物胶结燧石角砾[图4-38(d)]。矿石的结构有自形至半自形粒状结构、交代残余结构、交代溶蚀结构、乳浊状结构、细脉-网脉交代结构等，以前4种为常见。

4.3.3.4 围岩蚀变

康家湾铅锌矿区广泛发育围岩蚀变，主要包括硅化[图4-39(a)(b)]、铬云母化[图4-39(c)(d)]和碳酸盐化。前人研究揭示矿区也发育少量绿泥石化、萤石化、绢云母化、迪开石化和冰长石化(李永胜，2012；李永胜等，2021)。此外，钻孔资料揭示矿区深部可能还发育有少量角岩化和矽卡岩化(屈金宝等，2015)。岩石蚀变分带总体上在深部以角岩化和矽卡岩化为主，中部则以硅化为主，浅部主要为迪开石化、绿泥石化和碳酸盐化。当矽卡岩化或硅化伴有碳酸盐化蚀变时，常常发生矿化(左昌虎，2015)。

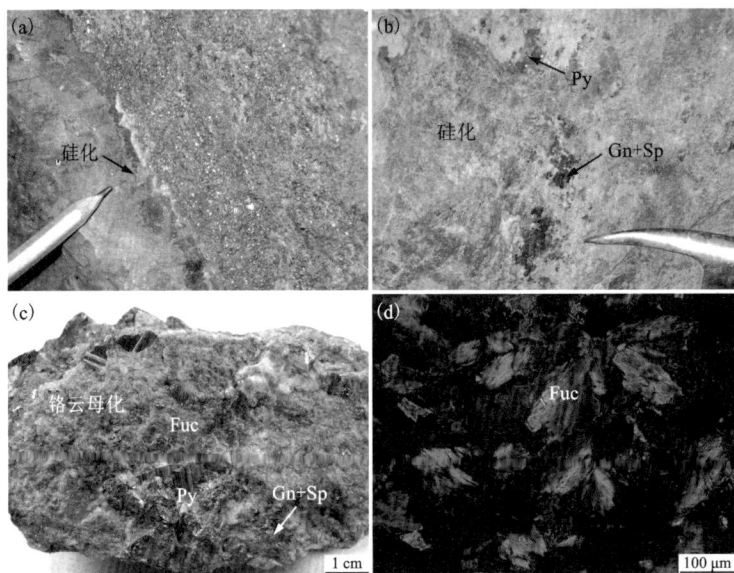

Py—黄铁矿；Sp—闪锌矿；Gn—方铅矿；Fuc—铬云母。

图4-39 康家湾矿床围岩蚀变类型(扫章首码查看彩图)

4.3.3.5 成矿期次

结合野外产出状态、矿物共生组合、矿石结构构造及脉体穿插关系等特征，分析得出康家湾铅锌矿床成矿作用可初步划分为3个阶段(表4-6)：石英-黄铁矿阶段(Ⅰ)、石英-多金属硫化物阶段(Ⅱ)以及方解石-多金属硫化物阶段(Ⅲ)。

(Ⅰ)石英-黄铁矿阶段：主要由自形-半自形的粗晶黄铁矿(Py1)和石英组成[图4-40(a)(b)(c)]，Py1的晶体较为粗大，粒径多介于5 mm至3 cm之间，少数粒径可达5 cm，晶形主要为五角十二面体和立方体[图4-40(a)(b)(c)]。此外，可见Py1被晚期的方铅矿穿切。

表 4-6　康家湾矿床矿物生成顺序表

矿物	Ⅰ	Ⅱ	Ⅲ
黄铁矿			
金红石			
石英			
方铅矿			
闪锌矿			
黄铜矿			
毒砂			
磁黄铁矿			
白云石			
铬云母			
萤石			
方解石			

——— 大量　　——— 少量　　----- 微量

（Ⅱ）石英-多金属硫化物阶段：主要为细粒黄铁矿（Py2）呈脉状（脉宽 10~15 cm）胶结围岩角砾（栖霞组和当冲组灰岩）［图 4-40（d）］。此外，阶段Ⅱ的石英-方铅矿-闪锌矿脉穿切了早期形成的粗晶 Py1［图 4-40（e）］。该阶段发育绿色的铬云母，镜下呈鳞片状，它主要与 Py2、Gn2、Sp2 形成于同一脉中（脉宽 1.0~3.0 cm）。自形-半自形的 Py2（50~300 μm）常与石英、闪锌矿、方铅矿共生［图 4-40（f）］，局部与黄铜矿、自形的毒砂（50~200 μm）共生，毒砂中含有大量的裂隙和孔洞。

（Ⅲ）方解石-多金属硫化物阶段：主要以含方解石的多金属硫化物脉（脉宽 2.0~5.0 cm）穿切阶段Ⅱ的黄铁矿-方铅矿-闪锌矿脉为特征［图 4-40（g）］，这些硫化物主要包括闪锌矿（Sp3）、方铅矿（Gn3）、黄铁矿（Py3）［图 4-40（g）］。该阶段的方解石也可与大量方铅矿和闪锌矿共生构成层纹状构造。Sp3（100 μm~2 mm）通常与方铅矿共存［图 4-40（h）（i）］，它们交代了早期的 Py3（40 μm~1 mm）而呈现交代残余结构［图 4-40（h）］。此外，大量的黄铜矿均匀分布在 Sp3 内部［图 4-40（h）］。方铅矿（50 μm~2 mm）大多为半自形到自形［图 4-40（i）］，局部被黄铜矿所交代。另外，方解石在局部形成大型的晶洞（李永胜等，2021）。

此外，康家湾矿床的闪锌矿和黄铁矿都具有内部结构特征，闪锌矿可以划分为三类，即阶段Ⅱ的 Sp2 和阶段Ⅲ的 Sp3。Sp2 呈深灰色，通常表现为均匀的（无分区或置换）内部结构。此外，Sp3 可细分为早期的 Sp3a 和晚期的 Sp3b。Sp3a 在 BSE 图像中为深灰色，且内部结构均匀，而 Sp3b（BSE 下为浅灰色）沿裂缝或呈补丁状交代了 Sp3a。

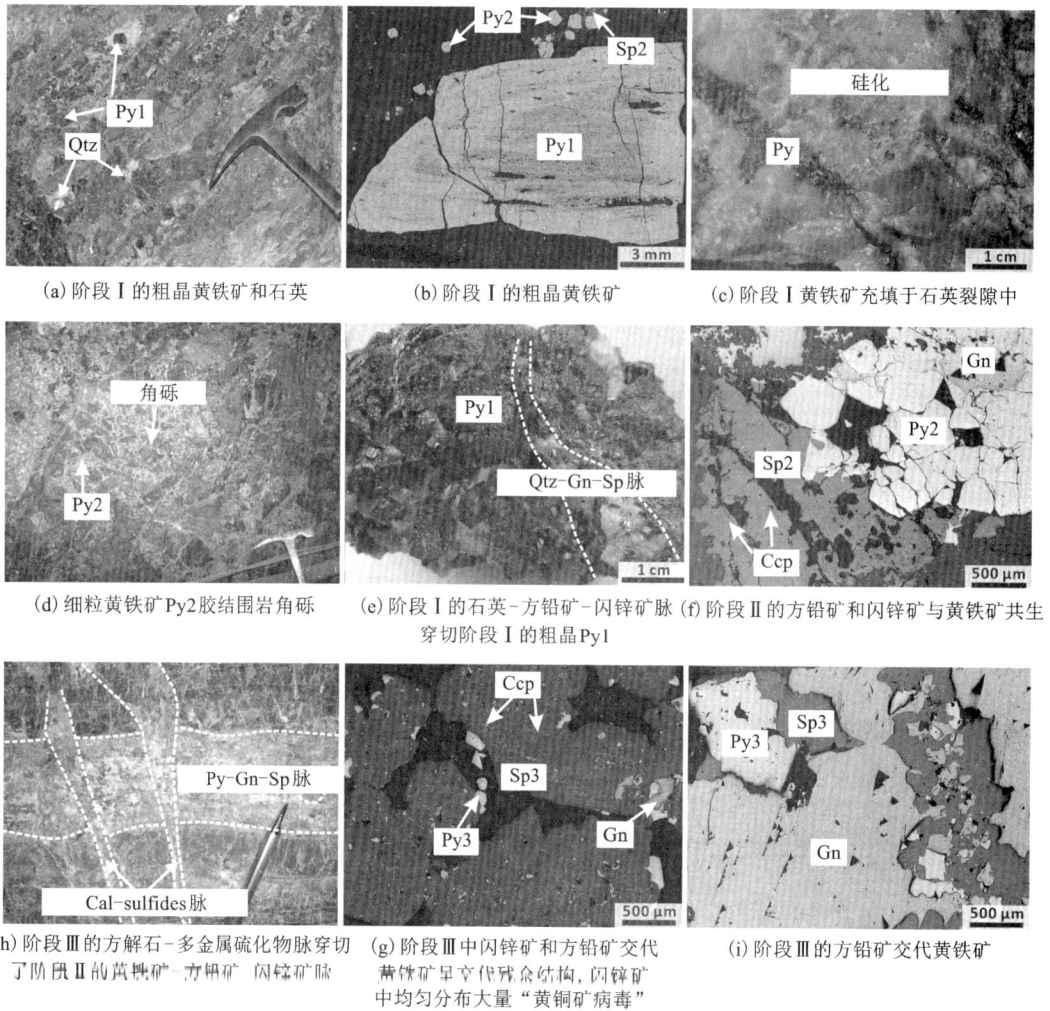

(a)阶段Ⅰ的粗晶黄铁矿和石英　(b)阶段Ⅰ的粗晶黄铁矿　(c)阶段Ⅰ黄铁矿充填于石英裂隙中

(d)细粒黄铁矿Py2胶结围岩角砾　(e)阶段Ⅰ的石英-方铅矿-闪锌矿脉　(f)阶段Ⅱ的方铅矿和闪锌矿与黄铁矿共生
　　　　　　　　　　　　　　　　穿切阶段Ⅰ的粗晶Py1

(h)阶段Ⅲ的方解石-多金属硫化物脉穿切　(g)阶段Ⅲ中闪锌矿和方铅矿交代　(i)阶段Ⅲ的方铅矿交代黄铁矿
　了阶段Ⅱ的黄铁矿-方铅矿-闪锌矿脉　黄铁矿呈交代残余结构,闪锌矿
　　　　　　　　　　　　　　　　中均匀分布大量"黄铜矿病毒"

Py—黄铁矿；Qtz—石英；Sp—闪锌矿；Gn—方铅矿；Ccp—黄铜矿；Cal—方解石。

图4-40　康家湾矿床各成矿阶段典型特征(扫章首码查看彩图)

4.3.4　矿床地球化学特征

4.3.4.1　硫化物地球化学

在野外详细调查的基础上，采集康家湾矿床Ⅱ阶段和Ⅲ阶段矿石8件开展了矿石闪锌矿矿物化学研究，识别了3个类型的闪锌矿(Sp2、Sp3a和Sp3b)。对各类型闪锌矿开展了电子探针和激光剥蚀等离子体质谱(LA-ICP-MS)分析。其中闪锌矿LA-ICP-MS分析采用NWR 193 nm ArF准分子激光烧蚀系统与iCAP RQ(ICPMS)等离子质谱系统完成。ICPMS使用NIST 610标准玻璃进行了调整，以产生低氧化物产生率。激光通量为3.5 J/cm^2，重复率为6 Hz，光斑尺寸为30 μm，分析时间为40 s，然后进行40 s背景测量。使用"微量元素"数据缩减方案(DRS)还原原始同位素数据。标样为美国地质勘探局标样MASS-1(Fe：15.6%)、

NIST610(Fe:458×10^{-6})和 GSE-2G(Fe:7.55%)。测试过程 5~8 个待测点测试后,进行标样(NIST 610、GSE-2G、MASS-1)测试。检测的元素为 Fe、Mn、Ag、Co、Cu、Ni、Cu、Ge、Ga、Cd、Sb、In、Sn、Pb、Se 等。所有元素采用电子探针测定的 Zn 含量作为内标进行校正。闪锌矿微量元素代表性数据列于表 4-7。

表 4-7 康家湾闪锌矿 LA-ICP-MS 微量元素代表性数据(10^{-6})

样品	类型	Mn	Fe	Co	Cu	Ga	Ge	Ag	Cd	In	Sn	Sb	Pb
K2-6	Sp2	5944	71809	0.320	610	9.84	—	4.87	3682	17.4	1.71	6.69	2.54
K2-6	Sp2	7093	70674	0.742	162	4.79	—	4.70	3687	18.2	1.94	—	0.066
K2-6	Sp2	19322	27663	—	188	81.7	—	3.01	3465	0.167	58.3	0.307	1.88
K2-6	Sp2	21775	26358	—	632	104	—	4.57	3801	1.27	370	1.51	0.036
K2-6	Sp2	9050	41639	0.445	1901	7.78	—	14.0	3240	0.942	25.2	8.11	5.50
K8-5	Sp3a	5113	48547	—	17.1	9.15	—	1.27	3038	1.30	1.38	—	0.110
K8-5	Sp3a	4166	41444	—	17.6	6.41	—	3.42	2859	0.522	0.357	—	4.69
K8-5	Sp3a	5717	61601	0.469	55.5	3.77	—	2.79	2901	50.4	1.13	2.02	1.21
K8-5	Sp3a	7391	90012	—	324	3.56	—	3.45	2825	30.7	8.05	—	0.107
K3-1	Sp3b	1338	56375	—	268	16.3	—	2.80	2197	1.39	156	0.316	0.782
K3-1	Sp3b	13028	44952	—	564	129	—	12.1	4073	1.07	333	5.44	8.39
K7-1	Sp3b	1988	12891	—	2204	37.2	0.613	25.3	6462	0.257	74.3	8.58	3.00
K7-1	Sp3b	17398	84272	—	39011	55.0	0.558	187	5906	0.250	68.2	43.4	1189
K7-1	Sp3b	14534	111191	—	48987	84.4	1.22	166	6421	0.425	134	39.7	84.5

注:"—"表示分析值低于检测限。

电子探针分析显示 3 类闪锌矿中 Zn、S 平均含量相近。Sp2 的 Fe 含量(平均 5.13%)高于 Sp3(平均 4.16%),Cd 含量(平均 0.25%)和 Mn 含量(平均 0.80%)分别低于 Sp3(0.30%和 1.05%)。此外,Sp3b 的 Cd(0.34%)和 Mn(1.09%)平均含量分别高于 Sp3a(平均 0.27%和 1.03%),而 Fe(平均 3.70%)含量低于 Sp3a(平均 4.42%)。Sp2 的 Co、Ag、In 和 Pb 含量分别为 1.97×10^{-6}、20.0×10^{-6}、7.76×10^{-6} 和 6.54×10^{-6},高于 Sp3 的 0.457×10^{-6}、3.48×10^{-6}、0.425×10^{-6} 和 0.587×10^{-6}。相反,Sp2 的 Ga 和 Sn 含量分别为 6.78×10^{-6} 和 1.36×10^{-6},低于 Sp3 的 9.15×10^{-6} 和 8.23×10^{-6}。Sp3b 的 Cu(344×10^{-6})、Ga(11.2×10^{-6})、Cd(4048×10^{-6})、Ag(7.38×10^{-6})、Sn(12.0×10^{-6})、Sb(3.79×10^{-6})和 Pb(2.75×10^{-6})含量高于 Sp3a(Cu:159×10^{-6},Ga:9.15×10^{-6},Cd:2825×10^{-6},Ag:3.42×10^{-6},Sn:8.41×10^{-6},Sb:0.303×10^{-6},Pb:0.242×10^{-6}),但 In(0.254×10^{-6})含量低于 Sp3a(0.942×10^{-6})。此外,V、Cr、Ni、Mo、Rb、Sr、Au、U 含量均低于检出限。

闪锌矿微量元素组成可以用来估计矿化温度和硫化状态。高温闪锌矿一般富集 Fe-Mn-Cu-Co-In-Sn 且具有高 In/Ga 值(>1),低温闪锌矿富 Ga-Ge-Cd 且具有低 In/Ga 值(<1)。Sp2 富含 Fe-Mn-Co-In(图 4-41),并且具有较高的 In/Ga 值(平均 2.6)。这表明其

具有较高的结晶温度。Sp3 的 Ga-Ge-Cd 含量高，Fe-Mn-In-Sn-Co 含量低（图 4-41），反映其结晶温度低。此外，岩浆热液流体普遍具有较高的 Se、Co 和 Ni 含量。Se（Sp3a 平均 $3.69×10^{-6}$，Sp3b 平均 $3.08×10^{-6}$）、Co（Sp3a 平均 $0.467×10^{-6}$，Sp3b 低于检出限）和 Ni（Sp3a 平均 $4.36×10^{-6}$，Sp3b 低于检出限）含量的下降，表明 Sp3b 可能与岩浆热液系统的减弱以及大气降水混入的增加有关，指示温度从 Sp3a 到 Sp3b 轻微下降。

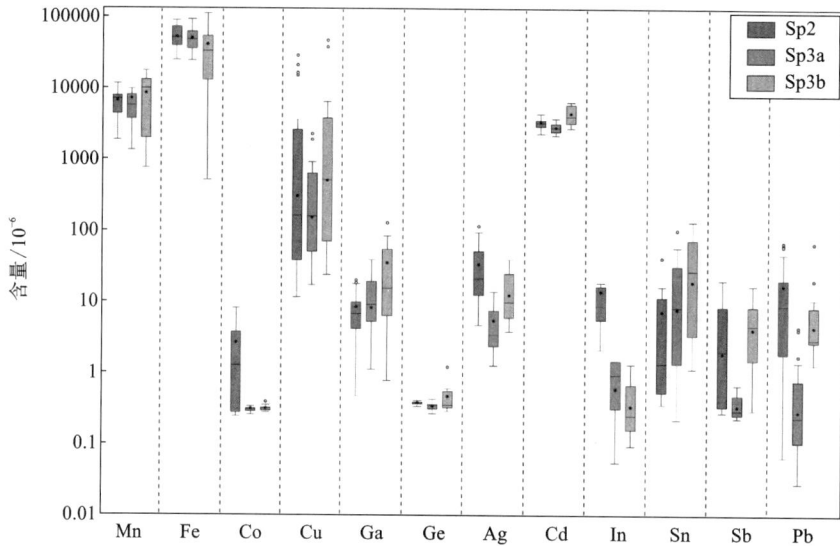

图 4-41　康家湾矿床不同类型闪锌矿 LA-ICP-MS 微量元素箱形图（扫章首码查看彩图）

此外，铁在闪锌矿晶格中的混入受温度和硫逸度（fS_2）的影响，后者可以通过闪锌矿形成温度（通过 GGIMFis 地温计）和 FeS 的摩尔质量分数（Scott and Barnes，1971）来估算。尽管绝对形成温度存在不确定性，但两个阶段闪锌矿之间存在明显差异。Sp2（阶段Ⅱ）计算得到的 fS_2（$\lg fS_2 = -12.4 \sim -10.5$）处于中等硫化度区域（图 4-42）。由于 Sp3 中 Ge 含量均低于检出限，因此我们引用了前人流体包裹体显微测温数据（阶段Ⅲ：$137.2 \sim 144.3$ ℃），Sp3（阶段Ⅲ）处于低硫化区（$\lg fS_2 = -20.3 \sim -17.2$。图 4-42），显示了从阶段Ⅱ到阶段Ⅲ fS_2 明显下降。

前人研究显示康家湾阶段Ⅱ（主矿化阶段）铅锌矿化是流体沸腾导致的，共存的富含气-液两相的以及高盐度且均一温度相近的流体包裹体（李永胜等，2021）支持这一论点。这一推断也得到了普遍存在的细粒 Py2 胶结围岩角砾的支持。此外，从稳定到波动的物理化学条件的突变（从粗粒 Py1 到细粒多孔 Py2 的转变）进一步证实了阶段Ⅱ存在流体沸腾，因为多孔结构是与沸腾相关的快速晶体生长的典型特征（Román et al.，2019）。

H-O 同位素数据显示阶段Ⅲ存在岩浆热液和大气降水的混合（张梓贺，2018；李永胜等，2021）。康家湾闪锌矿的地球化学特征表明，从 Sp2 到 Sp3 fS_2 明显下降，也证明了成矿晚期存在大气降水的混入。更重要的是，Sp3 中 Se、Co 和 Ni 的含量均低于 Sp2，表明阶段Ⅲ铅锌矿化与大气降水的侵入有关。

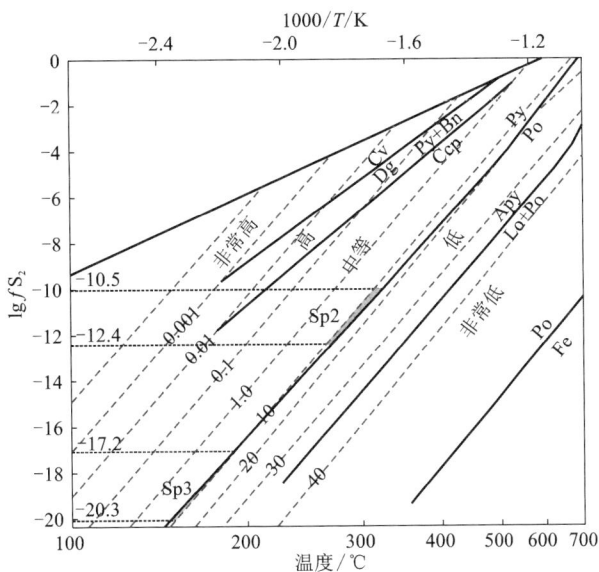

蓝色和绿色区域分别表示 Sp2 和 Sp3 的 $f\mathrm{S}_2$ 范围。Cv—铜蓝；Dg—蓝辉铜矿；Py—黄铁矿；
Bn—斑铜矿；Ccp—黄铜矿；Po—磁黄铁矿；Apy—毒砂；Lo—斜方砷铁矿；Fe—自然铁。

图 4-42　温度与 $\lg f\mathrm{S}_2$ 的关系图（扫章首码查看彩图）

（据 Einaudi et al.，2003）

4.3.4.2　同位素地球化学

1）硫化物原位 S 同位素

康家湾矿床的金属矿物主要为黄铁矿、方铅矿、闪锌矿、毒砂和黄铜矿，矿物组合简单，缺少硫酸盐矿物，表明硫化物的 S 同位素应该能近似代表热液总 S 同位素的组成。测试结果显示，康家湾铅锌矿床硫化物 S 同位素值范围为-1.71‰~1.78‰，与前人研究结果相近，显示出塔式分布的特点（图 4-43），且 δ^{34}S 黄铁矿>δ^{34}S 闪锌矿，表明硫化物是在稳定的物理化学条件下形成，S 同位素已经达到平衡，来源相对比较单一。前人对康家湾铅锌矿床 S 同位素的研究同样呈现出 δ^{34}S 黄铁矿>δ^{34}S 闪锌矿>δ^{34}S 方铅矿的特征（李永胜等，2021），康家湾主成矿期的金属硫化物的 S 同位素组成范围分别为-1.71‰~1.78‰和-2.34‰~2.24‰，与火成岩（+1‰~+3‰）和地壳（+1‰~+3‰）的 S 同位素组成不一致，而与岩浆热液体系（0±5‰。Ohmoto，1972）S 同位素组成相似。此外，成矿晚期含矿脉体中（石英-方解石-闪锌矿-方铅矿阶段）闪锌矿和方铅矿的 S 同位素组成分别为-6.88‰~-5.79‰和-9.75‰~-8.93‰，与主成矿期金属硫化物的 S 同位素组成存在一定的差别，这可能是由成矿晚期成矿流体中大气降水的比例逐渐增加，成矿系统受到由大气降水萃取的地壳物质的混染所致。

2）石英 H-O 同位素

本次研究选取康家湾矿床 3 中段矿石样品中的石英开展 H-O 同位素研究，结果显示石英的 δD=-60.6‰，δ^{18}O$_{\text{V-SMOW}}$=16.53‰。石英中的 δD 值可以代表其形成时热液流体的 H 同位素组成，而 δ^{18}O 值需要结合其形成温度，利用石英和水的 O 同位素平衡分馏方程

$(\delta^{18}O_{流体} - \delta^{18}O_{石英} = -3.38 \times 10^6/T^2 + 3.40)$ 计算。此公式适用于石英形成温度为 $200 \sim 500\,^{\circ}\mathrm{C}$ 的条件，公式中 T 为热力学温度（单位：K）。本次选择 $310\,^{\circ}\mathrm{C}$ 作为石英形成的温度，结果显示石英形成时热液流体的 $\delta^{18}O_{V-SMOW}$ 值为 $9.74\permil$。康家湾铅锌矿床石英多金属硫化物阶段数据投影点落入岩浆水范围内，而碳酸盐阶段数据投影点落入岩浆水与雨水线之间靠近岩浆水的范围内。这表明康家湾铅锌矿床主成矿阶段含矿热液以岩浆水为主，随着成矿作用的演化，后期逐渐有大气降水的混入[图 4-44(a)]。

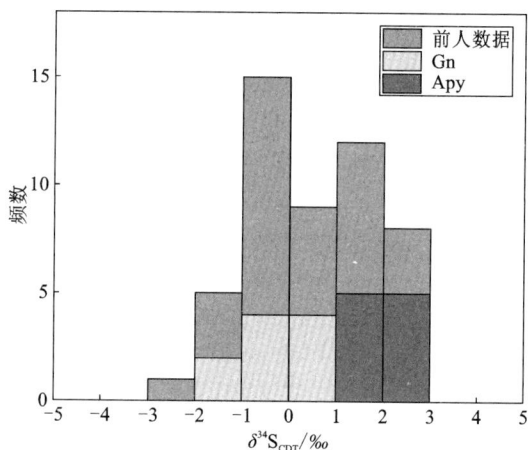

图 4-43　康家湾矿床硫化物原位 S 同位素直方图

（前人数据引自李永胜等，2021）

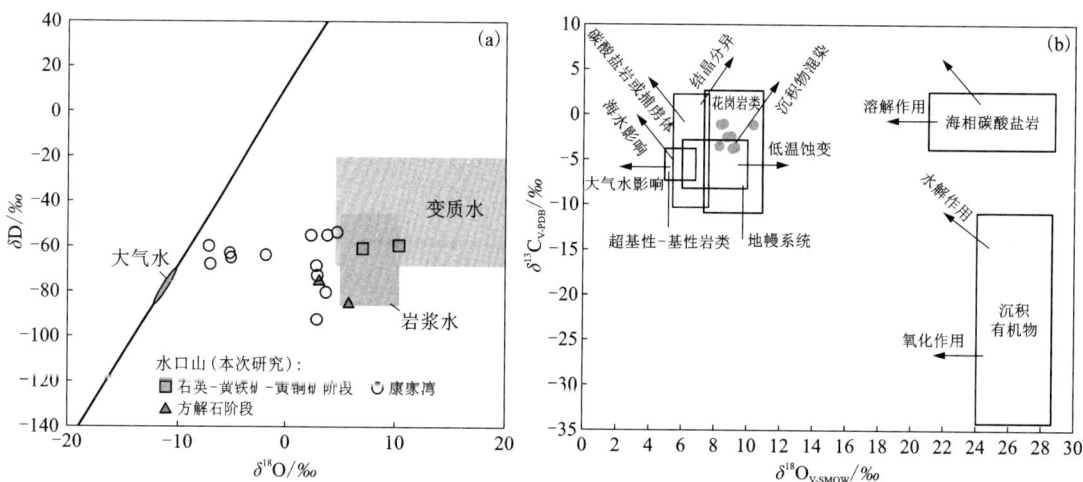

（a）康家湾矿床热液流体 H–O 同位素投图（据 Taylor，1974 修改），前人数据引自路睿，2013；

（b）康家湾矿床热液流体 C–O 同位素投图（据 Chen et al.，2020 修改）。

图 4-44　康家湾矿床热液流体 H–O、C–O 同位素投图（扫章首码查看彩图）

3）方解石 C–O 同位素

康家湾矿床中方解石的 $\delta^{13}C_{V-PDB}$ 值介于 $-3.78\permil$ 和 $-1.08\permil$ 之间，$\delta^{18}O_{V-SMOW}$ 值介于 $8.26\permil$ 和 $10.34\permil$ 之间[图 4-44(b)]，与前人所得结果相近（路睿，2013）。方解石的 C、O 同位素组成，明显低于二叠系当冲组（$\delta^{13}C$ 值为 $-0.5\permil \sim 0.3\permil$，$\delta^{18}O$ 值为 $14.1\permil \sim 16.8\permil$）及区域上的栖霞组灰岩（$\delta^{13}C$ 值为 $1.60\permil \sim 3.00\permil$，$\delta^{18}O$ 值为 $18.49\permil \sim 23.13\permil$），暗示该矿成矿流体中 C、O 不完全直接来自海相碳酸盐岩。此外，康家湾矿区方解石的 $\delta^{13}C_{V-PDB}$ 值与水口山矿区方解石的 $\delta^{13}C_{V-PDB}$ 值接近，但其 $\delta^{18}O_{V-SMOW}$ 值高于水口山矿区方解石的 $\delta^{18}O_{V-SMOW}$ 值（左昌虎等，2014），呈现出与地层灰岩中相似的 C、O 同位素值组成。上述 C–O 同位素数

据表明，康家湾矿石中成矿流体中可能存在比例较多的大气水，从而萃取了灰岩地层中的碳和氧。

4.3.4.3　流体包裹体特征

矿区内包裹体类型主要有：Ⅰ型气液两相包裹体（Ⅰa型富液相包裹体和Ⅰb型富气相包裹体）、Ⅱ型纯液相包裹体和Ⅳ型含子矿物包裹体（图4-45）。包裹体气相成分主要是水蒸气（H_2O），不含其他气相成分，成矿流体为中温、中-高盐度、$H_2O+NaCl$体系。流体包裹体研究表明，康家湾铅锌矿床黄铁矿-石英阶段的流体主要为中温（243~343 ℃）、中-高盐度（18.4%~33.8% NaCl equiv.）；闪锌矿-方铅矿（黄铁矿）-石英阶段的流体为中温（278~352 ℃）、中-低盐度（1.1%~20.7% NaCl equiv.）；晚期方解石-闪锌矿-方铅矿阶段的流体为低温（125~191 ℃）、低盐度（0.2%~6.7% NaCl equiv.）（图4-46）。其中，闪锌矿-方铅矿（黄铁矿）-石英阶段的流体发生了沸腾作用。非常重要的是，康家湾矿区流体的物理化学性

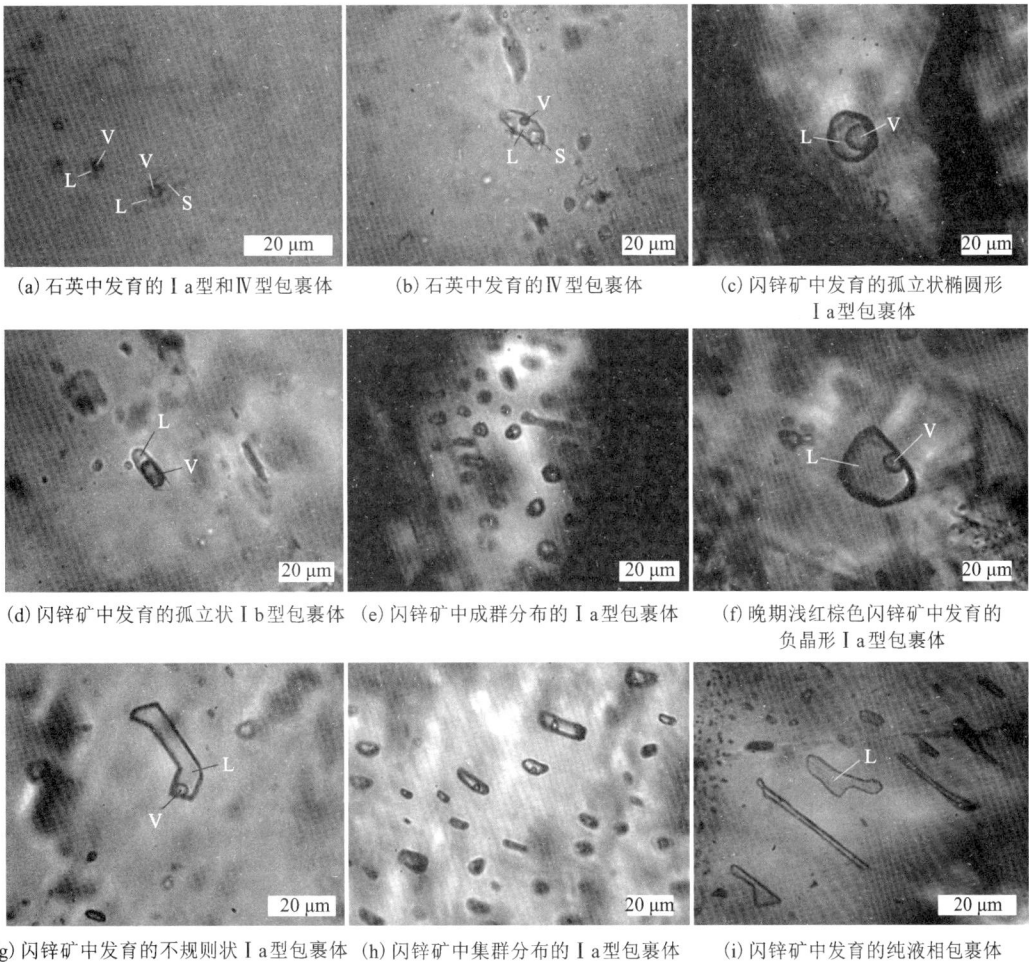

(a) 石英中发育的Ⅰa型和Ⅳ型包裹体　　(b) 石英中发育的Ⅳ型包裹体　　(c) 闪锌矿中发育的孤立状椭圆形
Ⅰa型包裹体

(d) 闪锌矿中发育的孤立状Ⅰb型包裹体　(e) 闪锌矿中成群分布的Ⅰa型包裹体　(f) 晚期浅红棕色闪锌矿中发育的
负晶形Ⅰa型包裹体

(g) 闪锌矿中发育的不规则状Ⅰa型包裹体　(h) 闪锌矿中集群分布的Ⅰa型包裹体　(i) 闪锌矿中发育的纯液相包裹体

V—气相；L—液相；S—子晶。

图 4-45　康家湾矿床典型流体包裹体特征

（据李永胜等，2021）

质与水口山矿区石英-黄铁矿-黄铜矿阶段、方解石-多金属硫化物阶段和碳酸盐阶段的非常接近，认为可能两个矿区是同一套成矿流体的产物，且具有相同的成矿演化过程。

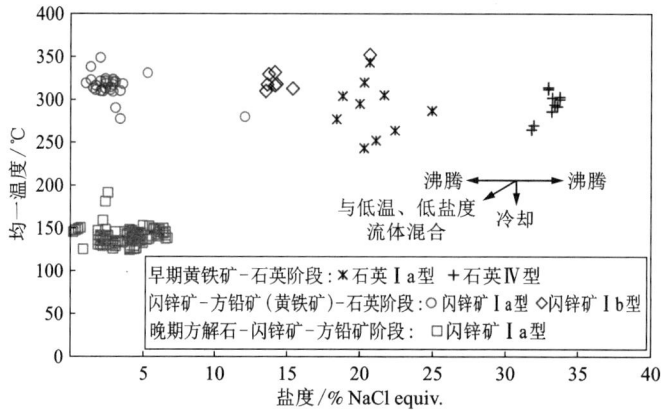

图4-46 康家湾矿床流体体系均一温度-盐度关系图

（据李永胜等，2021）

4.3.4.4 成矿年代学

左昌虎（2015）和 Qin et al.（2022）对康家湾矿区闪锌矿的 Rb-Sr 和石榴子石 U-Pb 定年的结果显示，康家湾矿区中石榴子石的 U-Pb 年龄［（158.8±2.5）Ma］和闪锌矿的 Rb-Sr 年龄［（154.6±2.1）Ma］比较相似（图4-47），也与水口山矿床石榴子石 U-Pb 和辉钼矿 Re-Os 年龄以及花岗闪长岩中的锆石 U-Pb 年龄在误差范围内一致［（154±2）~（158.8±1.8）Ma］，表明水口山和康家湾铅锌成矿是水口山花岗质岩浆活动的产物，上述矿化可能属于同一岩浆热液成矿系统。

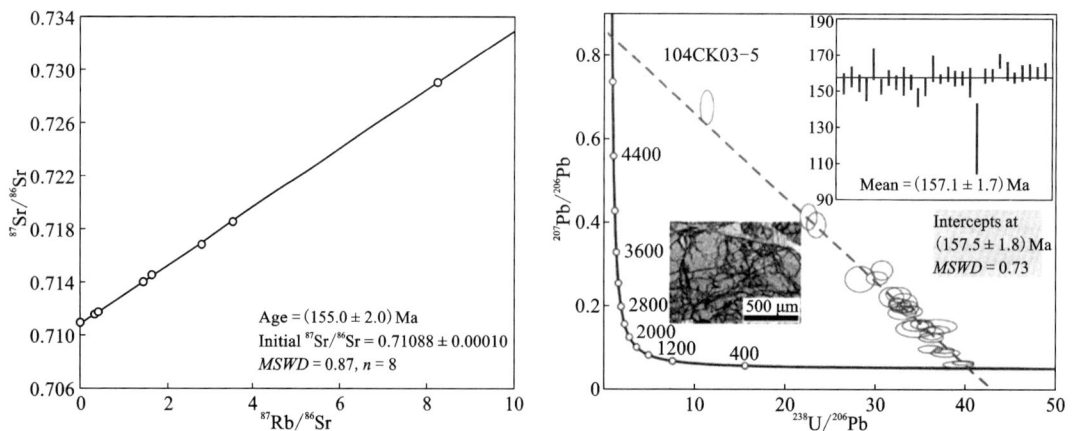

图4-47 康家湾矿床闪锌矿 Rb-Sr 年龄和石榴子石 U-Pb 年龄（扫章首码查看彩图）

（据左昌虎，2015；Qin et al.，2022）

此外，前人对水口山矿区矽卡岩型铜铁矿石中黄铁矿开展了 Re-Os 同位素测年，计算得其等时线年龄为（140.4±7.5）Ma（Li et al.，2021），较上述成矿年龄和成岩年龄年轻约 18 Ma；同时，根据内部资料，康家湾矿床同样存在一期 140 Ma 左右的热液成矿作用，表明本区可能还存在一期约 140 Ma 的热液叠加矿化事件，且水口山（老鸦巢）和康家湾矿床可能属于同一成矿系统，并均存在两期矿化叠加。根据黄铁矿 Re-Os 测年结果计算得水口山矿床黄铁矿的 $^{187}Os/^{188}Os$ 初始值为 5.8±1.8，远大于原始上地幔中 $^{187}Os/^{188}Os$ 初始值（0.1296±8），表明其主要来源于地壳。此外，衡阳盆地北缘的衡山岩体和南部的大义山复式岩体以及附近的茶陵邓阜仙-锡田地区也存在约 140 Ma 的岩浆热液成岩成矿事件，暗示本区可能存在约 140 Ma 的岩浆热液成矿事件。

4.3.5　成矿作用及成矿模式

4.3.5.1　成矿作用与矿床成因

水口山矿田内花岗闪长岩岩浆侵位活动与成矿关系最为密切，综合地质特征和 C、H、O 同位素及微量元素地球化学特征推断，与花岗闪长岩体对应的岩浆侵入活动为成矿作用提供了必要的成矿物质、热液和热量。矿区内断裂构造的性质主要为逆冲断裂组成的双层结构推覆构造，为本区重要的控岩控矿构造。另外，岩体与围岩的侵入接触构造以及水口山-康家湾铅锌铜铁（金）矿区发育的复式褶皱的层间滑脱面也为含矿流体的运移、矿物质的沉淀及岩体和矿体的就位提供了有利条件。二叠系下统栖霞组和当冲组岩性以灰岩为主，含燧石和碳质较多，岩性不纯，易于破碎，且化学性质活泼，在岩体侵位时易于发生热液接触交代作用形成矽卡岩，为水口山铅锌多金属矿床重要的赋矿部位。

康家湾铅锌矿床中硫化物地球化学特征显示主要成矿物质来源为花岗闪长岩，二叠系碳酸盐地层可能提供部分成矿物质，金属硫化物中硫同位素组成接近于零，与岩浆热液硫同位素相近，矿石中 Pb 主要来源于上地壳，与花岗闪长岩相同，结合 H、C、O 同位素分析，成矿时可能存在大气降水的混入。康家湾铅锌矿床包裹体岩相学及显微测温结果显示，其包裹体特征与典型的岩浆热液型多金属矿床流体包裹体相似，为厘定康家湾矿床成因提供了依据。康家湾铅锌矿区的成矿流体为中温、中等盐度、$H_2O+NaCl$ 体系，与水口山矿区具有一定的相似性，暗示两个矿区可能是同一套成矿流体的产物，且具有相同的成矿演化过程。

对矿床地质地球化学特征、流体包裹体特征及成因矿物学特征方面的研究认为，水口山铅锌矿床成矿作用主要为岩浆热液接触交代，属于与燕山期岩浆侵入活动有关的矽卡岩型矿床，康家湾矿床可能是约 158 Ma 水口山-康家湾地区矽卡岩型多金属成矿的远端产物，二者共同构成水口山-康家湾矽卡岩型铅锌铁（金）成矿系列。水口山矿区的成矿金属元素主要为一套中高温的铅锌铜铁（金）组合，而康家湾矿区呈现出中低温的铅锌（金）成矿元素组合，二者之间的差异可能是由距离与岩浆有成因联系的成矿中心的远近不同所致，距离成矿中心越近（水口山），成矿温度相对较高，反之越低（康家湾）。

4.3.5.2　成矿过程与成矿模式

衡阳盆地属于华南褶皱系赣湘桂粤褶皱带的一部分，形成于华南加里东褶皱系几个不同大地构造单元的交会处，是受不同基底断裂的影响而形成的坳陷盆地，盆地内断裂构造发育，具有多期次活动的特征。基于对衡阳盆地区域地质背景、典型矿床地质特征及控矿因素的总结，本次研究建立了一个有关衡阳盆地矿床成因类型的成矿模式，即矽卡岩型-热液型-层控型矿床(远端矽卡岩)成矿模式(图4-48)。

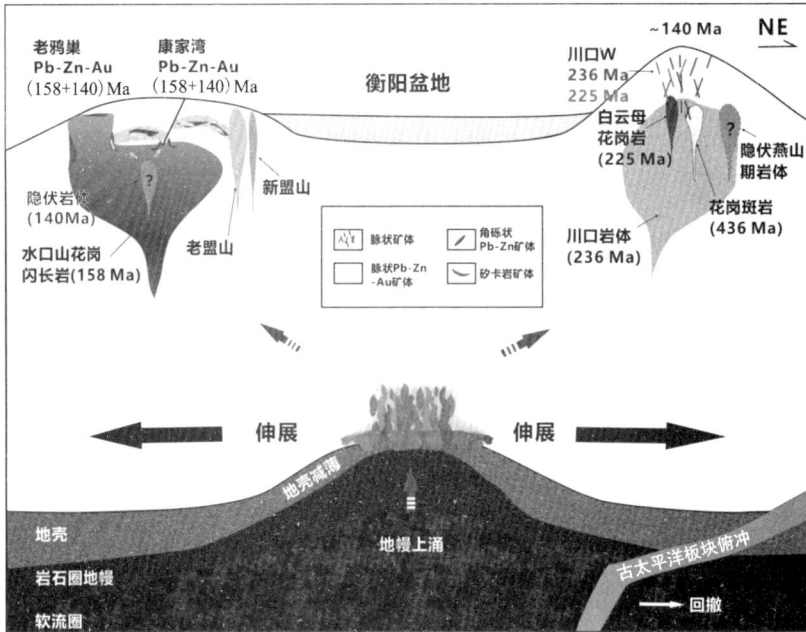

图4-48　水口山矿田成矿模式图(扫章首码查看彩图)

三叠纪晚期印支地块、华南地块与华北地块碰撞对接，整个华南地区岩石圈大幅度加厚，之后到侏罗纪早期出现局部裂解，到白垩纪全面伸展。岩石圈的全面拉张-减薄，导致地幔物质上涌，岩浆底侵，引发大规模的地壳熔融，同时引起大规模的岩浆活动和成岩成矿作用。原始岩浆自深部岩浆房沿深断裂上升侵位，形成本区中酸性侵入岩。在此过程中，岩浆分异出成矿热液流体，在运移过程中，与沿断裂下渗的大气降水混合，再受岩浆热能驱动而发生对流循环，交代围岩并萃取成矿物质。成矿热液流体在岩体与灰岩接触带部位发生接触交代作用，产生不同组合的矽卡岩矿物及矿体，形成矽卡岩型矿床。成矿热液流体迁移至地层中的断裂裂隙构造中，发生交代或充填作用，构成以石英-硫化物脉或碳酸盐-硫化物脉为特征的矿体，形成热液型矿床。衡阳盆地西侧关帝庙岩体内部的煌斑岩具有明显的金矿化可作为证据，Zhao et al. (2017)研究得到关帝庙岩体周边及其内部的云斜煌斑岩和云煌岩中Ag、Au丰度为地壳丰度的数十倍，暗示着地幔很有可能是该区域金、银矿化的来源。前人对衡阳盆地的基性岩进行定年，得到4组年龄，分别为153 Ma、133 Ma、92 Ma和81~76 Ma，因此早白垩世的基性岩浆活动很可能是地幔在衡阳盆地活动的证据，也极有可能为水口山和康家湾矿床的Au矿化提供了物质来源。

4.3.6 教学安排

4.3.6.1 需要详细观察和了解的典型现象

1) 典型矿体及控矿构造

康家湾铅锌金银多金属矿体产于 F_{22} 断裂下盘，为隐伏矿体，赋存康家湾隐伏背斜，二叠系当冲组、栖霞组灰岩硅化角砾岩带为主要的赋矿层位。矿化带呈 NNE 走向，长度超过 6000 m，矿体控制长度为 3100 m，宽度为 150~700 m，受康家湾背斜以及层间破碎带或构造破碎带的影响产状变化较大。根据矿体的产出位置、层位和规模划分了 7 个矿体群，如图 4-49 所示。

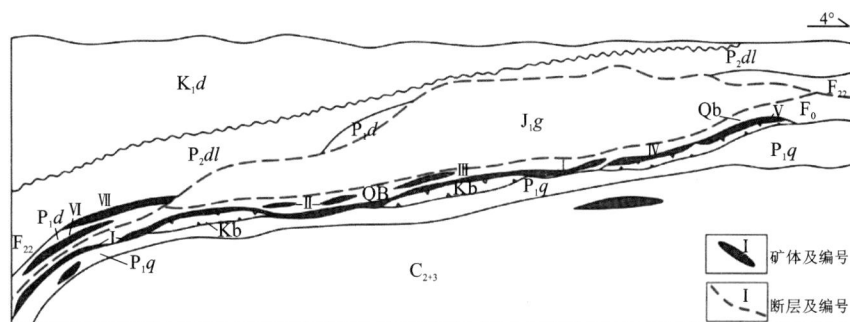

K_1d-白垩系东井组；J_1g-侏罗系高家田组；P_2dl-二叠系斗岭组；P_1d-二叠系当冲组；P_1q-二叠系下统栖霞组；C_{2+3}-石炭系；Qb-硅化破碎带；Kb-岩溶角砾岩；Ⅰ-矿体及编号；F-断层。

图 4-49 康家湾矿床纵剖面图(扫章首码查看彩图)

(据左昌虎，2015)

Ⅰ号矿体群为矿区最大规模矿体群，赋存于层间硅化破碎角砾岩带内，由多个铅锌矿体和硫铁矿体组成，呈透镜状、囊状、似层状，沿走向、倾向具分支复合、膨胀缩小的趋势，主矿体由Ⅰ-1(1)、Ⅰ-1(2)、Ⅰ-1(3)、Ⅰ-1(4)矿体组成(图 4-50)。其中Ⅰ-1(4)号矿体为康家湾第二大矿体，产于背斜东翼，走向近南北向，倾角 20°~55°，控制长度 950 m，宽度 19~210 m，平均厚度 6.41 m，矿体的平均品位为 Pb 3.21%，Zn 4.23%。

Ⅳ号矿体群是康家湾目前保有规模最大矿体群，产于康家湾隐伏倒转背斜东翼，赋存于硅化角砾岩带内，由Ⅳ-1(1)、Ⅳ-1(2)、Ⅳ-1(3)、Ⅳ-2、Ⅳ-3 五个矿体组成，Ⅳ-1(1)和Ⅳ-3 为主矿体。Ⅳ-1(1)控制长度为 930 m，宽度 7~291 m，平均厚度 4.76 m，矿体走向和倾向局部出现分支复合、尖灭再现，平均品位 Pb 为 3.94%，Zn 为 4.49%。Ⅳ-3 号矿体是目前矿床内品位最高、规模最大的铅锌多金属矿体，矿体控制长度达到 860 m，宽度 33~174 m，平均厚度 6 m 左右，平均品位 Pb 为 6.38%，Zn 为 4.77%，并伴生金、银、硫等多种元素(图 4-50)。

2) 典型岩矿石

康家湾矿床按照矿石组构特征可以划分为石英-黄铁矿-方铅矿-闪锌矿矿石[图 4-51(a)]、方解石-黄铁矿-方铅矿-闪锌矿矿石[图 4-51(b)]。

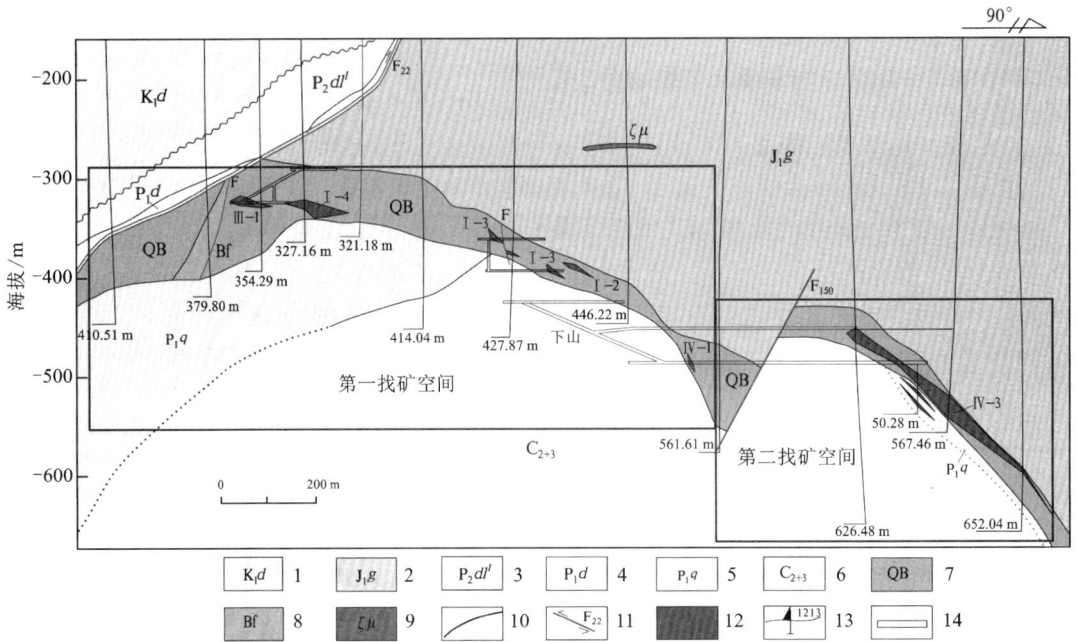

1—白垩系东井组；2—侏罗系高家田组；3—二叠系千岭组；4—二叠系当冲组；5—二叠系栖霞组；6—石炭系壶天群；7—硅化破碎带；8—断层破碎带；9—英安玢岩；10—地质界线；11—断层；12—铅锌矿体；13—钻孔及编号；14—穿脉。

图4-50 康家湾矿床119线剖面图(扫章首码查看彩图)

(据陈平波等，2023)

(a) 石英-黄铁矿-方铅矿-闪锌矿矿石　　(b) 方解石-黄铁矿-方铅矿-闪锌矿矿石

Py—黄铁矿；Sp—闪锌矿；Gn—方铅矿；Qtz—石英；Cal—方解石。

图4-51 康家湾矿床矿石类型(扫章首码查看彩图)

3）其他典型地质现象

矿区深部和南部还发育矽卡岩化(图4-52。Qin et al.，2022)。岩石蚀变分带不明显，深部以矽卡岩化和角岩化为主，中部以硅化为主，浅部为绿泥石化、迪开石化和碳酸盐化。硅化或矽卡岩化伴有碳酸盐化时常常发生矿化。

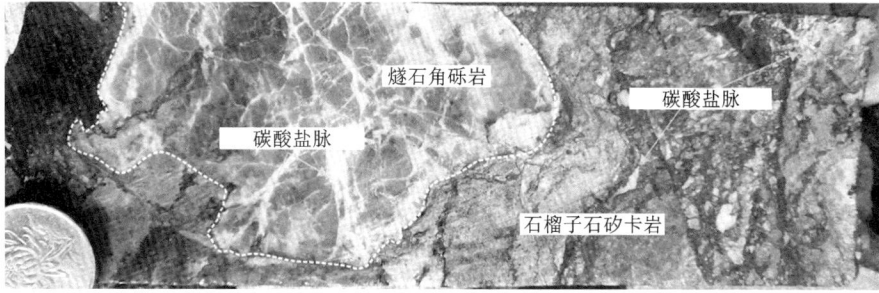

图 4-52　康家湾矿床深部的矽卡岩化照片（扫章首码查看彩图）

（据 Qin et al.，2022）

4.3.6.2　思考题

（1）康家湾铅锌矿床深部是否存在隐伏岩体？如果存在，该隐伏岩体与康家湾矿床的形成是否存在成因联系？

（2）准确厘定铅锌矿床的形成时间是一个国际难题，如何有效地约束康家湾铅锌矿床乃至整个衡阳盆地铅锌矿床的形成时间？

4.4　衡阳盆地盐田桥热液脉型铜多金属矿床

4.4.1　多金属自然地理概况

盐田桥铜矿床距衡阳县城（西渡）直线距离 26 km，行政上隶属于衡阳县渣江镇管辖。矿区西部有县级公路（X045）通过，可直通衡阳县城，公路里程约 45 km，且东部有新建的许广高速公路经过，具备便利的陆地交通条件（图 4-53）。矿区为山地丘陵地貌，海拔多在 80～280 m，最高海拔约 340 m，植被覆盖茂密，可视条件相对较差。矿区主要水系为地处矿区西部的蒸水河支流——岳沙河，岳沙河自北部石市起源，往南汇入蒸水河，河面平均宽度 10 m，平均海拔为 78 m，水位无明显变动，是矿区灌溉、饮用的主要水源。

4.4.2　区域地质背景

盐田桥铜多金属矿床大地构造位于上扬子陆块武陵-雪峰断隆与下扬子

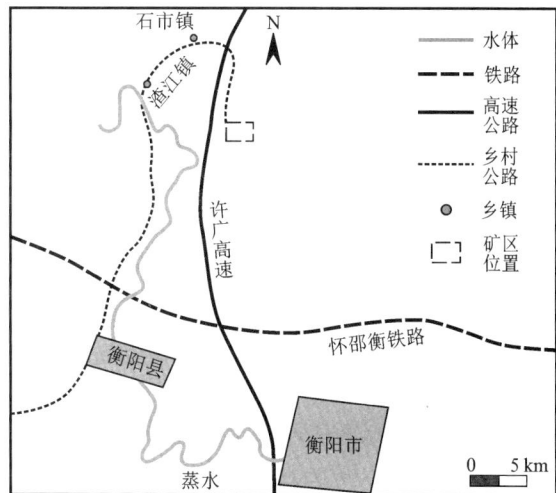

图 4-53　盐田桥铜多金属矿床交通位置简图

陆块湘中基底残块带交会部位的衡阳盆地北部(图4-54)。强烈的构造-岩浆活动为成矿提供了良好的地质条件,北东向区域性长寿-衡山-观音阁断裂带贯穿整个矿区,沿该断裂带由北东至南西依次产出黑石砣、盐田桥、谭子山、白鹤铺、留书塘等多个铜铅锌多金属矿床,该成矿带近年来找矿工作成绩显著。

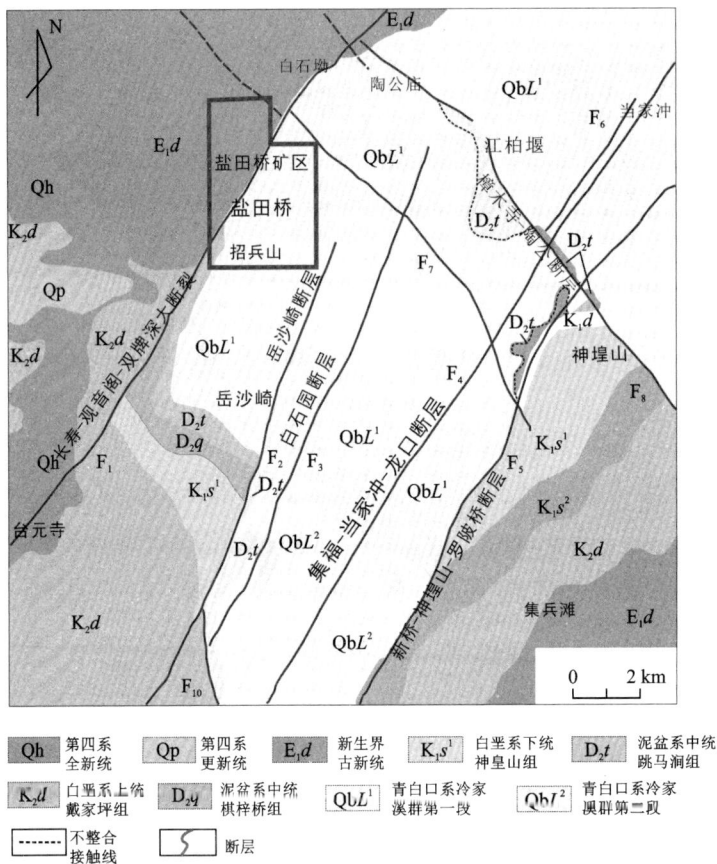

图4-54　盐田桥铜多金属矿床区域地质图(扫章首码查看彩图)

(据何友宇等,2016)

衡阳盆地出露地层由老至新为青白口系冷家溪群、青白口系板溪群、震旦系、泥盆系、白垩系及第四系。根据区域构造形迹及展布方向,区域构造可分为北东向构造带和北西向构造带,以北东向构造带为主,走向20°~30°。区内经历了多期次和多种陆源碰撞活动,岩浆活动频繁(李鹏春等,2005;马铁球等,2012),岩浆岩广泛发育,受北东向断裂的控制,发育一系列北东向岩体,其中,规模较大的为南岳岩体和白石峰岩体。南岳岩体为燕山早期第一阶段(γ_5^{2-a})形成的岩体,锆石U-Pb年龄为140 Ma(马铁球等,2013)。白石峰岩体为燕山早期第二阶段(γ_5^{2-b})侵入体,岩性为细-中粒二云母花岗岩,岩体西部和板溪群地层接触发生混合岩化作用,形成混合岩化接触带。

4.4.3 矿床地质特征

4.4.3.1 矿区地质

矿区出露地层较为简单，以 F_1 断裂为界，F_1 断裂以东主要为青白口系冷家溪群第二段（QbL²）灰绿色板岩、绢云母化粉砂质板岩，F_1 断裂以西主要为白垩系上统戴家坪组（K_2d）底部的紫红色砂岩及上部的砂岩、泥岩地层，不整合于冷家溪群地层之上，第四系地层在整个矿区均有分布（图4-55），主要为松散的堆积物和残坡积物。

矿区内的构造以断裂构造为主，最主要的构造为区域性长寿-衡山-观音阁深大断裂带（矿区内称为 F_1 断裂）（图4-54）。该断裂主要产于冷家溪群地层和白垩系地层之间的不整合接触面部位，地层上盘为白垩系砂岩地层，下盘为冷家溪群地层。该断裂（F_1）具有多期次活动的特征，断裂规模大，长可达 5 km 以上，最宽可达 0.4 km，走向北东、倾向北西。由于多期次的构造活动，断裂内硅化极为发育，主要表现为多阶段的石英团块、石英脉，在地表表现为正地形（图4-56）。另外，该断裂上、下两盘部位岩石较为破碎，断裂内部角砾岩发育，常见冷家溪群板岩角砾、白垩系紫红色砂岩角砾[图4-57（a）（b）]，角砾常被石英胶结，构成硅化构造角砾岩带。硅化角砾岩带内黄铜矿、辉铜矿、黄铁矿、方铅矿呈浸染状分布于石英内，地表可见褐铁矿化、赤铁矿化及孔雀石化[图4-57（c）（d）]。

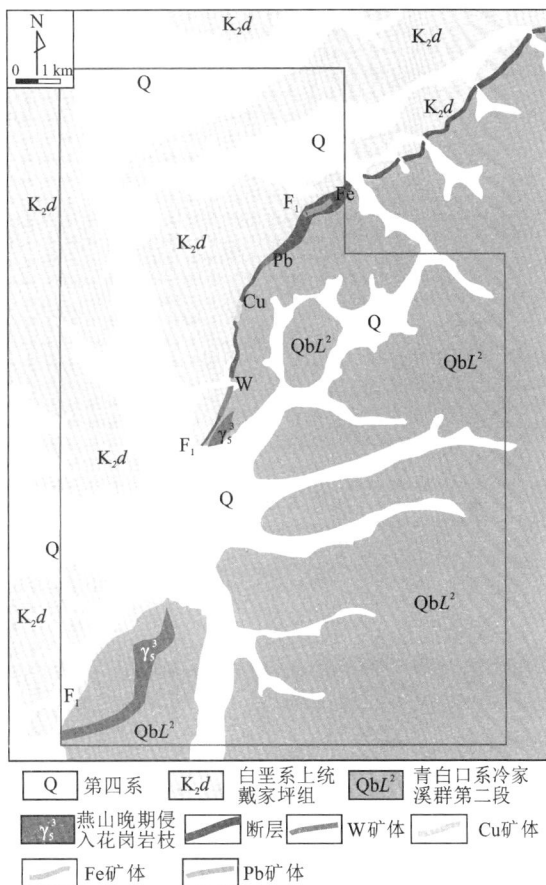

图 4-55 盐田桥矿区地质图（扫章首码查看彩图）

（据李振红等，2018）

图 4-56 F_1 断裂构造带地表出露情况（扫章首码查看彩图）

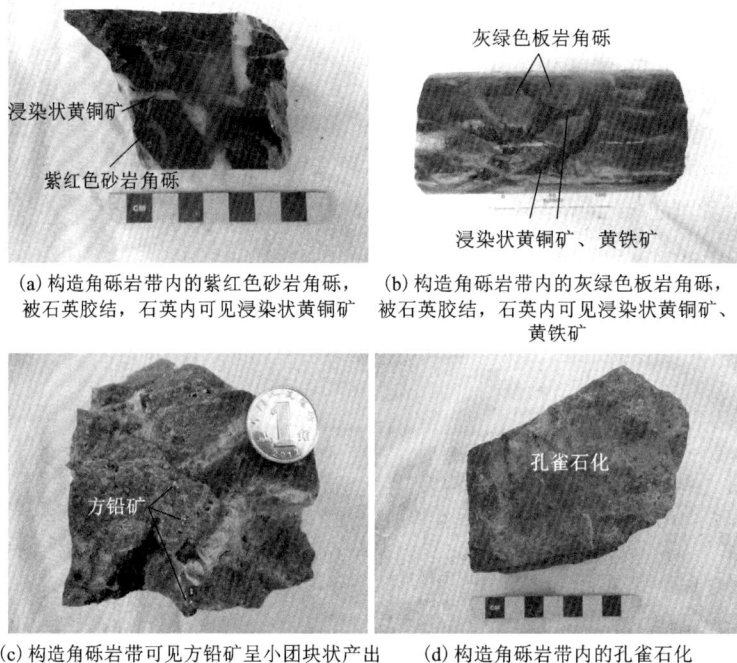

(a) 构造角砾岩带内的紫红色砂岩角砾,
被石英胶结,石英内可见浸染状黄铜矿

(b) 构造角砾岩带内的灰绿色板岩角砾,
被石英胶结,石英内可见浸染状黄铜矿、
黄铁矿

(c) 构造角砾岩带可见方铅矿呈小团块状产出

(d) 构造角砾岩带内的孔雀石化

图 4-57 F₁ 构造角砾岩带典型现象(扫章首码查看彩图)

矿区岩浆岩主要出露在招兵山地区,产于构造带下盘,为燕山晚期侵入 γ_5^3 花岗岩枝,长度可达 2800 余米,宽度最宽可达 200 m,中部大面积被稻田覆盖。岩浆岩岩性为黑云母花岗岩,浅色矿物主要有石英、长石,暗色矿物为角闪石及黑云母,斜长石呈半自形—他形晶,含量约 55%,发生绢云母化蚀变(图 4-58);石英含量约占 40%,大小为 2~4 mm,似斑状结构,块状构造。

4.4.3.2 矿体特征

盐田桥矿区共圈定铜矿体 4 个、铅矿体 2 个,局部伴生钨、锌矿。矿体形态以脉状和透镜状为主,受北东向断裂构造带严格控制,矿体较为连续,厚度较大,品位中等,并随着深度增加矿体品位有逐渐升高的趋势。

1)铜矿体特征

区内已探明的较大的铜矿体包括 Cu I 、Cu II 、Cu III 及 Cu IV 四个矿体,都赋存于 F₁ 硅化角砾岩带内,受断裂控制,其中,最大的铜矿体为 Cu I 矿体。

Cu I 矿体长度为 510 m,斜深 80~167 m,矿体厚度 2.03~13.98 m,产状 310°∠40°,在构造膨胀部位矿体厚度变大,平均厚度 7.07 m。矿体品位为 0.45%~2.57%,平均品位为 0.91%,矿化分布较均匀。

Cu II 矿体呈透镜状,产状 310°∠40°,矿体长 100 m,斜深 0~80 m,矿体厚度 1.55 m,Cu 平均品位为 0.49%。矿体硅化强烈,黄铁矿化发育。

Cu III 矿体呈透镜状,硅化中等,产状为 290°∠32°。矿体长 100 m,斜深 0~80 m,矿体平

(a) 发生绢云母化的斜长石

(b) 斜长石呈半自形柱状晶形，发生弱绢云母化，局部被细小的白云母交代

(c) 具格子双晶的微斜长石

(d) 黑云母发生绿泥石化

图 4-58　盐田桥矿区岩浆岩显微特征(扫章首码查看彩图)

均厚度 2.44 m，Cu 平均品位 0.97%，石英脉发育，可见少量方铅矿。

Cu IV 矿体赋存于 F_1 构造带下部花岗碎裂岩中，矿体呈透镜状，产状为 290°∠31°。矿体长 100 m，斜深 0~80 m，矿体厚度为 1.37 m，Cu 平均品位为 0.54%。

2) 铅矿体特征

铅矿体严格受 F_1 控制，主要为 Pb II 矿体，次为 Pb III 矿体。

Pb II 矿体与 Cu I 矿体、Cu II 矿体、Cu III 矿体基本平行产出，都产在 F_1 硅化角砾岩带之中，方铅矿呈自形粒状分布，矿体与构造产状基本一致，为 290°∠28°~32°。矿体长 485 m，斜深 80~310 m，矿体厚度为 0.76~8.13 m，平均厚度 3.39 m。

Pb III 矿体赋存于 F_1 断裂构造下部花岗碎裂岩或钠长岩中，呈浸染状、粒状分布，矿体与构造产状基本一致，为 290°∠30°~32°，矿体长 285 m，斜深 80~262 m，矿体厚度为 1.72~3.39 m，平均厚度 2.57 m。该矿体为 Pb II 矿体下部的平行矿体。

3) 钨矿体

W III 矿体位于 8 号勘探线，由 TC0801 控制，矿体厚度约为 1.55 m，品位为 0.14%，产于 F_1 下部碎裂岩带中。

4.4.3.3　矿石特征

(1) 矿石类型。盐田桥铜多金属矿床中铜的矿石类型主要有石英脉型铜矿石、角砾岩型铜矿石和蚀变岩型铜矿石(图 4-59)。①石英脉型铜矿石：表现为 F_1 断裂破碎带中充填有含铜石英脉，脉壁曲折，石英颜色为灰白色、烟灰色，零星可见黄铁矿、磁铁矿等矿物。②角砾岩型铜矿石：表现为早期的板岩破碎形成的构造角砾被石英胶结，黄铁矿、黄铜矿主要以浸染状赋存于板岩角砾和石英中。③蚀变岩型铜矿石：表现为黄铜矿、黄铁矿呈稀疏浸染状分布在蚀变板岩中，矿石可见硅化、黄铁矿化、孔雀石化、重晶石化等蚀变类型，黄铁矿及黄铜矿呈浸染状、团块状分布。

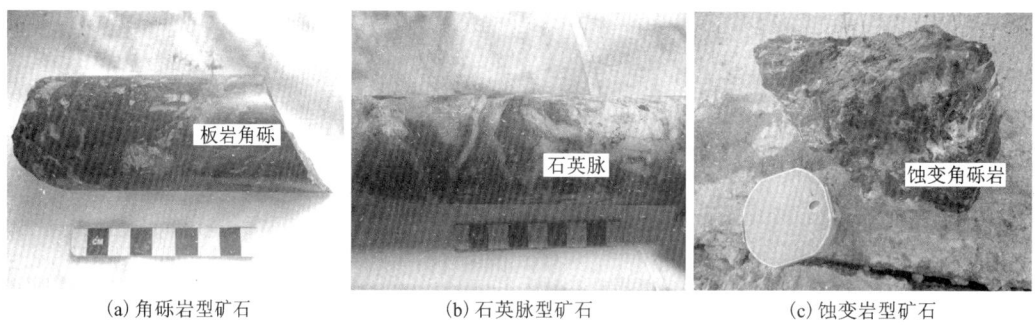

(a) 角砾岩型矿石　　　　　(b) 石英脉型矿石　　　　　(c) 蚀变岩型矿石

图 4-59　盐田桥铜多金属矿床典型矿石类型（扫章首码查看彩图）

（2）矿物组成。矿石中主要金属矿物为辉铜矿、黄铜矿、黄铁矿、闪锌矿、方铅矿、辉银矿等，次为蓝辉铜矿、铜蓝等，伴生矿物主要为黄铁矿、白钨矿，脉石矿物主要为石英、重晶石等。

（3）矿石组构。盐田桥矿床典型矿石结构主要有自形-半自形粒状结构、他形粒状结构、包含结构、交代溶蚀结构。矿石构造可以分为浸染状构造、细脉状构造、角砾状构造以及网脉状构造（图 4-60）。

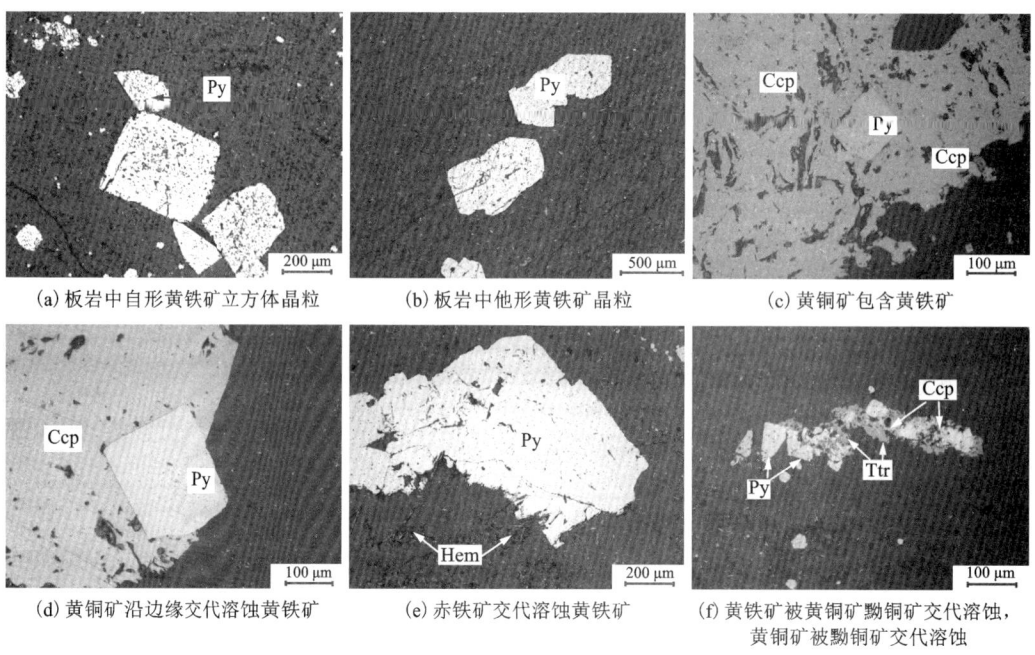

(a) 板岩中自形黄铁矿立方体晶粒　　(b) 板岩中他形黄铁矿晶粒　　(c) 黄铜矿包含黄铁矿

(d) 黄铜矿沿边缘交代溶蚀黄铁矿　(e) 赤铁矿交代溶蚀黄铁矿　(f) 黄铁矿被黄铜矿黝铜矿交代溶蚀，黄铜矿被黝铜矿交代溶蚀

Py—黄铁矿；Ccp—黄铜矿；Hem—赤铁矿；Ttr—黝铜矿。

图 4-60　盐田桥铜多金属矿床典型矿石结构（扫章首码查看彩图）

4.4.3.4　围岩蚀变

盐田桥围岩蚀变类型主要有硅化、孔雀石化、重晶石化。招兵山地段硅化强烈，重晶石化发育，重晶石化和铅矿化密切相关(图 4-61)。

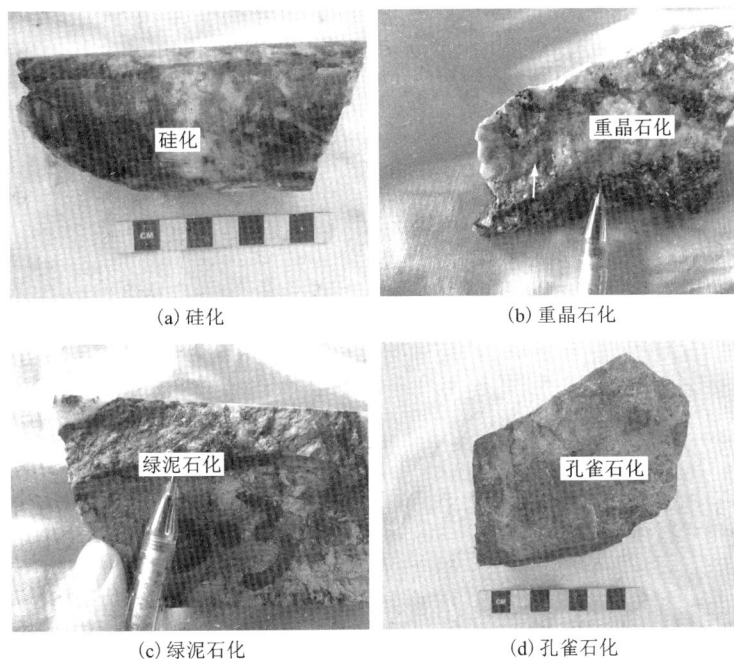

(a) 硅化　　　　　　　　　　(b) 重晶石化

(c) 绿泥石化　　　　　　　　(d) 孔雀石化

图 4-61　盐田桥铜多金属矿床典型围岩蚀变(扫章首码查看彩图)

4.4.3.5　成矿期次

盐田桥铜多金属矿床矿体主要呈脉状产于 F_1 断裂带内，表现出明显的热液充填交代成矿的特征，根据矿体(脉)的宏观产出特征、矿物共生组合及矿石组构(图 4-62)，将该矿床成矿过程划分为 3 个成矿阶段：石英-黄铜矿-黄铁矿阶段、石英-多金属硫化物阶段和石英-黄铜矿-方铅矿阶段。

(1)石英-黄铜矿-黄铁矿阶段(Ⅰ)。该阶段主要可见乳白色石英细脉，金属硫化物主要为黄铜矿、黄铁矿，脉壁较窄，呈复杂扭曲状，在矿区内广泛分布。

(2)石英-多金属硫化物阶段(Ⅱ)。该阶段形成的金属硫化物主要包括黄铜矿、黄铁矿、辉铜矿及闪锌矿等，石英主要呈乳白色和烟灰色，石英脉壁较厚，金属硫化物呈浸染状分布于石英脉中，该阶段是铜矿化的主要阶段。

(3)石英-黄铜矿-方铅矿阶段(Ⅲ)。该阶段金属硫化物主要为黄铜矿、方铅矿，石英脉壁较窄，呈乳白色，黄铜矿和方铅矿呈斑点状或星点状分布于石英脉中，相比石英-多金属硫化物阶段，该阶段黄铜矿含量较少。

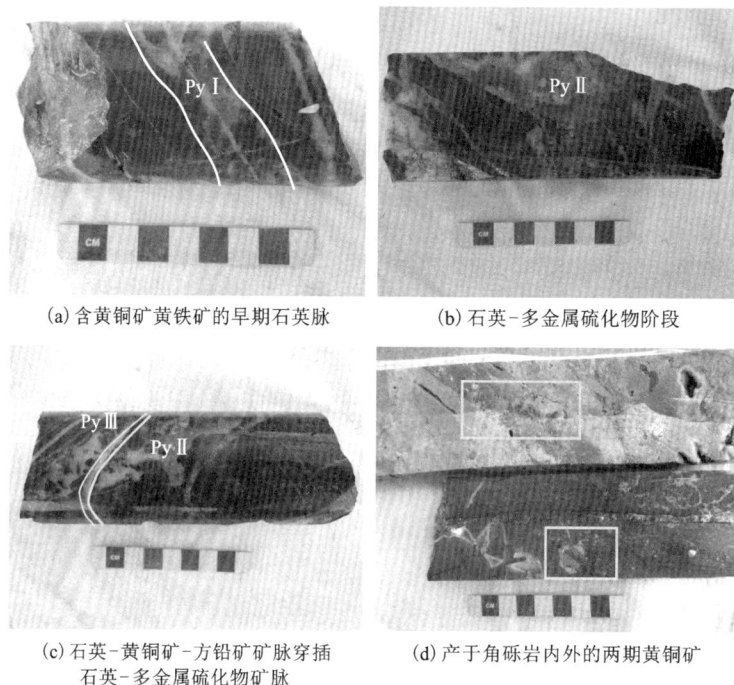

(a) 含黄铜矿黄铁矿的早期石英脉

(b) 石英-多金属硫化物阶段

(c) 石英-黄铜矿-方铅矿矿脉穿插石英-多金属硫化物矿脉

(d) 产于角砾岩内外的两期黄铜矿

图 4-62 盐田桥铜多金属矿床成矿脉间的穿插关系(扫章首码查看彩图)

4.4.4 矿床地球化学特征

4.4.4.1 H-O 同位素

为揭示成矿流体来源,开展了石英和方解石 H-O 同位素组成测试。首先从矿石样品中挑选石英方解石矿物颗粒,经破碎研磨至 60 目,在体视显微镜下检查,保证纯度达 99%。氢同位素分析:将样品在低温真空条件下去除石英表面的吸附水,之后在 400 ℃真空环境下利用爆裂法提取石英中的水,再与金属 Zn 反应生成 H_2,最后利用 MAT-251 型质谱仪进行分析。氧同位素分析:将样品在 500~680 ℃真空环境下与 BrF_5 反应生成 O_2,之后反应制成 CO_2,利用 MAT-251 型质谱仪进行分析。氢氧同位素的标样均为 V-SMOW,分析精度为 ±0.2‰。石英方解石的 H-O 同位素测试结果见表 4-8。

表 4-8 衡阳盆地典型矿床 H-O 同位素组成

矿床	样号	矿物	$\delta^{18}O_{V-SMOW}$/‰	δD_{V-SMOW}/‰	$\delta^{18}O_{H_2O}$/‰	换算温度/℃	来源
水口山矿床	ZK2001-12	石英	14.5	-61	7	284	本书
	ZK2071-11	石英	17.8	-59.6	10.3		
	D016-10	方解石	12.8	-74.7	3	186	
	D016-11	方解石	15.5	-84.5	5.7		

续表4-8

矿床	样号	矿物	$\delta^{18}O_{V-SMOW}/‰$	$\delta D_{V-SMOW}/‰$	$\delta^{18}O_{H_2O}/‰$	换算温度/℃	来源
盐田桥矿床	ZK4003-2	石英	11.6	-59.2	5.4		本书
	ZK6202-1	石英	10	-53.8	3.8	319.3	
	ZK8803-6	石英	12.8	-51.6	6.6		
清水塘矿床	QST11-21	石英	8.4	-87.4	-8.1		路睿等, 2017
	QST12-23	石英	13.9	-87.2	-2.6	138.8	
	QST13-31	石英	14.2	-79.3	-2.35		
	QST14-27	石英	15.8	-80.5	0.63	153.5	

石英 H-O 同位素研究结果表明，成矿流体的 δD 值介于 -59.2‰ 和 -51.6‰ 之间，$\delta^{18}O_{V-SMOW}$ 值介于 10‰ 和 12.8‰ 之间，根据石英-水之间的 O 同位素分馏方程 $\delta^{18}O_{石英} - \delta^{18}O_{H_2O} = (3.34×10^6)/T^2 - 3.31$，可求得成矿阶段早期流体的 $\delta^{18}O_{H_2O}$ 值介于 3.8‰ 和 6.6‰ 之间，计算过程中所需要的换算温度取自对应阶段（Ⅰ阶段）的流体包裹体均一温度的算数平均值，在 $\delta D_{V-SMOW} - \delta^{18}O_{H_2O}$ 图解（图 4-63）上，H-O 同位素投影点主要在靠近岩浆水区域。

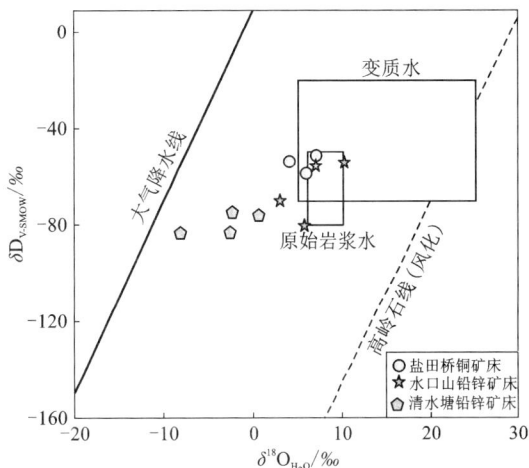

图 4-63 衡阳盆地典型矿床 H-O 同位素图解

(底图据 Taylor, 1974)

4.4.4.2 流体包裹体特征

流体包裹体岩相观察显示，盐田桥矿床发育三类包裹体：气液两相水溶液包裹体（W 型流体包裹体）、含 CO_2-H_2O 包裹体（C 型流体包裹体）以及含子矿物三相包裹体（S 型流体包裹体）。其中，S 型流体包裹体根据其所含子矿物的不同又可分为两个亚类：①S-Ⅰ型流体包裹体：子矿物主要为透明子矿物，其次可能还含有不透明子矿物[图 4-64(f)(g)]。②S-Ⅱ型包裹体：子矿物仅为不透明子矿物[图 4-64(h)]。

流体包裹体测温及盐度计算显示：石英-黄铜矿-黄铁矿阶段（Ⅰ）W 型包裹体均一温度范围为 288.1~354.1 ℃，盐度为 13.22%~15.55% NaCl equiv.；S 型包裹体气液相均一温度为 290.4~340.5 ℃，盐度范围为 42.31%~47.62% NaCl equiv.。石英-多金属硫化物阶段（Ⅱ）W 型包裹体均一温度范围为 218~289 ℃，盐度为 8.27%~12.07% NaCl equiv.；S 型包裹体的气液相均一温度为 248.8~287.5 ℃，盐度为 29.14%~33.55% NaCl equiv.；C 型包裹体均一温度为 288.0~302.0 ℃，盐度为 6.29%~8.77% NaCl equiv.。石英-黄铜矿-方铅矿阶段（Ⅲ）W 型包裹体均一温度范围为 158.1~251.6 ℃，盐度为 3.21%~7.01% NaCl equiv.（图 4-65）。

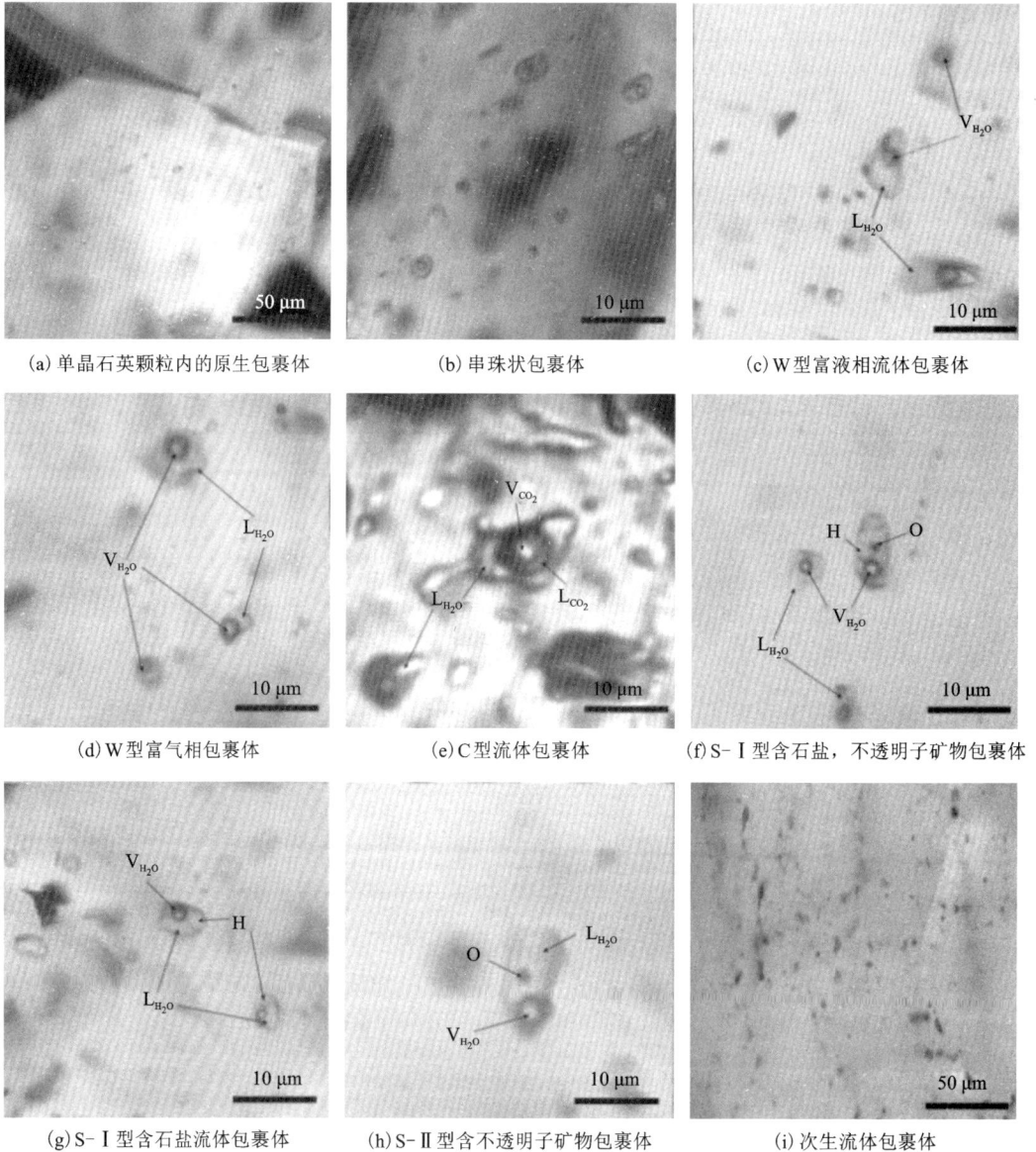

(a) 单晶石英颗粒内的原生包裹体　　　(b) 串珠状包裹体　　　(c) W型富液相流体包裹体

(d) W型富气相包裹体　　　(e) C型流体包裹体　　　(f) S-Ⅰ型含石盐，不透明子矿物包裹体

(g) S-Ⅰ型含石盐流体包裹体　　　(h) S-Ⅱ型含不透明子矿物包裹体　　　(i) 次生流体包裹体

V—气相；L—液相；V_{H_2O}—H_2O气相；L_{H_2O}—H_2O液相；V_{CO_2}—CO_2气相；L_{CO_2}—CO_2液相。

图4-64　盐田桥铜多金属矿床典型流体包裹体类型(扫章首码查看彩图)

4.4.4.3　黄铁矿微量元素特征

采用LA-ICP-MS对不同成矿阶段的黄铁矿(分别对应PyⅠ、PyⅡ和PyⅢ)开展原位微量元素测试。测试结果显示，从石英-黄铜矿-黄铁矿阶段至石英-多金属硫化物阶段黄铁矿中Co元素含量呈逐渐降低的变化规律，Ni、As、Se、Ag元素含量呈先降低后升高的变化规律，Pb、Zn元素含量呈先升高后降低的变化规律，Cu含量呈逐渐升高的变化规律。PyⅠ的Co/Ni值多数为1.17~5；PyⅡ的Co/Ni值绝大多数处于1.17~5；PyⅢ的Co/Ni值部分测点

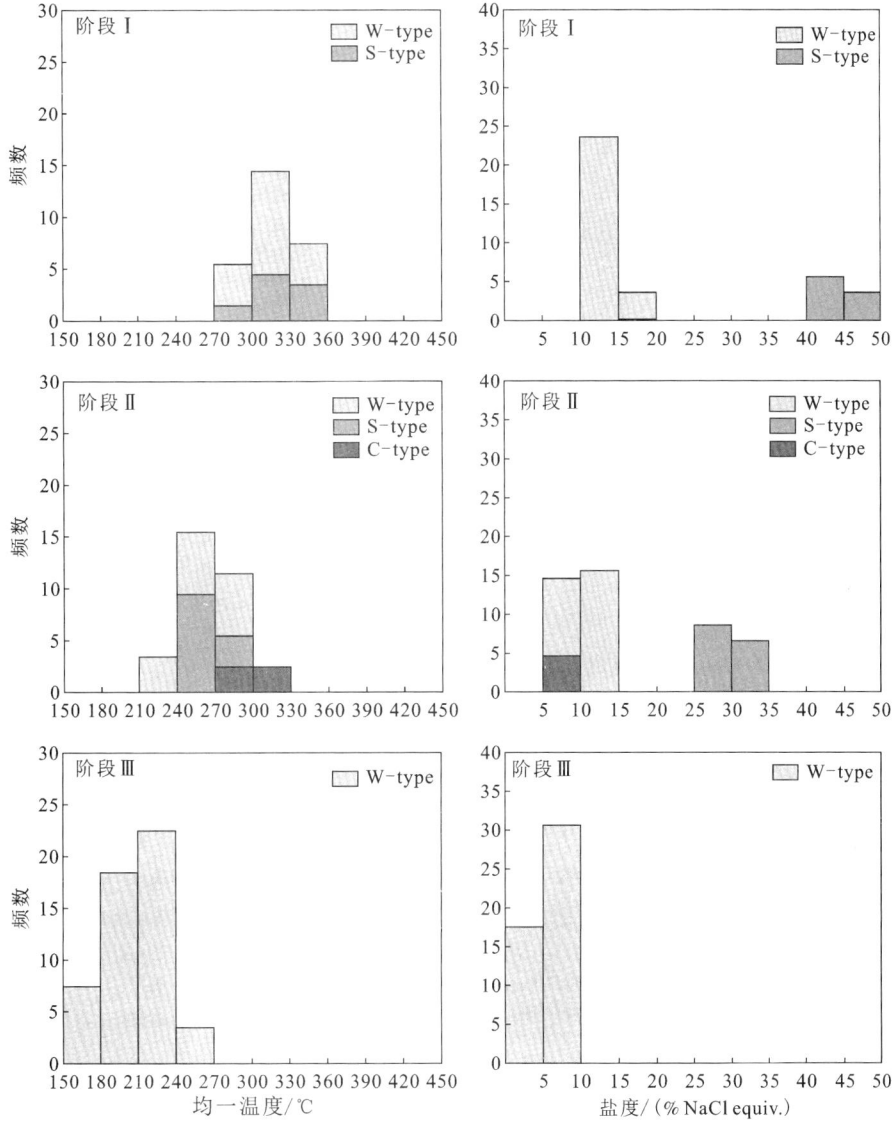

图 4-65 盐田桥铜多金属矿床不同成矿阶段流体包裹体均一温度和盐度直方图

低于 1，其余测点值为 1.17~5。Py I 、Py II 和 Py III 中 Se 的含量与岩浆热液成因黄铁矿中 Se 的含量基本一致。因此，盐田桥矿床不同阶段的黄铁矿属于岩浆热液成因。

4.4.5 成矿作用及成矿模式

综合矿床地质特征、地球化学特征及流体包裹体的研究成果，认为盐田桥铜多金属矿床成矿物质和成矿流体主要来自岩浆热液，后期有大气降水的加入。因此，盐田桥矿床是与燕山晚期岩浆侵入活动有关的中低温岩浆热液型铜多金属矿床。

在石英-黄铜矿-黄铁矿阶段和石英-多金属硫化物阶段发生了明显的流体不混溶作用，因此，认为流体不混溶作用是这两个阶段矿物沉淀的主要控制因素。同时，根据三个阶段的流体演化趋势，可以看出流体的温度随着成矿作用的进行逐渐下降，温度的降低进一步促进了成矿物质的沉淀。石英-黄铜矿-方铅矿阶段，大气降水的加入、流体温度和压力的降低造成少量矿物的沉淀，紧接着成矿过程趋于结束。

综上所述，认为盐田桥铜多金属矿床金属沉淀的主要机制为成矿早—中期流体的不混溶作用，成矿晚期大气降水加入引发的温度降低和流体混合作用也是促成金属离子沉淀的原因之一。

4.4.6 教学安排

4.4.6.1 需要详细观察和了解的典型现象

1）典型矿体及控矿构造

Cu I 矿体是矿区范围内已控制的最大的铜矿体，赋存于 F_1 硅化角砾岩带内，位于 80#~64# 勘探线，由 ZK8001、ZK7201、ZK7202、ZK6401 四个钻孔控制，矿体控制长度为 510 m，斜深 80~167 m，矿体厚度为 2.03~13.98 m，平均厚度 7.07 m，厚度变化系数为 78%。矿体品位为 0.45%~2.57%，平均品位为 0.91%，品位变化系数为 78%，矿体分布较均匀。在 ZK7202 局部共生有钨矿体（WI），厚度为 0.99 m，品位为 0.175%。矿体严格受 F_1 硅化角砾岩带控制，呈脉状，产状 310°∠40°，在构造膨胀部位（ZK7202、ZK7201 附近）矿体厚度大（图 4-66）。

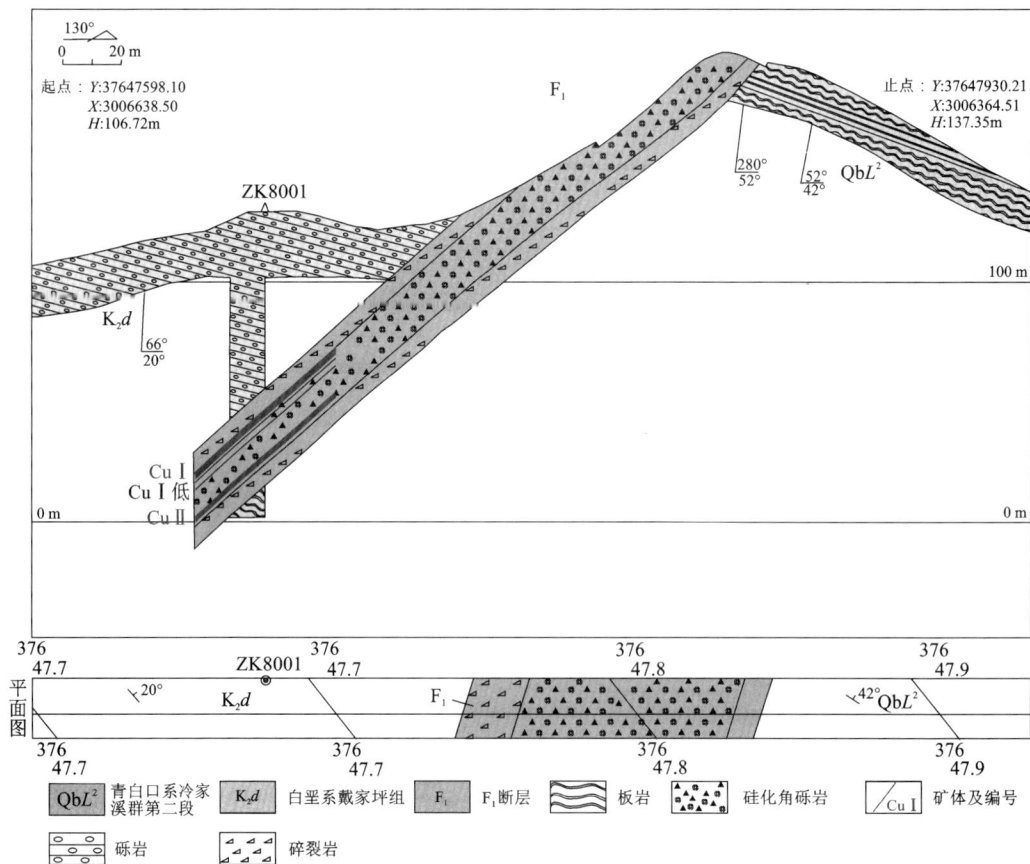

图 4-66 盐田桥铜多金属矿床 80 号勘探线剖面图（扫章首码查看彩图）
（据湖南省核工业地质局，2013）

2) 典型岩矿石

盐田桥矿床矿石中角砾发育且成分复杂，按角砾成分可划分为 3 期[图 4-67(a)]：Ⅰ期角砾，包括板岩和变质砂岩角砾，角砾磨圆度高，以椭圆状为主，胶结物呈红色，以铁硅质为主[图 4-67(b)(c)]；Ⅱ期角砾，成分为早期角砾+铁硅质、板岩、变质砂岩和紫红色砂岩，呈棱角-次棱角状，胶结物以铁硅质为主，还有少量的硅质、泥质；Ⅲ期角砾，成分主要为上述两期角砾+胶结物，胶结物为硅质[图 4-67(a)]。

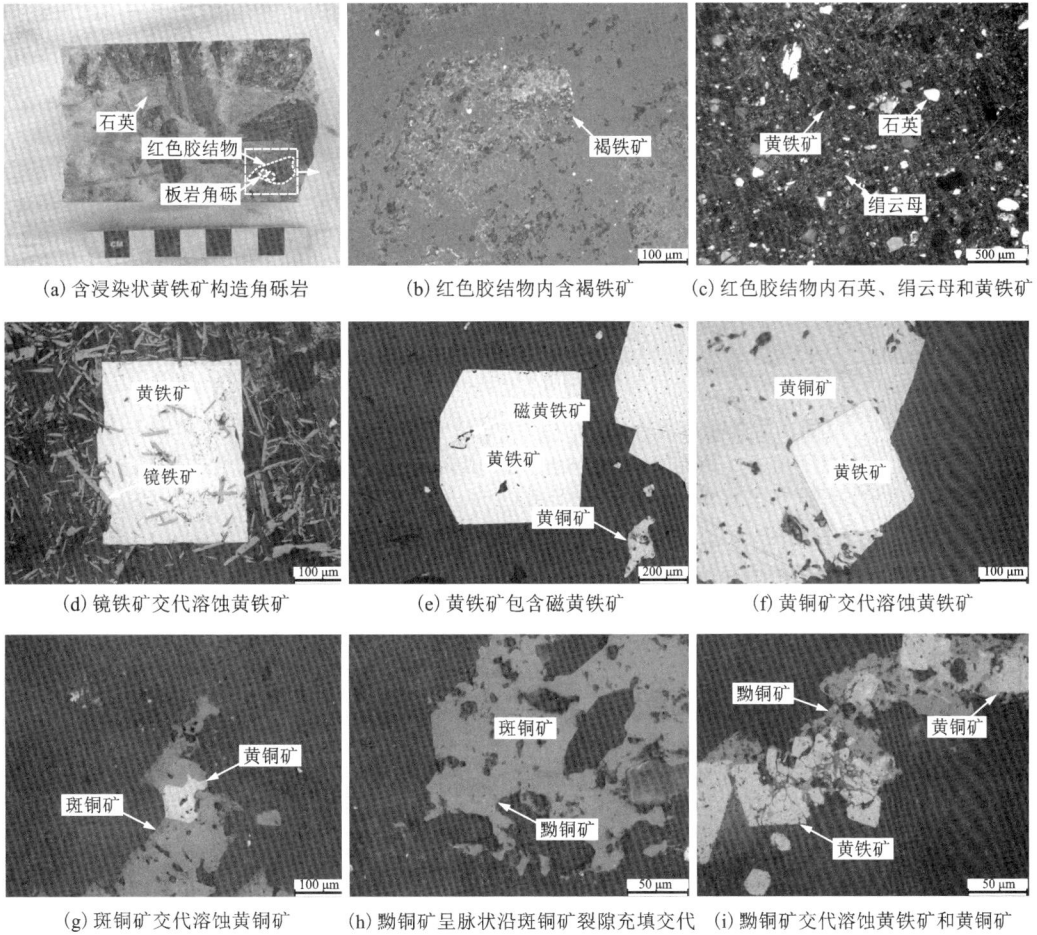

(a) 含浸染状黄铁矿构造角砾岩　(b) 红色胶结物内含褐铁矿　(c) 红色胶结物内石英、绢云母和黄铁矿

(d) 镜铁矿交代溶蚀黄铁矿　(e) 黄铁矿包含磁黄铁矿　(f) 黄铜矿交代溶蚀黄铁矿

(g) 斑铜矿交代溶蚀黄铜矿　(h) 黝铜矿呈脉状沿斑铜矿裂隙充填交代　(i) 黝铜矿交代溶蚀黄铁矿和黄铜矿

图 4-67　盐田桥铜多金属矿床矿物微观特征(扫章首码查看彩图)

矿区内矿化在水平方向和垂向上具有明显的分带特征，水平方向表现为沿 F_1 断裂带 NE 向以铜铁矿化为主，SW 向则铅锌矿化较为发育；垂向上表现为上部以铜矿化为主，下部以铁、钨矿化为主，具有岩浆热液的矿化分带特征，推测其含矿流体来源以岩浆热液为主，且岩浆为成矿物质的重要来源。另外，矿区岩浆岩发育广泛，且岩体内见有方铅矿化，进一步证明岩浆岩与成矿关系密切。

3) 其他典型地质现象

F_1 断裂带内可见硅化构造角砾岩，角砾成分以板岩为主，见有黄铁矿化、黄铜矿化、方铅矿化、重晶石化、硅化等。黄铁矿、黄铜矿呈浸染状分布于角砾岩内；方铅矿呈脉状和浸染状分布于重晶石脉内及石英脉内(图4-68)；重晶石呈脉状充填于硅化角砾岩带内的裂隙和砂岩裂隙内。

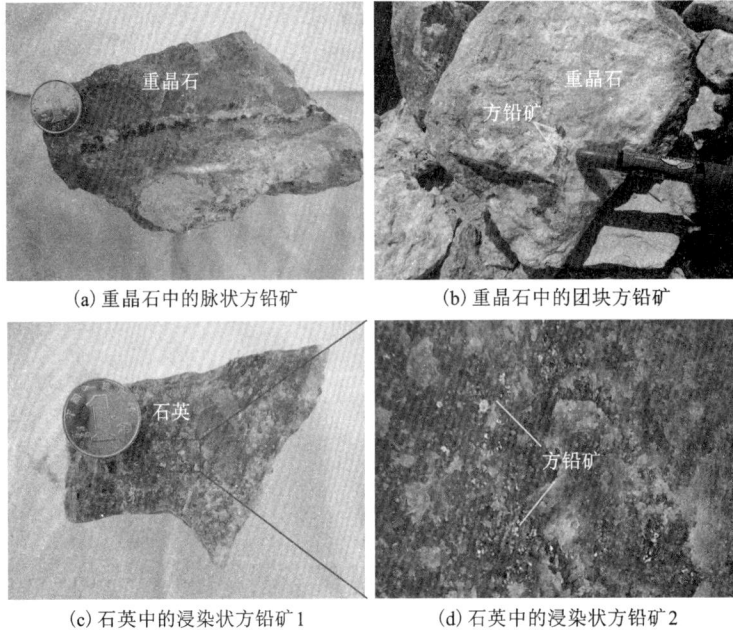

(a) 重晶石中的脉状方铅矿　　　　　　(b) 重晶石中的团块方铅矿

(c) 石英中的浸染状方铅矿1　　　　　(d) 石英中的浸染状方铅矿2

图4-68　盐田桥铜多金属矿床其他典型地质现象(扫章首码查看彩图)

4.4.6.2　思考题

(1)岩浆活动与成矿是否有成因联系？

(2)简述盐田桥矿床成因类型。

(3)试论述盐田桥矿床的成矿过程。

参考文献

[1] Chen X D, Li Y G, Li M T, et al. Ore geology, fluid inclusions, and C－H－O－S－Pb isotopes of Nagengkangqieergou Ag-polymetallic deposit, East Kunlun Orogen, NW China[J]. Geological Journal, 2020, 55: 2572-2590.

[2] Clayton R, O' Neil J, Mayeda T. Oxygen isotope exchange between quartz and water[J]. Journal of Geophysical Research, 1972, B77: 3057-3067.

[3] Ding T, Ma D S, Lu J J, et al. Petrogenesis of Late Jurassic granitoids and relationship to polymetallic deposits in southern China: The Huangshaping example [J]. International Geology Review, 2016, 58 (13): 1646-1672.

[4] Ding T, Tan T T, Wang J, et al. Ore genesis of the Huangshaping skarn W－Mo－Pb－Zn deposit, southern Hunan Province, China: insights from in situ LA－MC－ICP－MS sulphur isotopic compositions [J].

Geological Magazine, 2022, 159: 981-995.

[5] Einaudi M T, Hedenquist J W, Inan E E. Sulfidation state of fluids in active and extinct hydrothermal systems: transition from porphyry to epithermal environments [M]. In: Simmons SF, Graham (eds) Volcanic, Geothermal, and Ore-Forming Fluids: Rulers and Witnesses of Processes within the Earth. Society of Economic Geologists and Geochemical Society, Special Publication, 2003, 10: 285-313.

[6] Hou Z, Wang R. Fingerprinting metal transfer from mantle [J]. Nature Communications, 2019, 10 (1): 3510.

[7] Hou Z, Yang Z, Lu Y, et al. A genetic linkage between subduction-and collision-related porphyry Cu deposits in continental collision zones[J]. Geology, 2015, 43(3): 247-250.

[8] Hu X L, Gong Y J, Pi D H, et al. Jurassic magmatism related Pb-Zn-W-Mo polymetallic mineralization in the centralNanling Range, South China: geochronologic, geochemical, and isotopic evidence from the Huangshaping deposit[J]. Ore Geology Reviews, 2017, 91: 877-895.

[9] Kong H, Quan T J, Xi X S, et al. Geochemical characteristics of lamprophyre and its geological significance inBaoshan deposit, Hunan province, China (in Chinese with English abstract) [J]. Chinese Journal of Nonferrous Metals, 2013, 23(9): 2671-2682.

[10] Li D F, Tan C Y, Miao F Y, et al. Initiation of Zn-Pb mineralization in thePingbao Pb-Zn skarn district, South China: Constraints from U-Pb dating of grossular-rich garnet[J]. Ore Geology Reviews, 2019, 107: 587-599.

[11] Li H, Koichiro W, Kotaro Y. Geochemistry of A-type granites in theHuangshaping polymetallic deposit (South Hunan, China): Implications for granite evolution and associated mineralization[J]. Journal of Asian Earth Sciences, 2014, 88: 149-167.

[12] Li S B, Cao Y H, Song Z Y, et al. Zircon U-Pb and pyrite Re-Os isotope geochemistry of 'skarn-type' Fe-Cu mineralization at the Shuikoushan polymetallic deposit, South China: Implications for an early cretaceous mineralization event in the Nanling range[J]. Minerals, 2021, 11(5): 1-24.

[13] Li X F, Huang C, Wang C Z, et al. Genesis of the Huangshaping W-Mo-Cu-Pb-Zn polymetallic deposit in Southeastern Hunan Province, China: Constraints from fluid inclusions, trace elements, and isotopes[J]. Ore Geology Reviews, 2016, 79: 1-25.

[14] Liu S, Zhang Y, Ai G L, et al. LA-ICP-MS trace element geochemistry of sphalerite: Metallogenic constraints on theQingshuitang Pb-Zn deposit in the Qinhang Ore Belt, South China[J]. Ore Geology Reviews, 2022, 141: 104659.

[15] Mao J W, Cheng Y B, Chen M H, et al. Major types and time-space distribution of Mesozoic ore deposits in South China and their geodynamic settings[J]. Mineralium Deposita, 2013, 48(3): 267-294.

[16] Meinert L D, Dipple G M, Nicolescu S. World Skarn Deposits[M]. In Economic Geology 100th Anniversary Volume 1905-2005, Elsevier: Amsterdam, The Netherlands, 2005.

[17] Ohmoto H. Systematics of sulfur and carbon isotopes in hydrothermal ore deposits [J]. Economic Geology, 1972, 67(5): 551-578.

[18] Qin J H, Huang F, Zhong S H, et al. Unraveling evolution histories of large hydrothermal systems via garnet U-Pb dating, sulfide trace element and isotopic analyses: A case study ofShuikoushan polymetallic ore field, South China[J]. Ore Geology Reviews, 2022, 149: 105063.

[19] Richards J P. Postsubduction porphyry Cu-Au and epithermal Au deposits: Products of remelting of subduction-modified lithosphere[J]. Geology, 2009, 37(3): 247-250.

[20] Román N, Reich M, Leisen M, et al. Geochemical and micro-textural fingerprints of boiling in pyrite[J].

Geochimica et Cosmochimica Acta, 2019, 246：60-85.

[21] Scott S D, Barnes H L. Sphaleritegeothermometry and geobarometry[J]. Economy Geology, 1971, 66(4)：653-669.

[22] Taylor H P. The application of oxygen and hydrogen isotope studies to problems of hydrothermal alteration and ore deposition[J]. Economic Geology, 1974, 69(6)：843-883.

[23] Wang Y, Fan W, Zhang G, et al. Phanerozoic tectonics of the South China Block：Key observations and controversies[J]. Gondwana Research, 2013, 23(4)：1273-1305.

[24] Xie Y C, Lu J J, Ma D S, et al. Origin of granodiorite porphyry and mafic microgranular enclave in the Baoshan Pb-Zn polymetallic deposit, southern Hunan Province：Zircon U-Pb chronological, geochemical and Sr-Nd-Hf isotopic constraints[J]. Acta Petrologica Sinica, 2013, 29(12)：4186-4214.

[25] Zhao L J, Zhang Y, Shao Y J, et al. Using garnet geochemistry discriminating different skarn mineralization systems：Perspective from Huangshaping W-Mo-Sn-Cu polymetallic deposit, South China[J]. Ore Geology Reviews, 2021, 138：104412.

[26] Zhao P L, Yuan S D, Mao J W, et al. Zircon U-Pb and Hf-O isotopes trace the architecture of polymetallic deposits：A case study of the Jurassic ore-forming porphyries in the Qin-Hang metallogenic belt, China [J]. Lithos, 2017, 292：132-145.

[27] Zhou X M, Sun T, Shen W Z, et al. Petrogenesis ofmesozoic granitoids and volcanic rocks in South China [J]. A Response to Tectonic Evolution：Episodes, 2006, 29(1)：26-33.

[28] Zhu D P, Li H, Tamehe L S, et al. Two-stage Cu-Pb-Zn mineralization of the Baoshan deposit in southern Hunan, South China：Constraints from zircon and pyrite geochronology and geochemistry[J]. Journal of Geochemical Exploration, 2022, 241：107070.

[29] 艾昊.湖南黄沙坪多金属矿床成矿斑岩锆石U-Pb年代学及Hf同位素制约[J].矿床地质, 2013, 32(3)：545-563.

[30] 陈平波, 宛克勇, 桂祁零.湖南水口山矿田康家湾铅锌矿床地质特征及找矿思路[J].矿产与地质, 2023, 37(2)：220-227.

[31] 陈毓川, 裴荣富, 张宏良.南岭地区与中生代花岗岩类有关的有色、稀有金属矿床地质[J].中国地质科学院院报, 1990(1)：79-85.

[32] 程顺波, 吴志华, 刘重芃, 等.湖南省留书塘铅锌矿床S、Pb同位素特征及意义[J].地质通报, 2017, 36(5)：846-856.

[33] 何友宇, 姜必广, 覃金宁, 等.衡阳盆地北缘盐田桥矿区铜多金属矿地质-地球物理找矿模型研究[J].矿产与地质, 2016, 30(4)：646-651.

[34] 湖南省有色地质勘查局一总队.湖南省桂阳县宝山铅锌银矿接替资源勘查报告[R], 2010.

[35] 华仁民, 陈培荣, 张文兰, 等.南岭与中生代花岗岩类有关的成矿作用及其大地构造背景[J].高校地质学报, 2005(3)：291-304.

[36] 李鹏春, 许德如, 陈广浩, 等.湘东北金井地区花岗岩成因及地球动力学暗示：岩石学、地球化学和Sr-Nd同位素制约[J].岩石学报, 2005(3)：921-934.

[37] 李永胜, 张帮禄, 公凡影, 等.湖南康家湾大型隐伏铅锌矿床成因探：流体包裹体、氢氧同位素及硫同位素证据[J].岩石学报, 2021, 37(6)：1847-1866.

[38] 李永胜.湖南水口山铅锌金银矿田成矿作用研究[D].北京：中国地质大学(北京), 2012.

[39] 李振红, 赵亚辉, 周厚祥.硫同位素地质特征及其在湖南省铜矿床成矿物质来源示踪中的应用[J].华南地质与矿产, 2018, 34(1)：72-77.

[40] 卢友月, 杨长明, 程顺波, 等.湘南黄沙坪和宝山铅锌多金属矿床成矿时代及成矿物质来源：来自闪锌

矿 Rb-Sr 同位素的证据[J].华南地质，2022，38（3）：472-485.

[41] 路睿.湖南省常宁市水口山铅锌矿床地质特征及成因机制探讨[D].南京：南京大学，2013.

[42] 路远发，马丽艳，屈文俊，等.湖南宝山铜-钼多金属矿床成岩成矿的 U-Pb 和 Re-Os 同位素定年研究[J].岩石学报，2006，22（10）：2483-2492.

[43] 马铁球，李彬，陈焰明，等.湖南南岳岩体 LA-ICP-MS 锆石 U-Pb 年龄及其地球化学特征[J].中国地质，2013，40（6）：1712-1724.

[44] 毛景文，陈懋弘，袁顺达，等.华南地区钦杭成矿带地质特征和矿床时空分布规律[J].地质学报，2011，85（5）：636-658.

[45] 欧阳志强，练翠侠，宛克勇，等.湖南康家湾铅锌多金属矿床稀散元素赋存状态[J].矿产与地质，2020，34（5）：862-879.

[46] 欧阳志强，邵拥军，练翠侠，等.湖南康家湾铅锌金银多金属矿床地质特征与找矿预测[J].矿产与地质，2014，28（2）：148-153.

[47] 秦锦华，王登红，陈毓川，等.试论湖南衡阳盆地与地幔柱的关系及其对关键矿产深部探测的意义[J].地质学报，2019，93（6）：1501-1513.

[48] 屈金宝，左昌虎，左中勇，等.水口山矿田康家湾铅锌金矿成矿特征及找矿潜力[J].四川地质学报，2015，35（4）：501-504.

[49] 谢银财.湘南宝山铅锌多金属矿区花岗闪长斑岩成因及成矿物质来源研究[D].南京：南京大学，2013.

[50] 邢光福，洪文涛，张雪辉，等.华东地区燕山期花岗质岩浆与成矿作用关系研究[J].岩石学报，2017，33（5）：1571-1590.

[51] 姚军明，华仁民，林锦富.湘南宝山矿床 REE、Pb-S 同位素地球化学及黄铁矿 Rb-Sr 同位素定年[J].地质学报，2006，80（7）：1045-1054.

[52] 姚军明，华仁民，屈文俊，等.湘南黄沙坪铅锌钨钼多金属矿床辉钼矿的 Re-Os 同位素定年及其意义[J].中国科学：地球科学，2007，37：471-477.

[53] 原垭斌，袁顺达，赵盼捞，等.湘南黄沙坪多金属矿床花岗质岩浆性质及演化对成矿差异的约束[J].岩石学报，2018，34（9）：2565-2580.

[54] 张梓贺.湖南省康家湾铅锌矿床地质特征及成因探讨[D].桂林：桂林理工大学，2018.

[55] 祝新友，王京彬，王艳丽.湖南黄沙坪 W-Mo-Bi-Pb-Zn 多金属矿床硫铅同位素地球化学研究[J].岩石学报，2012，28：3809-3822.

[56] 左昌虎，路睿，赵增霞，等.湖南常宁水口山 Pb-Zn 矿区花岗闪长岩元素地球化学，LA-ICP-MS 锆石 U-Pb 年龄和 Hf 同位素特征[J].地质论评，2014，60（4）：811-823.

[57] 左昌虎.湖南常宁康家湾铅锌矿床成因及与周边岩浆作用关系研究[D].南京：南京大学，2015.

第5章 非岩浆热液型铜铅锌矿床

扫码查看本章彩图

5.1 衡阳盆地柏坊砂岩型铜矿床

5.1.1 自然地理概况

柏坊铜矿床位于常宁市北东 16 km，柏坊镇南西 2 km 处，东距水口山铅锌多金属矿床 10 km。湘江流经矿区北部，有公路可通衡阳市、常宁市区等地，水陆交通方便(图 4-34)。矿区最高海拔标高 134.5 m，最低 60 m，属丘陵区。受地形地貌的影响，矿区四季分明，年平均气温 17.5 ℃，极端最高气温 40.2 ℃，最低气温 3.5 ℃左右，常年有冬春旱、夏伏旱相连的干旱发生，盛夏高温干燥，秋季温度下降缓慢，冬季少雨寒冷；降雨量差距较大，时空分布不均匀，属亚热带湿润季风气候。

5.1.2 区域地质背景

柏坊铜矿床位于衡阳盆地南缘，与水口山康家湾铅锌矿床(见 4.3 节)构造邻近，大地构造位置上，位于扬子板块与华夏板块结合部位——钦杭成矿构造带中段，临武-未阳南北向断裂褶皱带北端西侧，郴州-邵阳北西向转换断层与羊角塘-五峰仙东西向断裂交会部位(图 4-35)。

区域地层从老到新为泥盆系上统、石炭系、二叠系、三叠系下统、白垩系下统、第四系，区域地层特征见表 4-5。区内构造受新华夏系构造体系的影响，构造线方向从西到东普遍向东偏转，形成了一系列 NNE-NE 向紧密线形褶皱及断裂。区内褶皱构造为 NNE 背斜、向斜，自西向东主要褶皱有柏坊向斜、李家湾背斜、斗岭向斜、袁益背斜等，其中柏坊向斜为柏坊铜矿床重要的控矿构造，制约了矿体的定位。区内断裂纵横交错，按走向可划分为 NE-NNE 向、近 SN 向及 NW 向三组。区内岩浆活动频繁，从印支晚期至燕山早期均有活动，主要为中酸性花岗岩。代表性岩体主要有水口山花岗闪长岩体、大义山花岗岩体和柏坊铜矿附近的花岗闪长斑岩脉。区内产有 W、Sn、Cu、Pb、Zn、Au、Ag 等矿产。

5.1.3　矿床地质特征

5.1.3.1　矿区地质

1)矿区地层

矿区地层出露从老到新为石炭系、二叠系、白垩系和第四系(图5-1)。

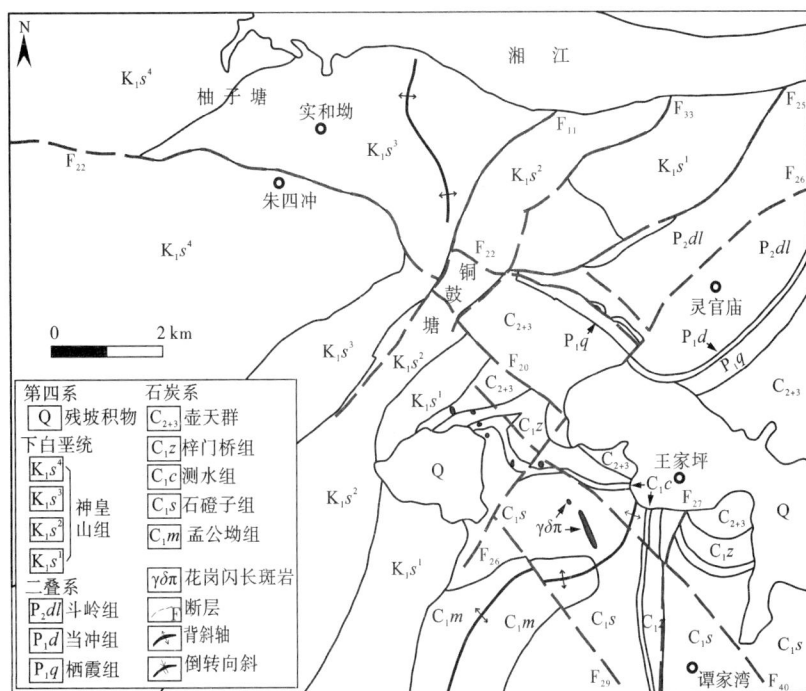

图5-1　柏坊铜矿床地质图(扫章首码查看彩图)

(据湖南水口山有色金属集团有限公司,2004)

(1)石炭系:包括下统的孟公坳组(C_1m)、石磴子组(C_1s)、测水组(C_1c)、梓门桥组(C_1z)和中上统的壶天群($C_{2+3}h$)。其中孟公坳组下部为深灰色、灰黑色块状灰岩、泥质灰岩夹白云质灰岩、白云岩;上部为灰黄色钙质页岩、浅灰色薄至中厚层状粉砂岩夹泥灰岩。石磴子组为灰黑色厚层状灰岩夹黑色碳质页岩、浅灰色薄层状结晶灰岩。测水组为浅灰白色中厚层状石英砂岩,黑色碳质页岩夹煤层。梓门桥组为浅灰色、灰黑色厚层状细粒白云岩、白云质灰岩、灰岩。壶天群为浅灰色、灰白色厚至巨厚层状细粒白云质灰岩、白云岩夹肉红色角砾状白云岩,该层为矿区内主要含矿层位,铜鼓塘矿段 V 号矿体就赋存于其中。

(2)二叠系:包括下统的栖霞组(P_1q)、当冲组(P_1d)和上统的斗岭组(P_2dl)。其中栖霞组为浅灰色、灰黑色中厚至厚层状灰岩、含燧石灰岩、含燧石条带灰岩;当冲组为褐黑色薄至中厚层状含铁锰硅质岩;斗岭组下部为浅灰白色中厚层状砂岩、细砂岩、粉砂岩,上部为浅灰白色中厚层状长石石英砂岩、粉砂岩、泥岩。

(3)白垩系:主要为神皇山组(K_1s),分布于矿区北部和西部,在矿区内出露最广,与铜矿化关系密切。按其岩性特征可分为四个岩性段：

①第一岩性段（K_1s^1）为紫红色中厚至厚层状粉砂岩与粉砂质泥岩、泥岩互层。

②第二岩性段（K_1s^2）为紫红色中厚至厚层状粉砂岩夹粉砂质泥岩、泥岩。

③第三岩性段（K_1s^3）为浅灰白色厚层状长石石英砂岩夹紫红色中厚层状泥质粉砂岩、粉砂质泥岩、泥岩，该层中见含铜浅色层，局部富集为铜矿床。

④第四岩性段（K_1s^4）为紫红色中厚至厚层状粉砂岩夹紫红色厚层状泥岩、粉砂质泥岩、泥质粉砂岩。

2）矿区构造

区内构造十分复杂，对矿体控制明显，主要包含 3 类构造。

（1）褶皱、断裂构造：矿区褶皱、断裂较为发育，与成矿关系密切。褶皱为北北东向背、向斜，自西向东主要有柏坊向斜、李家湾背斜、斗岭向斜、袁益背斜等。断裂包括 NE-NNE、NW-NNW 和近 SN 向 3 组，其中 NW-NNW 向断裂为重要的赋矿构造。

（2）不整合面：为下白垩统神皇山组不整合覆盖石炭系和二叠系地层，分布于矿区中部，形态复杂，总体倾向 NW，倾角比较平缓。不整合面是一个结构薄弱的界面，常沿不整合面产生断层，如 F_{25}。不整合面呈波状起伏，是柏坊铜矿床主要赋矿构造之一，如铜鼓塘矿段Ⅳ号矿体即赋存于白垩系地层与石炭系壶天群灰岩之间不整合接触面的凹陷处。

（3）岩溶：柏坊铜矿床内岩溶发育，分布于石炭系灰岩、白云质灰岩中。岩溶的形成和分布与区内褶皱和断层关系密切。岩溶多形成于张性断裂中，并沿断裂破碎带分布，此外在背斜的核部或倾伏端，也常见发育有岩溶。岩溶大小不等，形态各异，形成的时代也不相同。较老的岩溶中充填有坍塌角砾岩，其成分与围岩相同，角砾被钙质胶结，并发育有方解石脉；较新的岩溶中有白垩纪沉积物充填；最新的岩溶被第四纪沉积物充填或半充填。岩溶是本区含矿构造之一，如铜鼓塘矿段Ⅴ号矿体即主要赋存于较新的岩溶中。

3）矿区岩浆岩

矿区南部出露呈串珠状的花岗闪长斑岩岩脉，侵入于石炭系地层中，分布于 F_{40} 南侧呈 NW 向排列。花岗闪长斑岩为似斑状结构，块状构造。矿物成分斑晶主要为斜长石、石英和角闪石，基质为长英质。

5.1.3.2　矿体特征

柏坊铜矿床由多个矿体组成，形态复杂，按成因类型分为两大类：①产在白垩系红层内的沉积砂岩型铜矿，主要有柚子塘、大坪的铜矿体和铜鼓塘Ⅱ号矿体的一部分。矿体多产于水下隆起或背斜轴部等构造部位，呈单斜产出，呈似层状、扁豆状、透镜状，成群成带，与围岩产状接近。②热液型铜矿，主要是铜鼓塘的大部分矿体，规模较大。矿体多产于壶天群白云质灰岩与白垩系红层不整合面破碎带，壶天群白云质灰岩与斗岭组煤系接触破碎带、断裂交会部位，形态特征多样，呈层状、透镜状、柱状、囊状及脉状等，矿化明显受构造的控制。另外，在铜鼓塘矿段Ⅱ号矿体的含层状、似层状辉铜矿矿体的浅色砂岩层内还见有切割地层的含矿方解石脉，含层状、似层状浅色砂岩层与紫红色砂岩层间发育层间破碎带，层间破碎带内发育有含矿方解石脉，其与壶天群灰岩断裂破碎带内不同走向方解石脉之间相互穿插，表现为含矿少的方解石脉切割含矿多的方解石脉。

5.1.3.3　矿石特征

柏坊铜矿床矿石类型有浸染状辉铜矿矿石、细脉浸染状辉铜矿矿石、条带状辉铜矿矿石和块状辉铜矿斑铜矿矿石。金属矿物主要有辉铜矿、蓝辉铜矿、斑铜矿、黄铜矿、蓝铜矿和孔雀石；非金属矿物主要为方解石，还有少量的重晶石、石英和萤石。矿石的结构有晶粒结构、交代结构、固溶体分离结构等。矿石构造包括浸染状、细脉浸染状、网脉状、条带状、块状和角砾状构造。

5.1.3.4　围岩蚀变

区内的围岩蚀变较发育，主要类型有碳酸盐化、硅化、重晶石化、褪色化及绢云母化等（图 5-2）。此外还发育孔雀石化、褐铁矿化和蓝铜矿化等氧化现象。

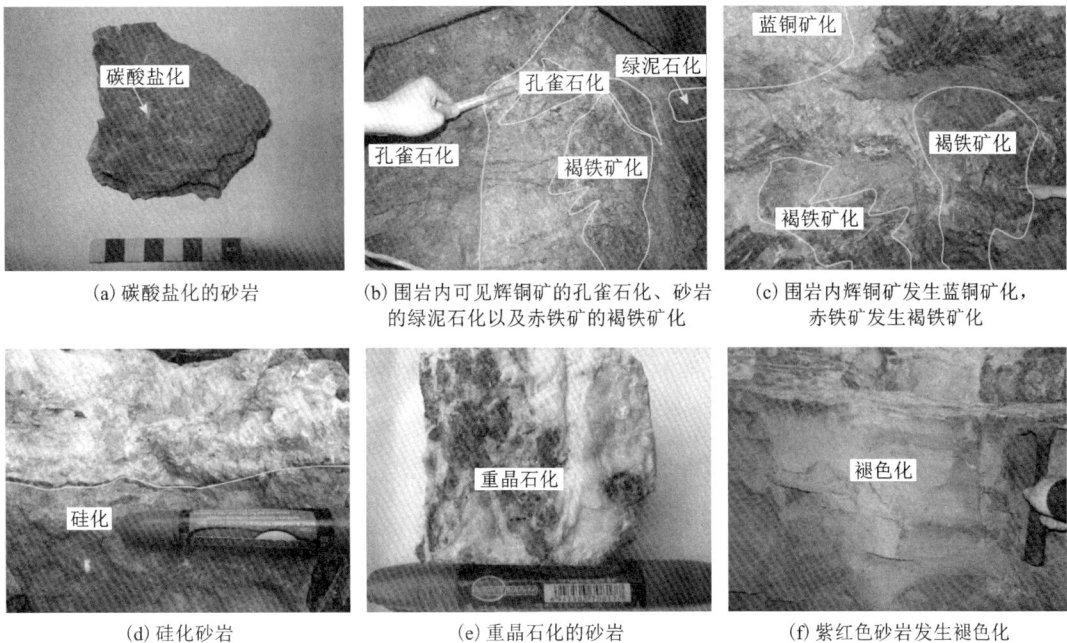

(a) 碳酸盐化的砂岩

(b) 围岩内可见辉铜矿的孔雀石化、砂岩的绿泥石化以及赤铁矿的褐铁矿化

(c) 围岩内辉铜矿发生蓝铜矿化，赤铁矿发生褐铁矿化

(d) 硅化砂岩

(e) 重晶石化的砂岩

(f) 紫红色砂岩发生褪色化

图 5-2　柏坊铜矿床典型围岩蚀变（扫章首码查看彩图）

5.1.3.5　成矿期次

综合矿体特征和矿石组构，将柏坊铜矿床成矿作用划分为三期——沉积成岩成矿期、热液改造期和氧化期，其中热液改造期又可划分为辉铜矿-斑铜矿-方解石阶段和方解石阶段两个阶段。

（1）沉积成岩成矿期。当含铜沉积物埋藏到一定深度发生固结成岩作用时，由于挤压作用，大量的孔隙水从松散沉积物内排出来并沿碎屑颗粒间的粒间隙不断循环流动，同时萃取沉积物内的铜质，最后由于物理化学条件的改变，含矿流体中的矿物质主要以胶结物的形式在粒间隙内沉淀下来。该阶段矿物有辉铜矿、黄铜矿等[图 5-3（a）]。

（2）热液改造期。其分为两阶段。①辉铜矿-斑铜矿-方解石阶段：为热液改造期的主要成矿阶段，伴随矿区内成矿期断裂构造的形成，矿化主要发生于切割地层的断裂破碎带、层间破碎带、不整合接触面及节理中，形成了充填于构造破碎带内的脉状、条带状、团块状等矿体。该阶段矿物主要有辉铜矿、蓝辉铜矿、斑铜矿等，并有强烈的碳酸盐化[图 5-3(b)]。②方解石阶段：为热液改造期的晚期热液活动阶段，形成弱矿化的方解石脉[图 5-3(c)(d)]。

（3）氧化期：该期发生于热液改造期之后，地表或近地表的矿体内金属硫化物发生氧化形成蓝铜矿、孔雀石等矿物[图 5-3(a)]。

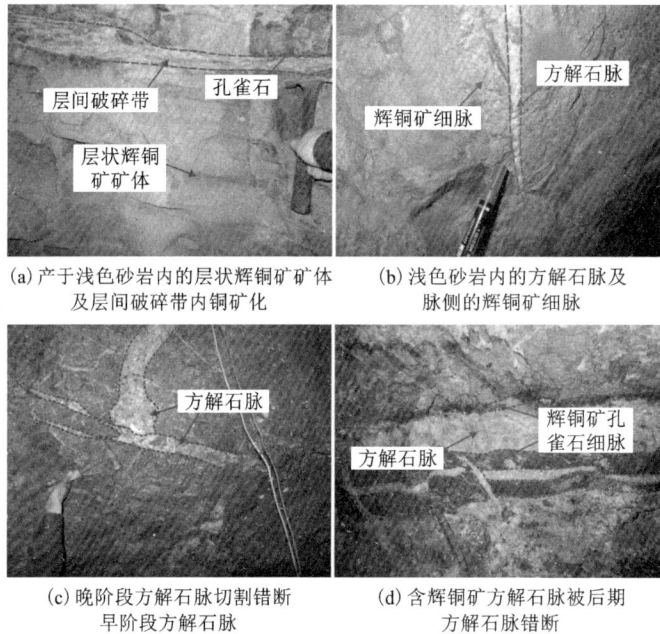

(a) 产于浅色砂岩内的层状辉铜矿矿体及层间破碎带内铜矿化

(b) 浅色砂岩内的方解石脉及脉侧的辉铜矿细脉

(c) 晚阶段方解石脉切割错断早阶段方解石脉

(d) 含辉铜矿方解石脉被后期方解石脉错断

图 5-3　柏坊铜矿床矿体(脉)特征(扫章首码查看彩图)

5.1.4　矿床地球化学特征

5.1.4.1　流体包裹体

对柏坊铜矿床热液改造期辉铜矿-斑铜矿-方解石阶段和方解石阶段的方解石开展了流体包裹体研究。岩相观察显示热液改造期包裹体类型主要为水溶液两相包裹体，还有少量的纯液相包裹体(图 5-4)。其中水溶液包裹体根据气液比大小又可划分为富液相[Ⅰ型，图 5-4(a)]和富气相[Ⅱ型，图 5-4(c)]两种类型，且以富液相为主。包裹体形态主要为椭圆状和负晶形[图 5-4(b)]，还有少量呈不规则状，主要呈孤立状和簇状分布[图 5-4(d)]。

流体包裹体显微测温结果显示，辉铜矿-斑铜矿-方解石阶段的Ⅰ型包裹体均一温度在 224~330 ℃之间，盐度为 1.16%~5.17% NaCl equiv.；Ⅱ型包裹体均一温度范围为 341~436 ℃，盐度为 1.98%~8.94% NaCl equiv.。方解石阶段Ⅰ型包裹体均一温度为 118~216 ℃，盐度为 0.17%~0.82% NaCl equiv.；Ⅱ型包裹体均一温度为 202~220 ℃，盐度为 0.66%~0.99% NaCl equiv.。因此，从辉铜矿-斑铜矿-方解石阶段至方解石阶段，包裹体的均一温度和盐度均呈逐渐降低的趋势(图 5-5)，两个成矿阶段Ⅱ型包裹体的均一温度均明显高于Ⅰ型包裹体。

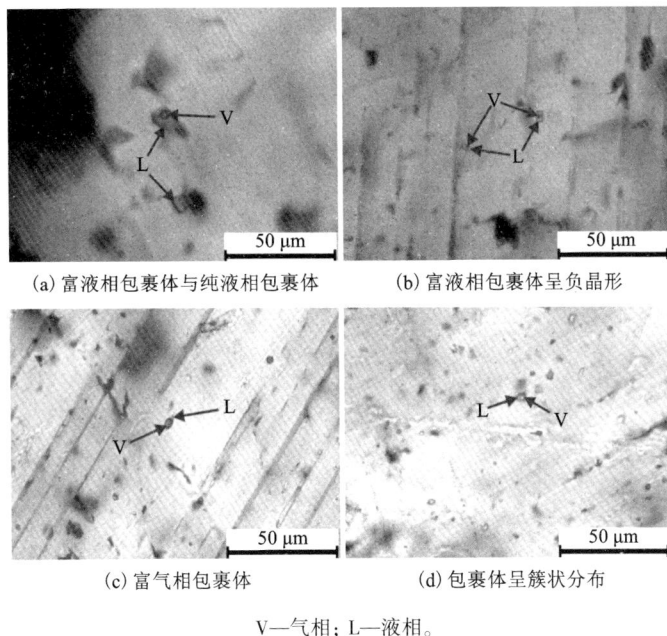

(a) 富液相包裹体与纯液相包裹体　　　　(b) 富液相包裹体呈负晶形

(c) 富气相包裹体　　　　　　　　　(d) 包裹体呈簇状分布

V—气相；L—液相。

图 5-4　柏坊铜矿床包裹体岩相学特征（扫章首码查看彩图）

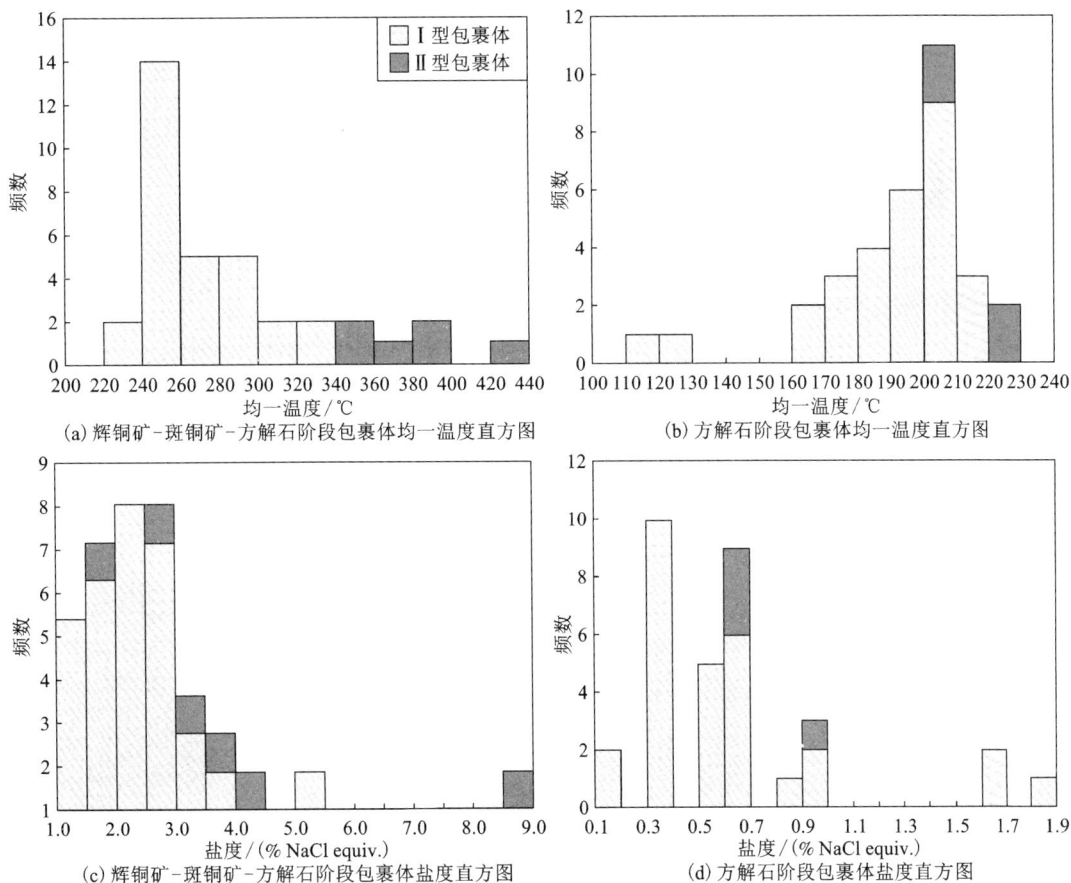

(a) 辉铜矿-斑铜矿-方解石阶段包裹体均一温度直方图　　　　(b) 方解石阶段包裹体均一温度直方图

(c) 辉铜矿-斑铜矿-方解石阶段包裹体盐度直方图　　　　(d) 方解石阶段包裹体盐度直方图

图 5-5　柏坊铜矿床包裹体均一温度和盐度直方图

5.1.4.2 微量元素地球化学

对柏坊铜矿床含矿层内的紫红色砂岩（YZT-1、YZT-10）、浅色砂岩（YZT-20、BF-10）和辉铜矿矿石（BF-9-17、BF-9-18）进行了微量元素测试。与大陆上地壳值相比，柏坊铜矿床各岩（矿）石样品中的微量元素中表现出具有亲硫性的元素（Cu、Ag、As、Cd、Sb、Pb、Zn、Mo、Bi）在紫红色砂岩、浅色砂岩及辉铜矿矿石中总体上呈富集状态，且浅色砂岩中富集程度高于紫红色砂岩。亲氧性元素（W、Ga、V、Cr、Co、Ni）在紫红色砂岩中除 W 外总体上表现为富集，在浅色砂岩中表现为亏损，在辉铜矿矿石中除 W 元素外均表现为亏损。大离子亲石元素及高场强元素（Rb、Cs、Sr、Ba、U、Th、Zr、Hf、Nd、Ta）在紫红色砂岩和浅色砂岩中的含量与大陆上地壳值相比差别不大，个别表现为弱亏损或弱富集，而在辉铜矿矿石中除 U 和 Th 元素外均表现为较强的亏损。

5.1.4.3 稀土元素地球化学

柏坊铜矿床紫红色砂岩、浅色砂岩和辉铜矿矿石的稀土元素含量及特征值显示，紫红色砂岩和浅色砂岩的稀土元素配分模式均呈右倾型，反映了轻稀土较重稀土相对富集且分馏程度高（图5-6），两者稀土元素配分曲线的变化较一致，指示成岩作用形成的紫红色砂岩和浅色砂岩的流体具有同源性；而产于下伏壶天群灰岩中的辉铜矿矿石稀土元素特征与紫红色砂岩和浅色砂岩之间差异性显著，表现为 $w(\sum REE)$、$w(\sum LREE)$ 及 $w(\sum HREE)$ 均远远低于砂岩，且轻、重稀土元素分馏不明显，稀土元素配分模式较为平缓（图5-6），指示热液改造期成矿流体与早期成岩成矿流体具有明显的差异性。Jarvis 等（1975）认为碳酸盐岩的稀土含量一般较低，为 $n×10^{-6}~n×10^{-5}$，柏坊铜矿床热液改造期辉铜矿矿石中稀土元素与碳酸盐岩样品一致，表明热液改造期成矿流体在流经下伏早古生代灰岩时发生了水岩反应和物质交换。

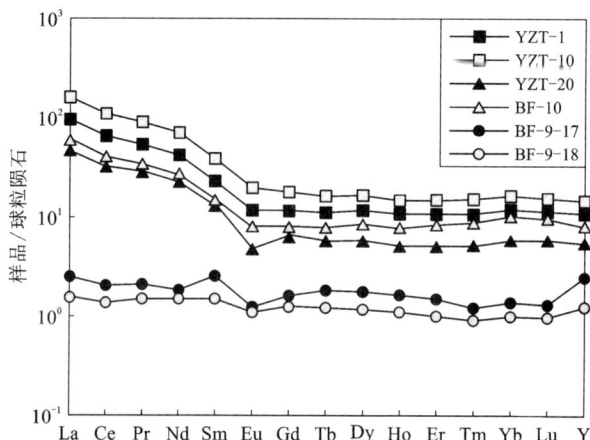

图5-6 柏坊铜矿床岩（矿）石球粒陨石标准化稀土元素配分模式图

5.1.4.4 H-O 同位素

柏坊铜矿床热液改造期两阶段方解石 H-O 同位素测试结果显示，辉铜矿-斑铜矿-方解

石阶段 $\delta^{18}O_{H_2O} = 6.4‰$，$\delta D_{V-SMOW} = -70.3‰$；方解石阶段 $\delta^{18}O_{H_2O} = 1.5‰ \sim 1.6‰$，$\delta D_{V-SMOW} = -80.8‰ \sim -78.4‰$。从成矿流体 $\delta D_{V-SMOW} - \delta^{18}O_{H_2O}$ 图（图5-7）中可以看出，辉铜矿-斑铜矿-方解石阶段数据投影点落入原生岩浆水范围内，而方解石阶段样品数据投影点落入原生岩浆水与雨水线之间的范围内。宛克勇（2008）测试的结果也是多数数据投影点落入原生岩浆水范围内和原生岩浆水与雨水线范围内。因此，柏坊铜矿床热液改造期成矿流体早期以岩浆水为主，后期逐渐有大气降水的加入。

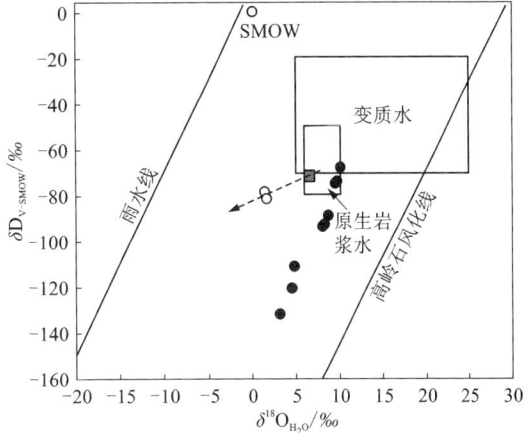

图 5-7　柏坊铜矿床成矿流体 $\delta D_{V-SMOW} - \delta^{18}O_{H_2O}$ 图

［黑色实心圆数据引自宛克勇（2008）；深色实心方框数据来自辉铜矿-斑铜矿-方解石阶段样品；浅色实心圆数据来自方解石阶段样品］

5.1.5　成矿作用及成矿模式

5.1.5.1　沉积成岩成矿作用

综合前人研究及矿相观察，赋存于白垩系浅色砂岩内的辉铜矿、黄铜矿等金属矿物以胶结物的形式赋存于石英、方解石等碎屑颗粒之间，并见其交代溶蚀方解石（水口山有色金属有限责任公司，2004），反映了沉积成岩成矿期成矿作用过程与热液活动密切相关。

将紫红色砂岩和浅色砂岩中亲铜成矿元素 Cu、Ag、As、Cd、Sb、Pb、Zn 的含量及相对于大陆上地壳的富集系数列于表 5-1 中，并将其变化规律绘制成图 5-8，呈现以下特点：①Cu 在紫红色砂岩和浅色砂岩中含量均高于大陆上地壳，且浅色砂岩中含量高于紫红色砂岩，其富集系数最高分别为 10.42 和 6.36。②Ag 和 As 含量的变化规律与 Cu 一致，为浅色砂岩中含量高于紫红色砂岩，最高富集系数分别为 48.57 和 25.00。③Cd 和 Sb 含量变化规律与 Cu 无相关性，表现为其在紫红色砂岩和浅色砂岩中的含量是一样的，且相对于大陆上地壳为富集元素，富集系数分别为 5.00 和 16.13。④Pb 和 Zn 含量的变化规律与 Cu 呈负相关性，即紫红色砂岩中其含量高于浅色砂岩，但相对于大陆上地壳均为亏损元素。

表 5-1　柏坊铜矿床砂岩亲铜元素含量及富集系数

元素		YZT-1	YZT-10	YZT-20	BF-10	上地壳含量 /($\times 10^{-6}$)
		紫红色砂岩	紫红色砂岩	浅色砂岩	浅色砂岩	
Cu	含量/($\times 10^{-6}$)	91.00	69.00	149.00	144.00	14.30
	富集系数	6.36	4.83	10.42	10.07	
Ag	含量/($\times 10^{-6}$)	0.50	0.50	3.40	2.40	0.07
	富集系数	7.14	7.14	48.57	34.29	

续表5-1

元素		YZT-1	YZT-10	YZT-20	BF-10	上地壳含量 /($\times 10^{-6}$)
		紫红色砂岩	紫红色砂岩	浅色砂岩	浅色砂岩	
As	含量/($\times 10^{-6}$)	7.00	20.00	50.00	7.00	2.00
	富集系数	3.50	10.00	25.00	3.50	
Cd	含量/($\times 10^{-6}$)	0.50	0.50	0.50	0.50	0.10
	富集系数	5.00	5.00	5.00	5.00	
Sb	含量/($\times 10^{-6}$)	5.00	5.00	5.00	5.00	0.31
	富集系数	16.13	16.13	16.13	16.13	
Pb	含量/($\times 10^{-6}$)	14.00	33.00	12.00	11.00	17.00
	富集系数	0.82	1.94	0.71	0.65	
Zn	含量/($\times 10^{-6}$)	17.00	27.00	10.00	11.00	52.00
	富集系数	0.33	0.52	0.19	0.21	

由微量元素分析结果可知，白垩系紫红色砂岩层和浅色砂岩层具有不同的物理化学条件，浅色砂岩具有偏酸性、还原的环境；而紫红色砂岩具有较浅色砂岩pH高、氧化的环境。柏坊铜矿床白垩系地层内的铜矿化均赋存于浅-紫过渡带靠近浅色砂岩层一侧，且越靠近浅-紫过渡带，矿化程度越高。因此，认为沉积成岩成矿作用过程中当成矿流体运移至浅-紫过渡带时，pH升高，还原环境变为氧化环境等物理化学条件的转变，导致矿物质的沉淀。

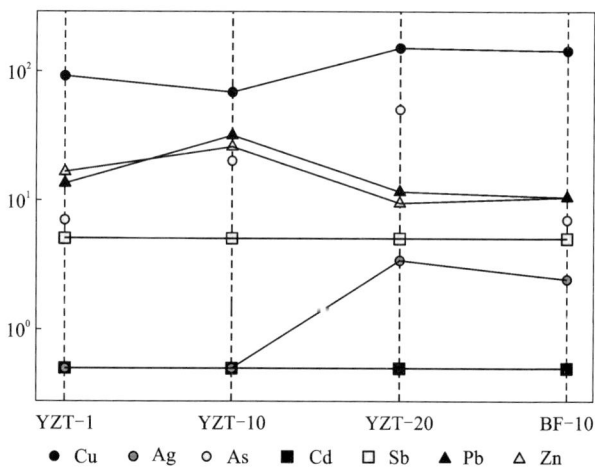

图5-8 柏坊铜矿床砂岩亲铜元素变化规律图

5.1.5.2 热液改造成矿作用

柏坊铜矿床铜鼓塘矿段调查结果显示含矿方解石脉、脉状-网脉状辉铜矿、含矿构造角砾岩等赋存于层间破碎带、断裂破碎带、不整合接触面等构造中，矿化常伴随强烈的方解石化。结合微量元素特征及 H-O 同位素测试结果，认为本区在成岩成矿作用后还经历了一次与岩浆构造活动密切相关的热液成矿作用。

柏坊铜矿床方解石流体包裹体研究显示热液改造期包裹体类型较多，常见富液相、富气相及纯液相包裹体共存的特点，且富气相包裹体均一温度高于富液相包裹体，指示柏坊铜矿床包裹体为不均一捕获，反映在热液改造期发生了流体不混溶或流体沸腾现象(卢焕章,

2004；陈伟等，2012）。张文淮等
（1996）指出流体包裹体的均一温度-
盐度关系图解能够很好地指示流体
的演化及成矿机制，表现为沸腾作用
和混合作用在关系图中均一温度和
盐度均呈线性关系，且前者斜率为负
值，即随着均一温度的逐渐降低，盐
度逐渐增高；而后者则相反。柏坊铜
矿床流体包裹体均一温度-盐度关系
图(图 5-9)显示，热液改造期流体包
裹体均一温度和盐度呈显著的正相
关性，表明成矿流体具有混合演化的
特征。因此，认为混合作用可能是热
液改造期流体成矿的主要机制。

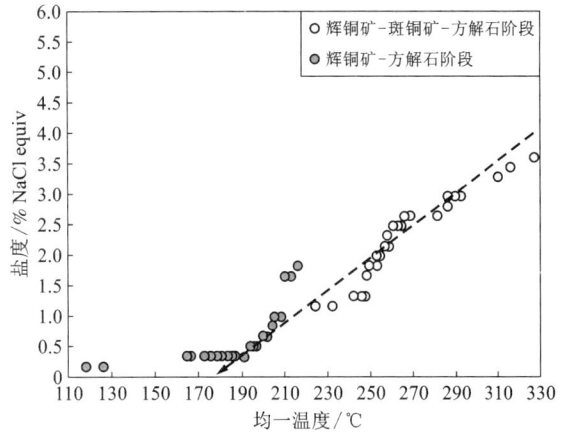

图 5-9　柏坊铜矿床包裹体均一温度和盐度关系图解

综上所述，柏坊铜矿床为与热液活动密切相关的沉积改造型铜矿床。

5.1.6　教学安排

5.1.6.1　需要详细观察和了解的典型现象

1）典型矿体及控矿构造

柏坊铜矿床内矿体主要有铜鼓塘矿段Ⅱ号、Ⅳ号、Ⅴ号和Ⅵ号矿体及柚子塘矿段矿体。
各矿体产出空间位置不同，形态规模差异较大(图 5-10)。

Ⅱ号矿体：赋存于白垩系红色碎屑
岩建造的浅色砂岩层中，受地层层位岩
性及次级小断裂控制，埋深 8.0 ~
140.0 m，倾向200°~240°，与地层产状
基本一致。沿走向延伸最长 130.0 m，
平均厚度 8.3 m，矿体形态不规则，分
支复合、膨大和突然尖灭现象明显。矿
体平均品位 Cu：5.29%，U：0.096%，
Ag：265.00 g/t。

Ⅳ号矿体：赋存于白垩系地层与石
炭系壶天群不整合接触面凹部红层底砾
岩中，受不整合面凹部及底砾岩孔隙控
制，由多个小矿体组成。各小矿体产状
不一致，总体倾向 NW，倾角 10°~50°。
单个小矿体走向长 10.0~100.0 m，厚

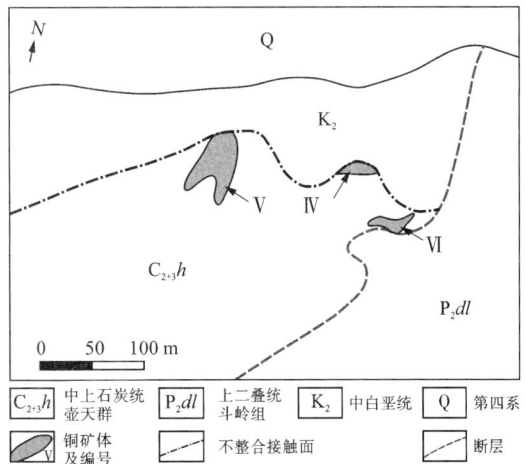

图 5-10　柏坊铜矿床铜鼓塘矿段地质简图
(据湖南水口山有色金属集团有限公司，2004)

度 2.0~20.0 m，平均 3.8 m。矿体形态复杂，多呈鸡窝状、不规则透镜状产出。矿体平均品
位 Cu：5.35%，Ag：42.00 g/t。

Ⅴ号矿体：赋存于白垩系红层与壶天群灰岩接触的不整合面凹部红层底砾岩及灰岩裂隙中，由多个小矿体组成，其中V_5是主矿体。V_5主矿体产于不整合面附近的壶天群灰岩裂隙中，矿体沿走向长100 m，沿倾向延伸130 m，厚2~30 m，平均厚7.1 m。矿体形态呈脉状、网脉状，矿体平均品位Cu：3.36%，U：0.07%，Ag：87.00 g/t。

Ⅵ号矿体：为柚子塘矿段规模最大的矿体，赋存于F_{22}断层上盘壶天群白云质灰岩、白云岩中及下盘斗岭组碎屑岩中，严格受F_{22}断层控制。矿体倾向200°，倾角10°~30°，沿走向长250.0 m，延深140.0 m，平均厚7.8 m，矿体形态为不规则的透镜状和扁豆状，且常见分支复合、膨大收缩现象。矿体平均品位Cu：6.18%，Ag：104.10 g/t。

柚子塘矿段铜矿体赋存白垩系上统戴家坪组含铜浅色层中，由多个小矿体组成。矿体走向以近南北向为主，倾向西，倾角0°~20°。单个矿体长50~330 m，宽40~190 m，厚0.8~9.6 m。

2）典型岩矿石

柏坊铜矿床典型矿石主要为条带状辉铜矿矿石和块状辉铜矿斑铜矿矿石（图5-11）。

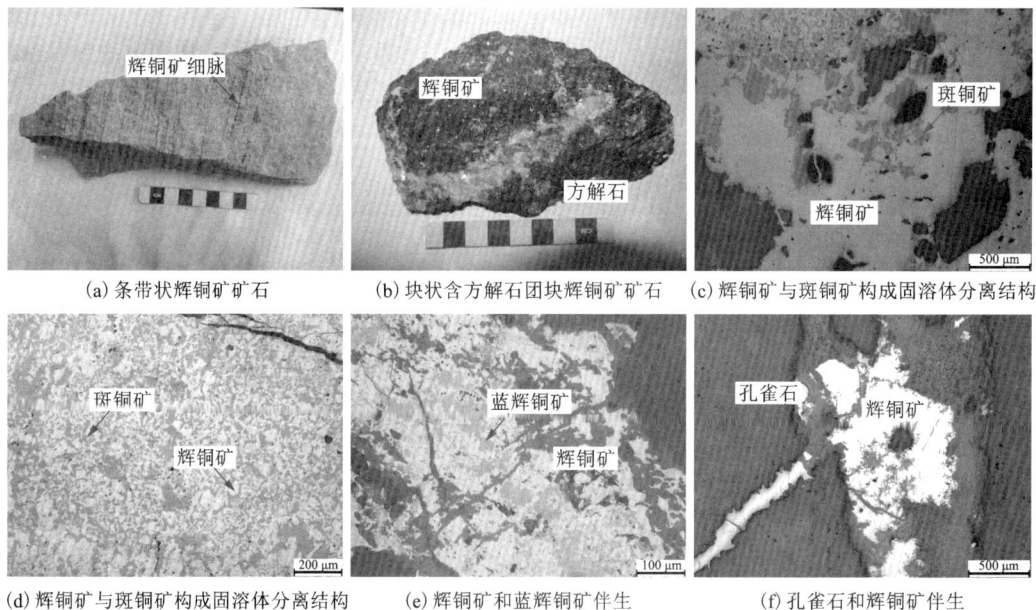

(a) 条带状辉铜矿矿石　　(b) 块状含方解石团块辉铜矿矿石　　(c) 辉铜矿与斑铜矿构成固溶体分离结构

(d) 辉铜矿与斑铜矿构成固溶体分离结构　　(e) 辉铜矿和蓝辉铜矿伴生　　(f) 孔雀石和辉铜矿伴生

图5-11　柏坊铜矿床矿石标本及显微照片（扫章首码查看彩图）

3）其他典型地质现象

赋存于白垩系神皇山组浅色砂岩层内的矿体呈层状、似层状或透镜状沿层整合产出，且具有多层的特点；矿体的产状与岩层微层理一致，可见矿体随岩层发生褶曲而弯曲现象；矿体的分布受地层层位（神皇山组）、岩性（中细粒砂岩）控制明显[图5-12（a）（b）（c）]。矿石呈层纹状、浸染状[图5-12（b）]。上述特征表明矿体是沉积成矿作用过程中形成的。

分布于层间破碎带、断裂破碎带、不整合接触面、溶洞等构造内的矿体呈团包状、脉状、网脉状等产出[图5-12（d）（e）（f）]，可见含少量辉铜矿的方解石脉切割含辉铜矿斑铜矿的方解石脉。

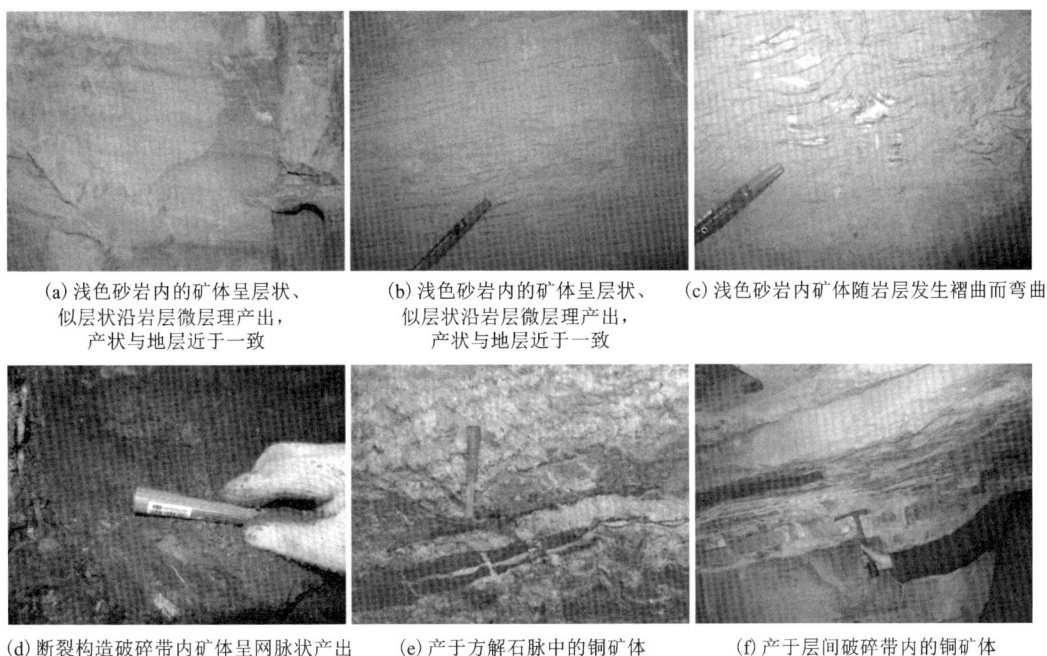

| (a)浅色砂岩内的矿体呈层状、
似层状沿岩层微层理产出，
产状与地层近于一致 | (b)浅色砂岩内的矿体呈层状、
似层状沿岩层微层理产出，
产状与地层近于一致 | (c)浅色砂岩内矿体随岩层发生褶曲而弯曲 |
| (d)断裂构造破碎带内矿体呈网脉状产出 | (e)产于方解石脉中的铜矿体 | (f)产于层间破碎带内的铜矿体 |

图 5-12 柏坊铜矿床矿体特征(扫章首码查看彩图)

5.1.6.2 思考题

(1)砂岩型铜矿床的主要特征有哪些?

(2)对比柏坊矿床与盐田桥矿床的异同点。

(3)论述岩浆活动与该类矿床的形成是否有成因联系。

5.2 湘西花垣 MVT 型铅锌矿床

5.2.1 自然地理概况

湘西花垣铅锌矿床位于湖南省湘西土家族苗族自治州花垣县境内，西部与贵州省、重庆市接壤。湘西地区处于云贵高原东侧，八面山脉与武陵山脉的过渡地带，植被发育，地势陡峻，属中等切割地形，主要为峡谷及高山台地貌，海拔标高一般在 600~1000 m 之间，高差 200~400 m，水系弱至中等发育。区内交通方便，吉(吉首)—茶(茶洞)、吉(吉首)—怀(怀化)高速，209、319 国道贯穿区内，纵横交错的乡镇公路与国道相连，首府吉首市的普通铁路和高速铁路连通全国铁路网(图 5-13)。区内居民以土家族、苗族为主，次为汉族等，其中苗族占 77.3%。区内主要经济为采矿业、农牧业、林业。因区内分布大型锰矿、铅锌矿，该区为全国较大的电解锰生产基地，湖南省较大的电解锌生产基地。

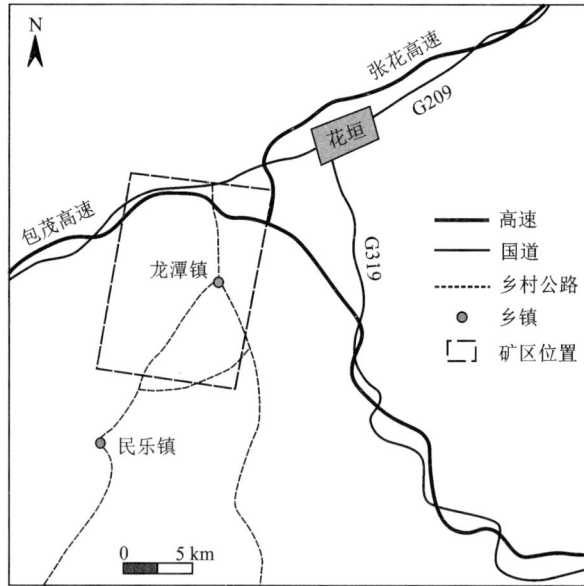

图5-13　湘西花垣铅锌矿床交通位置简图

5.2.2　区域地质背景

　　湘西花垣铅锌矿田从北东的杨家寨矿床到南部的清水塘矿床，北东长25 km，宽约15 km。该区铅锌矿床自20世纪50年代勘探工作开展以来，特别是2000年以来，探获了大脑坡、杨家寨、清水塘等多个大型-超大型低品位铅锌矿床，使得区内铅锌资源量超过1500万吨，成为世界级铅锌矿田。

　　花垣矿田位于黔东湘西铅锌汞成矿带的北东段[图5-14(a)]，是我国扬子地台周缘铅锌矿重要的成矿区，构造位置上处于扬子陆块东南缘与雪峰(江南)造山带的过渡区。区内的地壳构造运动经历了武陵、雪峰—加里东、海西、印支—喜马拉雅期4个发展阶段。区内构造以总体呈北东向的褶皱变形和深大断裂为主。大型褶皱有古丈复背斜、摩天岭背斜、涂乍-禾库复向斜等复式褶皱，其次级褶皱具有紧闭、同斜或倒卧的形态特征。深大断裂则以张家界-花垣断裂、保靖-铜仁断裂、古丈-吉首-凤凰断裂为主干组成断裂带，呈北北东-北东-北东东向弧形展布，并构成向南西方撒开，往北东方收敛的帚状。区内广泛发育铅锌汞矿床，这些矿床均受一定地层层位的控制，如花垣铅锌矿田赋存于寒武系第二统清虚洞组礁相灰岩中，凤凰汞锌矿田赋存于寒武系中统敖溪组白云岩中。

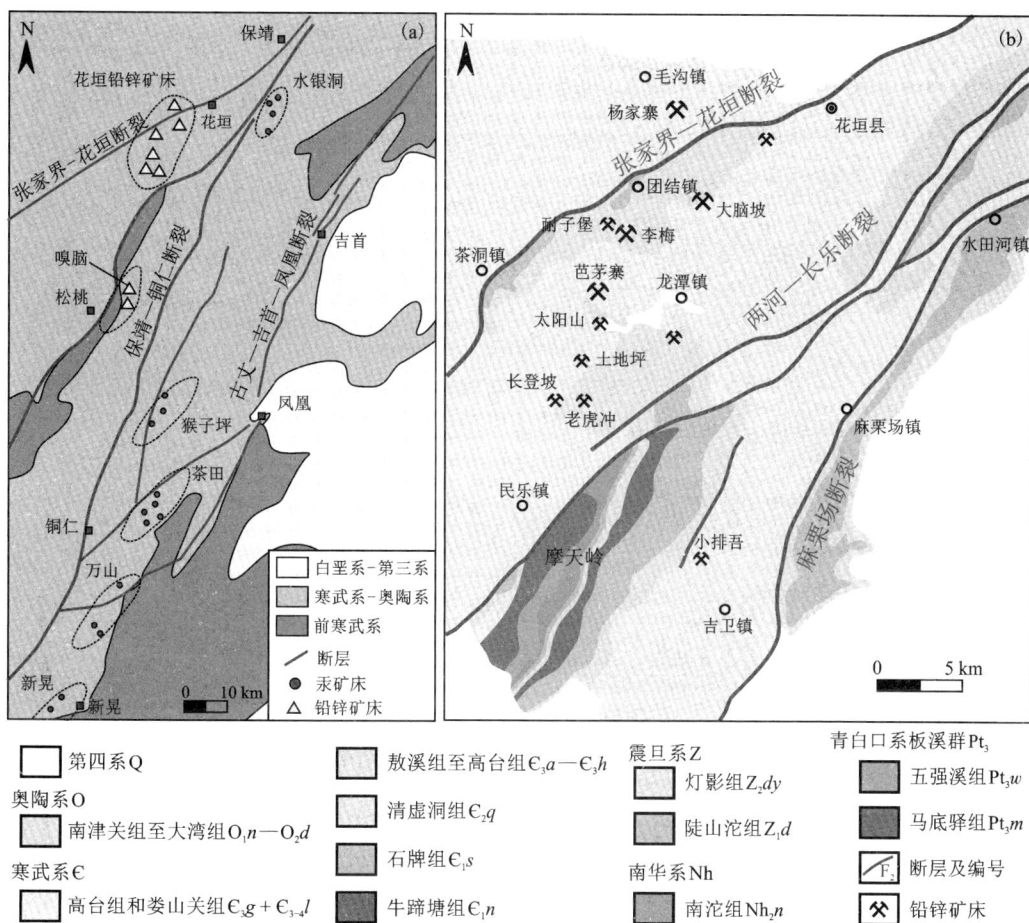

（a）湘西-黔东铅锌汞矿带地质简图（据 Liu et al., 2017）；（b）花垣铅锌矿田地质简图（据陕含涛等，2021）。

图 5-14 湘西-黔东铅锌汞矿带地质简图和花垣铅锌矿田地质简图（扫章首码查看彩图）

5.2.3 矿床地质特征

5.2.3.1 矿区地质

1）地层

矿田出露地层从青白口系板溪群至早古生界奥陶系，其中板溪群地层分布于矿田南部的摩天岭背斜东南翼，奥陶系地层仅矿田东北部有少量出露。矿田范围内主要出露寒武系下统石牌组、清虚洞组，寒武系中统高台组，寒武系上统娄山关组及第四系[图 5-14（b）]。除第四系外，各地层均呈整合接触。含矿岩系寒武系下统清虚洞组根据岩性、结构构造及化石特征等可分为 2 个岩性段 6 个岩性小段（表 5-2）。含矿层位为清虚洞组第三和第四岩性段的藻灰岩，全区矿床分布与这两个岩性段的厚度成正比，勘查显示该两段岩性厚度大于 150 m 时，可形成大型矿床。

表 5-2 花垣矿田地层综合柱状图

时代	地层		代号	柱状图	厚度/m	岩性	岩相	矿化类型
寒武系	娄山关组		$\epsilon_{3-4}l$		>1000	灰白色，厚层状白云岩	潮坪相	
	高台组		ϵ_3g		8~47	灰色，薄层状泥质白云岩	潮坪相	
	清虚洞组		ϵ_2q^{2-2}		66~108	细晶白云岩，砂屑白云岩	潮坪相（潮上-潮间带）	
			ϵ_2q^{2-1}		21~74	泥晶砂屑白云岩，纹层状粉晶白云岩	潮坪相（潮间-潮下带）	
			ϵ_2q^{1-4}		21~74	浅灰色厚层状亮晶、鲕粒灰岩，粒屑为藻屑、藻团粒	台地边缘浅滩相	Pb-Zn 矿化
			ϵ_2q^{1-3}		8~215	浅灰色厚层状藻礁灰岩，碎屑藻灰岩	台地边缘生物礁相	
			ϵ_2q^{1-2}		10~50	豹皮灰岩	上斜坡相	
			ϵ_2q^{1-1}		50~100	泥粉晶灰岩与含泥白云质灰岩互层	下斜坡相	
	石牌组		$\epsilon_{1-2}s$		158~200	页岩、钙质页岩	陆棚相	
	牛蹄塘组		ϵ_1n		74~225	薄层状黑色页岩	深水陆架盆地相	Ni、Mo、V、Zn 等富集
震旦系	灯影组		Z_1dy		34~52	黑灰色硅质岩、硅屑灰岩	斜坡相	
	陡山沱组		Z_1d		55~142	白云岩与灰岩互层、板岩、泥晶灰岩、泥质-泥晶白云岩	碳酸盐台地相	含磷层
南华系	南沱组		Nh_2n		26~70	冰碛砾岩	后滨-潟湖浮冰相	
	大塘坡组		Nh_1d		191~324	黑色-深灰色页岩	潮坪-潟湖相	含锰层
	古城组		Nh_1g		30~39	含砾砂岩	后滨-潟湖浮冰相	
青白口系	板溪群	五强溪组	Qbw		18~120	砂砾岩、粉砂质板岩、细砂岩	斜坡相	
		马底驿组	Qbm		>300	钙质板岩、粉砂质板岩	广海陆棚相	

据 Wei et al., 2020。

2）构造

矿田范围内褶皱构造主要为摩天岭复式背斜，位于矿田南部，该背斜轴部在两河乡及猫儿乡附近，轴面倾向北东，轴向北北东，长 10~12 km。核部出露地层为新元古界板溪群，西翼被两河–长乐断裂切割，出露地层为寒武系，岩层产状平缓，通常为 5°~12°；东翼出露地层为南华系、震旦系及寒武系牛蹄塘组、石牌组等地层，岩层产状 7°~28°。矿田范围内发育 3 条主要断裂，由北往南分别为花垣–张家界断裂、两河–长乐断裂及麻栗场断裂（图 5–14）。断裂具有多期活动的特点，控制了区内沉积相和矿床的分布，主要的铅锌矿床分布在花垣–张家界断裂与两河–长乐断裂之间。

3）岩浆岩

矿田及附近区域均未发现岩浆活动和岩浆岩。

4）矿田内矿化类型

矿田内发育赋存于清虚洞组下段的铅锌矿床，此外，在矿田东南部民乐一带有产于南华系下统大塘坡组中的大型沉积型菱锰矿矿床。

5.2.3.2　矿体特征

1）大脑坡铅锌矿体

大脑坡铅锌矿化呈 40°方向展布，长约 8 km，宽 2.4 km，产于清虚洞组下段第三、四岩性段中（图 5–15）。矿体呈多层产出，可划分为 13 个矿化层（曾健康等，2018）。主矿体 9

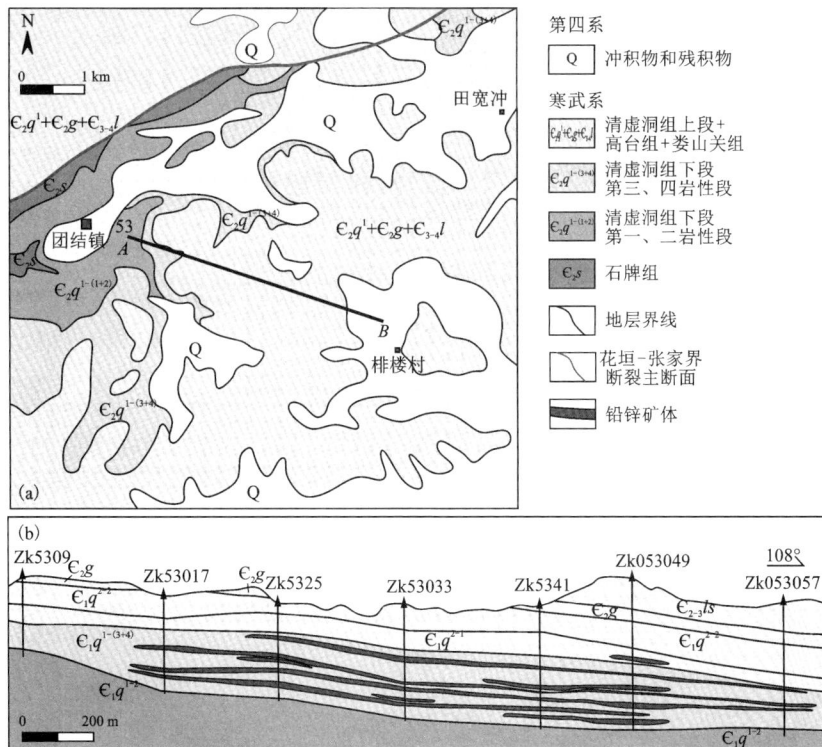

（a）大脑坡矿床地质图；（b）53 勘探线剖面图。

图 5–15　大脑坡矿床地质图和 53 勘探线剖面图（扫章首码查看彩图）

（据曾健康等，2018）

个，占总资源量的70%，主要分布于中部及中下部，矿体以似层状、透镜状产出，一般长数百至数千米，最长5.3 km，宽数百米至千余米，最宽2.1 km，单矿体一般厚2.0~5.0 m，矿体平均厚度3.3 m，单工程累计最厚45.0 m。长轴多为北东向，总体产状平缓，倾向SE，倾角3°~10°，与岩层接近(图5-15)。平面上，总体上中部矿体厚大，向周边逐渐变薄；单工程Zn品位0.5%~17.8%，一般1%~4%，Pb品位0~3.4%，一般0.1%~0.8%，品位属均匀-较均匀；垂向上Zn的变化无显著规律，Pb具下少上多的总体特点，Zn/Pb值由下向上呈递减趋势。

2) 狮子山铅锌矿体

狮子山矿体形态简单，呈似层状，且具有1~15层的多层性。矿体在含矿岩层中大致顺层产出，倾角一般为2°~10°，十分平缓，局部受断层影响可达18°，局部可见铅锌矿体直接产于切割含矿岩层的断裂破碎带中。矿区北西-南东方向剖面及南西-北东方向纵剖面图(图5-16)显示矿区单个矿体规模以小型为主，次为中型规模。规模相对较大的5个矿体，沿勘探线方向延伸长367~642 m，沿垂直勘探线方向延展999~2036 m。

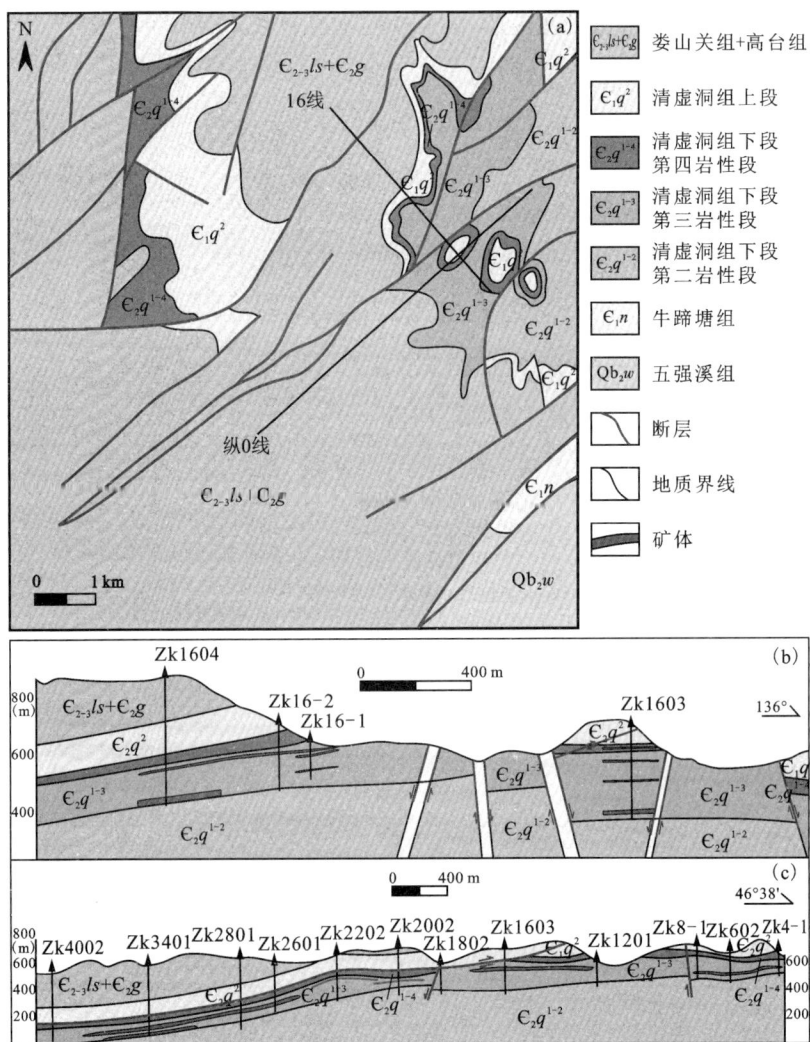

(a)狮子山矿床地质图；(b)典型地质剖面图；(c)纵剖面图。

图5-16 狮子山矿床地质图、典型地质剖面图和纵剖面图(扫章首码查看彩图)

(据杨霆和杨绍祥，2016)

矿区内含矿岩层可分为上、中、下 3 个层位,含矿层之间略有差异:上部层位矿体厚度变化小,大型规模矿体多;中部层位品位最稳定,资源量较大;下部层位平均厚度较大,Pb/Zn 值较高,以锌矿体为主。综合资源量、矿体规模、厚度和品位变化系数,中部矿化最佳。

5.2.3.3　矿石特征

矿石矿物组成较为简单,金属矿物主要有闪锌矿,次为方铅矿、黄铁矿;非金属矿物主要有方解石,少量白云石、重晶石等。闪锌矿呈自形-半自形粒状,结晶较粗,一般粒径为 0.25~2 mm,占 80%~90%,多为淡黄色至米黄色,肉眼清晰易辨,少量高角度细脉中闪锌矿为棕褐色-黑褐色;方铅矿以自形晶为主,粒径一般 1~4 mm;黄铁矿呈自形-半自形晶粒状产出,粒径 0.2~0.5 mm 为主。方解石普遍存在于各种类型矿石中,白云石、重晶石主要分布于细脉中。

矿石结构主要有半自形-他形粒状结构、交代结构,次为草莓状结构。矿石构造主要有环状、细脉状、斑点状、花斑状,其次有条带状、缝合线状、细(网)脉状、浸染,偶见环带状、斑脉状、角砾状等。花斑状分布最广,由小条带-小透镜状-不规则状(一般长 10~20 mm)方解石顺层分布于灰岩组成,在方解石脉与灰岩交接处分布有方铅矿、闪锌矿、黄铁矿等。

矿石有用组分主要为 Zn、Pb、S、Cd 等。其中,Zn 为主成矿元素,以闪锌矿的形式存在,品位多数在 2%~3%,品位变化平稳;Pb 以方铅矿形式存在,含量一般为 0.1%~1.5%,含量变化较大,难于单独圈定矿体,为伴生有用元素,方铅矿在礁灰岩体内自下而上含量总体增加;S 为伴生元素,主要赋存在闪锌矿、方铅矿、黄铁矿中,含量为 0.88%~5.77%;Cd 为伴生元素,以类质同象赋存于闪锌矿晶格中,含量为 0.004%~0.03%。矿石中有害组分含量低,杂质主要有 Al_2O_3、SiO_2、Fe 等。

5.2.3.4　围岩蚀变

矿区内围岩蚀变发育,主要有方解石化、白云石化、黄铁矿化、重晶石化、沥青化、褪色化等,其中以方解石化、黄铁矿化及重晶石化与区内成矿关系最为密切。方解石呈顺层脉、细(网)脉分布在灰岩中,有时见白云石细脉分布在灰岩中,偶见重晶石细脉,并且重晶石细脉两侧灰岩发生颜色变浅的褪色现象,个别灰岩中见碳沥青等。黄铁矿化与重晶石化发育的地方往往是相对富矿产出的部位。

5.2.3.5　成矿期次

结合矿床地质特征与脉体穿切关系、矿物共生组合、矿石结构构造,花垣铅锌矿床成矿过程包含 1 个成矿期和 3 个成矿阶段——闪锌矿-白云石(Ⅰ)阶段、闪锌矿-方铅矿-重晶石-萤石(Ⅱ)阶段与方铅矿-方解石(Ⅲ)阶段,其中Ⅱ阶段为最主要成矿阶段(表 5-3)。

表5-3 花垣铅锌矿床矿物生成顺序表

矿物	闪锌矿-白云石（Ⅰ）阶段	闪锌矿-方铅矿-重晶石-萤石（Ⅱ）阶段	方铅矿-方解石（Ⅲ）阶段
黄铁矿	━		
闪锌矿	━━━━━━	━━━━━━━━━━	━━━━━━━
方铅矿		━━━━━━	━━━━━━━
白云石	━━━━		
方解石		━━━━━━━━━━	━━━━━━━
石英	-----		
萤石	-----		
重晶石			

━━ 大量　　　── 少量　　　----- 微量

5.2.4 矿床地球化学特征

5.2.4.1 成矿年龄

段其发等（2014）获得了狮子山矿床的闪锌矿 Rb-Sr 等时线年龄，为（410±12）Ma（$MSWD=2.2$）；刘重芃等（2017）采用相同方法，在狮子山北部的柔先山矿床获得闪锌矿 Rb-Sr 等时线年龄，为（415±6）Ma（$MSWD=1.5$），二者结果相近，表明了南部的铅锌矿形成于早泥盆世。而周云等（2021）在北部李梅铅锌矿床获得了闪锌矿 Rb-Sr 等时线年龄，为（464±12）Ma（$MSWD=0.97$），形成于中奥陶世，认为花垣地区存在两期铅锌成矿事件。

5.2.4.2 矿物地球化学

花垣铅锌矿田内闪锌矿原位微区微量元素分析结果显示 Cd、Ga、Ge 等元素含量较高，Fe、Mn、Cu、Pb、Ag、Co、Tl、Se、In 等元素含量低。闪锌矿的 Ga/In 值（>5）和 Zn/Cd 值（平均为102）及 In-Ge 关系图等，均指示其形成于中低温环境。主成矿期的闪锌矿 Ga/Ge 温度计计算显示北部的李梅和芭茅寨矿床形成温度集中在 175~247 ℃，而南部土地坪和清水塘矿床形成温度集中在 150~176 ℃（图5-17）。

方解石及相关地层稀土元素测试结果显示Ⅰ阶段方解石 ΣREE 含量较低，平均为 4.77×10^{-6}；w(LREE)/w(HREE)介于 6.21~10.19，平均 7.96。Ⅱ阶段方解石 ΣREE 含量明显高于前者，平均为 46.71×10^{-6}；w(LREE)/w(HREE)介于 11.19~19.85，平均 16.62。两阶段方解石稀土元素配分模式均为轻稀土富集右倾型[（La/Yb）$_N$ 平均值分别为 13.20 和 69.31]（图5-18），Ⅱ阶段方解石较Ⅰ阶段方解石更富集轻稀土。两阶段方解石（Gd/Yb）$_N$ 分别为 1.65~2.90（平均 2.16）、4.39~14.97（平均 10.48），表明Ⅱ阶段方解石重稀土分馏程度相对较高。Ⅰ阶段方解石 ΣREE 含量与容矿围岩接近，而Ⅱ阶段方解石 ΣREE 含量高于容矿围岩但低于含矿层下伏地层，可能暗示与Ⅱ阶段方解石有关的流体流经了富含 REE 的马底驿组至石牌组地层（陶含涛等，2017）。

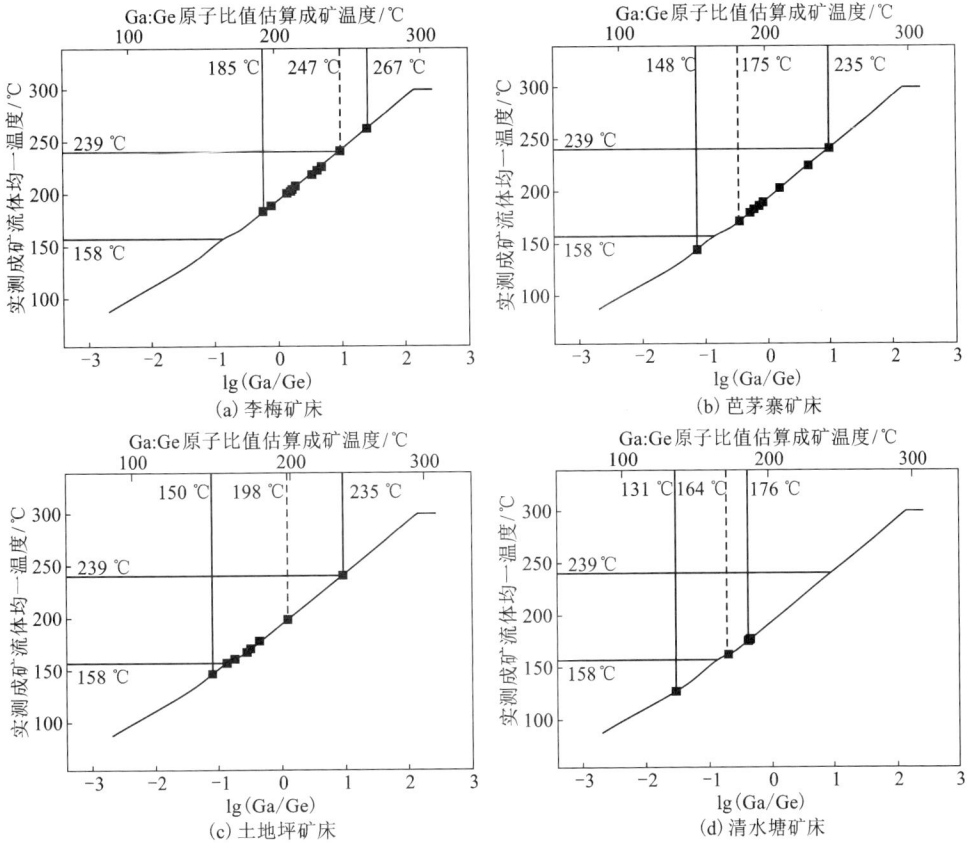

图 5-17　花垣铅锌矿床闪锌矿 lg(Ga/Ge)-t 图解

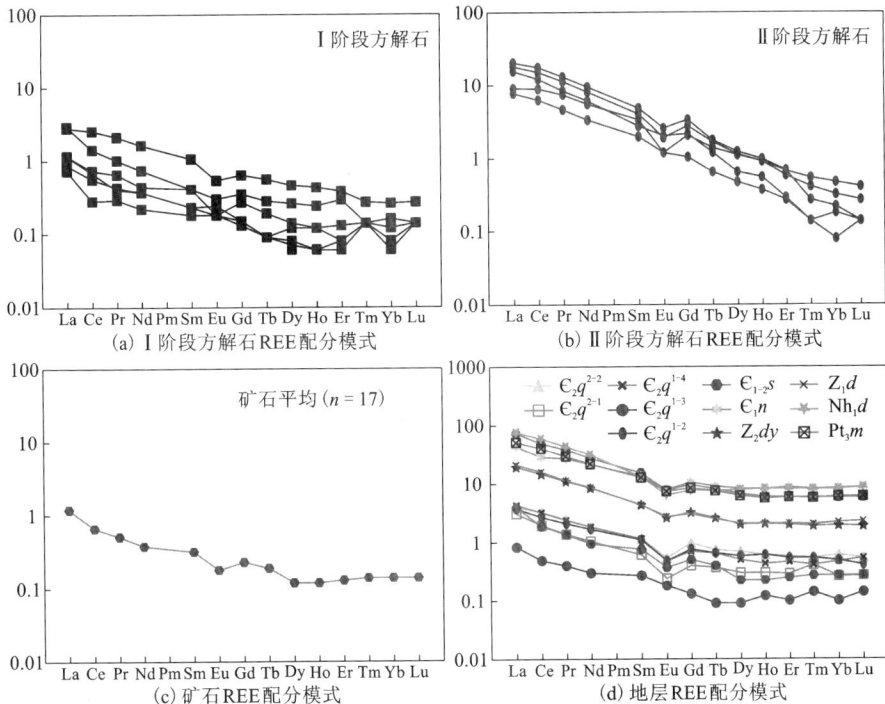

图 5-18　花垣铅锌矿田稀土元素配分模式图(扫章首码查看彩图)

方解石中 Eu 主要取代 Ca^{2+} 位置,而 Eu^{3+}(离子半径为 0.095 nm)相比 Eu^{2+}(离子半径为 0.117 nm)更容易置换 Ca^{2+}(离子半径为 0.100 nm)。研究显示 Eu 异常与温度和 fO_2 关系密切,在高温(>250 ℃)、强还原条件下,Eu^{2+} 较为稳定;在低温和相对氧化条件下,则以 Eu^{3+} 为主;而在 100~200 ℃ 的中等温度和中等还原条件下,Eu^{2+} 和 Eu^{3+} 二者比重相当。花垣铅锌矿床 I 阶段方解石 Eu 异常不明显,说明成矿流体中 Eu^{2+} 和 Eu^{3+} 含量相当,反映成矿环境为中等还原环境;II 阶段方解石 δEu 值为 0.46~0.84,表现明显的负异常,说明成矿时流体中 Eu 主要以 Eu^{2+} 形式存在,反映成矿环境为强还原环境。Ce 异常与沉淀的氧化还原环境有关,在还原条件下以 Ce^{3+} 形式迁移,在氧逸度较高条件下,Ce^{3+} 被氧化成 Ce^{4+},但 Ce^{4+} 溶解度较小,易被氢氧化物吸附而脱离溶液体系,致使整个溶液体系呈现 Ce 的亏损,从该溶液中沉淀出的矿物也呈 Ce 负异常。I 阶段方解石 δCe 值为 0.61~1.05,平均为 0.87,为弱负异常;II 阶段方解石 δCe 值为 1.05~1.09,平均为 1.07,为弱正异常,表明从 I 阶段到 II 阶段成矿流体还原性增强,这与 II 阶段生成大量硫化物的地质事实相符。

5.2.4.3 同位素地球化学

1)硫化物硫同位素

花垣铅锌矿床硫化物 $\delta^{34}S$ 值分布范围为 27.2‰~35.4‰[图 5-19(a)],两件重晶石 $\delta^{34}S$ 值为 36.1‰ 和 37.3‰。各矿物 $\delta^{34}S$ 富集顺序为 $\delta^{34}S$ 重晶石>$\delta^{34}S$ 闪锌矿>$\delta^{34}S$ 方铅矿,与硫同位素在热液矿物体系中的平衡结晶顺序一致,表明成矿物质沉淀时基本达到了硫同位素分馏平衡。花垣铅锌矿床硫化物硫同位素 $\delta^{34}S$ 值较寒武纪海水硫酸盐的 $\delta^{34}S$ 值略大[图 5-19(b)],说明铅锌成矿所需的硫除来自含矿地层外,应有更富集 $\delta^{34}S$ 的源区。前人研究表明含矿层下伏地层(寒武系牛蹄塘组、震旦系陡山沱组和南华系大塘坡组)普遍富集重硫[图 5-19(b)]。根据硫酸盐由氧化态的 SO_4^{2-} 到还原态的 S^{2-} 的转变的机制及矿床形成环境,认为矿区形成还原硫主要是由热化学还原机制,热液萃取了下伏地层中的硫酸盐(海水硫酸盐,被沉积物包裹在各种矿物中),运移至赋矿地层,在热化学还原作用下生成 S^{2-},提供给金属离子相结合形成硫化物。因此,花垣铅锌矿田硫主要源自板溪群至寒武系地层。

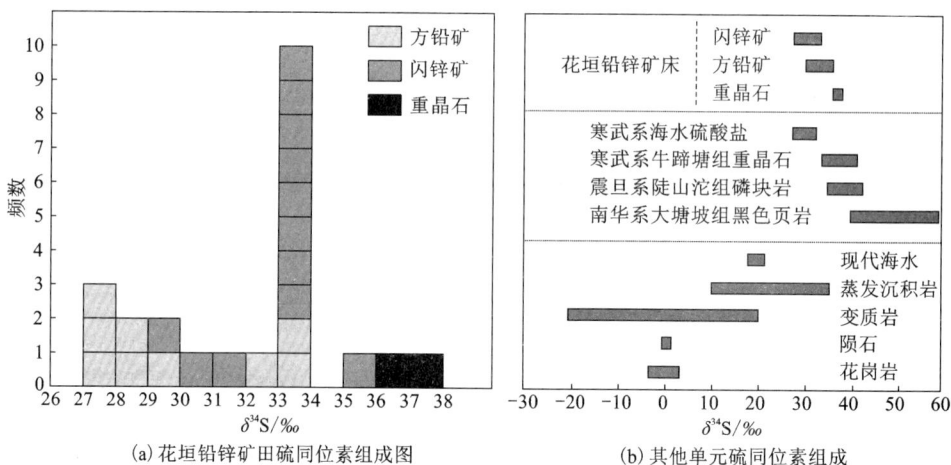

(a)花垣铅锌矿田硫同位素组成图　　(b)其他单元硫同位素组成

图 5-19　花垣铅锌矿田硫同位素组成图与其他单元硫同位素组成

2）方解石 H-O 同位素

对不同矿段方解石和重晶石进行了 H-O 同位素测试，流体中的 δD 值由矿物测试直接得到，而成矿流体的 $\delta^{18}O_{H_2O}$ 值则由测得的 $\delta^{18}O_{SMOW}$ 值进行换算。换算采用公式：$1000\ln\alpha_{方解石-水} =$ $(4.01\times10^6)/T^2 \sim (4.66\times10^3)/T^2+1.71$；$1000\ln\alpha_{重晶石-水} = (3.94\times10^6)/T^2 \sim (5.47\times10^3)/T^2+ 1.86$（郑永飞和陈江峰，2000）。计算过程中温度 T 取该阶段流体包裹体均一温度平均值。在 $\delta D-\delta^{18}O_{H_2O}$ 图解中（图 5-20），成矿期的方解石和重晶石投点落入建造水区域，显示出经过强烈流体交换后向大气降水"漂移"特点。当大气降水在下渗过程中与碳酸盐岩发生同位素平衡交换时，主要产生氧同位素的交换，其结果是成矿溶液的氧同位素较大气降水的偏重，导致了 $\delta^{18}O$"漂移"。花垣铅锌矿床与华南川滇黔 MVT 型铅锌矿床 H-O 同位素组成具有相似性（张长青等，2005，图 5-20）。结合花垣地区地质背景，认为区内铅锌成矿初始成矿流体为地层水，随着成矿作用的进行，有大气降水的加入。

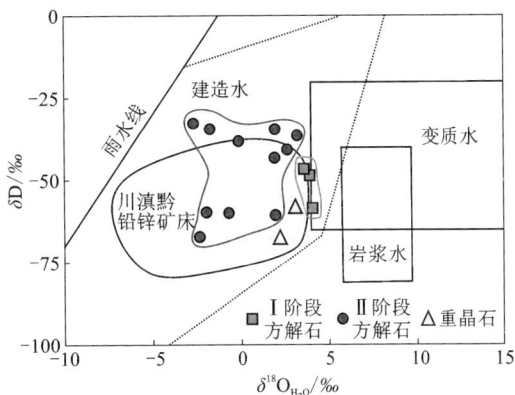

图 5-20　花垣铅锌矿田成矿流体 $\delta D-\delta^{18}O_{H_2O}$ 图解

（底图据张长青等，2005b；建造水分布区据 Sheppard，1986）

5.2.4.4　流体包裹体特征

对花垣铅锌矿床成矿期的方解石、萤石、重晶石及闪锌矿中的流体包裹体进行了岩相观察、显微测温及激光拉曼研究。岩相观察结果显示发育三类包裹体：气液两相水溶液包裹体（Ⅰ型）、纯液相包裹体（Ⅱ型）和纯气相包裹体（Ⅲ型）。Ⅰ型包裹体在矿床中常见，又以富液相包裹体（Ⅰa）为主，占整个包裹体总量的 80% 以上；Ⅱ型包裹体分布不均匀；Ⅲ型包裹体数量较少。根据流体包裹体显微测温结果（表 5-4），闪锌矿成矿流体温度从Ⅰ阶段（187～256℃）至Ⅱ阶段（158～239℃）下降不明显，Ⅲ阶段（94～228℃）呈现相对明显的下降趋势。

表 5-4　花垣铅锌矿田流体包裹体显微测温结果

成矿阶段	寄主矿物	数量	大小/μm	气液比/%	冰点温度/℃	均一温度/℃	盐度/(% NaCl equiv.)	密度/(g·cm^{-3})
Ⅰ	方解石	76	2.6～16.4	10～65	-21.1～-4.9	159～320	7.72～23.43	0.78～1.03
	闪锌矿	21	4.4～15.2	10～20	-14.7～-11.0	187～256	15.0～18.5	0.95～1.00
Ⅱ	方解石	17	3.9～13.1	5～25	-21.2～-4.4	133～285	7.01～23.56	0.93～0.99
	闪锌矿	22	3.5～8.9	5～20	-13.2～-9.8	158～239	13.80～17.20	0.96～1.09
	重晶石	65	6.1～11.6	15～25	-17.8～-5.0	150～289	7.80～21.02	0.97～1.01
	萤石	35	9.9～32.7	20～30	-16.3～-8.1	146～312	11.80～19.80	0.96～1.03

续表5-4

成矿阶段	寄主矿物	数量	大小/μm	气液比/%	冰点温度/℃	均一温度/℃	盐度/(% NaCl equiv.)	密度/(g·cm⁻³)
Ⅲ	方解石	45	4.8~9.5	10~20	−12.3~−5.0	146~265	7.81~16.33	0.96~1.02
	闪锌矿	25	5.1~9.7	8~15	−10.2~−4.9	94~228	7.80~14.15	0.96~1.04

综合主要矿物测温结果，花垣铅锌矿床Ⅰ阶段成矿温度集中于220~240 ℃，盐度主要为15%~19% NaCl equiv.；Ⅱ阶段成矿温度集中于180~240 ℃，盐度主要为11%~17% NaCl equiv.；Ⅲ阶段成矿温度集中于160~220 ℃，盐度主要为8%~13% NaCl equiv.，说明成矿流体为中低温、高盐度流体，从Ⅰ阶段至Ⅱ阶段成矿流体温度和盐度略微下降，Ⅲ阶段下降趋势相对明显。激光拉曼气相成分测试表明，花垣铅锌矿田Ⅰ、Ⅱ阶段成矿流体均不同程度富含 CH_4 和 H_2S。综合分析认为，花垣铅锌矿田成矿流体为一富含 CH_4 的弱还原性、高盐度的 $NaCl-H_2O$ 流体体系。

5.2.5 成矿作用及成矿模式

5.2.5.1 大地构造演化对成矿的控制

（1）南华纪-早奥陶世。此时期湘西北地区处于裂谷及被动大陆边缘阶段，为矿源层和赋矿层形成阶段。随着岩层的埋深，地层中残余海水、粒间水受压力作用而被释放，黏土和膏盐类矿物因地温增高而脱水，形成地层水，并沿深大断裂和构造薄弱层向下渗透，到达深部的基底地层。在此过程中，因地热梯度的增温作用形成了热的盆地流体。受上覆地层的负荷作用影响，流体被封存于深部，在温度梯度和浓度梯度作用下发生对流循环，淋滤及溶解了各地层中的卤素、铅锌元素以及硫酸盐，形成了含矿热卤水。花垣铅锌矿成矿流体具有较低pH、中温、高盐度、富Cl⁻贫S的特征（刘义均和郑荣才，2000，杨绍祥等，2009），说明铅锌主要以氯络合物（$ZnCl_n^{2-n}$ 和 $PbCl_n^{2-n}$）的形式进行搬运（Reed and Palandri，2006；张艳等，2016）。

（2）中奥陶世至早泥盆世。此时期该区处于造山阶段，湘西北地区处于前陆盆地环境。受加里东构造运动的影响，黔中、雪峰隆起，区域性含矿热卤水在盆地边缘隆起产生的地势差异作用驱动下，向花垣地区汇集，并在压力作用下沿花垣-张家界深大断裂及其次级雁行式断裂向上运移，且继续淋滤、萃取地层中成矿元素。当含矿流体运移至清虚洞组藻灰岩时，受上下低渗透性地层的隔挡，而滞留于该层位发生横向运移。此时，藻灰岩中生物骨骼腐烂后留下的孔隙及藻隙、各种同生角砾或鲕粒之间的空隙、古岩溶孔洞、层面间隙及缝合线构造等为流体的运移和矿质的沉淀提供了空间。流体及赋矿层中的硫酸盐在有机质的参与下发生热化学还原反应，形成还原硫，与流体中的金属离子结合形成金属硫化物。

5.2.5.2 岩相古地理控矿特征

综合前人研究及野外资料分析，认为研究区寒武系主要为台地体系，包含多种沉积亚相：局限台地、开阔台地、台缘生物礁、台缘浅滩等。其中台地边缘生物礁广泛分布于清虚洞组下段 3~4 亚段，岩石类型为藻灰岩。礁岩类型为黏结型，与台缘浅滩常伴生(表 5-5)。编录显示清虚洞组下段 3~4 亚段沉积时期成礁具多期性、迁移性，总体表现为成礁期由南东向北西逐渐推迟发育，为沉积构造活动及海平面周期性变化的反映，说明该时期海平面具有不断向北西超覆的特点。沉积层序显示下寒武统清虚洞组下段 3 亚段—下寒武统清虚洞组上段 2 亚段($\mathbb{C}_2q^{1-3} \sim \mathbb{C}_2q^{2-2}$)由海侵体系域(TST)和高位体系域(HST)构成，其中海侵体系域由 2 个退积式准层序组构成，分别对应于 $\mathbb{C}_2q^{1-3}$、$\mathbb{C}_2q^{1-4}$，发育开阔台地-台地边缘浅滩-生物礁相沉积。$\mathbb{C}_2q^{1-3}$ 准层序组岩相古地理为镶边碳酸盐台地沉积，由台地边缘生物礁相及浅滩相构成台地边缘的镶边裙带，呈北东-南西向展布于大脑坡-土地坪-清水塘一带，沉积物以藻灰岩和砂屑灰岩为主，夹开阔台地相细晶灰岩；由于剖面上生物礁具多期次发育的特点，垂向上相互叠置在一起，构成了研究区主要的含矿部位[图 5-21(a)]。$\mathbb{C}_2q^{1-4}$ 准层序组岩相古地理与上一层序古地理格局变化不大，延续了前期的沉积模式，仍然是表现为镶边碳酸盐台地沉积的特点，由生物礁相及浅滩相构成台地边缘的镶边裙带，但该时期生物礁发育较前期弱，仅分布于大脑坡矿区，沉积物主要为砂屑灰岩和藻灰岩；北西方向为开阔台地相，以细晶灰岩沉积为主[图 5-21(b)]。

表 5-5　台缘浅滩与生物礁岩相柱状图(大脑坡 ZK5325 钻孔)

地层系统					深度/m	岩性剖面	层理构造与含有物	岩性描述	沉积相			岩样分析		备注
系	统	组	段	代号					微相	亚相	相	$w(Zn)/\%$ 0~10	$w(Pb)/\%$ 0~2	
寒武系	下寒武统	清虚洞组	下段	$\mathbb{C}_2q^{1-4}$			～	灰色厚层鲕粒灰岩	鲕粒滩	台缘浅滩	台地			矿体未达
				$\mathbb{C}_2q^{1-3}$	160 180		～ ⫿⫿⫿ ～	灰-深灰色巨厚层藻灰岩细晶结构，块状构造，少量缝合线发育。方解石呈团块状、线状分布，铅锌矿化(以锌为主)呈浸染状、环带状和星点状分布于方解石团块边缘和藻灰岩中	藻灰岩	台缘生物礁				矿体 矿体 矿体
					200		⫿⫿⫿ ⫿⫿⫿	上部为灰色厚层粉晶灰岩，具块状构造，粉晶层缝合线发育，充填黑色铁质；中部灰色厚层藻灰岩，方解石脉状线状分布，宽 2~5 mm；底部为块状白云质灰岩	礁间 藻灰岩	开阔台地 台缘生物礁				
					220		⫿⫿⫿ ⫿⫿⫿ ～	灰色巨厚层藻灰岩。岩石具块状构造，细晶结构，缝合线发育。方解石呈团块状分布	藻灰岩	台缘生物礁				矿体
					240			深灰色巨厚层细砂屑灰岩与灰色巨厚层藻灰岩互层。砂屑灰岩具块状构造，细砂屑结构；藻灰岩具块状构造，细晶结构	砂屑灰岩 藻灰岩 砂屑灰岩	台缘浅滩 台缘生物礁 台缘浅滩				
					260		⫿⫿⫿	灰色巨厚层藻灰岩。岩石具块状构造，细晶结构，缝合线发育。方解石呈团块状分布	藻灰岩	台缘生物礁				矿体
							◇		礁间	开阔台地				

砂屑灰岩　　鲕粒灰岩　　细晶灰岩　　藻灰岩

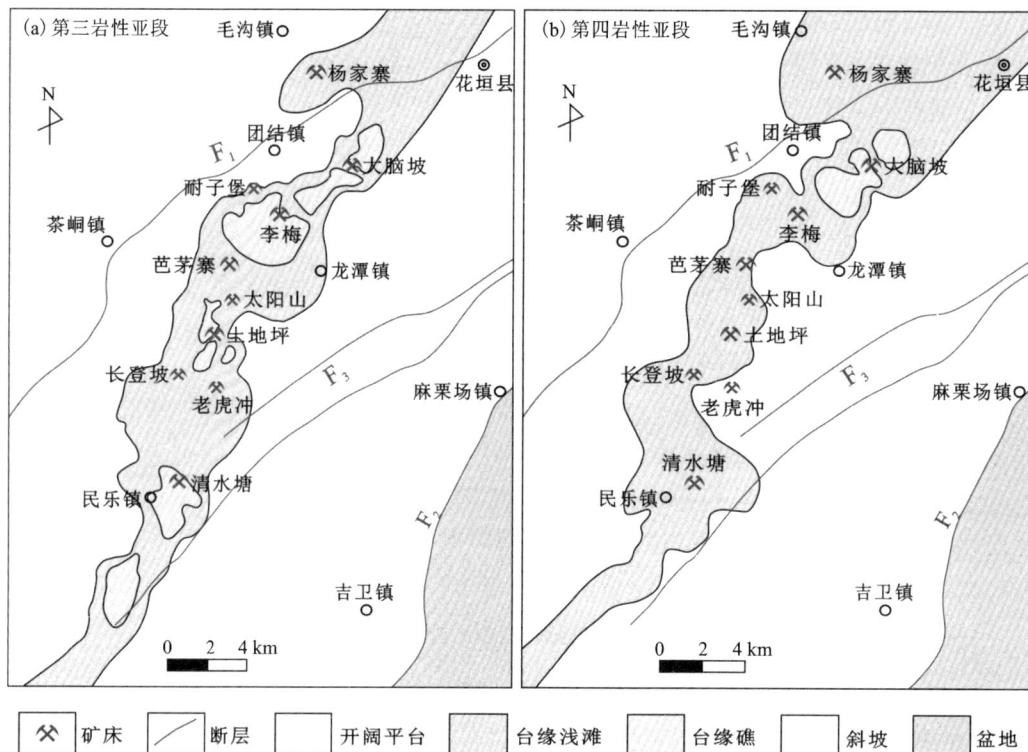

图 5-21　矿田清虚洞组下段第三岩性亚段(a)和第四岩性亚段(b)岩相古地理与铅锌矿床分布示意图
(扫章首码查看彩图)

5.2.5.3　矿质沉淀过程与机制

研究显示硫酸盐热化学还原反应包括启动和 H_2S 自催化过程。①在 I 成矿阶段，硫酸盐接触离子对(CIP)与 HSO_4^-，相比 SO_4^{2-} 更易于启动硫酸盐热化学还原反应[式(1)、式(2)和式(3)]，且流体盐度越高越利于反应的进行(张水昌等，2011)。含矿层中地层水富含 Ca^{2+}，当深循环形成的含矿热卤水运移至含矿层时，其携带的 SO_4^{2-} 与 Ca^{2+} 结合形成大量的硫酸盐接触离子对(CIP)或 HSO_4^-[式(1)、式(2)]，不仅降低了硫酸盐热化学还原启动反应的活化能，促使反应开始缓慢生成 H_2S[式(3)]，另外，两种流体的混合导致了温度和盐度的降低，pH 的升高，这也使得金属配合物失稳分解。该阶段形成的还原硫含量有限，S^{2-} 主要与 Zn^{2+} 结合生成闪锌矿沉淀。②在 II 成矿阶段，成矿流体以热卤水为主，当启动反应生成的 H_2S 足够量时，硫酸盐热化学还原反应进入 H_2S 自催化。H_2S 离解为 H^+ 与 HS^-[式(4)]，HS^- 与铅锌氯络合物反应生成硫化物而发生沉淀[式(5)]，同时也释放了 H^+，抑制了 HS^- 的生成。酸性流体对碳酸盐围岩的溶蚀作用为耗酸的过程[式(6)]，使得闪锌矿和方铅矿不断析出，同时也导致结构疏松的藻灰岩的孔隙度进一步增大，扩充了水岩反应场所和成矿物质的沉淀空间，形成大量花斑状、斑脉状矿化。另外，在 H_2S 自催化阶段已有大气降水开始不断加入，Ba^{2+} 与 SO_4^{2-} 在热卤水与大气降水交汇界面达到过饱和而沉淀形成重晶石(Ba^{2+} 由热卤水提供，SO_4^{2-} 源于热卤水和下渗的大气降水)。流体的混合在一定程度上破坏了成矿的物理化学环境，有利于矿质沉淀。③在 III 成矿阶段，随着含矿热卤水自身浓度的降低以及大气降水的大量混入，成矿流体的温度和盐度大幅下降，酸性减弱，此过程中硫酸盐热化学还原反应强度虽然有所下降，但仍能提供还原硫，引起铅(锌)元素沉淀。

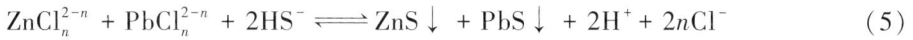

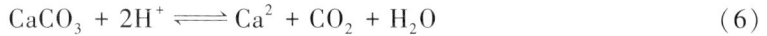

$$Ca^{2+} + SO_4^{2-} \rightleftharpoons CIP \tag{1}$$

$$SO_4^{2+} + II^+ \rightleftharpoons HSO_4^- \tag{2}$$

$$CIP[HSO_4^-] + HC(有机质) \longrightarrow CH_4 + H_2S + CO_2 + HC + 沥青 \tag{3}$$

$$H_2S \rightleftharpoons H^+ + HS^- \tag{4}$$

$$ZnCl_n^{2-n} + PbCl_n^{2-n} + 2HS^- \rightleftharpoons ZnS\downarrow + PbS\downarrow + 2H^+ + 2nCl^- \tag{5}$$

$$CaCO_3 + 2H^+ \rightleftharpoons Ca^2 + CO_2 + H_2O \tag{6}$$

5.2.5.4　成矿模式

基于花垣铅锌矿床地质与地球化学特征，建立了花垣铅锌矿田成矿模式图(图 5-22)。成矿模式可以概括为，Pb、Zn 成矿物质来源于板溪群至下寒武统牛蹄塘组地层，成矿流体为来源于地层水渗滤循环形成的热卤水。在中奥陶世至早泥盆世造山过程中，成矿流体流向花垣地区富含有机质的台缘生物礁和台缘浅滩相地层中，以硫酸盐热化学还原反应为主要机制形成铅锌矿体。

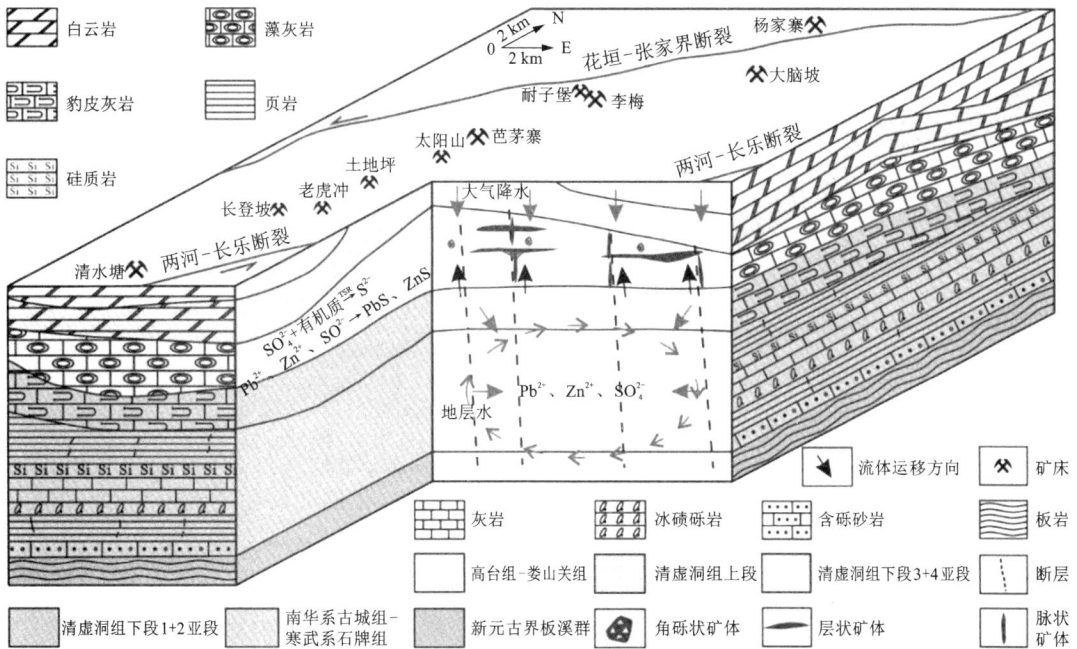

图 5-22　花垣铅锌矿田成矿模式图(扫章首码查看彩图)

(据 Wei et al., 2020)

5.2.6　教学安排

5.2.6.1　需要详细观察和了解的典型现象

针对湘西花垣 MVT 型铅锌矿床的认识，在前述资料基础，为提高对该类矿床的地质特征及成因的认识,可以根据矿区露头及控制工程了解典型现象。

1)典型矿体

(1)典型矿体露头。

花垣铅锌矿田大多数为隐伏矿体,仅在北部的李梅和大脑坡矿床、南部的狮子山矿床分布少量矿体露头,其余均需通过采矿坑道和钻孔岩芯观察。在团结镇附近地表可观察到含矿层下伏的清虚洞组下段1亚段薄层灰岩[图5-23(a)]和2亚段豹皮灰岩[图5-23(b)],在狮子山矿区南部广泛分布含矿层上伏高台组白云岩[图5-23(c)]。在李梅、狮子山、大脑坡一带可见地表有清虚洞组下段3+4亚段含矿礁灰岩的分布[图5-23(d)~(h)]。

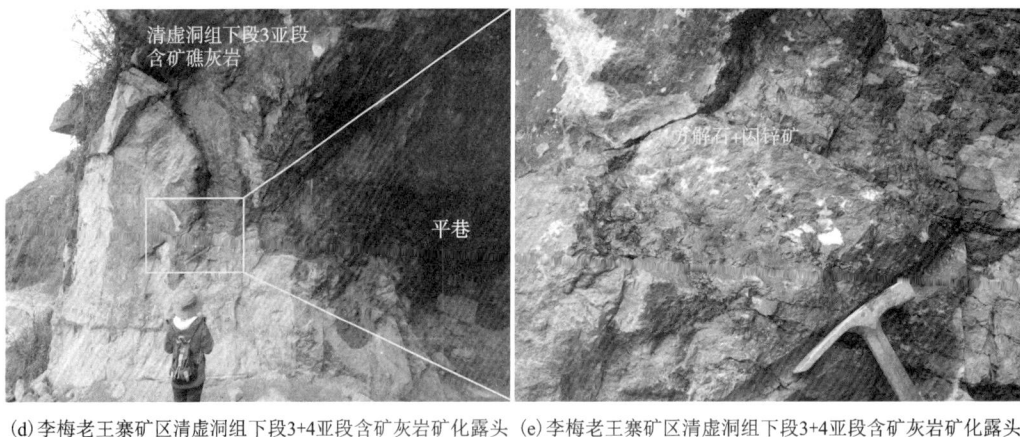

(a)团结镇西北坡清虚洞组　　(b)清虚洞组下段2亚段豹皮灰岩　　(c)狮子山矿区南部含矿层上覆高台组白云岩
　　　下段1亚段薄层灰岩

(d)李梅老王寨矿区清虚洞组下段3+4亚段含矿灰岩矿化露头　(e)李梅老王寨矿区清虚洞组下段3+4亚段含矿灰岩矿化露头

(f)长登坡洞里村清虚洞组下段3+4亚段　　(g)长登坡洞里村清虚洞组下段3+4亚段　　(h)大脑坡清虚洞组下段
　　含矿灰岩矿化露头　　　　　　　　　　含矿灰岩矿化露头　　　　　　　　　3+4亚段含矿灰岩矿化露头

图5-23　花垣铅锌矿田地表矿化露头(扫章首码查看彩图)

(2)典型矿体坑道现象。

通过坑道调研可以完整观察似层状矿体的特征,如狮子山矿床(土地坪)、芭茅寨矿床等。似层状矿体实为花斑状(或斑脉状)矿化的顺层展布形成[图5-24(a)(b)],花斑大小多为(0.5×1)cm~(1×3)cm,孤立分布[图5-24(c)],仔细观察实际通过微裂隙连通,局部地段花斑连续性较好时形成顺层条带状或细网脉状。含矿层下部花斑较上部密集,这可能与重力作用有关,流体由下向上运移至含矿层时,优先在下部发生侧向运移形成似层状矿体。

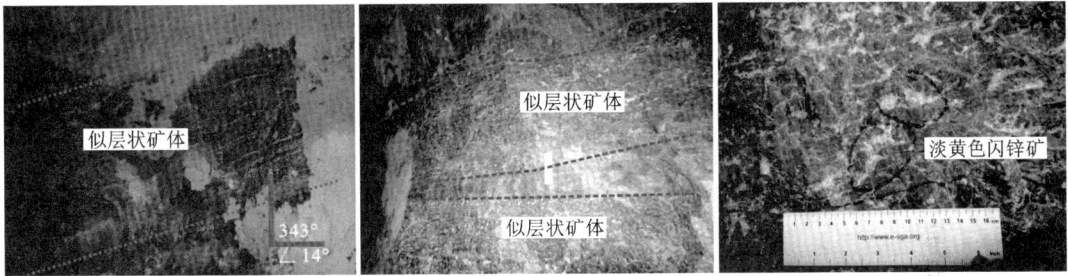

(a)土地坪矿区似层状矿体　　(b)芭茅寨11采区2号工作面似层状矿体　　(c)似层状矿体中的方解石闪锌矿花斑

图5-24　花垣铅锌矿田似层状矿体(扫章首码查看彩图)

2)典型岩矿石

(1)典型矿石类型。花垣铅锌矿床典型矿石类型包含(萤石)方解石闪锌矿矿石、白云石闪锌矿矿石、白云石方解石闪锌矿矿石、(萤石)重晶石方解(方铅矿)闪锌矿矿石、白云石重晶石(方铅矿)闪锌矿矿石、白云石重晶石闪锌矿方铅矿矿石及方解石方铅矿矿石等类型。

(2)典型矿石结构构造。花垣铅锌矿床矿石构造多样,主要有花斑状构造[图5-25(a)]、斑脉状构造[图5-25(b)]、浸染状构造[图5-25(c)]、角砾状构造[图5-25(d)(e)]、网脉状构造[图5-25(f)],次为细脉状构造[图5-25(g)]、致密块状构造[图5-25(h)]、晶洞状构造[图5-25(i)]等。

3)其他典型地质现象

(1)热液角砾岩。矿区内局部地段发育热液角砾岩型矿体,规模大小不一,但矿石品位通常较高,可达15%(图5-26)。以土地坪5采区角砾状矿体为例,该矿体宽约20 m,长约80 m,厚度超过10 m,品位约10%。角砾成分主要为灰岩,少数角砾为闪锌矿方铅矿团块,多为棱角-次棱角状,最小1 cm,最大可达1 m×4 m,具一定可拼贴性,沿角砾边部铅锌矿化发育;胶结物主要为方解石,次为白云石,结晶程度高。

(2)沥青化,在矿田内仅在李梅、芭茅寨附近有所见,呈薄膜状分布于岩石裂隙表面(图5-27),代表了古油气藏的存在。

(a) 花斑状构造，闪锌矿、方铅矿呈浸染状分布于不规则方解石斑块周围

(b) 斑脉状构造，闪锌矿呈细脉状分布于方解石斑块与围岩接触部位

(c) 浸染状构造，闪锌矿浸染状分布于黄铁矿中

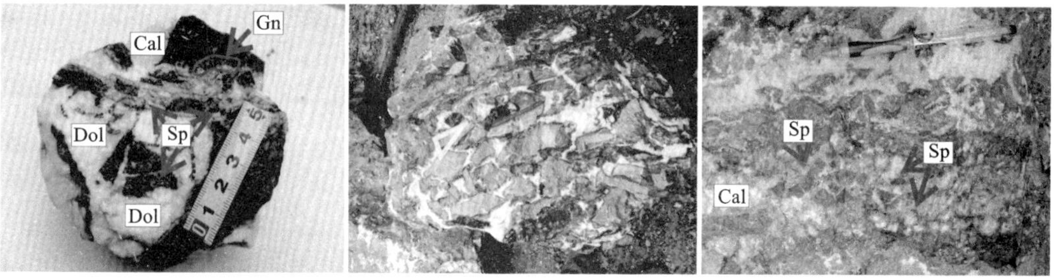

(d) 角砾状构造，含矿方解石胶结灰岩角砾

(e) 角砾状构造，含矿方解石充填胶结灰岩角砾

(f) 网脉状构造，多组脉交错出现呈网脉构造

(g) 细脉状构造，闪锌矿充填于灰岩裂隙中呈细脉状

(h) 块状构造，块状方铅矿和闪锌矿矿石

(i) 晶洞状构造，角砾岩中空隙未充分充填，形成晶洞状构造

Gn—方铅矿；Sp—闪锌矿；Cal—方解石；Py—黄铁矿；Dol—白云石。

图 5-25 花垣铅锌矿田典型矿石构造（扫章首码查看彩图）

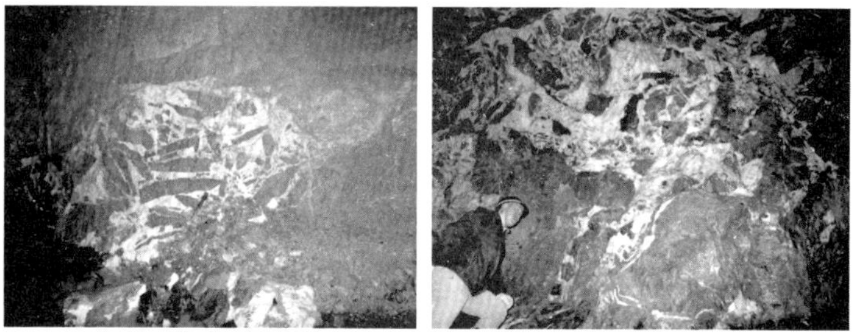

(a) 长登坡采区角砾状矿体

(b) 土地坪5采区1~6工作面角砾状矿体

图 5-26 花垣铅锌矿田热液角砾岩（扫章首码查看彩图）

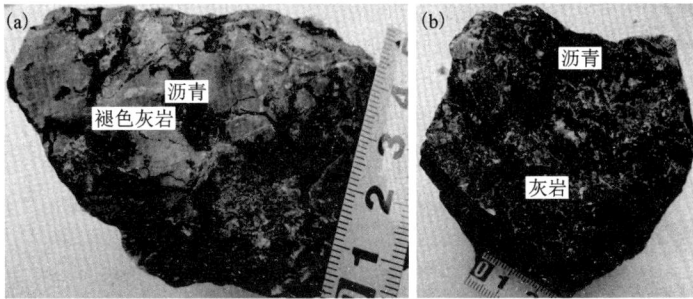

图 5-27　花垣铅锌矿田沥青化（扫章首码查看彩图）

5.2.6.2　思考题

（1）该类矿床的矿体和矿石有哪些特征？矿体产出控制因素有哪些？

（2）为什么产于灰岩中的似层状矿体是热液成矿作用而不是沉积成矿作用？

（3）该类矿床成矿物质及成矿流体有哪些特点？

参考文献

［1］　Hu Y S, Ye L, Huang Z L, et al. Genetic model for early Cambrian reef limestone-hosted Pb-Zn deposits in the world-class Huayuan orefield, South China: New insights from mineralogy, fluorite geochemistry and sulfides in situ S-Pb isotopes［J］. Ore Geology Reviews, 2022, 141: 104682.

［2］　Jarvis J C, Wildeman T R, Banks N G. Rare earths in the Leadville Limestone and its marble derivates ［J］. Chemical Geology, 1975, 16(1): 27-37.

［3］　Liu J P, Rong Y N, Zhang S G. Mineralogy of Zn-Hg-S and Hg-Se-S series minerals in carbonate-hosted mercury deposits in Western Hunan, South China［J］. Minerals, 2017, 7(6): 101.

［4］　Wei H T, Xiao K Y, Shao Y J, et al. Modeling-based mineral system approach to prospectivity mapping of stratabound hydrothermal deposits: A case study of MVT Pb-Zn deposits in the Huayuan area, northwestern Hunan Province, China［J］. Ore Geology Reviews, 2020, 120: 103368.

［5］　Wu T, Huang Z L, Ye L, et al. Origin of the carbonate-hosted Danaopo Zn-Pb deposit in western Hunan Province, China: Geology and in-situ mineral S-Pb isotope constraints［J］. Ore Geology Reviews, 2021, 129: 103941.

［6］　Zhang W D, Li B, Lu A, et al. Origin of the Early Cambrian Huayuan carbonate-hosted Zn-Pb orefield, South China: Constraints from sulfide trace elements and sulfur isotopes［J］. Ore Geology Reviews, 2022, 148: 105044.

［7］　湖南水口山有色金属集团有限公司. 柏坊铜矿找矿研究与实践［R］. 2004: 4-9.

［8］　王育民, 朱家鳌, 余琼华. 湖南铅锌矿地质［M］. 北京: 地质出版社, 1988.

［9］　叶周, 邵拥军, 陶含涛, 等. 湘西大脑坡铅锌矿床地质特征及成因分析［J］. 国土资源导刊, 2015, 12 (1): 34-39.

［10］　刘文均, 郑荣才, 李元林, 等. 花垣铅锌矿床中沥青的初步研究—MVT 铅锌矿床有机地化研究［J］. 沉积学报, 1999, 17(1): 19-23.

[11] 刘文均, 郑荣才. 花垣铅锌矿床成矿流体特征及动态[J]. 矿床地质, 2000, 19(2): 173-181.

[12] 刘宝珺, 王剑. 一个与生物丘有关的成岩成矿模式[J]. 四川地质学报, 1989, 9(1): 39-44.

[13] 刘宝珺, 王剑. 湘西花垣李梅铅锌矿区古热液卡斯特特征及其成因研究[J]. 大地构造与成矿学, 1990, 14(1): 57-67.

[14] 刘英俊. 元素地球化学[M]. 北京: 科学出版社, 1984.

[15] 张文淮, 张志坚, 伍刚. 成矿流体及成矿机制[J]. 地学前缘, 1996(4): 245-252.

[16] 张沛, 吴越, 段登飞, 等. 湖南花垣矿田长登坡铅锌矿床闪锌矿微量元素组成与指示意义[J]. 2021, 35(2): 269-276.

[17] 李静. 云南六苴砂岩型铜矿床含矿层岩石地球化学与矿石矿物学研究[D]. 昆明: 昆明理工大学, 2010.

[18] 杨绍祥, 劳可通. 湘西北铅锌矿床的地质特征及找矿标志[J]. 地质通报, 2007, 26(7): 899-908.

[19] 杨霆, 杨绍祥. 湘西狮子山铅锌矿床矿化富集特征及控矿因素——湖南花垣—凤凰地区铅锌矿整装勘查系列研究之一[J]. 地质通报, 2016, 35(5): 814-821.

[20] 周云, 段其发, 曹亮, 等. 湖南花垣矿集区李梅铅锌矿床闪锌矿 Rb-Sr 定年与成矿物质示踪[J]. 地球科学与环境学报, 2021, 43(4): 661-673.

[21] 周振冬, 王润民, 庄汝礼, 等. 湖南花垣渔塘铅锌矿床矿床成因的新认识[J]. 成都地质学院学报, 1983, 10(1): 1-21.

[22] 周皓迪, 邵拥军, 隗含涛, 等. 湘西花垣土地坪铅锌矿床流体包裹体研究: 对成矿机制的指示意义[J]. 中国有色金属学报, 2018, 28(4): 802-816.

[23] 宛克勇. 湖南柏枋铜矿床稳定同位素地球化学初步研究[J]. 矿产与地质, 2008, 22(6): 541-542.

[24] 芮宗瑶, 叶锦华, 张立生, 等. 扬子克拉通周边及其隆起边缘的铅锌矿床[J]. 中国地质, 2004, 31(4): 337-346.

[25] 陈伟, 徐兆文, 李红超, 等. 河南新县宝安寨钼矿床流体包裹体研究[J]. 南京大学学报(自然科学), 2012, 48(6): 709-718.

[26] 段其发, 曹亮, 曾健康, 等. 湘西花垣矿集区狮子山铅锌矿床闪锌矿 Rb-Sr 定年及地质意义[J]. 地球科学(中国地质大学学报), 2014, 39(8): 977-986.

[27] 夏新阶, 舒见闻. 李梅锌矿床地质特征及其成因[J]. 大地构造与成矿学, 1995, 19(3): 197-204.

[28] 彭国忠. 湖南花垣渔塘地区层控型铅锌矿成因初探[J]. 地质科学, 1986, 21(2): 179-186.

[29] 曾健康, 张加利, 谭懿. 湖南省花垣县大脑坡铅锌矿矿床地质特征及与岩相关系[J]. 国土资源导刊, 2018, 15(4): 59-64.

[30] 隗含涛, 邵拥军, 叶周, 等. 湘西花垣铅锌矿田方解石 REE 元素和 Sr 同位素地球化学[J]. 中国有色金属学报, 2017, 27(11): 2329-2339.

[31] 隗含涛, 邵拥军, 叶周, 等. 湘西花垣铅锌矿田闪锌矿痕量元素地球化学特征[J]. 成都理工大学学报(自然科学版), 2021, 48(2): 142-153.

[32] 隗含涛. 湘西花垣铅锌矿成矿作用研究[D]. 长沙: 中南大学, 2017.

[33] 蔡应雄, 杨红梅, 段瑞春, 等. 湘西-黔东下寒武统铅锌矿床流体包裹体和硫、铅、碳同位素地球化学特征[J]. 现代地质, 2014, 28(1): 29-41.

第6章　湘中低温热液型锑矿床

扫码查看本章彩图

6.1　湘中锡矿山锑矿床

6.1.1　自然地理概况

锡矿山锑矿位于湖南省冷水江市境内，矿区距冷水江市中心 13 km，市内有湘黔铁路和 312 国道通过，交通便利(图 6-1)。矿区地形总的趋势是自南向北逐渐升高，最高峰是岳高岭，海拔标高 824.80 m；最低处为南边玄山溪出口处，标高 220 m。南北两矿之间的仙人界分水岭地带山顶标高为 628.32～709.30 m，由于区内沟谷发育和多期构造运动影响，地貌形态上属构造剥蚀及局部堆积地形。

6.1.2　区域地质背景

湘中锑矿集区位于扬子地块的东缘，该区发育十分丰富的锑矿床(图 6-2)。该区域的基底由中至晚元古代和早古生代的低级变质沉积岩组成，而盖层主要由上古生代至中生代碳酸盐岩和碎屑岩组成(图 6-2。马

图 6-1　湘中锡矿山锑矿床交通位置简图

东升等，2002；Hu et al.，2017)。区域上，锡矿山锑矿位于湘中北部涟源盆地，前泥盆系地层出露于盆地四周，内部为上古生界及中生界地层，总厚度近 20 km。锡矿山位于盆地的中部，其南部有白马山-龙山东西向构造带，北为冷家溪-九岭东西向构造带，东为沩山隆起，西为雪峰山弧形隆起，它们构成了湘中盆地，北北东向的城步-桃江深大断裂通过矿田西侧，并与北西向的双峰涟源隐伏断裂交会于矿田南部(图 6-2)，为成矿提供了优越的区域构造条

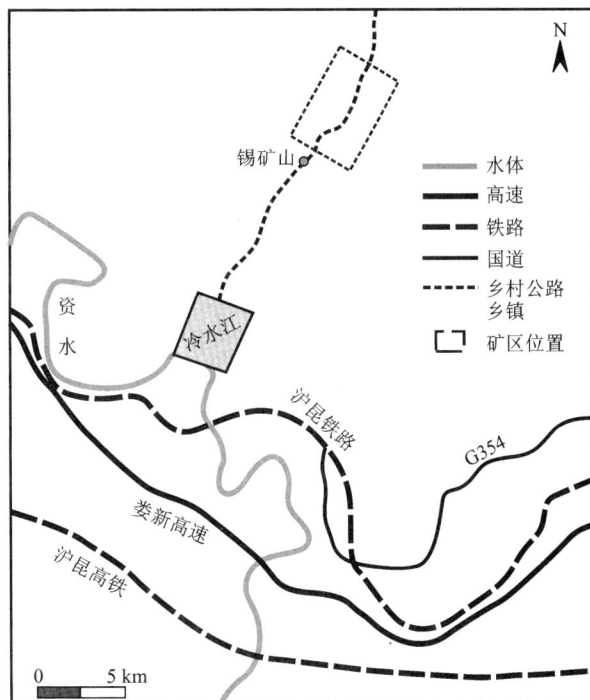

件。区域岩浆岩广泛发育，矿田北有沩山岩体，南有白马山复式岩体，南西有龙源花岗岩体，北西还有大神山花岗岩体，除龙源花岗岩体距矿田较近（30 km）外，其他岩体距矿田均达50 km以上。

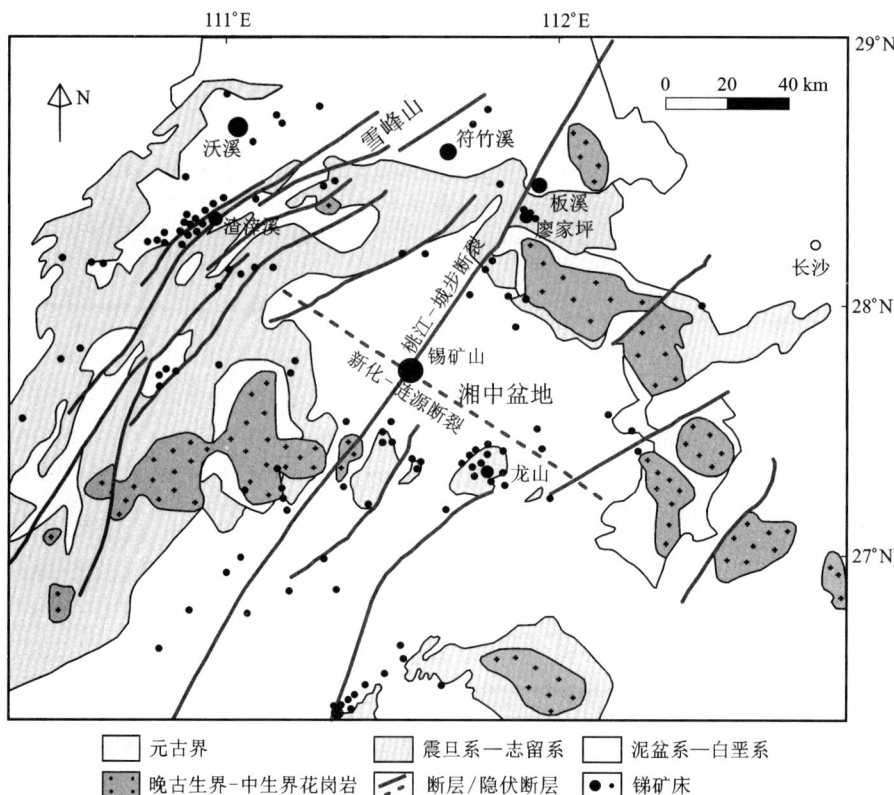

图 6-2 湘中地区地质简图（扫章首码查看彩图）

（据 Li et al.，2019b，2022 修改）

6.1.3 矿床地质特征

6.1.3.1 矿区地质

矿区出露的地层主要为晚古生代碳酸盐岩，其间夹有少量粉砂岩和泥质岩等。构造上，整个锡矿山锑矿床分布于复式背斜中，这个复式背斜由老矿山、童家院、飞水岩、物华 4 个雁行排列的次级背斜组成，且它们分别控制了对应 4 个矿体的产出；复式背斜的两翼均被切割，其 NW 翼被区域性断层 F_{75} 切割，而 SE 翼则被逆断层 F_1 切割（图 6-3）。

1）矿区地层

矿区出露地层较全，出露的地层为石炭系和上泥盆统，坑道和钻孔揭露有中泥盆统棋梓桥组地层。岩性以碳酸盐岩为主，围岩蚀变以硅化为主，且在浅部位置蚀变强烈。地层由老至新具体如下。

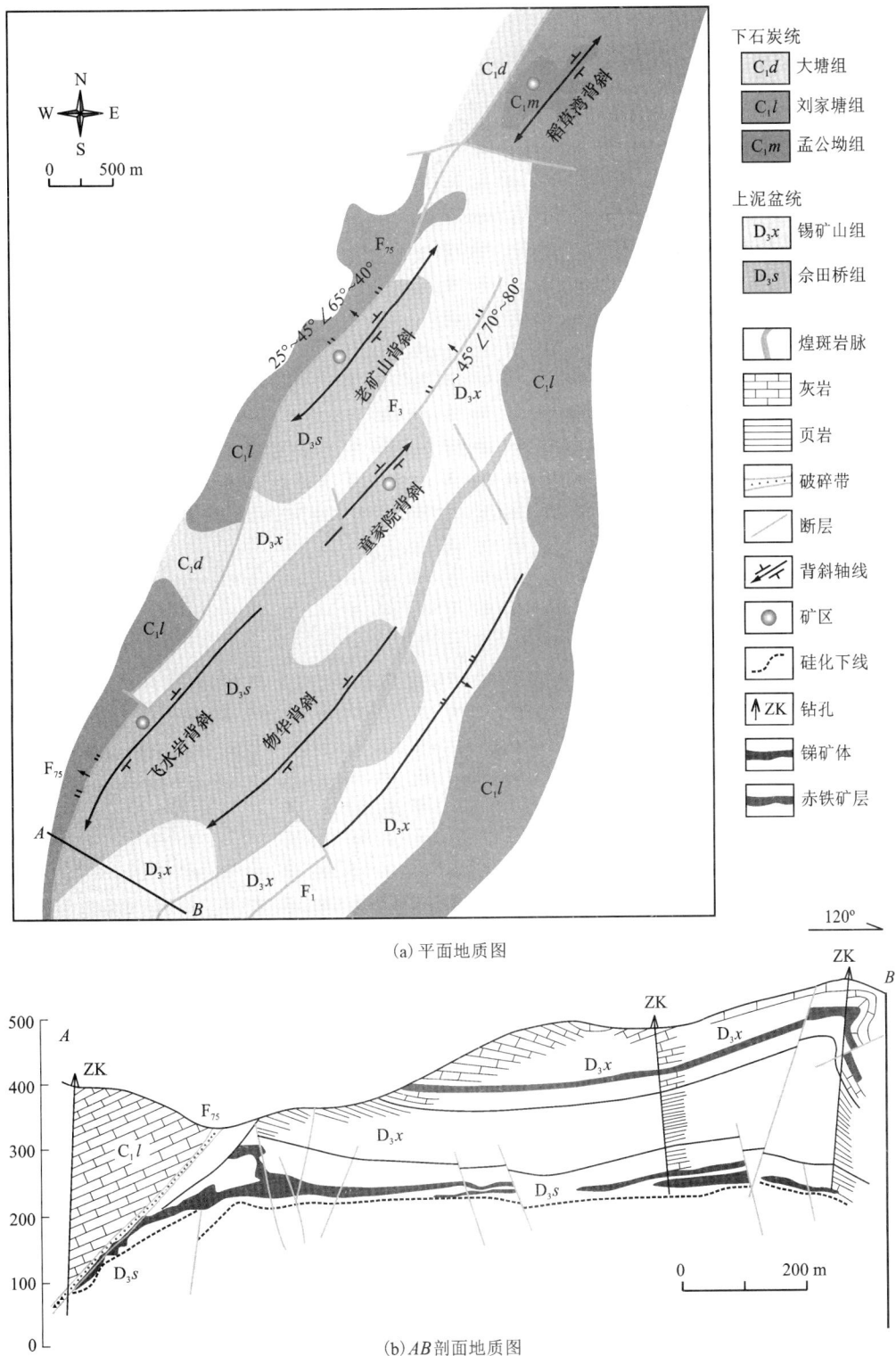

（a）平面地质图

（b）AB剖面地质图

图6-3 锡矿山矿田地质图（扫章首码查看彩图）

（据 Fu et al.，2020b 修改）

（1）上泥盆统：为矿区出露主要地层，分布于锡矿山锑矿床断褶隆起中心部位。上泥盆统主要由佘田桥组（D_3s）和锡矿山组（D_3x）组成。

佘田桥组按其岩性可分为下段龙口冲（D_3s^1）砂岩段、中段七里江（D_3s^2）灰岩段和上段（D_3s^3）泥灰岩（页岩）段。龙口冲段（D_3s^1）在地表未出露，以厚层状白云母砂岩、粉砂岩为主，顶部夹砂质页岩，底部夹砂质灰岩或粉砂质灰岩，矿化较弱，厚约 45 m。七里江灰岩段（D_3s^2）为矿田主要含矿层位，其厚度大于 300 m。采矿时将其分为 27 小层，其奇数层为灰岩或砂岩，偶数层多为页岩。前者有利于硅化和成矿，为主要的赋矿岩层；后者渗透率低，难以发生硅化和矿化，主要起遮挡作用。该段部分地段可见珊瑚化石。泥灰岩段（页岩）（D_3s^3）以泥晶灰岩为主，夹钙质页岩或两者呈互层产出，顶部和近底部含生物碎屑泥晶灰岩，本层厚度变化大，平均为 54 m。与上覆地层划分的标志层为含铁生物碎屑灰岩，含有较多的珊瑚化石。

锡矿山组地层完整、化石品种较多，是全国地层分类的标准。其可分为上、下两部分，下部主要为海相碳酸盐岩，其间夹有一层较薄的鲕状赤铁矿层，含腕足类化石；上部主要为碎屑岩，含植物化石、腕足类化石等。按其岩性，该套地层可分为陶塘段（D_3x^1）、兔子塘段（D_3x^2）、泥塘里段（D_3x^3）、马牯脑段（D_3x^4）和欧家冲段（D_3x^5）。该组总厚度为 400~530 m。陶塘段（D_3x^1）：以钙质页岩为主，夹泥晶灰岩，岩石为灰色，风化后为灰白色，厚度变化大，为 36~102 m，平均为 60 m。兔子塘段（D_3x^2）：中厚层-厚层泥晶灰岩夹页岩，近底部含铁质和生物碎屑，岩石呈深灰色，该段厚 25~40 m。泥塘里段（D_3x^3）：由薄层钙质页岩、砂岩、泥晶灰岩等互为夹层，中部夹一层较窄的鲕状赤铁矿层，矿层顶底板夹绿泥岩。该段厚度较小，岩性比较稳定，且与上、下层的灰岩差别明显，容易识别，为该区的主要标志层。岩石大多呈灰至黄绿色，铁矿层为猪肝色。该段厚 15~20 m。马牯脑段（D_3x^4）：是该区出露最广泛的地层，分上、下两段。上段为中厚层状泥晶灰岩、薄至中厚层状砂质泥晶灰岩、砂质页岩、钙质粉砂岩等，互为夹层或呈互层状。下段为厚至中厚层状泥晶灰岩夹砂质泥晶灰岩，靠近下部泥质增多，为泥质灰岩；底部为一层 1~2 m 的含铁砂质灰岩。岩石呈灰至深灰色，可见交错层理，化石主要为腕足类化石，厚度为 190~280 m。欧家冲段（D_3x^5）：以陆源滨海相沉积为主，岩性以石英粉砂岩、云母粉砂岩为主夹页岩，底部为页岩、泥灰岩。岩石呈灰或灰黑色，风化后为灰白或黄褐色。该段含有植物化石和少量的腕足类化石，厚度约为 126 m。

（2）下石炭统：可分为岩关阶（C_1y）和大塘阶（C_1d）。

岩关阶（C_1y）：分为邵东段、孟公坳段、刘家塘段三段，其中刘家塘段（C_1y^3）沿 F_{75} 断裂分布于矿区的西部，处于石磴子段（C_1d^1）和 F_{75} 断裂之间，而孟公坳段（C_1y^2）和邵东段（C_1y^1）在矿区出露面积较大。邵东段（C_1y^1）：上部以薄至中厚层状钙质页岩为主，夹石英粉砂岩或云母粉砂岩，局部夹砂质泥晶灰岩，往下粉砂岩逐渐增多；下部以中厚层状钙质粉砂岩、石英粉砂岩为主，夹页岩、砂质泥晶灰岩，靠近底部石英砂岩增多，风化后常呈陡峭地形。该段主要有腕足类、珊瑚类化石，厚度约 232 m。孟公坳段（C_1y^2）：上部为中厚至厚层状粉晶及微晶灰岩，含砂屑、生物碎屑及白云石；中部为微晶灰岩，并夹薄层状砂质页岩及石英粉砂岩；下部为厚至薄层状微晶灰岩夹页岩，底部见含铁白云石的微晶灰岩。该段岩石呈灰至深灰色，厚度约 74 m。刘家塘段（C_1y^3）：分上、中、下三个岩段。上段厚约 337.83 m，中上部以薄至中厚状泥晶灰岩为主，夹钙质页岩，底部铁质粉砂岩与砂质页岩互为夹层。中段厚 48.76 m，上部为微晶灰岩，含燧石团块或条带，下部为石英粉砂岩与黑色页岩互为夹层。下段厚 99.64 m，由薄层至中厚层状微晶灰岩、生物碎屑泥晶灰岩夹页岩或呈互层，局部含燧石条带。该段岩石呈灰、深灰至黑色，总厚度为 460~529 m。

大塘阶（C_1d）：分布于矿区两侧和外围，可分为石磴子段、测水段、梓门桥段。石磴子段（C_1d^1）大面积分布于 F_{75} 断裂以西，测水段（C_1d^2）分布面积较小，仅出露于矿区的北部和西南部，而梓门桥段（C_1d^3）未见出露。石磴子段（C_1d^1）：主要为灰岩、页岩、粉砂岩，有时出现互层现象，底部见同生角砾微晶灰岩，岩石多呈灰至深灰色，厚度 120~190 m。测水段（C_1d^2）：上段以灰白色、中厚层状砂质泥岩、石英砂岩、粉砂岩为主，夹少量泥质灰岩；顶部见紫红色、灰绿色泥岩，作为与上覆地层分界线的划分标志，底部含一层煤。下段为中厚层夹薄层状砂质泥岩和细砂岩，呈灰黑色，含 1~9 层煤。该段总厚度 70~110 m。梓门桥段（C_1d^3）：上部为薄至中厚层状灰岩、泥质灰岩夹少量白云质灰岩，含燧石条带或团块；中部以泥质灰岩与泥灰岩为主，夹灰岩，含石膏层；下部以泥灰岩为主，夹泥质灰岩及钙质页岩。该段中化石主要为珊瑚化石，厚度约 136 m。

2）矿区构造

锡矿山矿区构造呈巨大的短轴复式箱型背斜构造，即锡矿山短轴背斜，其西翼被 F_{75}（西部大断层）切割，东翼被煌斑岩脉充填的断裂所切割（图 6-3）。该复式背斜由雁形排列的老矿山背斜、童家院背斜、物华背斜和飞水岩背斜等次级背斜构成。矿区断层主要由 F_{75}、F_3、F_{71}、F_{72}、F_{73}、F_{63}、F_{33} 和 F_{111} 等组成，其中 NE 30° 左右的 F_{75} 断层为锡矿山矿田的主要一级控矿断层，区内的背斜构造为锑矿主要容矿构造。背斜+北东向断层+含矿岩系的组合组成了区域的"背斜加一刀"的控矿规律。区内几乎所有矿体都产于 F_{75} 的下盘，因此该断裂也被认为是矿化流体运移的主要通道（马东升等，2002；Hu et al.，2017）。

3）矿区岩浆岩

矿区岩浆活动微弱，仅有一条云斜煌斑岩脉在矿区发育（Hu and Peng，2018），延伸较长，呈南北向，是目前研究区地表以及钻孔揭露的唯一的岩浆活动，但与锑成矿仅有空间上的耦合关系，而无成因关系。该煌斑岩脉受北西向断裂构造控制明显，与围岩呈明显的侵入接触关系，该岩脉通常被认为是锡矿山矿田锑矿化的东部边界（史明魁等，1993）。

6.1.3.2 矿体特征

锡矿山锑矿床主要由北矿（老矿山、童家院）和南矿（物华、飞水岩）组成[图 6-3（a）]。矿体呈层状、似层状和不规则状产出，大部分赋存于上泥盆统佘田桥组（D_3s^2）中，少量产于中泥盆统棋梓桥组（D_2q）中，主矿体有 4 个。

Ⅰ号矿体：分布于 D_3s^2 岩性段，距长龙界页岩总屏蔽层 0~15 m 范围内，矿体形态受褶皱控制。该矿体主要呈层状，矿体规模大，最长可达 1.4 km，最宽可达 1.2 km，矿体厚度稳定，一般为 2~4 m（图 6-4）；该矿体品位富，一般为 3.5%~4.5%。

Ⅱ号矿体：分布于 D_3s^2 岩性段中，矿体规模大、品位高。矿体主要呈似层状产出，矿体最长可达 1.6 km，最宽可达 1.2 km（图 6-4）；矿体以厚度大、品位高为特征，矿体厚度稳定，一般 4~6 m，品位富，一般可达 3.5%~4.5%。

Ⅲ号矿体：分布于 D_3s^2 岩性段中，矿体主要呈不规则状、侧羽状产出（图 6-4）。该矿体规模小，但厚度变化较大，矿石品位和规模均不如Ⅰ、Ⅱ号矿体。矿体长一般为 30~200 m，宽一般为 40~70 m，最宽可达 600 m，矿体厚度通常为 2 m 左右。

Ⅳ号矿体：受 F_{75} 的控制，主要呈侧羽状产出（图6-4）。该矿体的规模较小、品位较差。矿体走向长一般为 10~25 m，最长可达 260 m，宽一般为 12~70 m，最宽可达 360 m，矿体厚度一般为 0~4 m。

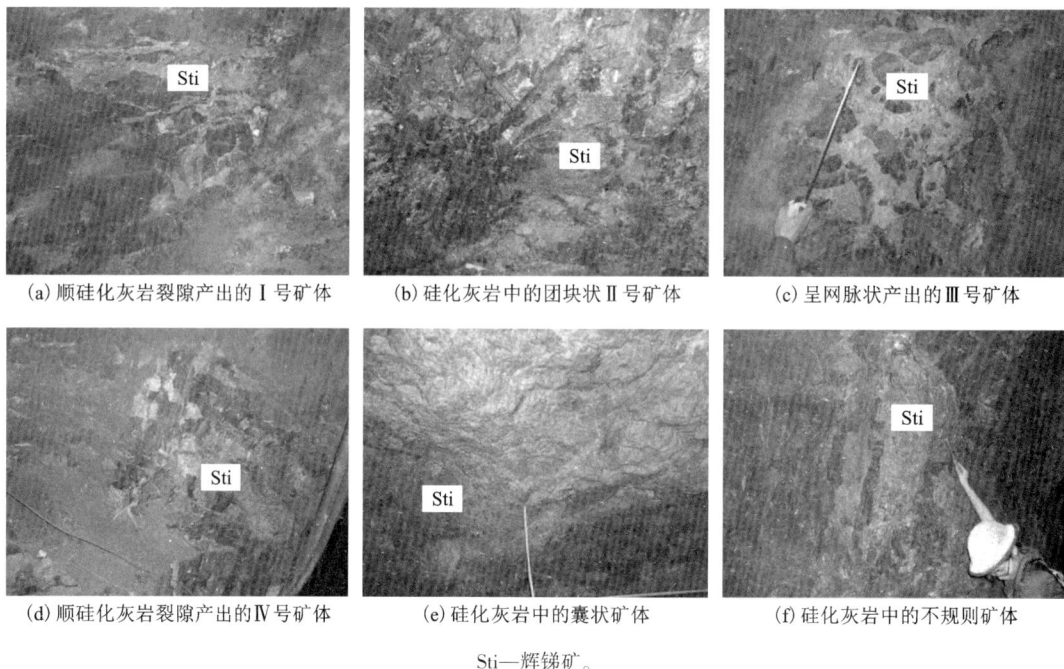

(a) 顺硅化灰岩裂隙产出的Ⅰ号矿体　　(b) 硅化灰岩中的团块状Ⅱ号矿体　　(c) 呈网脉状产出的Ⅲ号矿体

(d) 顺硅化灰岩裂隙产出的Ⅳ号矿体　　(e) 硅化灰岩中的囊状矿体　　(f) 硅化灰岩中的不规则矿体

Sti—辉锑矿。

图6-4　锡矿山锑矿床矿体的野外照片（扫章首码查看彩图）

（据胡阿香和彭建堂，2021）

矿区已知的矿体均产于西部断裂 F_{75} 以东，且从矿区南部往北部，矿体的规模由大变小，矿化深度也由深变浅，至矿区外白云岩矿化点，仅浅部发现有硅化和锑矿化。由西部断裂 F_{75} 往东，矿体数量由多变少，矿石品位由富变贫，矿体厚度也越来越小[图6-3(b)]。在垂向上，总体而言，浅部的矿体较厚，品位高，往深部矿化明显变差，如北矿的童家院矿区 3 中段以上，锑矿化很连续，矿石富，而在 5 中段以下，锑矿化明显变差；在南矿飞水岩矿区也是如此，靠近地表的浅部中段，锑矿化很好，而在 20 中段以下，矿化明显变差。

6.1.3.3　矿石特征

锡矿山锑矿床的矿物组合比较简单，金属矿物主要为辉锑矿，另有少量黄铁矿；非金属矿物主要为石英和方解石，其次有少量的萤石与重晶石。矿石类型有石英-辉锑矿型矿石[图6-5(a)]、石英-方解石-辉锑矿型矿石、方解石-辉锑矿型矿石[图6-5(b)]，以及少量的萤石-石英-辉锑矿型矿石[图6-5(c)]和重晶石-石英-辉锑矿型矿石[图6-5(d)]。石英-辉锑矿型矿石为主成矿期的主要类型，另有少量的石英-方解石-辉锑矿型矿石、萤石-石英-辉锑矿型矿石和重晶石-石英-辉锑矿型矿石；方解石-辉锑矿型矿石为成矿晚期的主要类型。

(a) 石英-辉锑矿型矿石

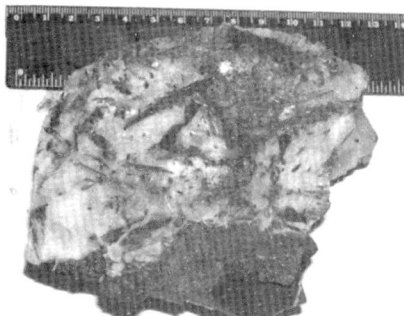

(b) 方解石-辉锑矿型矿石

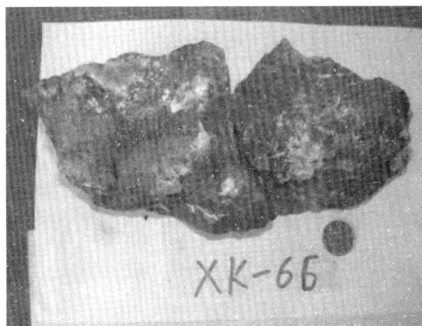

(c) 萤石-石英-辉锑矿型矿石

(d) 重晶石-石英-辉锑矿型矿石

图 6-5　锡矿山锑矿床典型锑矿石标本照片(扫章首码查看彩图)

(据胡阿香和彭建堂, 2021)

矿石结构以自形、半自形结构[图6-6(a)]，他形粒状结构[图6-6(b)]和充填结构[图6-6(c)]为主，还有交代、溶蚀结构[图6-6(d)]，镶嵌结构。

(a) 自形、半自形辉锑矿与石英共生

(b) 硅化灰岩中的他形辉锑矿

(c) 辉锑矿沿硅化灰岩裂隙充填

(d) 黄铁矿被辉锑矿交代、溶蚀呈浑圆状

图6-6 锡矿山锑矿床的矿石结构(扫章首码查看彩图)

(据胡阿香和彭建堂，2021)

6.1.3.4 围岩蚀变

锡矿山锑矿床围岩蚀变广泛发育，主要为硅化，其次为碳酸盐化，另有少量的黄铁矿化、重晶石化和萤石化，下面介绍与矿化关系密切的硅化和碳酸盐化。

硅化是最主要的蚀变类型，与成矿作用最为密切，该区所有的矿体均赋存于硅化岩中，没有硅化就没有矿化。该区的硅化岩以硅化灰岩为主，其次为硅化泥灰岩，在局部地段，也可见少量页岩发生硅化现象。地表硅化灰岩通常呈棕黄色，质地坚硬，节理发育，多构成正地形，表现为沿断裂分布的小山包、陡峭山脊或山峰，其平面形态有椭圆状、囊状长条/带状或不规则团块状。坑道中硅化灰岩为灰黑色，致密块状，硬度大，性脆，表面粗糙、砂感明显，并常被破碎，经硅化形成角砾，再被硅质再胶结。在坑道中经常见到经多次硅化形成的硅化体。

碳酸盐化也是矿区广泛发育的蚀变，表现为方解石脉发育，在整个矿区均可见碳酸盐化，尤其是往矿区的深部，碳酸盐化明显增强。

6.1.3.5 成矿期次

根据成矿前主要是围岩硅化生成硅化灰岩和石英，并在硅化灰岩中形成颗粒较小的黄铁矿；主成矿期矿物主要为石英和辉锑矿，局部有方解石，并在地表浅部有少量的萤石和重晶石生成；成矿晚期，矿物主要为方解石和辉锑矿，局部有石英；成矿后主要形成方解石脉和晶洞方解石，将该区的成矿期次总结为表6-1(胡阿香和彭建堂，2021)。

表6-1 锡矿山锑矿床矿物生成顺序表

矿物	成矿前	主成矿期	成矿晚期	成矿后
辉锑矿	—	——	—	
黄铁矿	—			
石英	——		—	
重晶石		—		
萤石		—		
方解石		—	——	——
滑石			—	

—— 大量　　　　　—— 少量

6.1.4 矿床地球化学特征

6.1.4.1 流体包裹体特征

对锡矿山锑矿床主成矿期的矿石矿物(辉锑矿)和脉石矿物(石英、方解石、萤石、重晶石)进行系统的流体包裹体的岩相学分析，遗憾的是该期方解石的数量不多，即使个别样品中有包裹体发育，包裹体也非常小，不能准确地分析。因此，主成矿期流体包裹体的分析对象为矿石矿物辉锑矿和脉石矿物石英、萤石、重晶石(图6-7)。

主成矿期辉锑矿包裹体的冰点温度变化范围较大，为-11.4~-0.1℃($n=103$)，对应的盐度为0.18%~15.37% NaCl equiv.[图6-8(a)]，平均为4.97% NaCl equiv.。大部分包裹体是均一到液相，其均一温度为112~325℃($n=154$)，大多集中于120~240℃；有两个包裹体是均一到气相的，均一温度分别为152℃和161℃[图6-8(b)]。根据包裹体均一温度和盐度计算获得流体密度为0.73~1.00 g/cm^3。脉石矿物(石英、萤石、重晶石)的均一温度变化范围为119~366℃，有接近一半样品的均一温度>240℃，也有部分样品超过300℃；脉石矿物具有较低的盐度，范围为0.18%~4.18% NaCl equiv.，大部分盐度<2.0% NaCl equiv.。推测主成矿期的流体属于中温、中低盐度的流体。与锡矿山锑矿床类似，澳大利亚Wiluna脉型金矿床中矿石矿物(辉锑矿)相比脉石矿物(石英)，也具有较低的均一温度以及较高的盐度(Hagemann and Lüders，2003)，同时在德国Erzgebrige矿床的黑钨矿和石英中也可见这一现象(Lüders，1996)。

显微测温数据显示矿区看似共生的矿石矿物和脉石矿物，具有不同的均一温度和盐度，它们可能不是同时沉淀形成的，而是来自不同成分的两种或多种流体。石英、萤石、重晶石可能是早期从相对高温、低盐度的流体中沉淀，而辉锑矿从另一相对低温、高盐度的流体中沉淀。野外的地质现象也支持石英的形成早于辉锑矿。

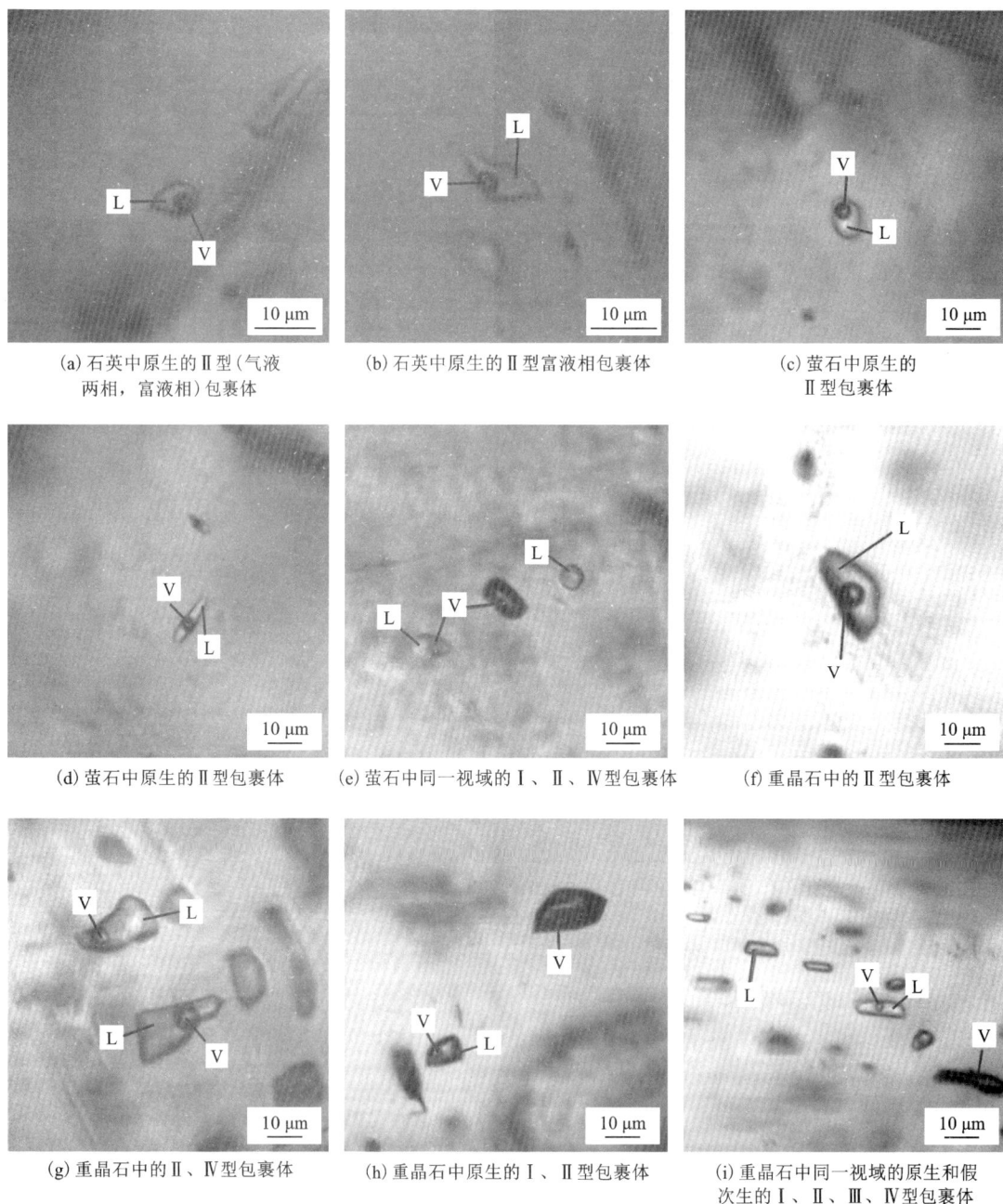

(a) 石英中原生的Ⅱ型(气液
两相,富液相)包裹体

(b) 石英中原生的Ⅱ型富液相包裹体

(c) 萤石中原生的
Ⅱ型包裹体

(d) 萤石中原生的Ⅱ型包裹体

(e) 萤石中同一视域的Ⅰ、Ⅱ、Ⅳ型包裹体

(f) 重晶石中的Ⅱ型包裹体

(g) 重晶石中的Ⅱ、Ⅳ型包裹体

(h) 重晶石中原生的Ⅰ、Ⅱ型包裹体

(i) 重晶石中同一视域的原生和假
次生的Ⅰ、Ⅱ、Ⅲ、Ⅳ型包裹体

V—气相;L—液相。

图6-7 锡矿山锑矿床主成矿期脉石矿物(石英、萤石、重晶石)的流体包裹体显微照片(扫章首码查看彩图)
(据胡阿香和彭建堂,2021)

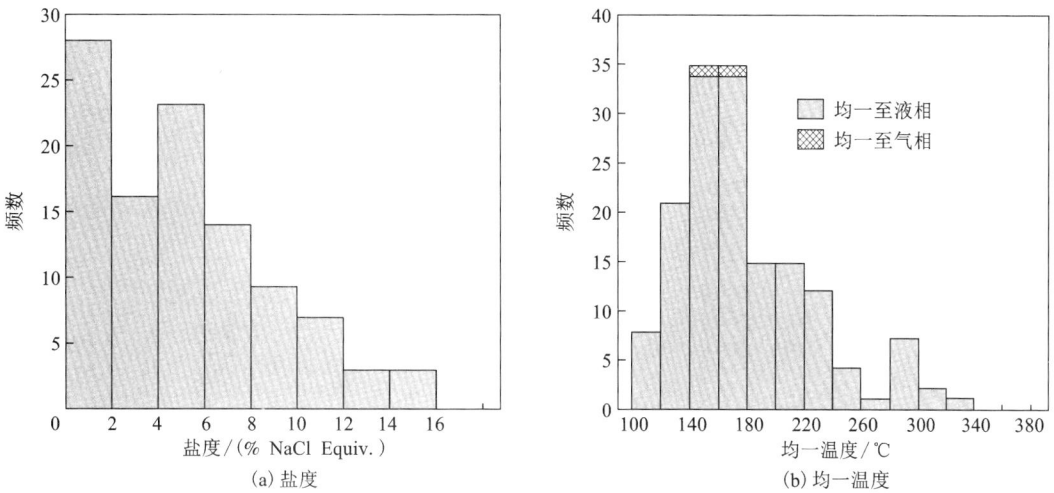

图 6-8　锡矿山锑矿床辉锑矿包裹体的盐度（a）和均一温度（b）直方图

(据胡阿香和彭建堂，2021)

6.1.4.2　成矿时代

锡矿山早、晚两期方解石的 Sm-Nd 等时线研究表明（Peng et al.，2003），锡矿山锑矿床早、晚两期的成矿作用时间分别是（155.5±1.1）Ma 和（124.1±3.7）Ma。代表性碎屑锆石颗粒的锆石（U-Th）/He 年龄研究确定了 156～117 Ma 和 96～87 Ma 两个主要年龄群体（Fu et al.，2020a）。与辉锑矿共生的方解石 U-Pb 定年结果为（58.1±0.9）Ma（Xu et al.，2022）。由于矿石中的矿物组合简单，缺乏可靠的放射性定年所需的合适矿物，锡矿山的年龄仍然没有得到很好的确定。

6.1.5　成矿作用及成矿模式

彭建堂（2012）综合成矿物质来源、流体性质、沉淀机制及成矿年龄，构建了锡矿山两期成矿模式（图 6-9）。

（1）在 156 Ma 左右，锡矿山地区的大气降水下渗到基底（板溪群和冷家溪群）碎屑岩中，在深部隐伏岩浆岩的热作用下，萃取基底地层中成矿元素锑，在构造作用下，含锑成矿流体沿断裂上升，在上泥盆统的层间破碎带中以充填与交代方式，形成层状、似层状矿体 [图 6-9（a）]，其矿石类型主要为石英-辉锑矿型矿石和少量方解石-辉锑矿型矿石。

（2）在 124 Ma 左右，锡矿山地区的成矿体系再次复活，深部的岩浆活动驱使下渗的大气降水进一步萃取基底碎屑岩中的锑，形成含矿热液，这些热液沿断裂上升，形成层状、透镜状和少量不规则状矿体 [图 6-9（b）]。该期形成方解石-辉锑矿型和方解石-石英-辉锑矿型矿石。

锡矿山地区形成超大型锑矿床的主要条件有：①该区基底具备充足的矿源，②有相对独立的两次大规模流体与矿源岩的相互作用，分别发生于（155.5±1.1）Ma 和（124.1±3.7）Ma，导致该区先后两次大规模成矿。

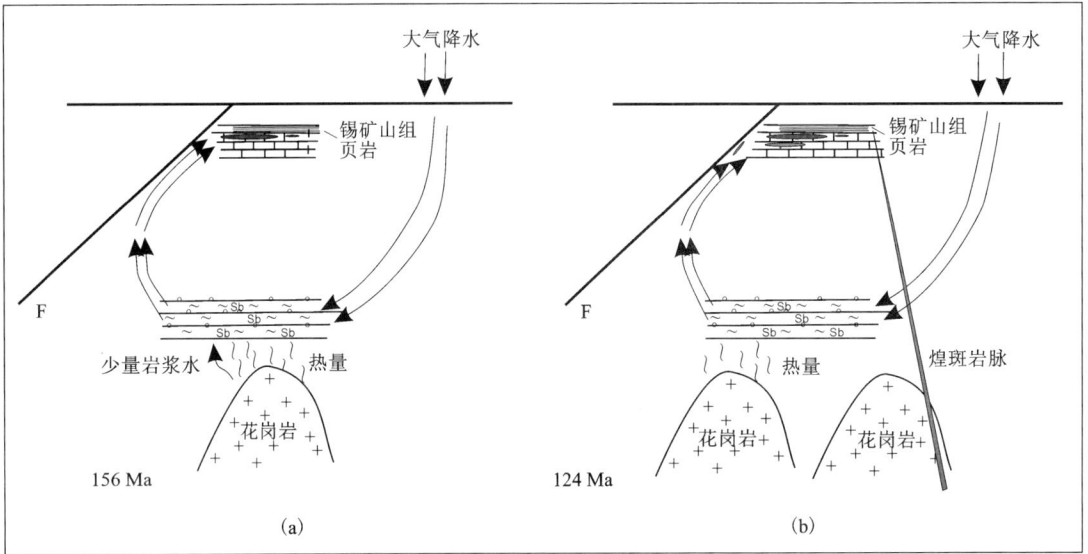

图6-9 锡矿山锑矿床成矿模式图(扫章首码查看彩图)

(据毛景文等,2012)

6.1.6 教学安排

6.1.6.1 需要详细观察和了解的典型现象

1)典型矿体及控矿构造

锡矿山典型矿体如Ⅰ、Ⅱ、Ⅲ号矿体(图6-10)产于佘田桥组地层中,少量在棋梓桥组中,主矿化带赋存于砂页岩段之下,为良好的构造圈闭。由于佘田桥组地层页岩夹层反复出现,矿体呈多层产出。矿体主要赋存于矿区西部F_{75}断裂带以东,据统计,断裂以东矿体数量由多变少,矿石由富变贫,厚度由厚变薄,矿体南北向变化呈现由南往北矿体规模变小、矿化深度变浅;垂向上,浅部矿体厚、品位高,深部矿化明显变差的趋势。

2)典型岩矿石

锡矿山锑矿床矿石的结构、构造比较简单,主要表现出与开放空间充填、交代作用有关的组构特征。矿石构造有致密块状构造[图6-11(a)]、放射状构造[图6-11(b)]、针状构造[图6-11(c)]、针簇状构造[图6-11(d)]、长条状构造、浸染状构造以及角砾状构造、晶洞构造、细脉状构造、网脉状构造等。在锡矿山锑矿床,块状构造是最典型的构造,较为普遍。

石英-辉锑矿脉型矿石主要矿物为石英(67%)和辉锑矿(30%),含少量以稀疏浸染状分布在围岩中的黄铁矿。其中石英呈梳状分布在辉锑矿与围岩周围,粒径一般小于1 mm,与辉锑矿共生。在SEM-CL图像中,大多数梳状石英具有明显的环带结构,但发光较弱(图6-12)。

方解石-辉锑矿脉型矿石主要矿物为方解石(61%)、石英(14%)、辉锑矿(14%),含少量黄铁矿。其中石英为细粒晶体,粒径小于0.1 mm,呈不规则矿物集合体的形式产出,集合体较小,长0.5~3.5 mm。石英集合体分布在晶簇状辉锑矿晶体的边缘,并与方解石共生。在SEM-CL图像中,石英集合体没有明显的环带结构,发光较弱,纹理均匀(图6-13)。

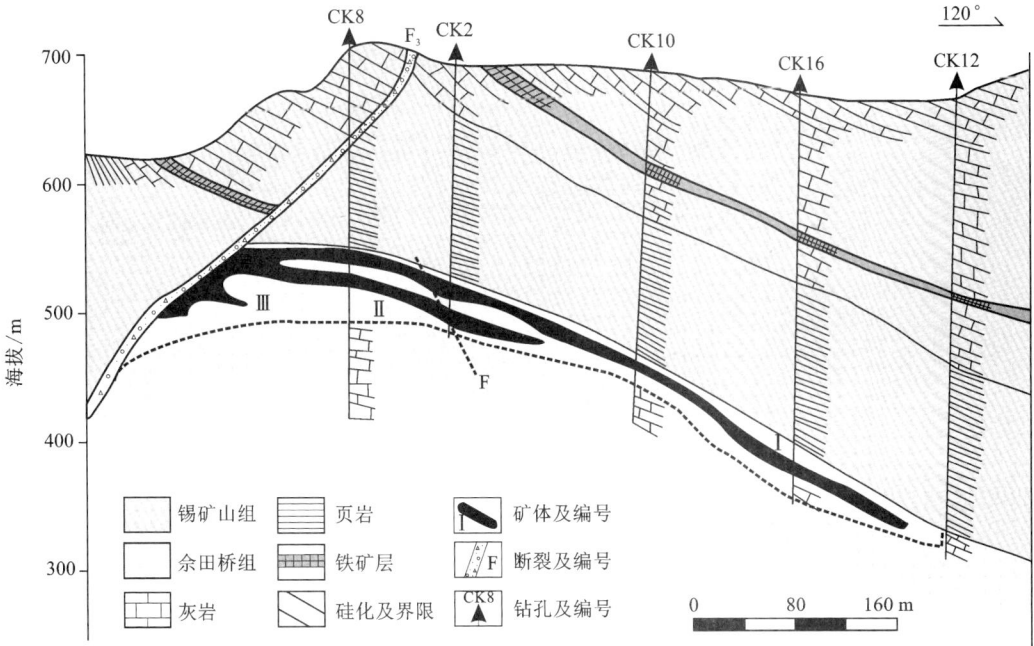

图 6-10　锡矿山锑矿床 22 勘探线剖面图(扫章首码查看彩图)

(据胡阿香和彭建堂, 2021)

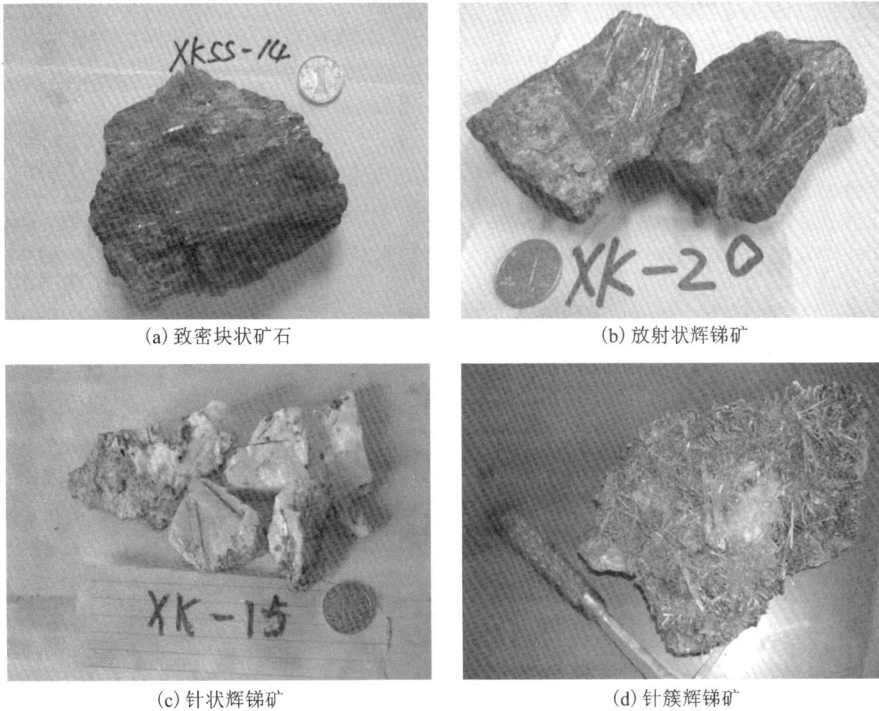

(a) 致密块状矿石

(b) 放射状辉锑矿

(c) 针状辉锑矿

(d) 针簇状辉锑矿

图 6-11　锡矿山锑矿床的矿石构造(扫章首码查看彩图)

(据胡阿香和彭建堂, 2021)

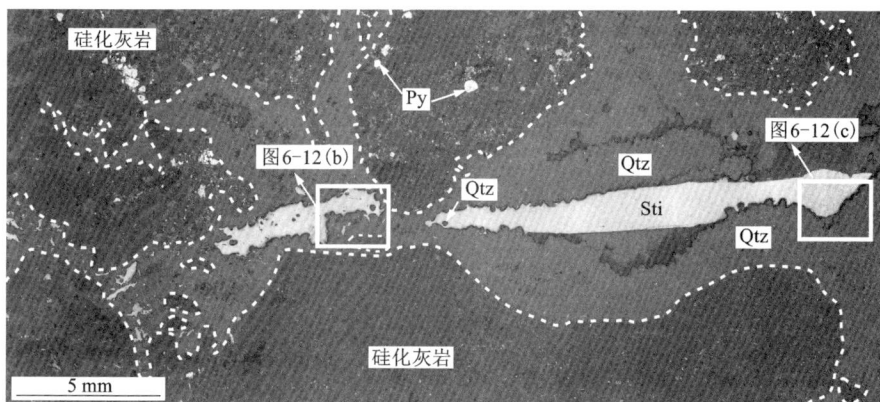

(a) 锑矿石反射显微照片

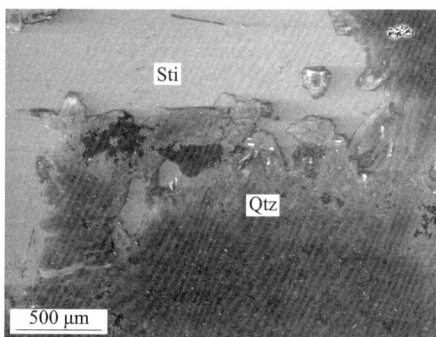

(b) 石英的SEM-CL照片

(c) 石英-辉锑矿的SEM-CL照片

Qtz—石英；Sti—辉锑矿；Py—黄铁矿。

图6-12 锡矿山锑矿床石英-辉锑矿脉阶段矿石的微观显微照片(扫章首码查看彩图)

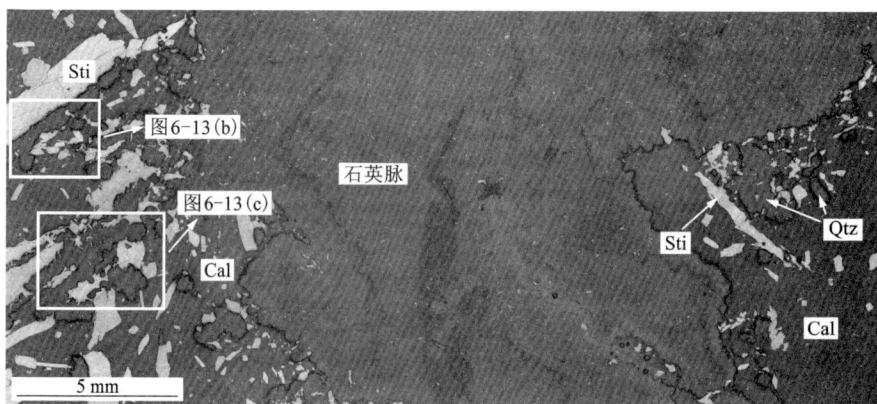

(a) 锑矿石反射显微照片

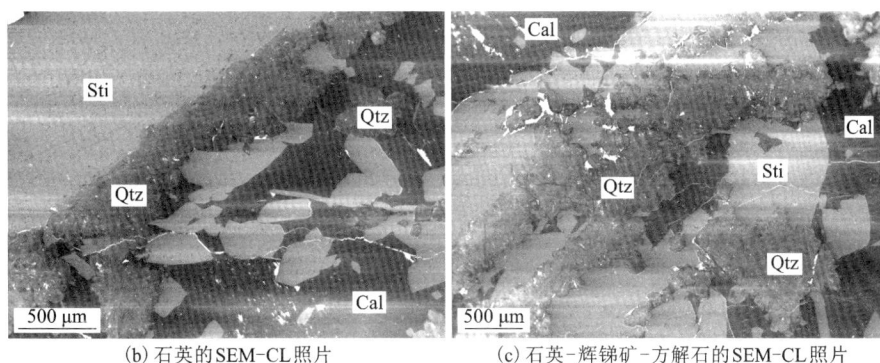

(b) 石英的SEM-CL照片　　　　　　(c) 石英-辉锑矿-方解石的SEM-CL照片

Qtz—石英；Sti—辉锑矿；Cal—方解石。

图 6-13 锡矿山锑矿床方解石-辉锑矿脉阶段矿石的微观显微照片(扫章首码查看彩图)

3) 其他典型地质现象

在锡矿山锑矿床的浅部中段，可见有一些长条状或放射状辉锑矿被氧化且在地下水的作用下流失，剩下硅质骨架(图6-14)。这说明早期 SiO_2 从流体中快速沉淀，形成晶形不好的硅质基座，然后含 Sb 的流体在基座的表面和裂隙中缓慢冷却、沉淀形成晶形较好的辉锑矿。

图 6-14 辉锑矿流失剩下的硅质骨架(扫章首码查看彩图)

(据胡阿香和彭建堂，2021)

6.1.6.2 思考题

(1) 锡矿山锑矿床的成矿物质与成矿流体来源有什么特点？

(2) 不同围岩在锡矿山锑成矿过程中起何种作用？

(3) 锡矿山成矿作用与岩浆岩有什么关系？

6.2 湘中板溪锑矿床

6.2.1 自然地理概况

板溪锑矿床位于湖南省益阳市桃江县城 230°方向、直线距离 25 km，属板溪林场及鸬鹚渡镇管辖(图 6-15)。矿区有公路与益(阳)-安(化)1837 省道相通，西通 207 国道，东接 319 国道，距长(沙)-石(门)铁路益阳火车站 56 km，交通便利(图 6-15)。矿区属丘陵区，地势较为险峻，海拔最低为 117.0 m，最高为 500.47 m。板溪河发源于苍溪仑，自南西向北东纵贯矿区，为区内唯一地表水排泄通道。本区属亚热带季风型气候，最高年气温 39.3 ℃，最低气温为-9.9 ℃，年平均气温为 16.4 ℃；年平均降水量为 1462.5 mm，多集中在 3 月到 7 月。矿区属林区，植被覆盖面积达 80% 以上。区内以林业为主，盛产楠竹、茶叶等，矿产开发次之。当地经济收入较高，居民有着良好的生活水平，生产、生活物质多从外地购进。矿山架设有万伏高压线路，由湘中电网统供电。矿区供水水源充足。

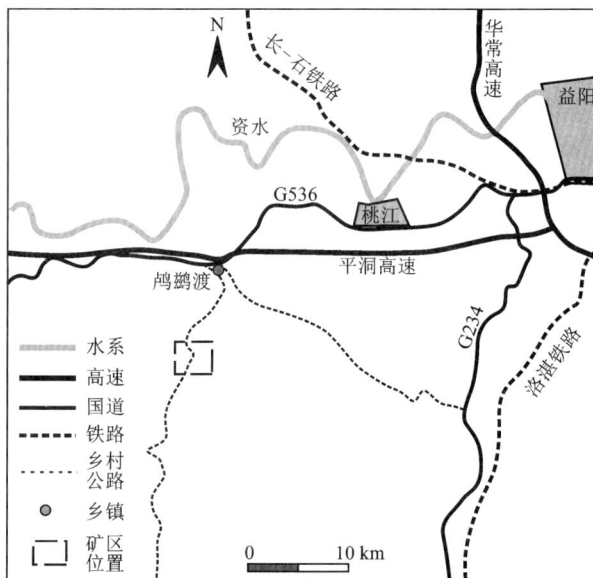

图 6-15 湘中板溪锑矿床交通位置简图

6.2.2 区域地质背景

板溪锑矿床大地构造位置与湘中锡矿山相同，位于雪峰隆起带东段的南侧，处于北东向城步-桃江断裂的北端(图 6-2)。

区域出露地层较为完整，从青白口系到第四系均有出露。较老的元古界地层、震旦系—志留系主要出露在区域的西北，较新的泥盆系—白垩系主要出露在区域的东南(图 6-2)。区域内褶皱发育，主要呈东西向，也存在北北东向褶皱。主要褶皱有分水坳向斜、水家坪向斜、大江口向斜和烟竹山背斜、玉油山背斜等。区域内的断裂有北东向、北北东向断裂和北西西大断裂。区域内规模较大的北东向、北北东向断裂主要有长塘斜冲断层、城步-桃江断裂，后者为区域上的主要控矿构造。北西西大断裂位于区域以北、雪峰山南缘。城步-桃江断裂规模较大，仅安化-桃江段就长达 50 km 以上，自南西进入矿区向北东方向延伸，倾向北西，倾角 65°~85°。走向上，断层波状弯曲。断层上盘向南西水平错动。断层破碎带发育齐全，中心向两侧分别为石英角砾岩带、硅化破碎带、挤压构造带，并伴随有热液矿化蚀变现象。以上反映该断层为多期次活动，城步-桃江断裂为矿区的主要导矿构造并派生低次序的容矿构造。

各类酸性侵入岩体和岩脉在区域内广泛发育。规模较大的岩体有桃江岩体、沩山岩体和芙蓉岩株。桃江岩体位于矿区以北，属于加里东期，岩性为黑云母花岗闪长岩。芙蓉岩株和沩山岩体位于矿区南部，芙蓉岩株属于燕山期，岩性为黑云母二长花岗岩、黑云母花岗闪长岩；沩山岩体属于燕山期，是燕山期第二次活动的产物，早期岩性为二长花岗岩，晚期为二云母花岗岩。酸性、基性岩脉在矿区及周边均有出现，属于燕山期，一般成群成带出现。主要有辉绿岩脉及煌斑岩脉和石英斑岩脉。

区域矿产分布广泛，自南向北的岩体中及近围有白钨矿、金锑矿、锑矿（吴家牌），逐步往北又为金锑矿。沿大福坪-桃江大断裂两侧，广泛分布有白钨矿、钨锑矿、锑金矿。另紧靠断裂上下盘有安化大福坪镇的五里牌、吴家牌、白牛潭、刘家湾等多个大、中、小型锑（金）矿点及富铜、铅、锌矿点。

6.2.3 矿床地质特征

6.2.3.1 矿区地质

1）矿区地层

矿区内地层出露简单（图6-16），为青白口系板溪群五强溪组（Qbw）上段，由一套以滨海相-浅海相复理石沉积建造为特征的区域浅变质碎屑岩系组成，按岩性可分为三个亚段，其中第一、二亚段是板溪锑矿的主要赋矿层位（周蛰凯，2018；沈力微，2021）。第三亚段（Qbw$^{2-3}$）出露于小港背斜和蒋家冲背斜两侧，在矿区内出露面积最大，岩性主要为灰色粉砂质板岩夹有条带状绢云母板岩，上部见砂岩透镜体，厚600~700 m。第二亚段（Qbw$^{2-2}$）出露于小港背斜和蒋家冲背斜翼部，其主要岩性为夹有紫红色绢云母板岩的灰绿色厚层状绢云母板岩，夹有厚层状凝灰岩的灰色凝灰质绢云母板岩，厚180~250 m。第一亚段（Qbw$^{2-1}$）分布于小港背斜和蒋家冲背斜翼部，岩性主要为灰色变沉凝灰岩、凝灰质板岩，厚度>350 m。

2）矿区构造

（1）褶皱构造。矿区内褶皱十分发育，共有大、小10余条，总体为一复式褶皱群，轴向北东东或近于东西。蒋家冲背斜为矿区主体背斜构造。核部地层为五强溪组上段第一亚段，两翼依次渐新。其余背向斜构造，多呈开阔、舒展或者短小、紧闭的小型褶曲。其中与成矿作用有关的主要有小港背斜、蒋家冲背斜。①小港背斜：位于矿区北部，轴向近东西，东西延伸3000 m，宽约1000 m。核部至两翼地层分别为五强溪组上段的第二亚段、第三亚段，岩层倾角20°~85°，北翼较南翼陡。轴面略倾向南，倾角陡。背斜被F$_1$断层切割，背斜东部向北东向位移。②蒋家冲背斜：位于矿区中部，被F$_1$切割，为矿区的主体背斜。轴向为北东向，延伸超过3000 m，宽约700 m，背斜东部向北东向位移。核部至两翼地层分别为五强溪组上段的第一亚段、第二亚段，岩层倾角20°~75°。区内的锑矿脉主要展布于F$_1$东侧、蒋家冲背斜南翼的次级褶皱内。

（2）断裂构造。断裂构造比较发育，区内大、小有近20余条，多以构造破碎蚀变带出现，产状形态多样，但成矿有关构造主次分明。矿区主体构造（F$_1$）为大福坪区域大断裂的北东延伸。该断裂为受到多期次热动力作用而形成，派生出低次序的成矿构造破碎蚀变带。中部于4线左右明显向北西凸起，一直向深部延伸，坑道中常见凸起部位，两侧往往成矿后又被构造破坏，矿体交错凌乱。此种现象可能与深部玄武（玢）岩脉侵入活动有关。从剖面上看，上

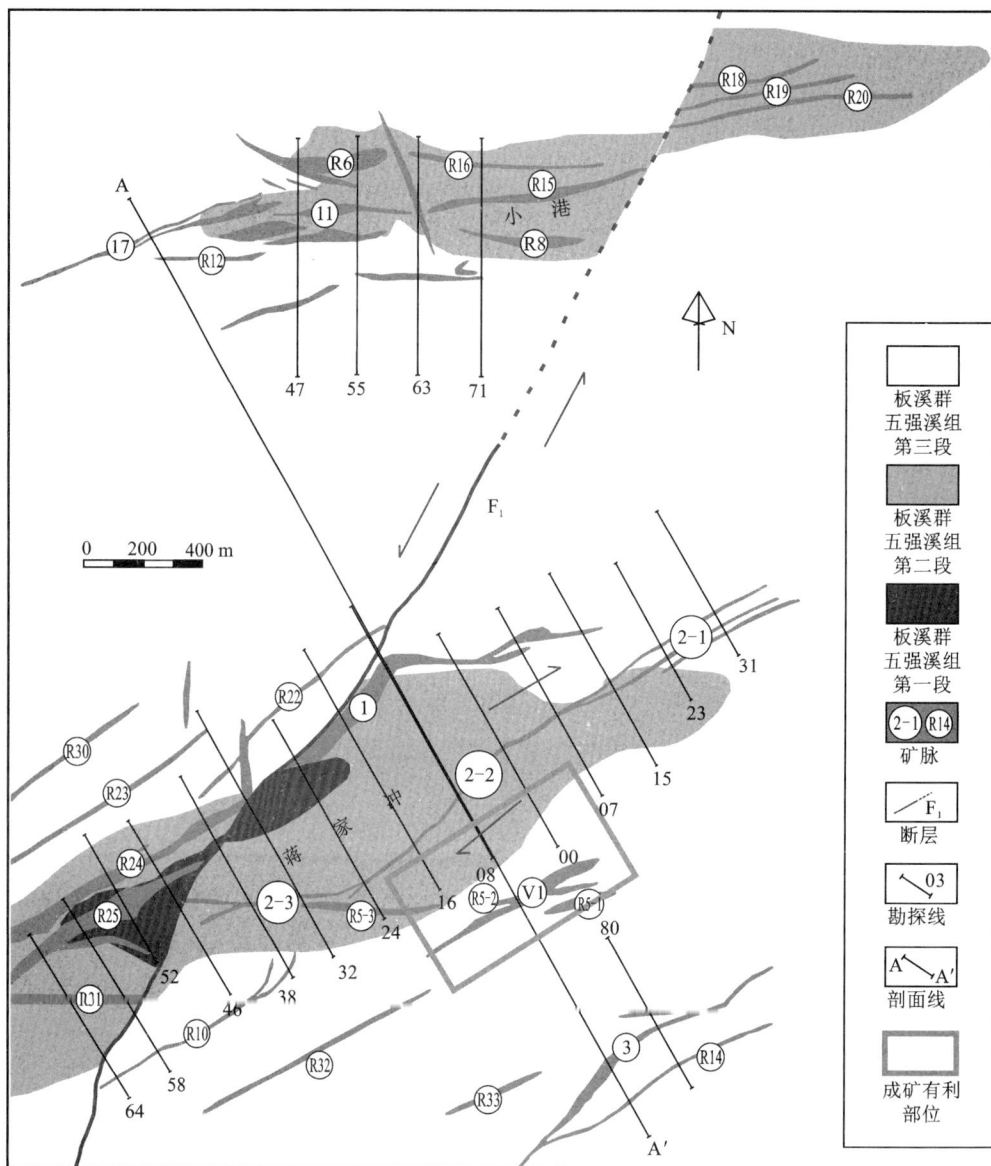

(a) 地质图

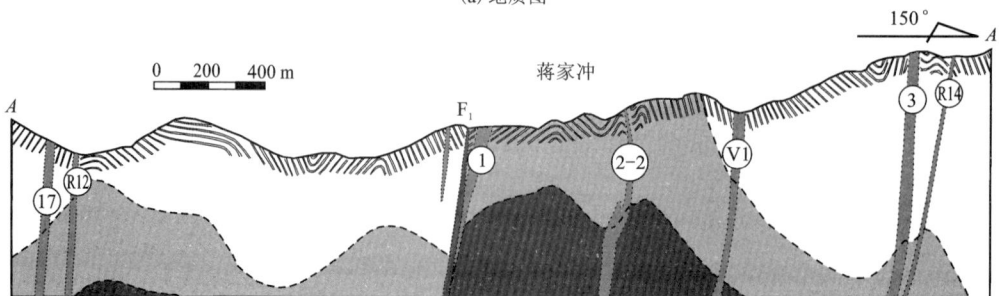

(b) A-A′剖面图

图 6-16　板溪锑矿地质图和 A-A′剖面图(扫章首码查看彩图)

(据湖南省有色地质勘查局二总队,2011)

部开阔，深部交替重叠，归并向纵深方向延长。后期破坏构造多在坑道中见到，主要有二组——北东组和北西组，一般规模小，断距1~2 m。F₁断层(大福坪断裂)长约50 km，自南西进入矿区向北东方向延伸，倾向北西，倾角65°~85°，走向上，断层波状弯曲。断层上盘向南西水平错动。断层破碎带发育齐全，中心向两侧分别为石英角砾岩带、硅化破碎带、挤压构造带，并伴随有热液矿化蚀变现象。以上反映该断层为多期次活动形成，为矿区的主要导矿构造并派生低次序的容矿构造。

3) 矿区岩浆岩

(1) 石英斑岩脉：分布在矿区的北部小港背斜，按走向可分为东西向、北东向及北西向三组，以东西向组规模较大，受压性断裂控制，成带交替出现，两盘围岩为板溪群五强溪组上段第二、三亚段板岩，条带状粉砂质板岩，局部见围岩捕房体，脉岩中常有石英、方解石细脉穿插，局部石英脉中含锑。石英斑岩呈变余斑状结构，变余斑晶为石英和长石(以钾长石为主)，基质由绢云母、微粒长石、石英组成。

(2) 玄武(玢)岩脉：仅在板溪锑矿床坑道内可见。玄武(玢)岩呈变余磷片结构，主要矿物成分为斜长石和绿泥石。

6.2.3.2　矿体特征

矿体严格受断裂控制，矿区范围内已知有矿脉带三条(1、2、3号脉带)，产在北东-北东东向成矿构造带内。其中1号脉带为历史上主要的开采对象，分布于32~19线之间，位于8线左右；2号脉带是现在矿山生产矿脉，由2-1、2-2、2-3三条矿脉组成，分布在1号脉带的南部；3号脉带出露于矿区的南东角，由两条近似平行的脉体组成。主要矿体的特征描述见表6-2。

表6-2　板溪矿床主要矿体特征简表

矿脉号		分布范围	产状		
			走向	倾向	倾角/(°)
V₁		19~32线	在8线以西为NE向，以东近于EW向	—	—
V₂	V₂₋₁	3~19线	由4线以西的45°到0线以东转为58°	一般倾向NW，局部倾向SE	46~89
	V₂₋₂	16~19线			
	V₂₋₃	0~36线			
V₃		19~20线	40°~70°	NW	62~87

矿脉号		锑品位/(×10⁻²)	规模		
			长/m	宽/m	垂深/m
V₁		0.02~5.32	1300	0.07~0.87	200
V₂	V₂₋₁	0.16~55.49	2000	0.02~1.88	1200
	V₂₋₂	0.02~64.5			
	V₂₋₃	7.61~61.00			
V₃	19~20线	0.01~21.94	1030	0.03~0.34	150~230

注：据湖南省有色地质勘查局二总队，2011。

6.2.3.3 矿石特征

矿石主要为石英-辉锑矿矿石以及辉锑矿矿石。主要矿物是辉锑矿,呈透镜体、脉状、致密块状产出。其他金属矿物主要是黄铁矿、毒砂,含量较少。脉石矿物主要是石英,与辉锑矿组成石英-辉锑矿矿石,其次还有少量的绿泥石。

矿石构造包括块状构造、浸染状构造、脉状构造和角砾状构造。块状构造:辉锑矿晶粒相互连生,形成块状集合体。浸染状构造:辉锑矿与其伴生的毒砂、黄铁矿等星散浸染于石英间隙或脉侧围岩中。脉状构造:辉锑矿沿石英或围岩裂隙充填形成脉状或网格状。角砾状构造:脉石英或围岩角砾被辉锑矿所胶结,形成角砾状。矿石结构为自形颗粒到半自形粒状,见辉锑矿双晶结构。

6.2.3.4 围岩蚀变

矿区内热液蚀变现象较为普遍,多沿断裂及旁侧碎裂岩石发育,由于构造和热液的多次叠加,往往各种蚀变现象相伴出现,蚀变现象外观普遍反映褪色化,蚀变现象有毒砂化、黄铁矿化、硅化、绿泥石化和碳酸盐化。毒砂化:发育在矿脉侧及近矿围岩,尤以夹层中最强烈,毒砂呈柱状、粒状星散分布,常见毒砂交代石英、绢云母及辉锑矿。硅化:贯穿成矿全过程,早期硅化表现为石英呈隐晶质,他形微粒交代原岩矿物,中期硅化呈微细脉穿插,晚期硅化为微粒石英交代并包裹前期蚀变矿物,呈密集的团状或细脉[图6-28(f)]。绿泥石化:所见为鳞绿泥石,呈蠕虫状、叶片状,多沿岩石片理或石英裂隙交代云母或石英。碳酸盐化:由白云石、方解石、铁白云石组成,呈泡沫状、云雾状或团块状交代石英、绢云母或绿泥石,多发育在成矿阶段的晚期。

6.2.3.5 成矿期次

通过2号矿体的实地考察,结合样品的镜下观察发现,2号矿体可划分为4个成矿阶段,并伴随着不同程度的蚀变(表6-3)。成矿序列由四南开始,东北结束。

表6-3 板溪锑矿床矿物生成顺序表(以2~3号矿脉为例)

矿物	Ⅰ 石英阶段	Ⅱ 石英-辉锑矿阶段	Ⅲ 辉锑矿阶段	Ⅳ 碳酸盐岩阶段
石英	████	████	██	
辉锑矿	—	███	████	—
黄铁矿	—			
毒砂	—	███	███	
方解石				████
绿泥石				███

⬤ 大量　　▬ 少量　　— 微量

石英阶段(Ⅰ阶段)的主要产物是脉状石英[图6-17(a)],伴有轻微的Sb矿化并出现少量黄铁矿[图6-17(b)]。石英-辉锑矿阶段(Ⅱ阶段)主要矿物组合为石英、辉锑矿,次要矿物组合为毒砂和黄铁矿。此阶段与Ⅰ阶段有着明显的界限[图6-17(c)]。局部在Ⅰ阶段的

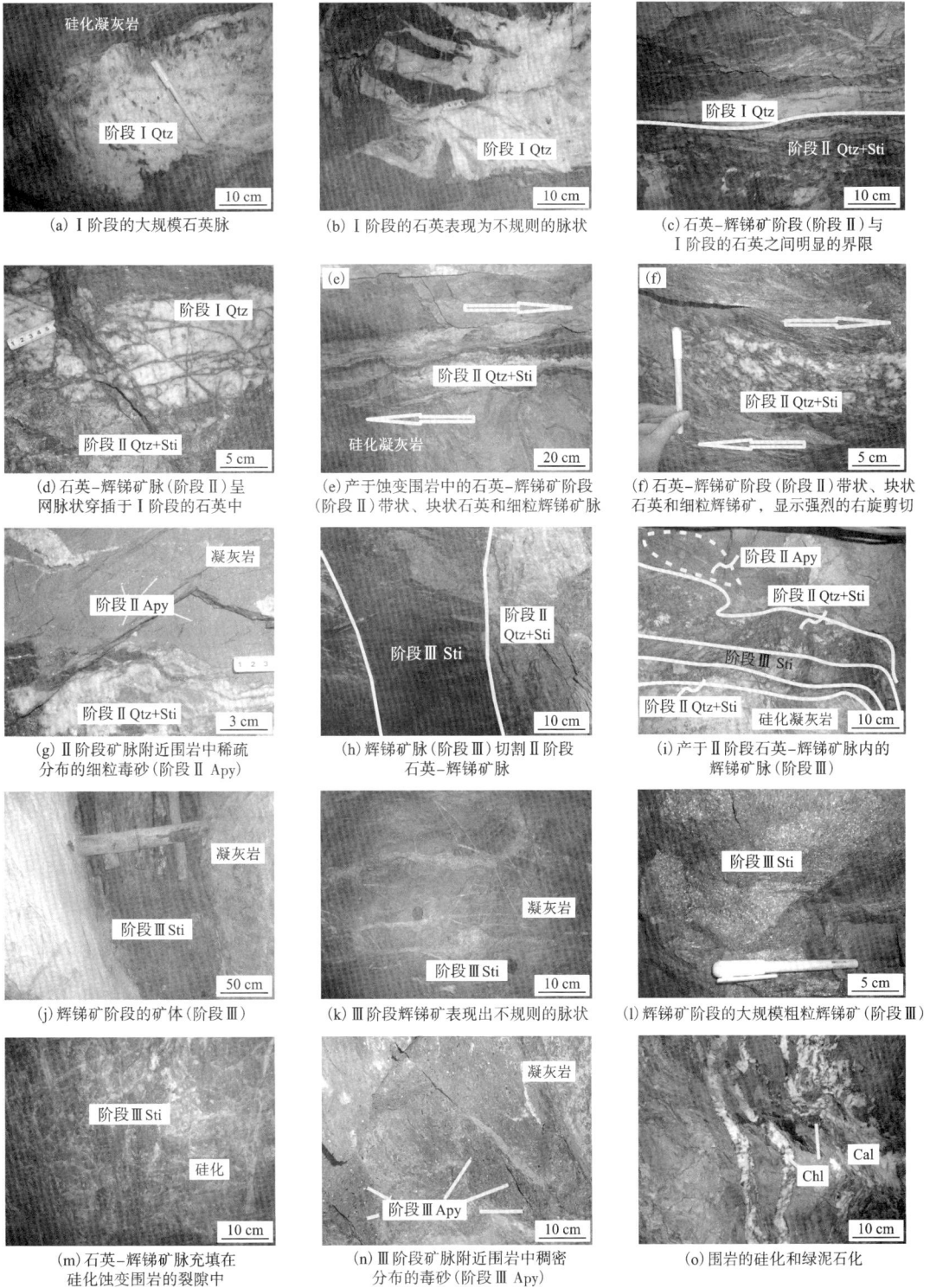

(a) Ⅰ阶段的大规模石英脉

(b) Ⅰ阶段的石英表现为不规则的脉状

(c) 石英–辉锑矿阶段(阶段Ⅱ)与Ⅰ阶段的石英之间明显的界限

(d) 石英–辉锑矿脉(阶段Ⅱ)呈网脉状穿插于Ⅰ阶段的石英中

(e) 产于蚀变围岩中的石英–辉锑矿阶段(阶段Ⅱ)带状、块状石英和细粒辉锑矿脉

(f) 石英–辉锑矿阶段(阶段Ⅱ)带状、块状石英和细粒辉锑矿，显示强烈的右旋剪切

(g) Ⅱ阶段矿脉附近围岩中稀疏分布的细粒毒砂(阶段Ⅱ Apy)

(h) 辉锑矿脉(阶段Ⅲ)切割Ⅱ阶段石英–辉锑矿脉

(i) 产于Ⅱ阶段石英–辉锑矿脉内的辉锑矿脉(阶段Ⅲ)

(j) 辉锑矿阶段的矿体(阶段Ⅲ)

(k) Ⅲ阶段辉锑矿表现出不规则的脉状

(l) 辉锑矿阶段的大规模粗粒辉锑矿(阶段Ⅲ)

(m) 石英–辉锑矿脉充填在硅化蚀变围岩的裂隙中

(n) Ⅲ阶段矿脉附近围岩中稠密分布的毒砂(阶段Ⅲ Apy)

(o) 围岩的硅化和绿泥石化

Sti—辉锑矿；Qtz—石英；Apy—毒砂；Chl—绿泥石；Cal—方解石。

图6-17 板溪锑矿床不同成矿阶段矿化及蚀变特征(扫章首码查看彩图)

石英中呈网脉状发育[图6-17(d)]。Ⅱ阶段的矿石主要为条纹状[图6-17(e)]和角砾状[图6-17(f)],辉锑矿主要以细粒形式出现。Ⅱ阶段的围岩表现出强烈的右旋剪切作用,其主要蚀变类型为硅化。在蚀变围岩中发现有少量稀疏分布的毒砂[阶段ⅡApy,图6-17(g)]。Ⅲ阶段代表了主要的成矿阶段,在不同程度上切割了Ⅱ阶段石英-辉锑矿脉[图6-17(h)(i)]。矿石主要为块状构造。由于成矿作用强烈,在围岩附近形成大规模的锑矿化[图6-17(j)]。辉锑矿主要以粗粒形式出现[图6-17(l)]。Ⅲ阶段的围岩出现强烈硅化蚀变,蚀变部位发现有密集分布的毒砂[阶段Ⅲ Apy,图6-17(m)(n)]。碳酸盐岩阶段(Ⅳ阶段)标志着矿化终点,其特征是在矿体边缘和围岩中局部发育方解石和绿泥石组合,规模较小[图6-17(o)]。

6.2.4　矿床地球化学特征

6.2.4.1　流体包裹体特征

通过镜下观察发现(图6-18),板溪锑矿中石英内包裹体数量较多,但是类型单一,均为气液两相包裹体,大小集中在4~8 μm,也有少部分大小超过10 μm的。多数包裹体形态为椭圆形、圆形,少数为不规则形态。气液比一般为10%~25%。大部分是原生包裹体,为群状分布,也有少量线状分布。通过测温得到板溪锑矿流体包裹体均一温度范围为164~314℃,温度变化范围大,表明成矿流体活动时间较长。将测得的95个包裹体的均一温度投在直方图中(图6-19),从中可以发现温度主要集中在170~260℃。在流体包裹体测温的过程中,对BX2-8和BX2-2两个样品进行冰点的测量,得到了18个冰点数据,板溪锑矿床的成矿流体盐度在2.2%~9.8% NaCl equiv. 范围内变化,大多数集中在4.0%~8.0% NaCl equiv.,与地下水质的盐度值相近。

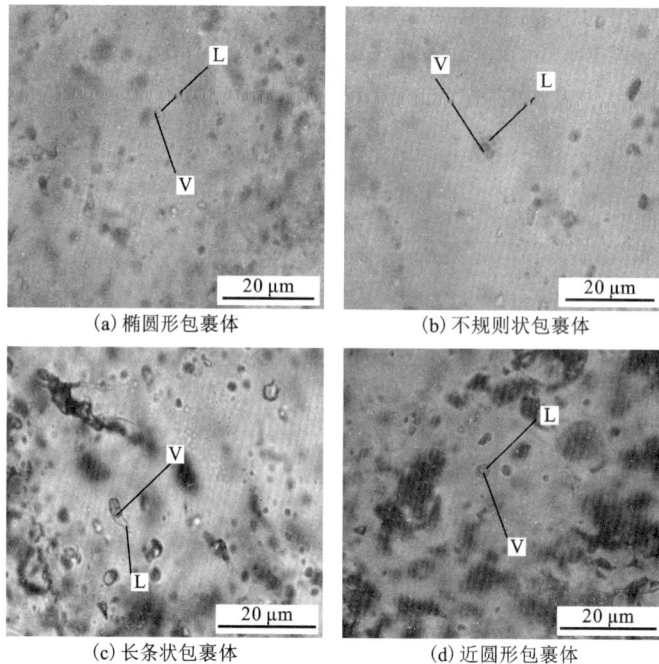

(a) 椭圆形包裹体　　　　　　　　　　(b) 不规则状包裹体

(c) 长条状包裹体　　　　　　　　　　(d) 近圆形包裹体

V—气相;L—液相。

图6-18　流体包裹体镜下特征(扫章首码查看彩图)

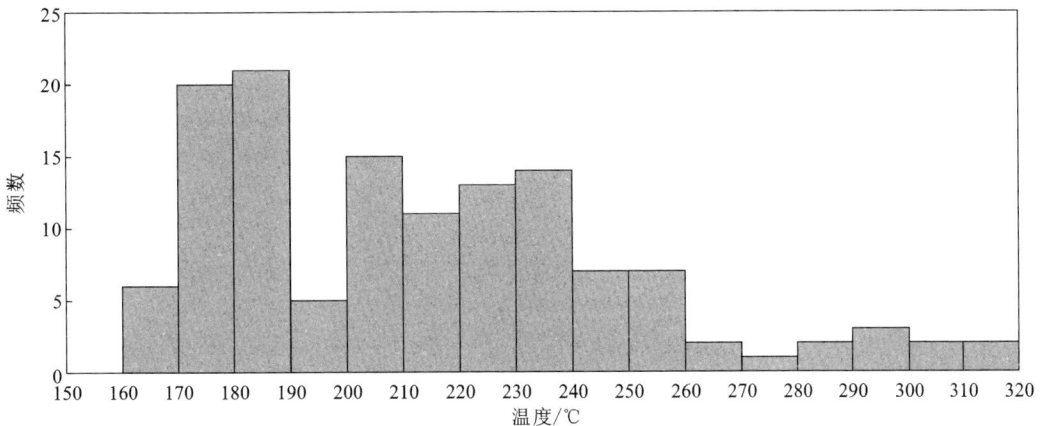

图 6-19 均一温度直方图

6.2.4.2 矿物微量元素特征

共测试得到 10 个辉锑矿和 5 个毒砂的主、微量元素数据。辉锑矿与毒砂的元素含量存在着较大差异。辉锑矿有着较高的 $Ba(92.3\times10^{-6}\sim385\times10^{-6})$、$Rb(0.2\times10^{-6}\sim34.1\times10^{-6})$、$Sr(0.3\times10^{-6}\sim106.5\times10^{-6})$、$Al(0.01\%\sim2.43\%)$、$Fe(0.01\%\sim8.18\%)$、$P(80\times10^{-6}\sim530\times10^{-6})$、$As(13\times10^{-6}\sim6010\times10^{-6})$、$Mn(9\times10^{-6}\sim678\times10^{-6})$、$Cu(10\times10^{-6}\sim417\times10^{-6})$、$Pb(20\times10^{-6}\sim1370\times10^{-6})$、$Zn(2\times10^{-6}\sim492\times10^{-6})$ 含量。辉锑矿富集 Th、U、Zr、Hf 和 Y，但是明显亏损 K 和 Ti[图 6-20(a)]。毒砂有着较高的 $Th(2.14\times10^{-6}\sim5.04\times10^{-6})$、$Y(11.2\times10^{-6}\sim16.8\times10^{-6})$、$Zr(55\times10^{-6}\sim146\times10^{-6})$、$Co(26\times10^{-6}\sim75\times10^{-6})$、$Ni(54\times10^{-6}\sim202\times10^{-6})$ 和 $Sb(440\times10^{-6}\sim724\times10^{-6})$ 含量。图 6-20(c) 中，毒砂表现出与辉锑矿类似的元素含量模式，但是亏损 Rb、Ba、Sr 和 P。辉锑矿富集轻稀土元素，轻、重稀土适度分离[$w(LREE)/w(HREE)=6.38\sim11.56$]，存在轻微的 Eu 负异常（$0.54\sim0.72$）[图 6-20(b)]。毒砂与辉锑矿的元素特征基本相同，毒砂也富集轻稀土元素，轻、重稀土适度分离[$w(LREE)/w(HREE)=7.87\sim9.75$]，存在轻微的 Eu 负异常（$0.53\sim0.71$）[图 6-20(d)]。

不同成矿阶段的辉锑矿和毒砂元素含量不同。相对于 II 阶段，III 阶段矿物的微量元素含量（包括稀土元素）较低，在辉锑矿中表现得更为明显（图 6-20）。除开较高的 La 含量（$8.4\times10^{-6}\sim22.7\times10^{-6}$），在 III 阶段中辉锑矿的稀土元素含量随着原子序数的增加（离子半径的减小）而急剧下降，因此 III 阶段中大多数样品的中-重稀土元素含量都低于检测限。

6.2.4.3 S 同位素

S 同位素的数据显示，不同矿物中的 $\delta^{34}S$ 也存在着较大差异：辉锑矿的 $\delta^{34}S$ 为 3.88‰～5.81‰，毒砂的 $\delta^{34}S$ 为 9.25‰～11.82‰（图 6-21）。此外，辉锑矿在 II 阶段到 III 阶段的 $\delta^{34}S$ 有下降趋势，从 II 阶段的 4.84‰～5.81‰（平均为 5.30‰）下降到 III 阶段的 3.88‰～5.44‰（平均为 4.72‰）。而毒砂表现出相反的情况：从 II 阶段的 9.25‰～10.58‰（平均为 10.06‰）升高到 III 阶段的 10.27‰～11.82‰（平均为 11.05‰）。

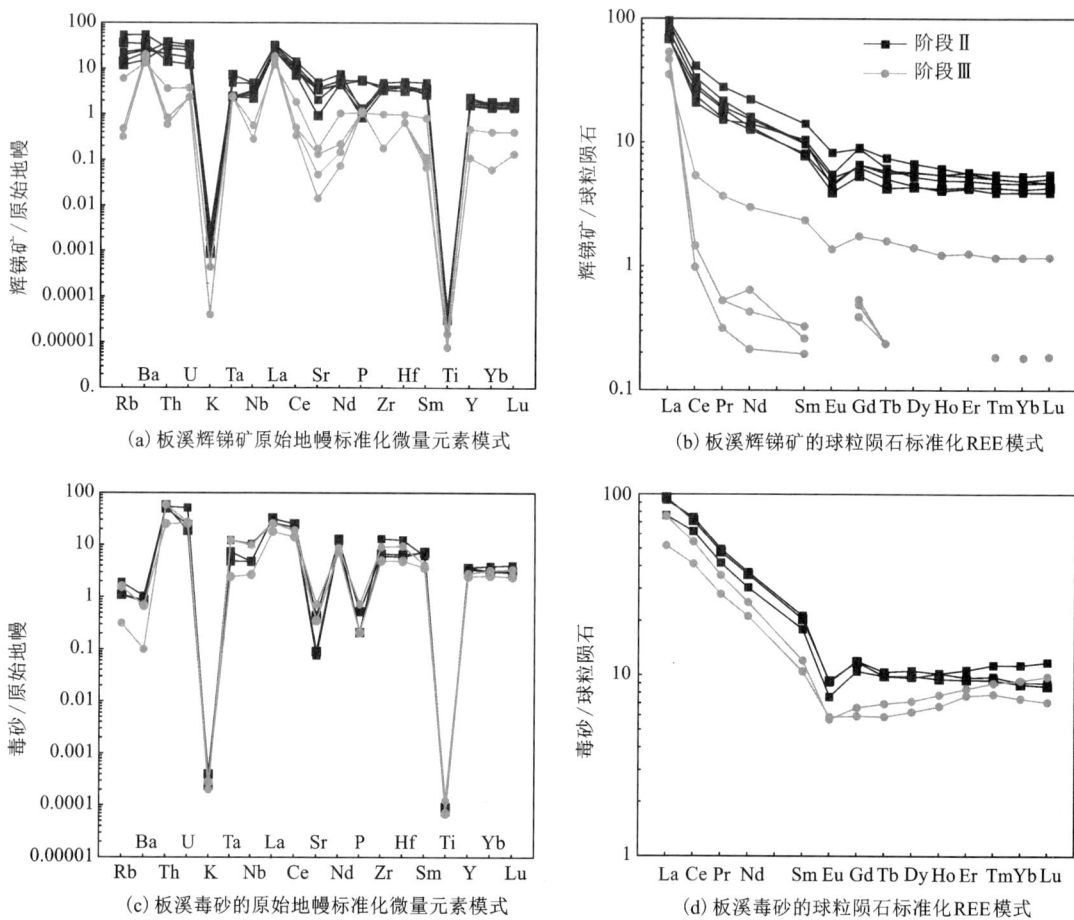

(a) 板溪辉锑矿原始地幔标准化微量元素模式

(b) 板溪辉锑矿的球粒陨石标准化REE模式

(c) 板溪毒砂的原始地幔标准化微量元素模式

(d) 板溪毒砂的球粒陨石标准化REE模式

图 6-20　板溪锑矿微量元素配分模式图

[原始地幔和球粒陨石的标准化值分别来自 Sun 和 McDonough(1989)以及 Taylor 和 McLennan(1985)]

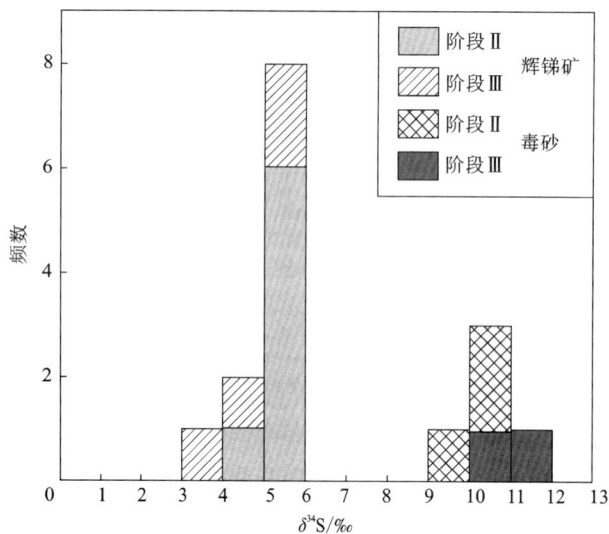

图 6-21　板溪锑矿床辉锑矿和毒砂 δ^{34}S 频数直方图

6.2.4.4　辉锑矿 Rb-Sr、Sm-Nd 同位素

Rb-Sr 同位素测试分析结果显示，7 个辉锑矿样品的 $^{87}Rb/^{86}Sr$ 和 $^{87}Sr/^{86}Sr$ 值变化范围为 0.3016~3.538 和 0.711463~0.717591，从矿化 Ⅱ 阶段到 Ⅲ 阶段都呈上升趋势。3 个毒砂样品的 $^{87}Rb/^{86}Sr$ 和 $^{87}Sr/^{86}Sr$ 值变化范围为 0.2251~2.214 和 0.711244~0.711565。辉锑矿和毒砂的 Rb-Sr 等时线年龄为（129.4±2.4）Ma（2σ，MSWD=1.3），$^{87}Sr/^{86}Sr$ 的初始值为 0.710854±0.000056（2σ）[图 6-22（a）]。

Sm-Nd 同位素测试分析结果显示，7 个辉锑矿样品的 $^{147}Sm/^{144}Nd$ 和 $^{143}Nd/^{144}Nd$ 值变化范围为 0.1174~0.9816 和 0.511942~0.512768，从矿化 Ⅱ 阶段到 Ⅲ 阶段呈上升趋势。辉锑矿的 $\varepsilon_{Nd}(t)$ 的变化范围为 -12.4~-6.6，Ⅱ 阶段模式年龄为 1932~1457 Ma。其中 5 个矿物的 Sm-Nd 同位素等时线年龄为（130.4±1.9）Ma（2σ，MSWD=1.6），$^{143}Nd/^{144}Nd$ 的初始值为 0.5119318±0.0000068（2σ）[图 6-22（b）]。

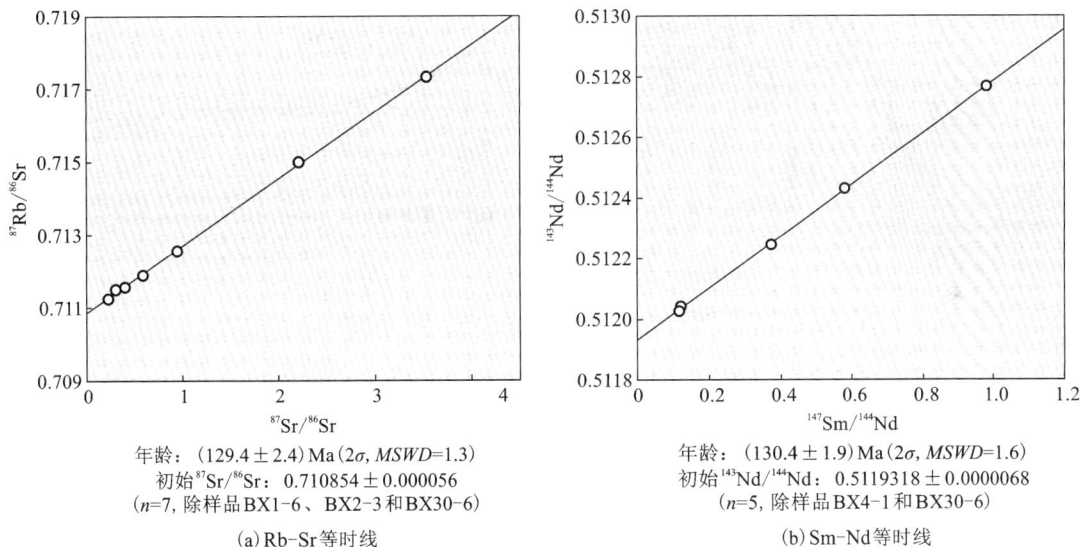

（a）Rb-Sr 等时线

年龄：（129.4±2.4）Ma（2σ，MSWD=1.3）
初始 $^{87}Sr/^{86}Sr$：0.710854±0.000056
（n=7，除样品 BX1-6、BX2-3 和 BX30-6）

（b）Sm-Nd 等时线

年龄：（130.4±1.9）Ma（2σ，MSWD=1.6）
初始 $^{143}Nd/^{144}Nd$：0.5119318±0.0000068
（n=5，除样品 BX4-1 和 BX30-6）

图 6-22　板溪锑矿床辉锑矿和毒砂的 Rb-Sr 和 Sm-Nd 等时线

6.2.5　成矿作用及成矿模式

6.2.5.1　区域成矿模式

板溪锑矿床具有与沃溪式锑金矿床相似的特征，同时也显示了锡矿山式锑矿床（仅为锑矿化）的典型属性。硫和铅同位素数据分析也指出了这种双重性质。因此，我们认为板溪锑矿床可能属于沃溪式与锡矿山式矿床之间的过渡型，可以认为其是湖南中西部最具代表性的锑矿床。根据板溪矿床成矿流体的地球化学和同位素组成，我们建立了湖南中西部地区世界级锑矿带的两期成矿模式（图 6-23）。

（1）造山成矿期。新元古代基底地层不仅仅在湘西地区（雪峰山地区）出露，在湘中盆地也有出露，其在加里东期（寒武纪—志留纪）和印支期（三叠纪）造山过程中受到强烈改造

[图6-23(a)]。在造山褶皱和剪切过程中,产生了源自深部的Sb(Au、W)流体。这些深部流体通过渗透基底地层并进行热液流体循环,形成了湘西地区晚造山期的沃溪式锑金矿床。另外,造山流体可能为形成锡矿山式锑矿的基底金属预富集做出了贡献。基底岩石中锑和相关金属的预富集可能在湖南中部矿床锑的最终成矿中发挥了重要作用。

(2)岩浆成矿期。华南侏罗纪—白垩纪岩浆活动的爆发可能为湘中盆地地下基底来源的深部流体的活化提供了丰富的热能[图6-23(b)]。岩浆作用所带来的丰富热能,促进了热液通过与板溪、锡矿山成矿有关的断裂与基底地层进行的热液循环。因此锡矿山式锑矿化可以看作是深部岩浆-热液体系的远端产物。这些流体在中生代盖层岩石或板溪群碎屑岩中与大量的大气降水混合,导致辉锑矿沉淀。深源温度相对较高的成矿流体遇到了更多的低温氧化型流体,导致板溪矿床陆续沉淀出毒砂和辉锑矿。

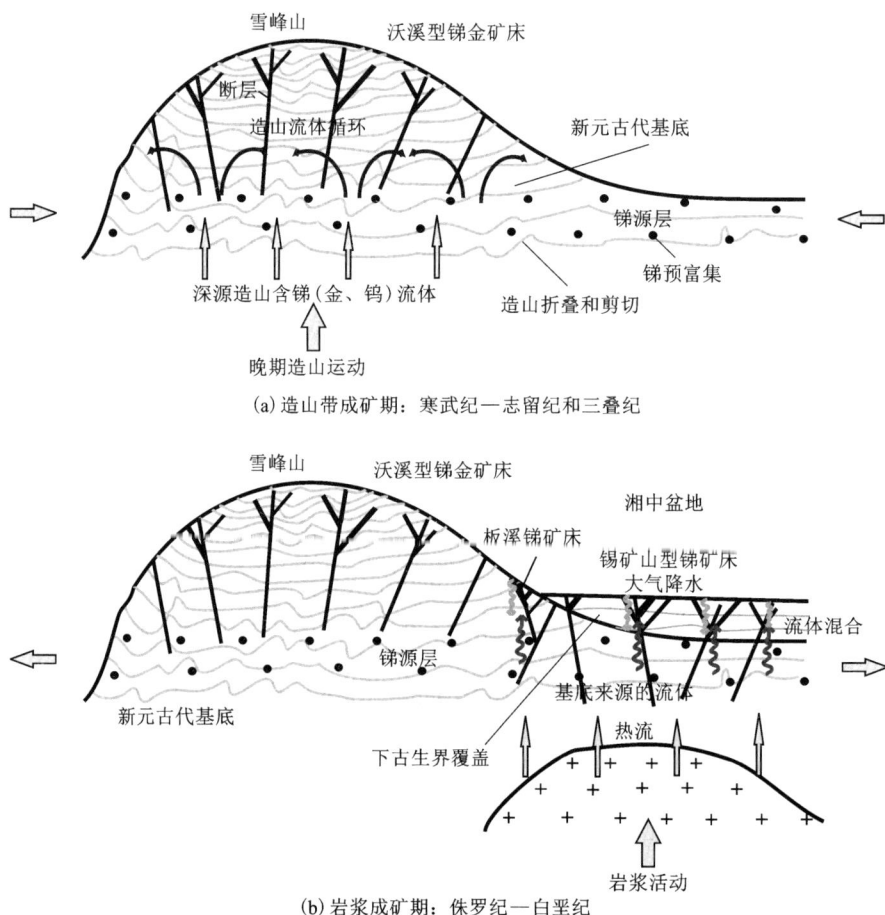

(a)造山带成矿期:寒武纪—志留纪和三叠纪

(b)岩浆成矿期:侏罗纪—白垩纪

图6-23 湘中地区锑成矿带两阶段成矿模式(扫章首码查看彩图)

6.2.5.2 矿床成矿模式

华南侏罗纪—白垩纪岩浆活动的爆发为湘中盆地地下基底来源的深部流体的活化提供了丰富的热能,基底来源的含矿热液与地表的大气降水混合后在板溪群地层沉淀出矿床。因此,岩浆活动为矿床的形成提供了热能和成矿流体,而矿床的主要控矿因素是地层和断裂构造。

不同成矿阶段的辉锑矿的 $\delta^{34}S$ 不同,从 Ⅱ 阶段的 4.84‰~5.81‰(平均为 5.30‰)下降到 Ⅲ 阶段的 3.88‰~5.44‰(平均为 4.72‰)。结合采样位置示意图可以发现,从 18 中段到 14 中段,整体上是一个递减的趋势,反映成矿流体自下往上、自西南向东北方向逐渐充填成矿,说明主要的成矿流体源在地层深部,也间接证明了深部找矿的可能性。矿床的矿化阶段特征分布也说明了这点。另外,不断降低的 $\delta^{34}S$ 可能表明在成矿过程中大气降水的加入。

基底来源的含矿热液经由大福坪断裂(F_1)运移到地表附近,含 Sb 流体在上升过程中与围岩发生了相互作用,沉淀出 $\delta^{34}S$ 较高的辉锑矿。流体继续沿断裂运移,在成矿后期,由于大气降水的加入,$\delta^{34}S$ 较低的辉锑矿沉淀。不同成矿阶段的辉锑矿微量元素含量不同。相比于 Ⅱ 阶段,Ⅲ 阶段矿物有着较低的微量元素含量(包括稀土元素)。可能是含 Sb 流体在上升过程中与围岩发生了相互作用,使得在早期 Sb 成矿阶段,诸如 Al、K、Na、Ca、Mg、Ti、P、Li 和相关金属元素浸出。而在成矿后期,Sb 成矿更"纯"。比较 δCe 值,发现 Ⅱ 阶段的 δCe 值为 0.04~0.28,Ⅲ 阶段 δCe 值为 0.48~0.67。两者比较,前者的 Ce 负异常明显。Ce 负异常反映流体成矿环境为还原环境。这说明,含矿热液运移过程中的氧化还原环境发生变化,推测早期成矿发生在较深部区域,晚期成矿发生在较浅部区域并有大量大气降水的加入。辉锑矿中的 $^{87}Rb/^{86}Sr$,$^{87}Sr/^{86}Sr$,$^{147}Sm/^{144}Nd$ 和 $^{143}Nd/^{144}Nd$ 值从 Ⅱ 阶段到 Ⅲ 阶段显著增加。这可能是因为大量的大气降水加入深部循环流体中,不断萃取、富集相关同位素,使得成矿流体中的相关放射性同位素增加,并被 Ⅲ 阶段的辉锑矿所记录。根据以上分析,建立了板溪矿床成矿过程示意图,如图 6-24 所示。

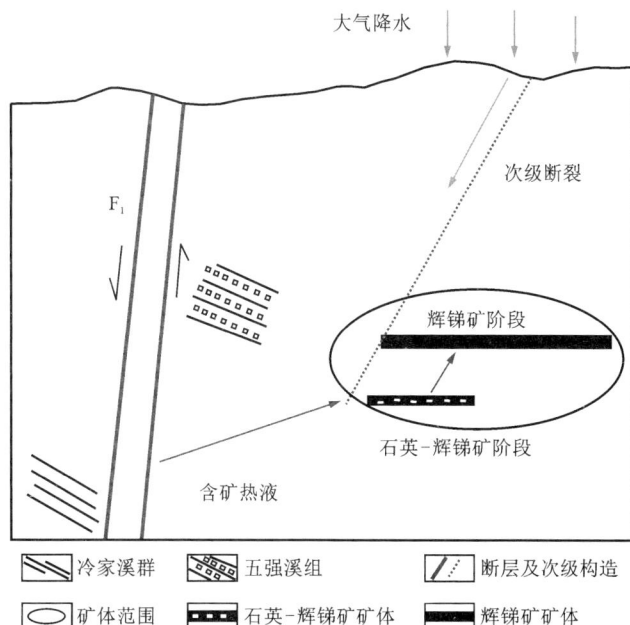

图 6-24 板溪锑矿床成矿过程示意图(扫章首码查看彩图)

6.2.6 教学安排

6.2.6.1 需要详细观察和了解的典型现象

1) 典型矿体及控矿构造

从典型矿体剖面入手，了解矿体的空间形态及与围岩蚀变的关系。典型剖面中矿体主要呈 NNE 向雁行排列，脉组由多个透镜状、脉状矿体以串珠状连接构成。围岩蚀变仅发育于矿脉附近，具有膨大缩小等现象(图 6-25)。

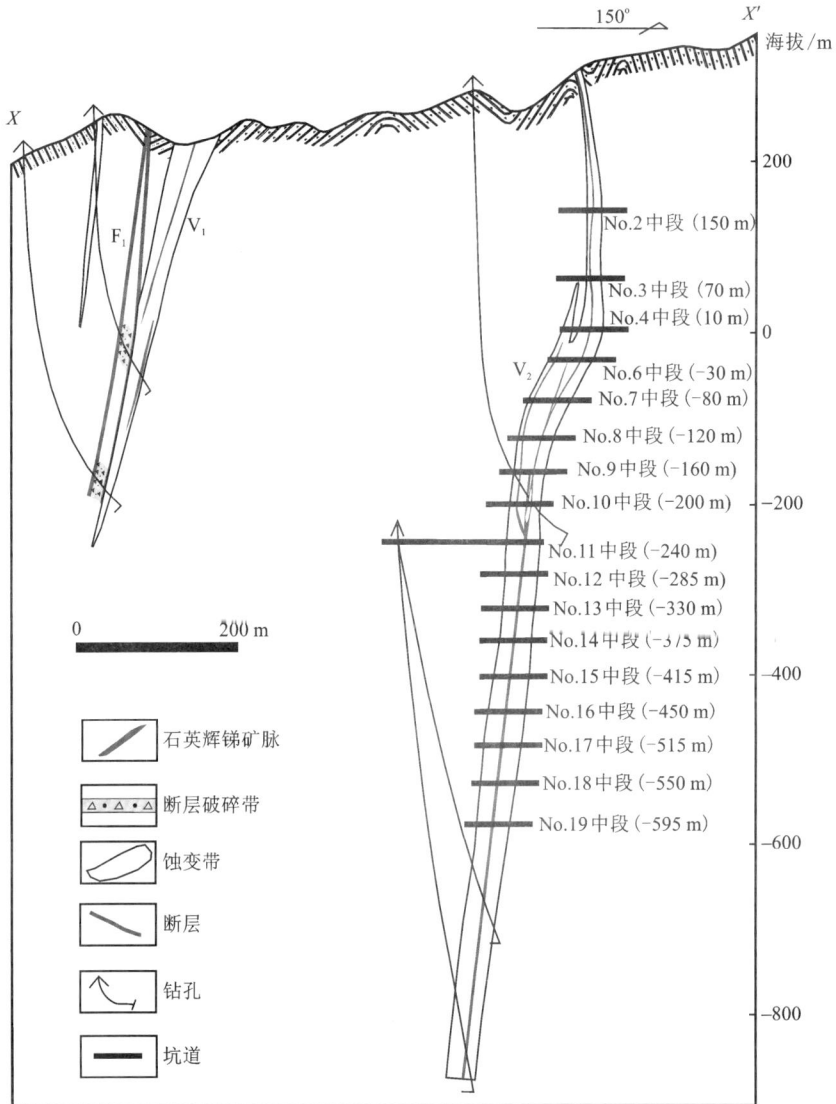

图 6-25 板溪矿床典型剖面图(扫章首码查看彩图)

(据湖南省有色地质勘查局二总队，2011)

板溪矿床 2 号矿体是矿区最发育、最典型的矿体，也是现在矿山采矿的矿脉，由 2-1、2-2、2-3 三条相对独立的矿脉组成，矿脉严格受北东向断裂构造所控制，矿脉沿走向呈波状起伏(图 6-26)。

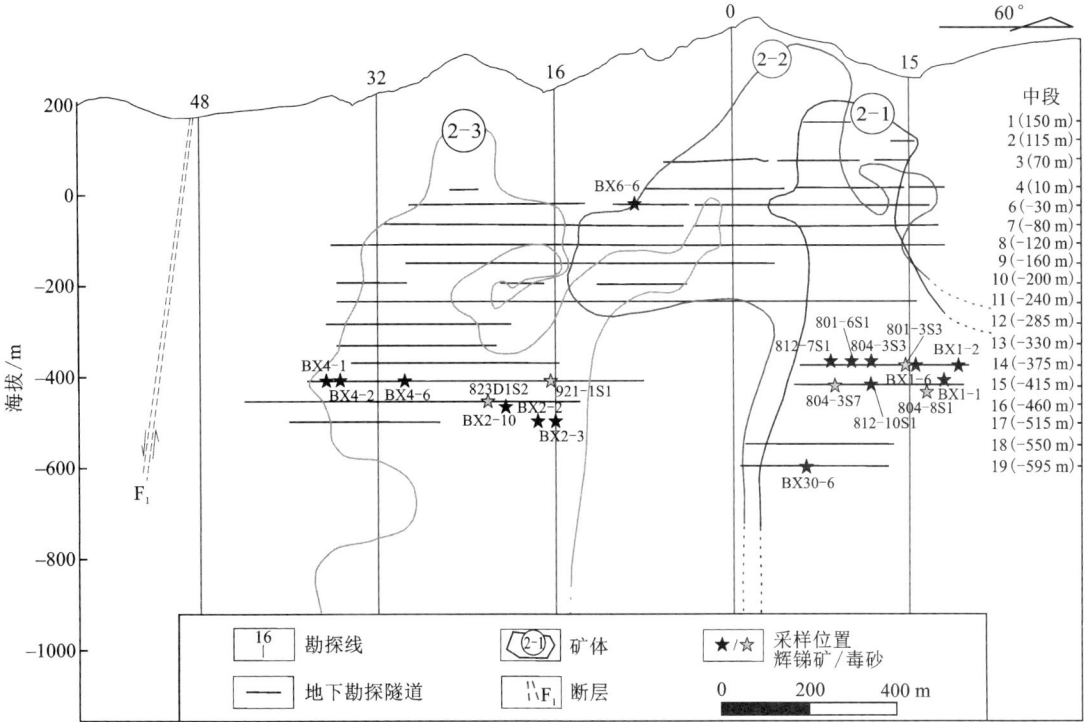

图 6-26　板溪锑矿床 2 号矿体纵投影图(扫章首码查看彩图)

(据 Li 等，2018)

需要从宏观和微观方面认识典型脉状锑矿床矿体的空间变化，进而了解矿体的成因及找矿方向。

(1)2-3、2-2 和 2-1 矿体的空间分布关系。

2-3 和 2-2 矿体为左行右列分布于 0~4 线之间，在 7、8、9 中段可见 2-3 矿体东端与 2-2 连接，连接处次级断裂发育，可能为 2-3 尾端与 2-2 旁侧连接的尾端效应，且重叠段 2-3 一般不含矿，仅为蚀变带。从 2 号脉矿体纵投影图上可以看出 2-3 向东分出一小支脉，而 2-1 矿体为 2-2 矿体的分支脉，在 3~11 线间向西复合为一条脉(2-2)，连接处 2-2 和 2-1 的矿体也是连续的，与 2-3 在连接处为蚀变带截然不同，且在 19 线以东同时出现矿化减弱。

可以推测矿液在水平方向上的迁移方向。2-3 的中心以东矿液向东迁移，连接处的蚀变带为 2-3 的东部尾端；而 2-2 的中心以西矿液向西迁移，2-2 在重叠段矿体依旧是连续的，中心以东矿液向东迁移，在分支 2-2 和 2-1 中形成矿体。因此，2-3 和 2-2 是两个独立的矿液系统，2-1 可能是 2-2 的分支脉。

(2)矿体的分布范围及连续性。

2-3 矿体分布在 12~32 线之间，且矿体垂向和走向上连续。在 3~19 线，2-2 和 2-1 矿体垂向上(7~12中段)存在近200 m高的无矿空区,7中段以上矿体连续,12中段以下又出现2-1和2-2矿体。因此,2-3矿脉的空间连续性明显好于2-2和2-1,脉的走向延长在500~600 m。

2)典型岩矿石

需要从宏观和微观方面认识典型锑矿石的构造及结构,进而了解矿床的成因及矿化期次。板溪锑矿的典型岩矿石主要包括石英-辉锑矿矿石、辉锑矿矿石和含毒砂变质凝灰岩。Ⅱ阶段的石英-辉锑矿矿石呈块状,细粒他形-半自形辉锑矿与石英共生[图6-27(a)]。在Ⅱ阶段石英-辉锑矿的围岩中提取出Ⅱ阶段毒砂[图6-27(b)],以细粒,自形-半自形晶体形式出现[图6-27(c)]。典型的Ⅲ阶段辉锑矿为块状,粗粒,自形-半自形的多晶簇[图6-27(d)]。在Ⅲ阶段石英-辉锑矿的围岩中提取出Ⅲ阶段毒砂[图6-27(e)],大部分毒砂为粗粒、自形[图6-27(f)]。

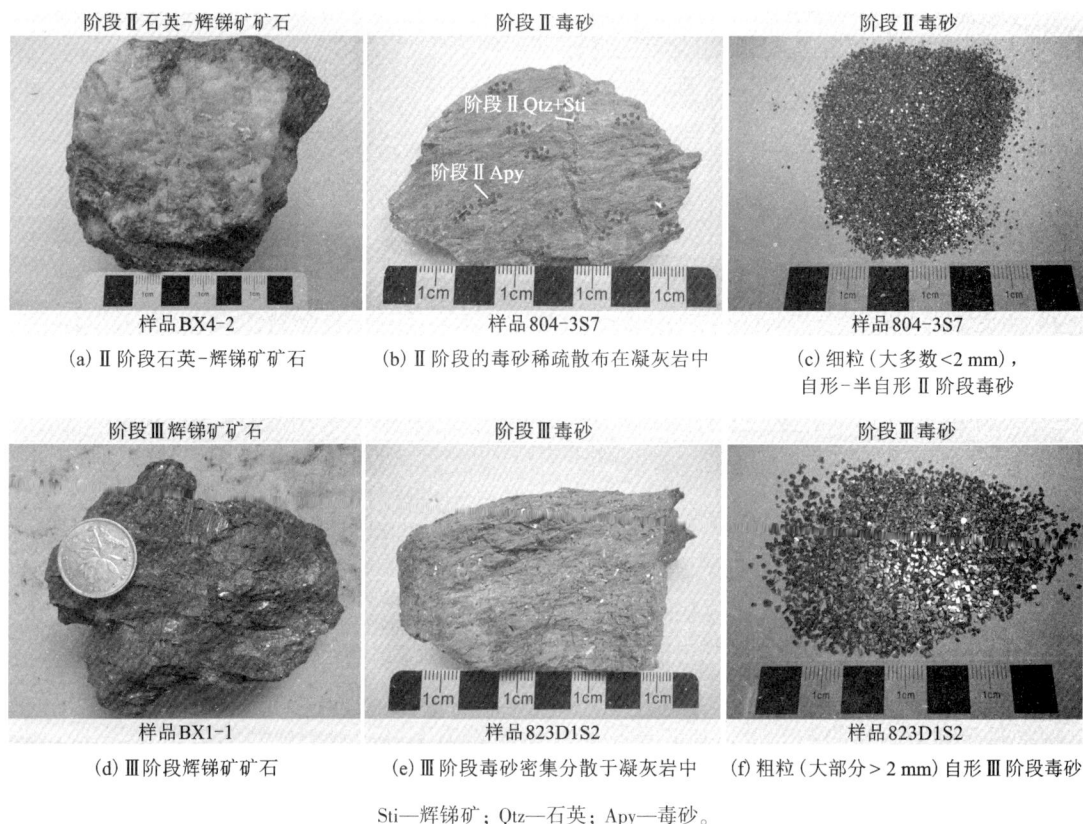

阶段Ⅱ石英-辉锑矿矿石	阶段Ⅱ毒砂	阶段Ⅱ毒砂
样品BX4-2	样品804-3S7	样品804-3S7
(a) Ⅱ阶段石英-辉锑矿矿石	(b) Ⅱ阶段的毒砂稀疏散布在凝灰岩中	(c) 细粒(大多数<2 mm),自形-半自形Ⅱ阶段毒砂
阶段Ⅲ辉锑矿矿石	阶段Ⅲ毒砂	阶段Ⅲ毒砂
样品BX1-1	样品823D1S2	样品823D1S2
(d) Ⅲ阶段辉锑矿矿石	(e) Ⅲ阶段毒砂密集分散于凝灰岩中	(f) 粗粒(大部分>2 mm)自形Ⅲ阶段毒砂

Sti—辉锑矿;Qtz—石英;Apy—毒砂。

图6-27 板溪锑矿典型矿石照片(扫章首码查看彩图)

辉锑矿:辉锑矿是矿区重要矿石矿物之一,常为灰黑色或铅灰色,强金属光泽,不透明,一般呈柱状、针状、放射状或者致密块状。在矿井中观察,辉锑矿一般以浸染状充填于石英脉裂隙或破碎石英团块中。在镜下观察薄片,辉锑矿主要交代于石英中,也有部分和黄铁矿交代。其具聚片双晶[图6-28(e)],压力双晶。

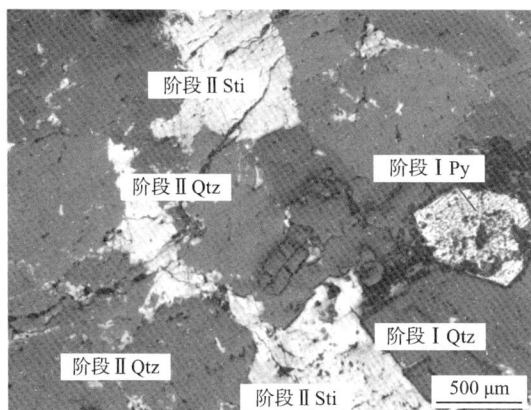

（a）矿石中的矿物主要有辉锑矿和黄铁矿，Ⅱ阶段的辉锑矿呈他形-半自形交代溶蚀石英和自形-半自形黄铁矿

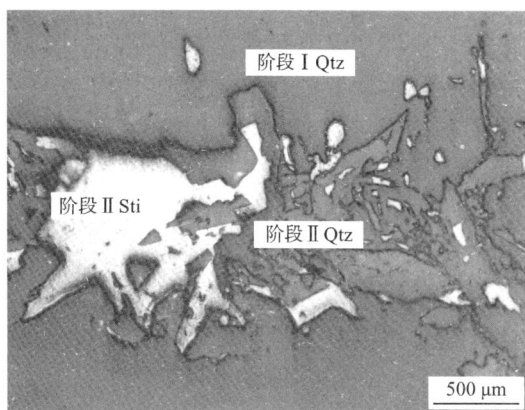

（b）Ⅱ阶段的石英-辉锑矿脉发育在Ⅰ阶段石英的裂隙中

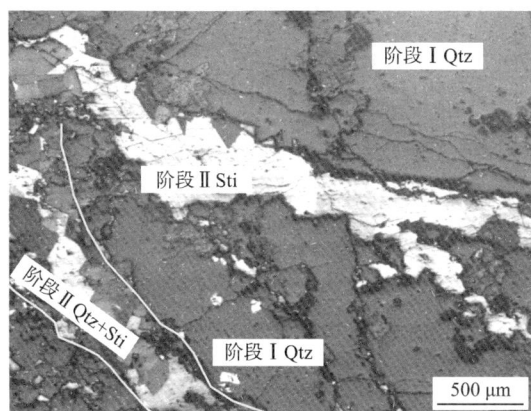

（c）Ⅱ阶段的石英-辉锑矿脉发育在Ⅰ阶段石英的裂隙中

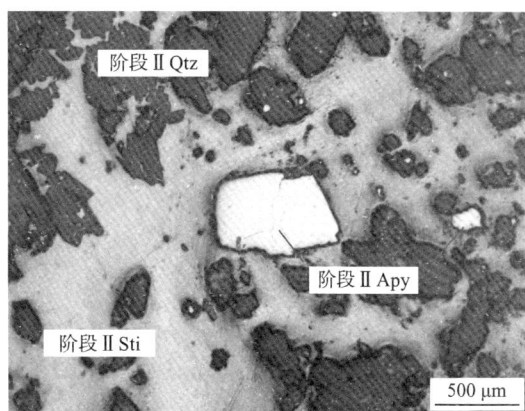

（d）Ⅱ阶段的辉锑矿、石英、自形-半自形毒砂共生

（e）Ⅲ阶段的辉锑矿表现为聚片双晶结构

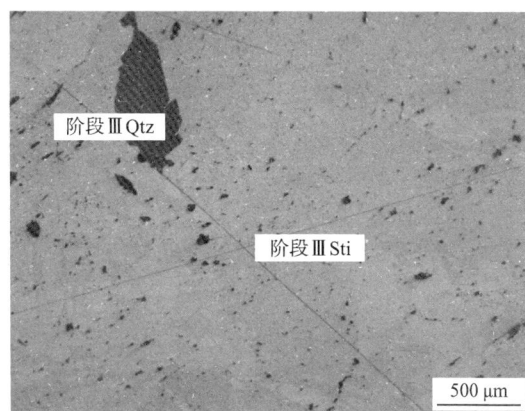

（f）Ⅲ阶段的辉锑矿包裹少量微小石英颗粒

Sti—辉锑矿；Qtz—石英；Py—黄铁矿；Apy—毒砂。

图 6-28　板溪锑矿床典型矿石结构（扫章首码查看彩图）

黄铁矿：浅铜黄色，具有明亮的金属光泽，不透明，可见于石英脉和辉锑矿中，颗粒较小。在镜下可以观察到黄铁矿有较为规则和破碎状两种，一般被辉锑矿交代。黄铁矿常见结构为自形-半自形结构、破碎结构和交代溶蚀结构。

毒砂：褐白色，条痕灰黑色，晶体为短柱状，晶面常有长条晶纹，晶体长一般为 0.5 ~ 2.0 mm，最长可达 10 mm。

石英：有两期，早期石英为乳白色，多为他形晶、粒状结构，粒径 0.3 mm，常有较多的包裹体和杂质污染[图6-28(a)]；晚期石英为灰白色，粒状或柱状晶体，杂质少，透明度高，常有斜长石、碳酸盐矿物伴生，常呈细脉状，穿插于早期石英裂隙中[图6-28(b)]。石英脉与辉锑矿关系密切，常见辉锑矿分布于石英脉中或石英角砾被辉锑矿所胶结[图6-28(f)]。

3) 其他典型地质现象

板溪锑矿床矿体受大福坪断裂(F$_1$)及其派生的次级断裂控制，断裂是主要的导矿、容矿构造。在矿区内，大福坪断裂与早期东西向蒋家冲背斜交切复合，该断裂派生的次级构造成为容矿最有利的场所，产出有 1 号、2 号、3 号脉和 R5、R10。在这些次级构造浅部可能发育有品位较高的辉锑矿，在其深部可能发育储量较大但品位较低的辉锑矿。而目前正在勘探和生产的只有 2 号矿体，深部存在着较好的找矿潜力(图6-16)。

6.2.6.2 思考题

(1) 如何理解不同级别的断裂构造对锑成矿的控制作用？

(2) 断裂带中的锑矿体垂向分带特征是什么？主要控制因素有哪些？

(3) 如何从矿体的宏观产状以及微观地球化学特征来判断板溪锑矿最有利的成矿部位？

参考文献

[1] Fu S, Hu R, Bi X, et al. Trace element composition of stibnite: Substitution mechanism and implications for the genesis of Sb deposits in southern China[J]. Applied Geochemistry, 2020a, 118: 104637.

[2] Fu S, Lan Q, Yan J. Trace element chemistry of hydrothermal quartz and its genetic significance: A case study from the Xikuangshan and Woxi giant Sb deposits in southern China[J]. Ore Geology Reviews, 2020b, 126: 103732.

[3] Gu X, Schulz O, Vavtar F, et al. Rare earth element geochemistry of the Woxi W-Sb-Au deposit, Hunan Province, South China[J]. Ore Geology Reviews, 2007, 31(1): 319-336.

[4] Hu A X, Peng J T. Fluid inclusions and ore precipitation mechanism in the giant Xikuangshan mesothermal antimony deposit, South China: Conventional and infrared microthermometric constraints[J]. Ore Geology Reviews, 2018, 95: 49-64.

[5] Hu R Z, Fu S L, Huang Y, et al. The giant South China Mesozoic low-temperature metallogenic domain: Reviews and a new geodynamic model[J]. Journal of Asian Earth Sciences, 2017, 137: 9-34.

[6] Li H, Danišík M, Zhou Z K, et al. Integrated U-Pb, Lu-Hf and (U-Th)/He analysis of zircon from the Banxi Sb deposit and its implications for the low-temperature mineralization in South China[J]. Geoscience Frontiers, 2020, 11: 1323-1335.

[7] Li H, Kong H, Zhou Z K, et al. Genesis of the Banxi Sb deposit, South China: Constraints from wall-rock geochemistry, fluid inclusion microthermometry, Rb-Sr geochronology, and H-O-S isotopes[J]. Ore Geology

Reviews, 2019b, 115：103162.

［8］ Li H, Watanabe K, Yonezu K. Geochemistry of A－type granites in the Huangshaping polymetallic deposit (South Hunan, China)：Implications for granite evolution and associated mineralization［J］. Journal of Asian Earth Sciences, 2014b, 88：149-167.

［9］ Li H, Watanabe K, Yonezu K. Zircon morphology, geochronology and trace element geochemistry of the granites from the Huangshaping polymetallic deposit, South China：Implications for the magmatic evolution and mineralization processes［J］. Ore Geology Reviews, 2014a, 60：14-35.

［10］ Li H, Wu Q H, Evans N J, et al. Geochemistry and geochronology of the Banxi Sb deposit：Implications for fluid origin and the evolution of Sb mineralization in central－western Hunan, South China［J］. Gondwana Research, 2018, 55：112-134.

［11］ Li H, Zhou Z K, Algeo T J, et al. Geochronology and geochemistry of tuffaceous rocks from the Banxi Group：Implications for Neoproterozoic tectonic evolution of the southeastern Yangtze Block, South China［J］. Journal of Asian Earth Sciences, 2019a, 177：152-176.

［12］ Li H, Zhou Z K, Evans N J, et al. Fluid－zircon interaction during low－temperature hydrothermal processes：Implications for the genesis of the Banxi antimony deposit, South China［J］. Ore Geology Reviews, 2019c, 114：103137.

［13］ Li H, Zhu D P, Shen L W, et al. A general ore formation model for metasediment－hosted Sb－（Au－W）mineralization of the Woxi and Banxi deposits in South China［J］. Chemical Geology, 2022, 607：121020.

［14］ Liu X H, Xu J W, Lai J Q, et al. Genetic significance of trace elements in hydrothermal quartz from the Xiangzhong metallogenic province, South China［J］. Ore Geology Reviews, 2023, 152：105229.

［15］ Mao J R, Zilong L I, Haimin Y E. Mesozoic tectono－magmatic activities in SouthChina：Retrospect and prospect［J］. Science China Earth Sciences, 2014, 57(12)：2853-2877.

［16］ Zhong J, Pirajno F, Chen Y J, Epithermal deposits in South China：Geology, geochemistry, geochronology and tectonic setting［J］. Gondwana Research, 2017, 42：193-219.

［17］ 胡阿香, 彭建堂. 湘中锡矿山锑矿区的流体作用及其与锑成矿的关系［M］. 长沙：中南大学出版社, 2021.

［18］ 胡阿香, 文静, 彭建堂. 湘中锡矿山锑矿床方解石稀土元素地球化学及其找矿指示意义［J］. 矿物学报, 2023, 43(1)：38-48.

［19］ 湖南省有色地质勘查局二总队. 湖南省桃江县板溪矿区深部锑矿洋查报告［R］. 湖南湘潭, 2011.

［20］ 胡瑞忠, 付山岭, 肖加飞. 华南大规模低温成矿的主要科学问题［J］. 岩石学报, 2016, 32(11)：3239-3251.

［21］ 林智炜, 吴堃虹, 李欢, 等. 板溪锑矿两类石英脉成因及其对找矿的指示意义［J］. 地球科学, 2020, 45(5)：1503-1516.

［22］ 马东升, 潘家永, 解庆林, 等. 湘中锑（金）矿床成矿物质来源—I. 微量元素地球化学证据［J］. 矿床地质, 2002, 21(4)：366-376.

［23］ 毛景文, 张作衡, 裴荣富, 等. 中国矿床模型概论［M］. 北京：地质出版社, 2012.

［24］ 沈力微. 湘南板溪及沃溪锑矿床成因与找矿方向：矿物原位地球化学的启示［D］. 武汉：中国地质大学（武汉）, 2021.

［25］ 周蛰凯. 湖南板溪锑矿成矿模式及找矿方向［D］. 武汉：中国地质大学（武汉）, 2018.

第7章 雪峰造山带热液型金矿床

扫码查看本章彩图

7.1 湘西沃溪金矿床

7.1.1 自然地理概况

沃溪金矿床位于湖南省怀化市沅陵县官庄镇(图7-1),地势东、北、西三面较高,地形以山地、丘陵为主,主要山脉有苦菜界、枯草界、豪南界,境内最高点位于聂溪冲村豪南界,最低点位于油坊坪村。境内河道属沅水流域,主要河流有怡溪、夷望溪,怡溪源于杜家坪乡天鹅池,自新屋场入境,由南向北从油坊坪出境,汇入沅水;夷望溪源于桃源县胡家岭,经太平铺入桃源县境。

7.1.2 区域地质背景

沃溪金矿床在大地构造位置上位于扬子陆块中西部上扬子陆块内,三级构造区划为上扬子东南缘古弧盆系,上扬子东南缘被动边缘盆地与雪峰山陆缘裂谷盆地结合部。

本区构造活动极为强烈,先后经历了武陵、雪峰、加里东、印支—燕山和喜

图7-1 湘西沃溪金矿床交通位置简图

马拉雅期等多期构造变形。区内出露的最古老岩系为新元古界冷家溪群变质杂岩,由变质砂岩、板岩、千枚岩和凝灰质砂岩组成。元古代武陵期,本地区大地构造环境处于岛弧环境,冷家溪群为古弧盆系沉积的产物。元古代雪峰期,上扬子陆块东南缘处于陆缘裂谷环境,沉积了砂岩、泥岩、碳酸盐岩等,即板溪群,不整合于冷家溪群之上。早古生代处于被动陆缘盆地环境,在前陆海盆内沉积了一套包括震旦系和寒武系在内的砂岩、含砾砂岩、层凝灰岩、

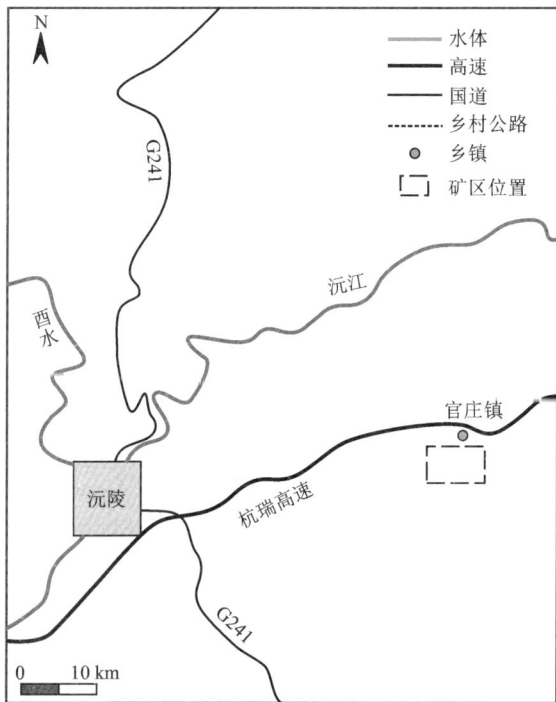

冰碛岩和砂质板岩组成的磨拉石建造，不整合或假整合于元古代基底构造层之上。加里东期进入褶皱带期，这套磨拉石建造连同下伏的基底构造层发生强烈褶皱。晚古生代处于稳定的克拉通环境，接受长期的风化和剥蚀。自三叠纪至新生代，整个湘西地区处于强烈的活动时期，印支运动和燕山运动诱发的构造岩浆活动异常强烈：一是首先出现了一系列短轴断陷型盆地（地洼），如沅麻盆地、黄盆坪-官庄构造盆地等；二是在断陷型盆地内沉积形成陆相红色建造；三是在强大的北西-南东向主压应力场的作用下，形成了北东向构造格局。

沃溪金矿床处于上扬子地块南东部的雪峰弧形隆起带由 NE 到 NEE-EW 向的弧形转折部位（图7-2）。雪峰弧形隆起带从湘东北的平江、浏阳一带，西延经益阳、常德，再转折向南西延伸至溆浦、会同、靖县一带。该隆起带经历武陵运动、雪峰运动、加里东运动、印支运动和燕山运动等长期的构造作用，地层发生较强的变质和变形。由图7-2可以看出，沃溪金锑钨矿带位于雪峰弧形隆起带北缘，两者走向基本一致。

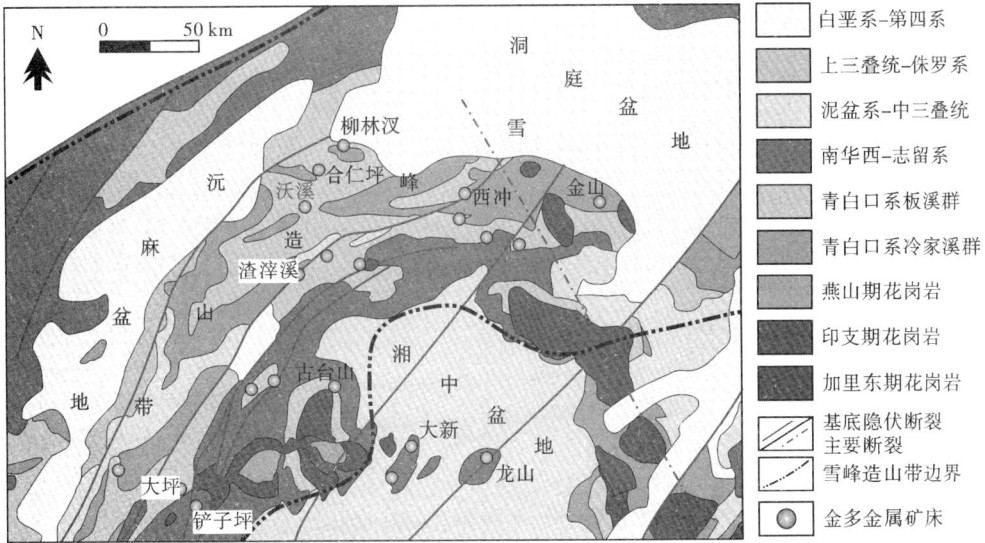

图7-2　沃溪金矿床区域地质及矿产分布示意图（扫章首码查看彩图）

(据李彬等，2020)

7.1.3　矿床地质特征

7.1.3.1　矿区地质

1）矿区地层

区内出露地层由老至新包括青白口系冷家溪群小木坪组，板溪群横路冲组、马底驿组、五强溪组，上白垩统以及第四系。

青白口系冷家溪群小木坪组（Qbx）：青白口系小木坪组在矿区局部出露，岩性为青灰色绢云母板岩，灰绿色粉砂质板岩，厚层灰色砂质板岩，具硅化，板理和节理发育。受区域挤压变形作用影响，地层多出现褶皱变形。

青白口系板溪群：自下而上分为三组。横路冲组（Qbh）：下部为厚层-巨厚层块状变质砾岩与砾质岩屑砂岩；上部为中细粒岩屑砂岩夹粉砂质板岩，厚度45~110 m。本组地层与下伏青白口系冷家溪群小木坪组呈不整合接触。马底驿组（Qbm）：下段为砂岩、粉砂岩，局部偶见同生砾岩，厚度60~120 m，主要分布于矿区南西部的仙鹅抱蛋穹隆周边；上段为紫红色、灰紫色条带状板岩、砂质板岩、含钙板岩，厚度630~810 m，在矿区中部呈东西至南东向展布。五强溪组（Qbw）：为青灰、灰绿色中至厚层变质条带状长石石英砂岩，夹砂质板岩、板岩，厚度520 m，分布于矿区北部，呈东西向分布，与下伏马底驿组呈断层接触。

上白垩统（K₂）：分布于矿区北部，为巨厚层状、块状红色-棕红色砂砾岩，不整合覆盖于板溪群地层上。

第四系（Q）：为残积、坡积、冲积物，由板岩、砂岩及少量角砾、砂砾、亚黏土等组成，厚度0~20 m，分布于溪流两侧的洼地。

2）矿区构造

矿区位于仙鹅抱蛋穹隆状复背斜北翼，为向北东弧形突起的倾伏单斜构造（图7-3）。区内褶皱、断裂、节理发育，对区内成矿具有多级控制作用。

（1）褶皱

褶皱主要表现为地层沿走向及倾向均呈舒缓波状起伏，以十六棚公为中心，形成一系列倾伏裙边式横跨褶曲。矿区自西向东，依次为红岩溪背、向斜，鱼儿山背、向斜，粟家溪向斜，十六棚公西向斜、中背斜、东向斜，上沃溪背斜等Ⅱ级控矿构造，本矿段内主要为十六棚公西向斜、中背斜、东向斜，翼展100~500 m，沿倾伏方向延伸达3000 m，自浅部向深部倾角逐渐变缓。

（2）断裂

沃溪大断层（F₁）：位于仙鹅抱蛋穹隆状复背斜北翼，马底驿组与五强溪组接触面上，为矿区规模最大的断裂构造，其东西向长大于20 km，倾向延伸大于2 km，走向北东东，倾向北西西，倾角约30°，西部较陡（倾角36°），东部较缓（倾角28°）。断面常呈舒缓波状，走向和倾向上表现为波状弯曲变化。破碎带宽20~130 m，由断层角砾岩、构造透镜体、断层泥、劈理化带和片理化带组成。该断层具多期活动特征。在鱼儿山矿段，除直接成为V₁矿脉的顶板外，在局部地段，还有低品位矿化存在，表明与成矿有直接联系。

层间断裂：主要产于沃溪大断层下盘的板溪群紫红色板岩中，在冷家溪群与板溪群岩性界面板溪群底部砂岩中亦有见及，产状与岩层基本一致。断裂带内及其旁侧围岩常具有强烈硅化、黄铁矿化、褪色化等蚀变，构成规模宏大的褪色蚀变带。层间断裂控制了矿化蚀变带和矿体的分布，是主要的控矿和容矿构造。

横断层：为成矿后断层，以走向NE、倾向NW的横断层最为发育，倾角30°~80°，属张扭性正断层，常将矿脉切割呈阶梯状，断距2~5 m及20~50 m较常见；其次为走向NW，倾向NE或SW的断层，断距一般在1~5 m，对矿脉有一定的破坏作用。

节理：矿区节理较为发育，平行于层间断层或与层间断层成大角度相交的节理均有发育。

3）矿区岩浆岩

矿区岩浆岩不发育，仅局部地段可见少量辉绿岩脉，侵位于冷家溪群中。此外，据沈其

韩等（2005）研究，扬子陆块东南缘及西南缘地区，在地壳深部均保留有新太古代岩浆锆石的

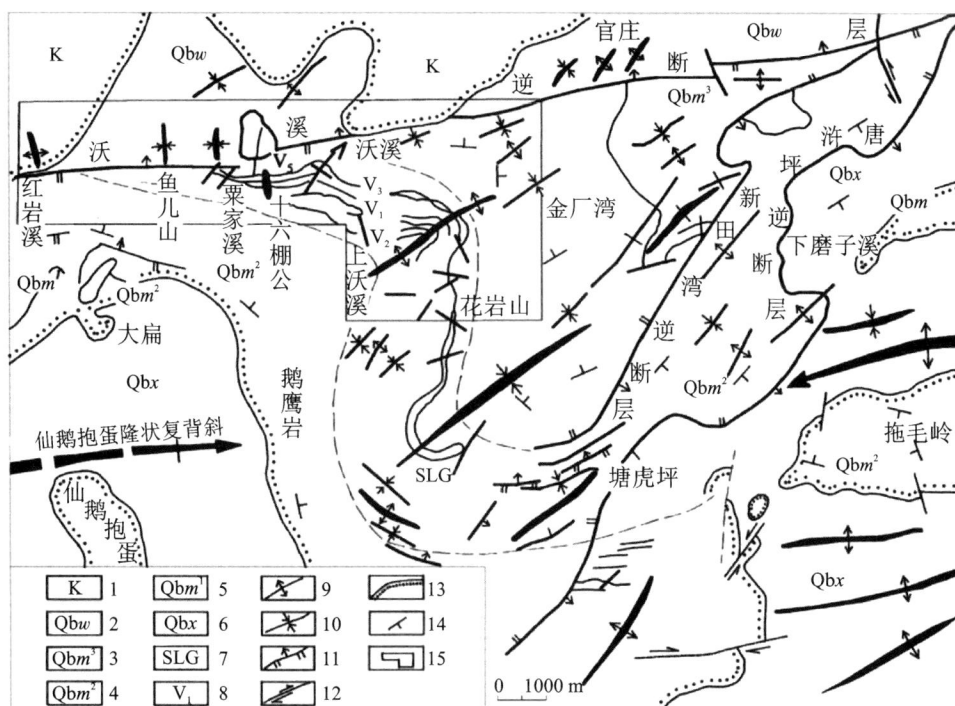

1—白垩系；2—青白口系五强溪组；3—青白口系马底驿组上段；4—青白口系马底驿组中段；

5—青白口系板溪群马底驿组下段(相当于横路冲组)；6—青白口系冷家溪群小木坪组；

7—灰绿色板岩夹层；8—矿脉及编号；9—背斜轴；10—向斜轴；11—逆断层；

12—平移断层；13—不整合；14—地层产状；15—矿区范围。

图 7-3　沃溪金矿床及邻区构造简图

(据罗献林等，1996；顾雪祥等，2005)

年龄信息，并指出在浏阳、益阳地区深部存在新—中太古代岩浆热液活动。沃溪金矿床距益阳地区不远，这些岩浆活动可能波及到本区(即矿床深部可能存在隐伏岩体)。

7.1.3.2　矿体特征

沃溪金矿床共圈出 30 多个矿体，均赋存于板溪群马底驿组第二岩性段紫红色绢云母含钙砂质板岩中，受顺层的脆-韧性剪切系统控制，含矿石英脉沿层面断裂、分支断裂及次级张、剪裂隙充填。其按产出形态可分为层脉、网脉和节理脉三种类型，层脉规模最大，网脉次之。

(1)层脉。与岩层产状一致的层间脉，简称层脉。层脉为矿床主要含矿脉体，占总储量的 70%。层脉沿层间断裂充填，产状与岩层基本一致，至鱼儿山矿段与岩层呈小角度斜交。矿区西部矿脉走向近东西向，倾向北；从十六棚公矿段往东走向转向南东，倾向北东，倾角 20°~35°，局部达 40°~50°。矿区已发现 9 条层脉，自西向东分别为 V_6、V_5、V_2、V_1、V_3、V_{3-1}、V_4、V_7、V_8。其中 V_2、V_1、V_3、V_{3-1}、V_4、V_7、V_8 等 7 条矿脉内共产有 26 个矿体，分布在红岩溪、鱼儿山、粟家溪、十六棚公和上沃溪 5 个矿段中，矿段与矿段之间无矿段间距

250~600 m。金锑钨矿体呈扁豆、透镜状产于各矿脉中。矿体(柱)与矿体(柱)之间无矿间距20~140 m,无矿地段为蚀变带,表现为微细石英脉发育。矿体在各矿脉和各矿段中的分布及主要特征见表7-1。

表7-1 沃溪金矿床矿脉(体)规模简表

矿脉编号	矿脉长度/m	矿体个数	矿体走向长度/m	矿体倾斜延深/m	平均厚度/m	品位		
						Au/(×10^{-6})	Sb/%	WO_3/%
V_1	5300	11	35~220	180~2010	0.47	5.45	2.08	0.22
V_2	650	2	40~70	320~1490	0.29	7.09	2.39	0.27
V_3	1100	6	75~190	>2500	0.52	8.73	3.01	0.24
V_{3-1}	550	1	90~210	>1300	0.75	10.72	3.42	0.15
V_4	600	4	50~350	590~1420	0.52	9.13	3.55	0.55
V_5	1250	0	—	—	—	—	—	—
V_6	450	0	—	—	—	—	—	—
V_7	550	1	60~120	>600	1.36	12.10	4.99	0.56
V_8	700	1	50~130	>500	2.20	5.29	2.60	0.13

(2)网脉(又称细脉带)。其指平行于层脉或沿不同方向的密集节理填充的含矿石英脉,一般多出现在层脉的下盘,而上盘相对较少。石英脉常与蚀变围岩一起,构成含金或含钨金矿体的脉带,形态有扁豆状、楔状、帚状。细脉的前期构造一种为形态不规则的张节理,另一种为形态规整的剪节理。而从细脉与层脉的关系看,大多数平行于层脉,少数与层脉呈大角度(>60°)相交,产状220°~250°∠30°~70°。细脉带矿体一般沿走向延长20~60 m,倾斜延深40~120 m,最大厚度3~8 m。单条细脉厚0.5~5 cm,延伸1~4 m,含脉率5%~13%。细脉带矿体产出特征有:①细脉带紧紧伴随层间脉出现,一般在主层间脉下盘即层间脉弯曲的内侧;②在两层间脉之间(一般两层间脉相距1~3 m);③在层间脉与节理(断裂)脉锐角相交部位;④在层间脉的尖灭端或盲矿脉顶端。

(3)节理脉。节理脉也依附于层脉,规模小,一般产于层脉下盘或两条层脉之间的切层节理裂隙中,走向长10~50 m,延深10~30 m,脉厚0.1~2 m,一般规模不大,但品位较高,其出现部位与褶皱过程中层间滑动时的张裂面相接近。

7.1.3.3 矿石特征

(1)矿石类型。按矿物共生组合,可划分以下7种主要矿石类型:石英-金-白钨矿型、石英-金-辉锑矿型、石英-金-白钨矿-辉锑矿型、石英-金-黄铁矿型、石英-金-黄铁矿-辉锑矿型、石英-蚀变绢云母板岩-金-白钨矿(黑钨矿)型、含金破碎蚀变岩型。

(2)矿物组成。矿石中金属矿物主要有自然金、辉锑矿、白钨矿、黑钨矿、黄铁矿,其次有闪锌矿、方铅矿、黄铜矿、黝铜矿、辉铜矿,次生矿物有锑华、钨华、水绿矾、褐铁矿等;脉石矿物以石英为主，其次有绢云母、叶蜡石、方解石、绿泥石、白云石、铁白云石、磷灰石、钠长石、高岭石、伊利石等。

（3）矿石组构。矿石结构主要为粒状结构、交代结构等，其次为填充结构以及压碎结构等。矿石构造主要为带状构造、角砾状构造、块状构造及网脉状构造等。

7.1.3.4　围岩蚀变

金锑钨石英脉赋存于蚀变带内，而蚀变带规模大、特征明显、易于识别，是良好的找矿标志。含矿石英脉两侧必有蚀变带存在，但有蚀变带不一定存在矿脉。依据特征蚀变矿物的种类及某些宏观标志，矿床近矿围岩蚀变有褪色化、硅化、黄铁矿化、绢云母化、碳酸盐化、绿泥石化、伊利石化和叶蜡石化等(图7-4)。

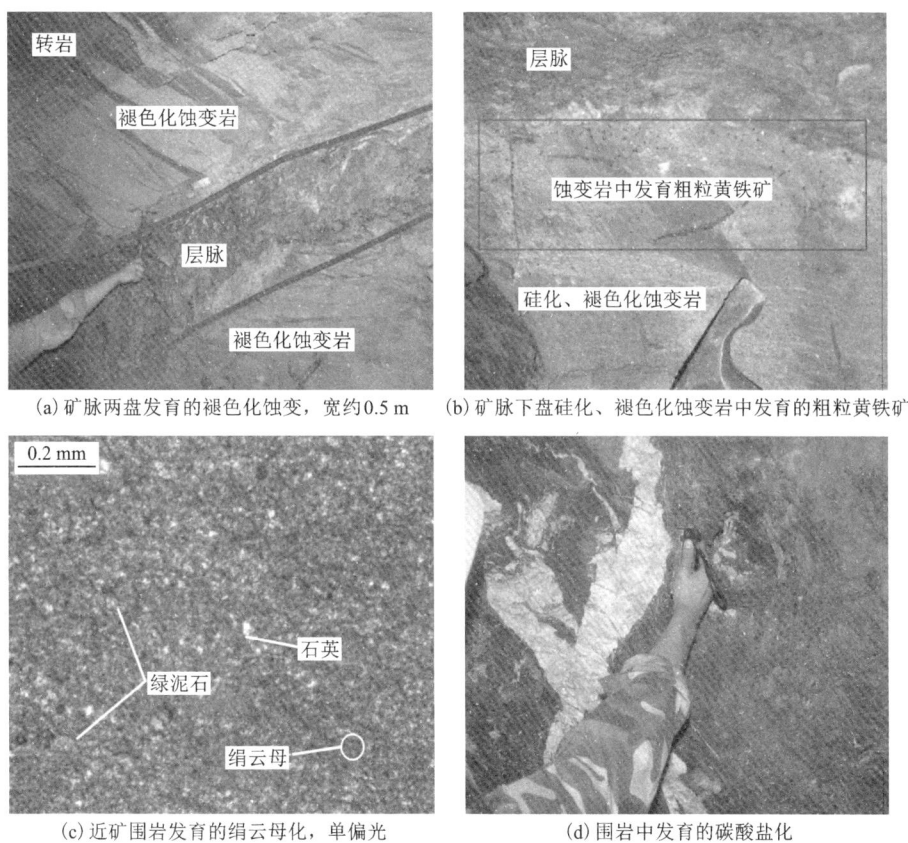

（a）矿脉两盘发育的褪色化蚀变，宽约0.5 m

（b）矿脉下盘硅化、褪色化蚀变岩中发育的粗粒黄铁矿

（c）近矿围岩发育的绢云母化，单偏光

（d）围岩中发育的碳酸盐化

图7-4　沃溪金矿床主要围岩蚀变(扫章首码查看彩图)

7.1.3.5　成矿期次

大气降水经渗滤至基底，经过加热，使基底金属元素发生活化、迁移，在有利地段形成高品位含矿层或矿体。据矿石结构构造、矿物共生组合及其相互关系，以及石英包裹体测温等资料，成矿过程可划分为 2 期 4 个成矿阶段，分别为加里东期(石英-金-白钨矿阶段)和印支—燕山期(石英-金-黄铁矿阶段、石英-金-辉锑矿阶段和石英-金-碳酸盐阶段)，各阶段

矿物生成顺序见表7-2。

表7-2　沃溪金矿床矿物生成顺序表

矿物	加里东期	印支—燕山期		
	石英-金-白钨矿阶段	石英-金-黄铁矿阶段	石英-金-辉锑矿阶段	石英-金-碳酸盐阶段
石英	▬▬▬▬	▬▬▬	▬▬▬	▬▬
白钨矿	▬▬▬			
黑钨矿	▬▬			
毒砂	▬▬			
绿泥石	▬▬			
绢云母	▬▬▬	▬▬▬		
黄铁矿		▬▬▬	▬▬▬	▬▬
自然金		▬▬▬	▬▬▬	▬▬
辉锑矿			▬▬▬	
方锑金矿			▬▬	
方解石				▬▬▬
白云石				▬▬

▬▬　大量　　　▬▬　少量　　　▬▬　微量

石英-金-白钨矿阶段（Ⅰ）：该阶段矿物主要由白钨矿、毒砂、绿泥石、绢云母、叶蜡石、伊利石及石英组成，为白钨矿的主要成矿期，局部出现少许黑钨矿。早期石英、白钨矿具压碎结构或呈角砾状，被后期矿物所穿插、溶蚀和交代。该阶段包裹体均一温度范围为193~288℃。

石英-金-黄铁矿阶段（Ⅱ）：该阶段为金的主要成矿期，其特点是黄铁矿大量出现，局部还可见叶蜡石和伊利石。该阶段包裹体均一温度范围为155~266℃。

石英-金-辉锑矿阶段（Ⅲ）：该阶段为辉锑矿、金矿的主要成矿期，其特点是辉锑矿大量出现，并且辉锑矿石英脉充填到早期形成的含金石英脉中，形成清晰的条带状构造。该阶段包裹体均一温度范围为136~225℃。

石英-金-碳酸盐阶段（Ⅳ）：由石英和碳酸盐类矿物组成，呈须根状或不规则网脉状穿插于早期脉石或矿物的裂隙中。该阶段包裹体均一温度范围为123~205℃。

关于Ⅱ、Ⅲ阶段划分的证据有：①在野外与镜下未见黄铁矿和辉锑矿共生关系，而是黄铁矿碎裂后被辉锑矿及石英所胶结和交代；②黄铁矿与辉锑矿各呈条带状构造，二者条带界限明显，辉锑矿细脉穿插切割黄铁矿细脉；③黄铁矿的金含量高于辉锑矿数倍至数百倍，自然金呈微粒球状沉淀于黄铁矿晶面上，二者有共生关系，而辉锑矿常切割和包裹自然金，显然辉锑矿晚于自然金形成；④包裹体测温表明，Ⅱ阶段的爆裂温度为225~253℃，而Ⅲ阶段的爆裂温度只有179℃，二者爆裂温差较大。

7.1.4 矿床地球化学特征

7.1.4.1 微量元素地球化学

沃溪金矿床砂质板岩、褪色蚀变岩、含金石英、辉锑矿及白钨矿微量元素测试结果显示，成矿元素 Sb 在砂质板岩中的含量为 116.76×10^{-6}，为各类岩石、矿石中含量最低者，但远大于维氏值。Sb 在各类岩石、矿石中的含量由高到低依次为：辉锑矿、含金石英、白钨矿、褪色蚀变岩、砂质板岩。成矿元素 W 在砂质板岩和辉锑矿中的含量最低，均为 10×10^{-6}，大于维氏值；在白钨矿中的含量最高，为 1583.33×10^{-6}，远大于维氏值。W 在各类岩石、矿石中的含量由高到低依次为：白钨矿、含金石英、褪色蚀变岩、辉锑矿、砂质板岩。W、Sb 在褪色蚀变岩中的含量均大于砂质板岩中的含量，说明在褪色化过程中 W、Sb 发生了富集作用，说明后期成矿流体为本区提供了主要的成矿物质；而砂质板岩地层中 W、Sb 的含量大于维氏值，说明砂质板岩地层也具有提供成矿物质的潜力。

7.1.4.2 稀土元素地球化学特征

沃溪金矿床砂质板岩、褪色蚀变岩、含金石英、辉锑矿及白钨矿稀土元素含量及特征值表明，砂质板岩和褪色蚀变岩稀土元素含量最高，辉锑矿稀土元素含量最低，但均表现出轻稀土相对富集的特征；各类岩/矿石轻重稀土比值均大于 1，表现出稀土元素分馏程度较高、衰减速度较快的特征；砂质板岩、褪色蚀变岩及白钨矿均表现出铈正异常，含金石英和辉锑矿表现出铈负异常，表明含金石英和辉锑矿生成于还原环境。辉锑矿 $(La/Sm)_N$ 值较高，表明辉锑矿中轻稀土元素富集程度相对较高。

7.1.4.3 S、Pb 同位素

沃溪金矿床辉锑矿 $\delta^{34}S_{CDT}$ 介于 $-4.3‰$ 和 $-2.9‰$ 之间，平均值为 $-3.3‰$；黄铁矿 $\delta^{34}S_{CDT}$ 介于 $-4.1‰$ 和 $-0.3‰$ 之间，平均值为 $-2.0‰$，硫同位素分布较窄，具有较均一的硫源。辉锑矿硫同位素组成小于黄铁矿硫同位素组成，符合共生矿物同位素平衡的硫同位素组成，说明成矿热液硫同位素分馏达到了平衡。在这种情况下，虽然单个硫化物的 $\delta^{34}S$ 值不能代表其源区的值，但热液 $\delta^{34}S$ 值可代表其源区的硫同位素组成（郑永飞和陈江峰，2000）。本区组成矿体的矿石矿物主要为辉锑矿、黄铁矿等硫化物及黑钨矿和白钨矿，少见硫酸盐类矿物。本区成矿热液硫同位素组成应该略大于辉锑矿硫同位素组成，因此，成矿热液硫同位素组成应该更接近于幔源硫区域（$0±3‰$）。硫同位素组成（图 7-5）显示，本区矿石矿物硫同位素组成与陨石和月岩范围最为接近，显示了硫的深源成因。本区辉锑矿和黄铁矿 S 同位素组成与湘西地区变质岩地层 S 同位素组成（冷家溪群 $\delta^{34}S = +13.1‰ \sim +17.2‰$；板溪群 $\delta^{34}S = +12.9‰ \sim +23.5‰$。罗献林等，1984）明显不同，同样说明沃溪金矿床的硫以深部硫为主。

沃溪金锑钨矿床粉砂质板岩 $^{206}Pb/^{204}Pb = 18.246 \sim 18.828$，$^{207}Pb/^{204}Pb = 15.647 \sim 15.688$，$^{208}Pb/^{204}Pb = 38.608 \sim 39.778$，$Th/U = 3.85 \sim 4.07$，$\mu = 9.55 \sim 9.62$，$\omega = 37.98 \sim 40.35$；条带状板岩 $^{206}Pb/^{204}Pb = 16.818 \sim 17.972$，$^{207}Pb/^{204}Pb = 15.448 \sim 15.523$，$^{208}Pb/^{204}Pb = 37.389 \sim 38.825$，$Th/U = 4.07 \sim 4.22$，$\mu = 9.32 \sim 9.42$，$\omega = 39.20 \sim 40.73$；长石石英砂岩 $^{206}Pb/^{204}Pb = 17.831 \sim 19.374$，$^{207}Pb/^{204}Pb = 15.530 \sim 15.705$，$^{208}Pb/^{204}Pb = 38.164 \sim 39.851$，$Th/U = 3.71 \sim$

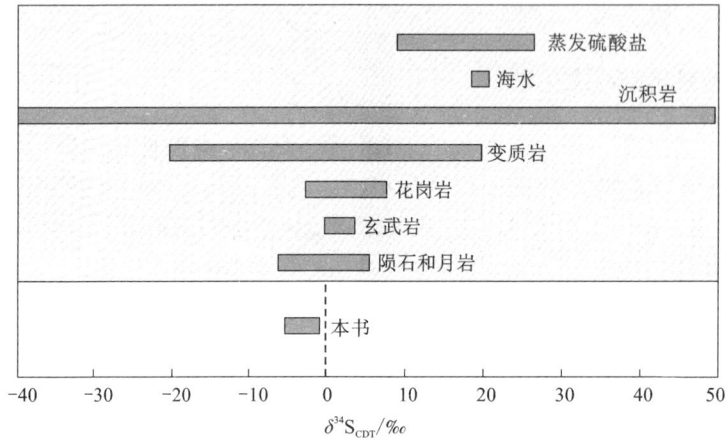

图 7-5　沃溪金矿床 S 同位素组成

5.13，$\mu = 9.35 \sim 9.59$，$\omega = 36.10 \sim 49.76$；辉锑矿 $^{-206}Pb/^{204}Pb = 17.707 \sim 19.034$，$^{207}Pb/^{204}Pb = 15.539 \sim 15.713$，$^{208}Pb/^{204}Pb = 38.347 \sim 39.470$，$Th/U = 3.85 \sim 4.07$，$\mu = 9.43 \sim 9.63$，$\omega = 38.31 \sim 39.68$。

地层岩石 μ 值介于 9.32 和 9.62 之间，ω 值介于 36.10 和 49.76 之间。辉锑矿 μ 值介于 9.43 和 9.63 之间，只有样品 BT 002-2 的 μ 值大于 9.58，其余样品 μ 值均小于 9.58；ω 值介于 38.31 和 39.68 之间，总体上高于平均地壳铅的 ω 值（36.84）。高 ω 值、低 μ 值是下地壳或上地幔铅的显著特征（Kamona et al.，1999），本区辉锑矿具低 μ、高 ω 值的特征，暗示 Pb 来源于下地壳。沃溪金锑钨矿床矿石铅的 Th/U 值为 $3.71 \sim 5.13$，比值变化范围小，位于中国地幔值（3.60）和下地壳值（5.48）（李龙等，2001）之间，说明本区辉锑矿的铅同位素组成具有壳幔混合特征。

在 $^{207}Pb/^{204}Pb$-$^{206}Pb/^{204}Pb$ 图［图 7-6（a）］上，辉锑矿的数据主要落在造山带和地幔演化曲线之间，部分落在造山带演化曲线附近；在 $^{208}Pb/^{204}Pb$-$^{206}Pb/^{204}Pb$ 图［图 7-6（b）］上，数据主要落入下地壳和造山带演化曲线之间。在铅同位素构造环境演化图解（图 7-7）中，数据主要落在下地壳范围内，部分落在下地壳和造山带重合区域。以上特征表明，矿体中铅的来源较为复杂，主要为下地壳铅，也有地幔组分的加入。由图 7-6 和图 7-7 可以看出，矿石铅同位素具有明显的线性关系，是一种混合铅，代表深部低放射成因铅和壳源高放射成因铅这两个端元，辉锑矿 μ 值绝大多数小于 9.58 也证实了低放射成因铅的存在（彭建堂等，2002）。

以上特征表明，本区矿石铅主要来源于下地壳及地幔，为多源混合铅，是深源流体将上地幔或下地壳铅沿深大断裂带至浅部，在此过程中，由于深源流体与地壳物质间的水岩反应，地层中部分铅混入深源流体中，造成了本区矿石中的铅具有壳幔混合的特征。

7.1.4.4　氢氧同位素

石英-金-白钨矿阶段成矿流体中 δD_{V-SMOW} 介于 $-64.0‰ \sim -44.9‰$，石英-金-黄铁矿阶段成矿流体中 δD_{V-SMOW} 介于 $-76.2‰ \sim -51.1‰$，石英-金-辉锑矿阶段成矿流体中 δD_{V-SMOW} 介于 $-80‰ \sim -53.1‰$。根据 Clayton et al.（1972）的石英-水同位素平衡方程 $\delta^{18}O_{石英}$-$\delta^{18}O_{H_2O} \approx$

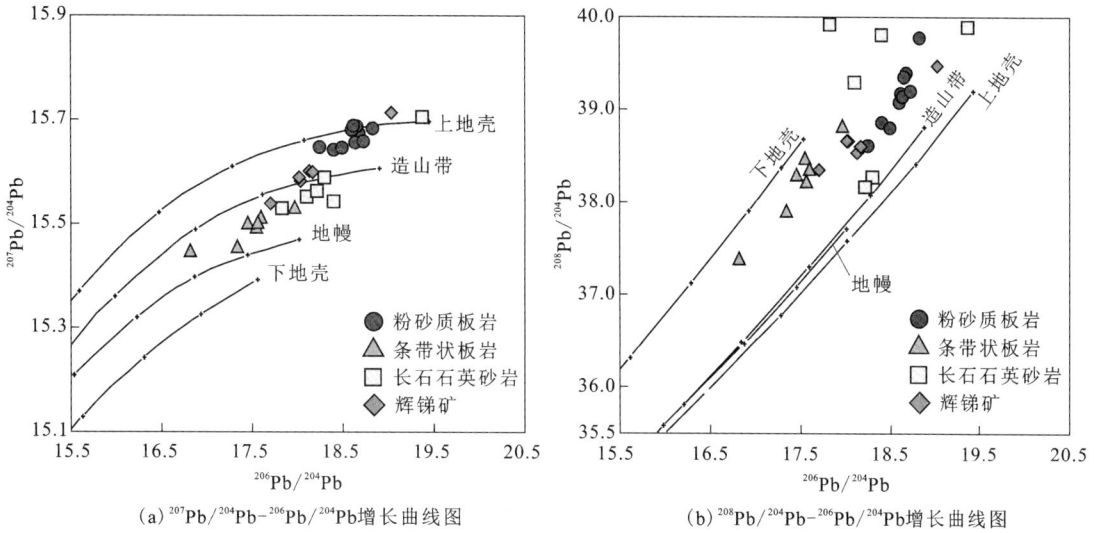

(a) $^{207}\mathrm{Pb}/^{204}\mathrm{Pb}-^{206}\mathrm{Pb}/^{204}\mathrm{Pb}$ 增长曲线图

(b) $^{208}\mathrm{Pb}/^{204}\mathrm{Pb}-^{206}\mathrm{Pb}/^{204}\mathrm{Pb}$ 增长曲线图

图 7-6 沃溪金锑钨矿床铅同位素 $^{207}\mathrm{Pb}/^{204}\mathrm{Pb}-^{206}\mathrm{Pb}/^{204}\mathrm{Pb}$ 和 $^{208}\mathrm{Pb}/^{204}\mathrm{Pb}-^{206}\mathrm{Pb}/^{204}\mathrm{Pb}$ 增长曲线图

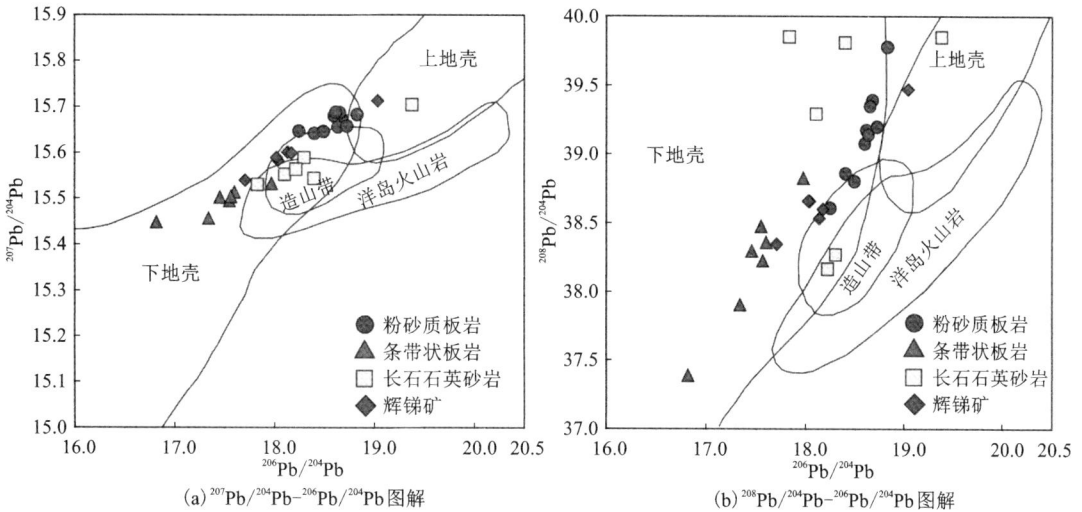

(a) $^{207}\mathrm{Pb}/^{204}\mathrm{Pb}-^{206}\mathrm{Pb}/^{204}\mathrm{Pb}$ 图解

(b) $^{208}\mathrm{Pb}/^{204}\mathrm{Pb}-^{206}\mathrm{Pb}/^{204}\mathrm{Pb}$ 图解

图 7-7 沃溪金锑钨矿床铅同位素 $^{207}\mathrm{Pb}/^{204}\mathrm{Pb}-^{206}\mathrm{Pb}/^{204}\mathrm{Pb}$ 和 $^{208}\mathrm{Pb}/^{204}\mathrm{Pb}-^{206}\mathrm{Pb}/^{204}\mathrm{Pb}$ 构造环境演化图解

$(3.38\times10^{6})/T^{2}-3.4$（温度 T 由包裹体均一法测定）计算 $\delta^{18}\mathrm{O}_{\mathrm{H_2O}}$ 值，结果显示，石英-金-白钨矿阶段成矿流体中 $\delta^{18}\mathrm{O}_{\mathrm{H_2O}}$ 介于 5.06‰~5.69‰，石英-金-黄铁矿阶段成矿流体中 $\delta^{18}\mathrm{O}_{\mathrm{H_2O}}$ 介于 4.56‰~8.29‰，石英-金-辉锑矿阶段成矿流体中 $\delta^{18}\mathrm{O}_{\mathrm{H_2O}}$ 介于 1.88‰~4.39‰。

$\delta\mathrm{D}_{\mathrm{V-SMOW}}-\delta^{18}\mathrm{O}_{\mathrm{H_2O}}$ 图解（图 7-8）显示，石英-金-白钨矿阶段石英 H-O 同位素点均落入变质水区域，并且有向大气降水靠近的趋势，暗示该阶段成矿流体主要为变质水，有部分大气降水的混入。石英-金-黄铁矿阶段石英 H-O 同位素点绝大多数落入岩浆水区域，部分落入变质水区域，同样具有向大气降水靠近的趋势，表明该阶段成矿流体较为复杂，主要为岩浆水，可能还有部分大气降水和变质水的参与。石英-金-辉锑矿阶段石英 H-O 同位素点落入岩浆水与大气降水线之间,表明该阶段成矿流体为岩浆水与大气降水的混合水。

综上所述,形成沃溪矿区含金石英脉的成矿流体并非为单一的成矿流体,早期可能是变质水与大气降水转化而成的混合流体,中晚期可能为岩浆水与大气降水的混合流体。

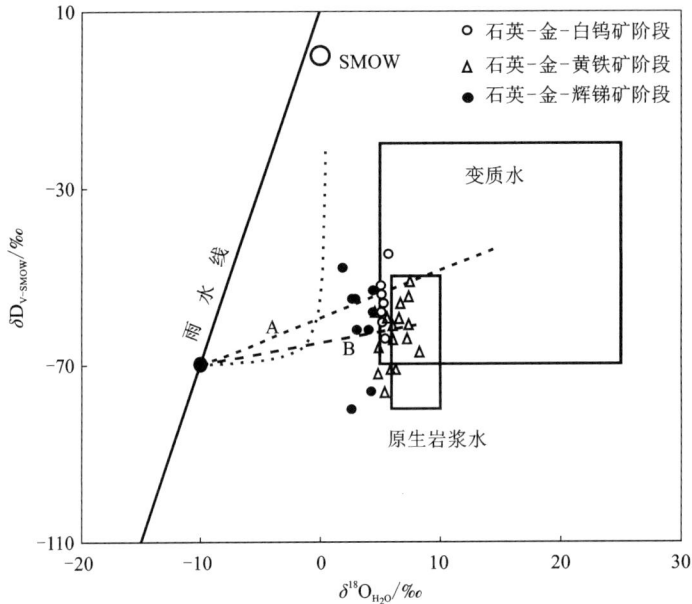

图7-8　沃溪金锑钨矿床成矿流体 $\delta D_{V-SMOW}-\delta^{18}O_{H_2O}$ 图解

7.1.4.5　流体包裹体

根据室温下的岩相学特征,沃溪矿床不同成矿阶段的包裹体类型主要为富液相气液两相水溶液包裹体,占95%以上;另外,还包括极少量的含子矿物的三相包裹体(图7-9)。富液相包裹体大小,多数为3~8 μm,少数为9~12 μm,个别可达15 μm以上,呈椭圆状、不规则状、四边形;气液比多数为10%~25%,少数为25%~40%,加热后均一为液相。含子矿物三相包裹体气液比约为25%,加热后均一为液相。

石英-金-白钨矿(黑钨矿)阶段富液相流体包裹体均一温度为193~288 ℃,平均值为232 ℃;盐度为2.63%~8.79% NaCl equiv.,平均值为5.15% NaCl equiv.。石英-金-黄铁矿阶段富液相流体包裹体均一温度为155~238 ℃,平均值为201 ℃;盐度为2.40%~6.43% NaCl equiv.,平均值为4.38% NaCl equiv.;含子矿物三相包裹体盐度为33.20% NaCl equiv.,虽然含子矿物包裹体数量较少,但是也可以从侧面暗示本阶段成矿流体有可能来自岩浆热液。石英-金-辉锑矿阶段富液相流体包裹体均一温度为136~225 ℃,平均值为185 ℃;盐度为1.73%~5.99% NaCl equiv.,平均值为4.31% NaCl equiv.。石英-金-碳酸盐阶段富液相流体包裹体均一温度为123~205 ℃,平均值为166 ℃;盐度为3.05%~6.58% NaCl equiv.,平均值为4.50% NaCl equiv.。成矿流体均一温度显示由早到晚具有逐渐降低的趋势。

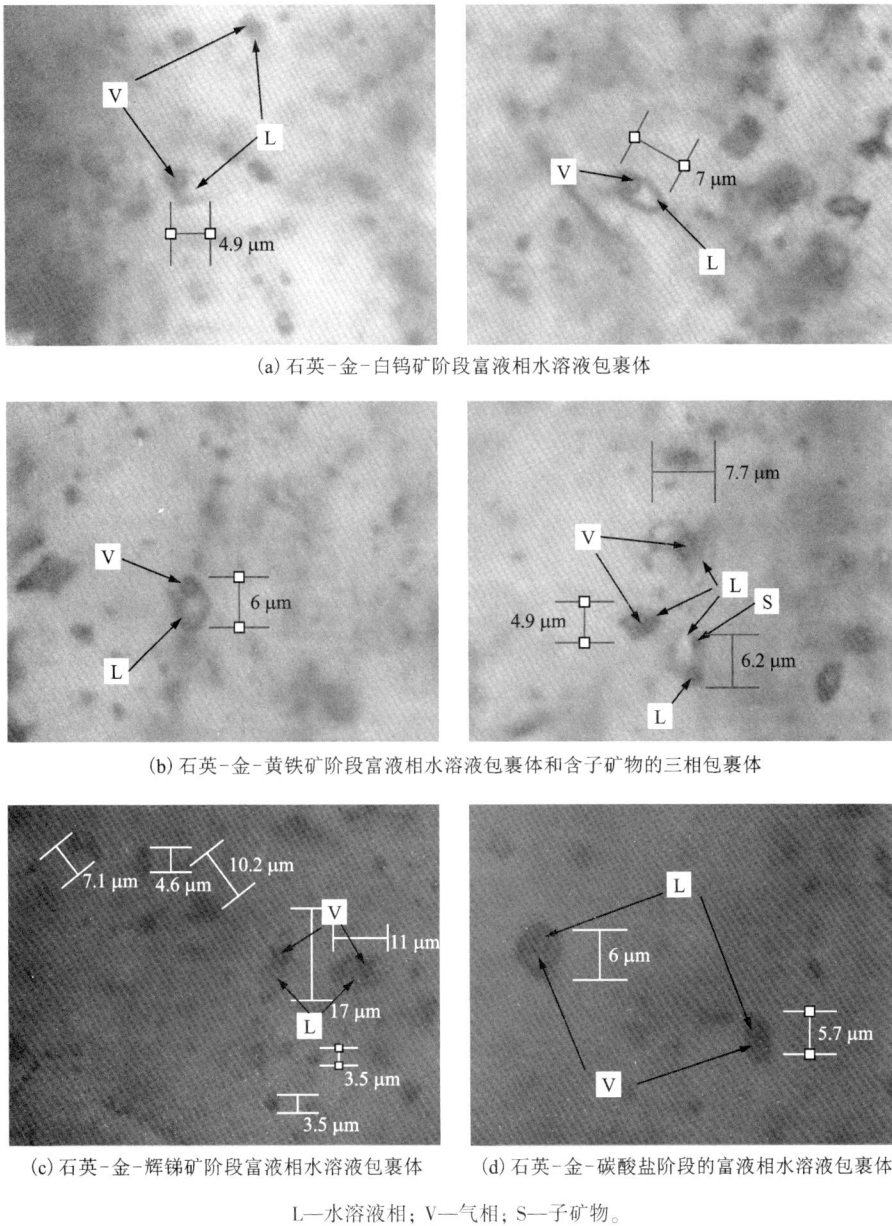

(a) 石英-金-白钨矿阶段富液相水溶液包裹体

(b) 石英-金-黄铁矿阶段富液相水溶液包裹体和含子矿物的三相包裹体

(c) 石英-金-辉锑矿阶段富液相水溶液包裹体　　　(d) 石英-金-碳酸盐阶段的富液相水溶液包裹体

L—水溶液相；V—气相；S—子矿物。

图 7-9　沃溪金锑钨矿床各成矿阶段矿物流体包裹体特征(扫章首码查看彩图)

7.1.5　成矿作用及成矿模式

通过对沃溪金矿床的地质地球化学综合研究可知，矿床经历了两个大的成矿期。第一期为加里东期，其成矿元素来源于赋矿围岩和下伏老地层。大气降水和变质热液富含 S^{2-}、HS^-、O_2 等矿化剂，经过渗透至富矿围岩和下伏老地层，将 Au、Sb、W、Pb、As 等成矿元素活化，并沿低温低压的扩容带运移，在层间剥离带及其次级裂隙等有利构造部位中沉淀富集成矿。第二期为印支—燕山期,其成矿元素来源于下伏更老的陆壳基底和深源物质,成矿流体以岩浆热液为主,并伴有大气降水的参与,成矿流体从深部带来大量的 Au、Sb、W、Pb、Zn、Cu、Hg、As、Mo 及 Bi 等元素,在前期成矿有利构造部位叠加富集成矿。其成矿模式见图7-10。

青白口纪—震旦纪(810~680 Ma),属于伸展构造体制。在该旋回中,主要表现为火山喷发和地幔物质的加入、陆壳再循环的碎屑物质、富铁锰碳酸盐陆缘盆地沉积,以及火山-沉积地层硫的富集,形成青白口系—震旦系地层,在变质作用过程中形成绢云母化,使 SiO_2、Sb、W、S 等从岩层中析出;在区域性南北向应力作用下,形成南北向的伸展拆离、隆升及脆-韧性剪切带,大气降水和变质水在上述构造空间运移,与围岩进行水岩反应,萃取其中的 Au、W、Ca、Fe 等元素,在构造带中初步形成富集[图7-10(a)]。

寒武纪—石炭纪(600~340 Ma),属于挤压构造体制。随着构造活动的进一步加强,地层受北西-南东向的挤压,形成层间断层和裙边褶皱。大气降水不断渗入深部,加之变质水的渗入,使初始富集的成矿元素再次活化以络合物的形式存在,随着温度的降低,压力下降,W 与 Ca、Fe、Mn 等组合,形成黑钨矿和白钨矿;随着压力和温度继续下降,热液中阴离子与围岩、云母等物质发生交换,pH 和 Eh 值发生改变,载金络合物稳定性受到破坏,引起 Au 的沉淀,在层间断裂中形成以 W 为主,Au 少量的金钨矿体[图7-10(b)]。元素组合主要有 W、Au、Cu、Pb、Mo、As、Hg、Bi 等。

三叠纪—侏罗纪(230~140 Ma),属于挤压构造体制。受该期构造影响,矿区的西部被抬升,东部下降,同时在十六棚公一带形成北东向的正断层。该时期区域性断裂活动频繁,岩浆活动强烈,深源流体上侵,同时带来大量以 Au、Sb 为主的成矿物质及大量 Hg、As、Zn、Mo、Bi 等,加之大气降水混入形成混合流体,在层间断裂系统叠加成矿[图7-10(c)]。该期主要以 Au、Sb、Hg、As、Pb、Zn、Mo、Bi 元素组合为特征。

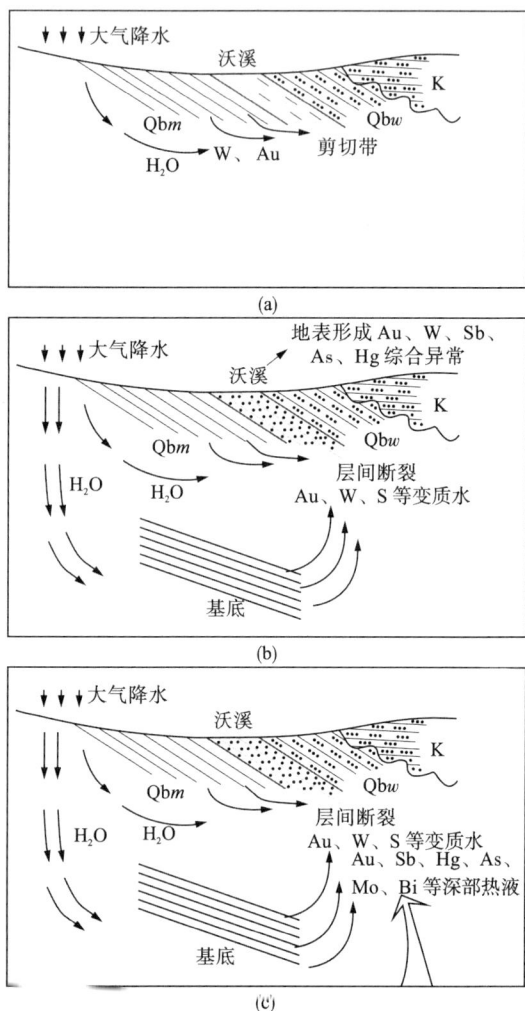

K—白垩系;Qbw—青白口系五强溪组;Qbm—青白口系马底驿组。

图7-10 沃溪金锑钨矿床成矿模式图
(扫章首码查看彩图)

7.1.6　教学安排

7.1.6.1　需要详细观察和了解的典型现象

1）典型矿体及控矿构造

层脉空间分布有如下特征：

（1）层间矿脉柱（体）有规律地分段出现，赋存于倾伏开张式褶曲轴部。

由于层间剥离构造具多层性，所以主要层脉中的矿柱往往重叠出现，赋存于背斜上部的矿体走向长度较大，下部矿柱长度较小，如十六棚公背斜上部4号脉矿体走向长350 m，而其下部的2号矿脉体走向长仅40~70 m。

（2）矿体倾斜延深大于走向延长。

矿体走向长度取决于褶曲波幅的宽度，褶曲波幅宽度大则矿体走向长度也大，反之则小（如红岩溪矿段）。矿体倾斜延深长度则取决于倾伏褶曲延深的稳定程度，褶曲延深稳定则矿体倾斜延深长度大；反之，则倾斜延深长度小。如果该构造消失则矿体尖灭。一般倾斜延深大于走向延长5~10倍。

（3）倾角与矿体的关系。

区内层脉倾角在20°~30°之间，矿体稳定延深。倾角变陡则矿化变弱，矿体厚度变小，倾角若大于40°则矿体趋于尖灭；倾角平缓，矿体厚度增大。如粟家溪矿段，150 m中段以上层脉倾角平缓而稳定，1、3、4号脉矿体与十六棚公矿段各矿体相一致；150 m中段以下层脉倾角变陡，各矿体与十六棚公矿段各矿体分离；65 m中段以下层脉倾角达40°~45°，矿体变薄渐至尖灭。

（4）矿体侧伏方向与褶曲倾伏方向基本一致。

区内横跨褶曲的倾伏方向，由西向东依次为NNW、NNE、NE，即由NNW逐渐向NE偏转（图7-11）。而区内各矿段矿柱的倾伏方向，由西向东也是由NNW逐渐向NE偏转。

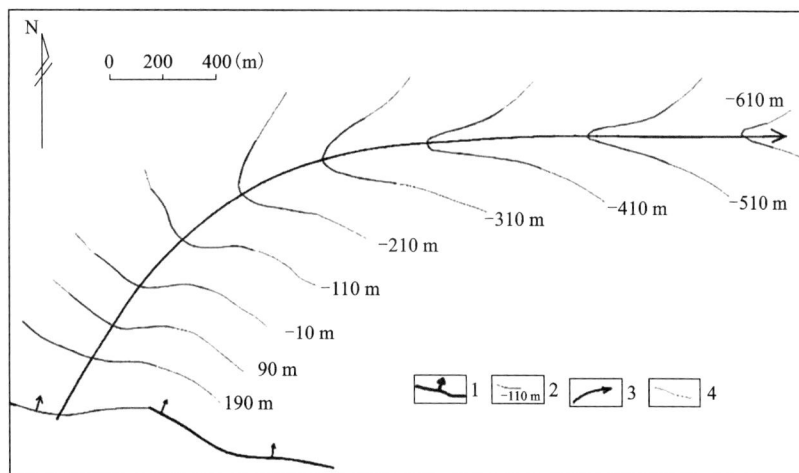

1—矿脉走向线（箭头表示倾向）；2—标高线；3—总体侧伏方向；4—蚀变带（黑线）及矿体（红线）。

图7-11　沃溪金矿床 V3 矿脉侧伏规律示意图（扫章首码查看彩图）

（5）矿体埋藏深度。

矿区西端的红岩溪矿段，矿体埋深在200 m标高以上；鱼儿山矿段主矿体在0 m标高以上；粟家溪矿段主矿体在-50 m以上；而十六棚公矿段矿体直至-760 m标高矿化仍然良好。总之，自西而东矿体埋藏深度愈来愈大。

（6）矿体（包括细脉带矿体和节理脉矿体）多呈盲矿出现。

盲矿体储量占全区总储量的2/3以上，盲矿体头部在地表仅见褪色化蚀变带，其头部出现标高也是由西向东越来越低。

2）典型岩矿石

沃溪金锑钨矿床矿石类型多样，主要包括白钨矿-石英型[图7-12(a)]、辉锑矿-自然金-石英型[图7-12(b)]、白钨矿-辉锑矿-自然金-石英型[图7-12(c)]、黄铁矿-自然金-石英型[图7-12(d)]、黄铁矿-辉锑矿-自然金-石英型[图7-12(e)]、白（黑）钨矿-自然金-石英细脉-蚀变板岩型[图7-12(f)]等。

(a) 白钨矿-石英型   (b) 辉锑矿-自然金-石英型   (c) 白钨矿-辉锑矿-自然金-石英型

(d) 黄铁矿-自然金-石英型   (e) 黄铁矿-辉锑矿-自然金-石英型   (f) 白（黑）钨矿-自然金-石英细脉-
                                                              蚀变板岩型

图7-12　沃溪金矿床典型岩矿石（扫章首码查看彩图）

矿石中金属矿物中的自然金、辉锑矿、白钨矿、黑钨矿、黄铁矿具体特征如下。

自然金：是矿区主要经济矿物，产出形态主要呈不规则片状、树枝状、粒状、环带状、乳滴状等[图7-13(a)]。其主要赋存于石英、黄铁矿的微裂隙、晶面及边缘；其次赋存于辉锑矿边缘并被交代或包裹；少数赋存于白钨矿、黑钨矿、绿泥石、闪锌矿、毒砂等矿物中。矿床自然金粒度一般较细，0.2～2 mm粒度的可见金少见，多以显微金、次显微金和晶格金的形式存在。

辉锑矿：辉锑矿是重要载金矿物之一，常为铅灰色，致密块状、针状、毛发状等，呈条带状充填于石英脉中，呈块状不规则充填在石英裂隙中或包裹石英碎屑。镜下观察显示，辉锑矿呈细粒致密块状集合体[图7-13(b)]或细脉状[图7-13(a)]、星点状充填于石英中，粒径0.1~0.25 mm，交代白钨矿、黑钨矿和石英。

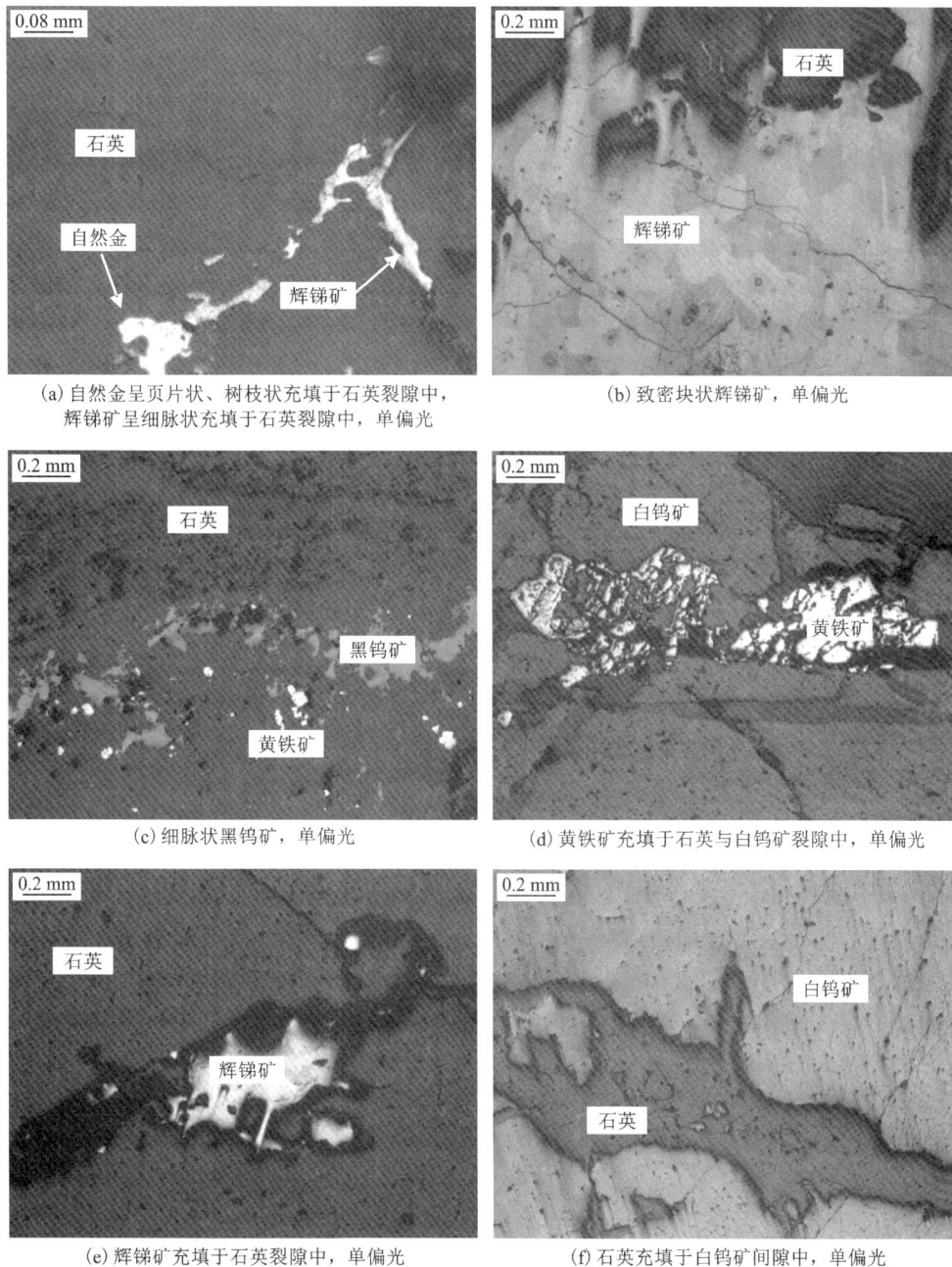

(a) 自然金呈页片状、树枝状充填于石英裂隙中，辉锑矿呈细脉状充填于石英裂隙中，单偏光

(b) 致密块状辉锑矿，单偏光

(c) 细脉状黑钨矿，单偏光

(d) 黄铁矿充填于石英与白钨矿裂隙中，单偏光

(e) 辉锑矿充填于石英裂隙中，单偏光

(f) 石英充填于白钨矿间隙中，单偏光

图 7-13　沃溪金矿床典型矿石矿物的镜下照片（单偏光）（扫章首码查看彩图）

白钨矿：白色，粗粒状、块状、角砾状、细脉状分布于层间石英脉或细脉带中，常具压碎结构，被黑钨矿、辉锑矿和晚期石英所穿插交代。镜下观察显示，白钨矿呈半自形细粒状充填在石英间隙中。

黑钨矿：常呈自形-半自形晶，粒状、板状、细脉状、星点状产于石英脉或近矿蚀变岩中[图7-13(c)]；交代或切穿早期石英脉，而被中、后期石英、黄铁矿和辉锑矿所切穿和交代。黑钨矿主要产于鱼儿山及其以西的矿段，东部少见。

黄铁矿：分为早晚两期，早期呈五角十二面体，少数立方体，粗粒状、自形或半自形，具压碎结构，常呈角砾状，具有拉长或自生加大现象，星散分布于蚀变板岩中，可见黄铁矿交代早期黑钨矿、白钨矿和黄铁矿被后期辉锑矿交代；晚期黄铁矿结晶不好，粒径多小于0.03 mm，颜色较暗，在石英脉或近脉的蚀变板岩中呈细脉状、条带状、团块状、浸染状产出。黄铁矿为矿床主要的载金矿物，黄铁矿的粒度和晶形与含金性关系密切，一般细粒(小于1 mm)结晶不完整且密集发育的黄铁矿中含金量较高，而粗粒(大于2 mm)的五角十二面体黄铁矿的金含量低。

3)其他典型地质现象

沃溪金矿床褪色化蚀变很发育，并且在褪色化板岩中常常发育粗粒立方体状和五角十二面体状黄铁矿。典型的褪色化蚀变，仅发育在矿体上、下盘有限范围内(最宽±20 m)，远离矿体褪色化蚀变减弱，伴随矿体的尖灭，围岩蚀变逐渐减弱直到消失，沿矿体走向仅存在构造线的延伸，构造线上、下盘均为马底驿组含钙板岩变质程度一致，说明近矿围岩的褪色化蚀变是在变质地层形成后产生的，是成矿热液沿层间裂隙系统充填时发生水岩反应产生的结果。以上现象说明本区蚀变矿化的形成时间要晚于浅变质地层的形成时间，该矿床并非同生沉积矿床。

7.1.6.2　思考题

(1)结合矿床地质地球化学特征论述沃溪金矿床成因。

(2)影响金沉淀的机制是什么？

(3)试阐述沃溪金矿床容矿构造的类型。

7.2　湘东北正冲金矿床

7.2.1　自然地理概况

正冲金矿床位于湖南省醴陵官庄—桃花—洪源以及浏阳市普迹—枨冲一带。研究区东侧有106国道经过，研究区内有简易公路与之相接(图7-14)，北与长浏高等级公路相连，南与320国道、沪昆高速、浙赣铁路连接，交通便利。矿区河谷切割较深，山势较陡峻，森林茂密，植被发育。矿区经济以农、林为主，地少人多，无大的工矿企业，劳动力充足。

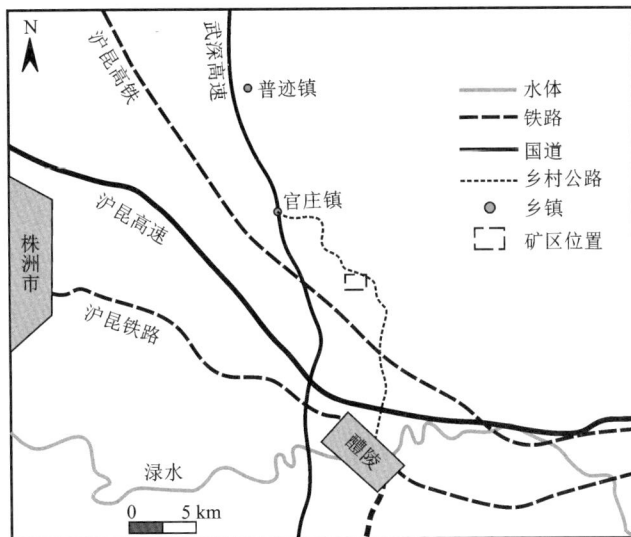

图 7-14 湘东北正冲金矿床交通简图

7.2.2 区域地质背景

7.2.2.1 大地构造背景

江南造山带是一条由华夏板块和扬子板块在新元古代开始聚合形成的碰撞造山带,又称江南古陆、江南地块和江南褶皱带(舒良树,2012;Zhao and Cawood,2012;Zhang and Zheng,2013;Cawood et al.,2013;Yao et al.,2014),北以大尹断裂(F_1)、南以江山-绍兴断裂(F_6)为界分别与扬子板块和华夏板块相邻。该造山带在湖南境内称为雪峰造山带。研究区位于雪峰造山带的湘东北地区。

7.2.2.2 区域地质特征

1)地层

湘东北地区出露的地层有青白口系冷家溪群、青白口系板溪群、泥盆系、石炭系、二叠系、三叠系、白垩系及第四系。冷家溪群是区内的主要赋矿地层,约占总面积的60%(图2-2),为一套浅变质复理石浊流沉积-深海相碎屑岩夹火山碎屑岩沉积,可分为三个岩性组,从上到下分别为:小木坪组(Qbx;以绢云母板岩为主,夹浅变质粉砂岩),黄浒洞组(Qbh;浅变质杂砂岩、粉砂岩夹粉砂质绢云母板岩),雷神庙组(Qbl;绢云母板岩夹浅变质杂砂岩)。

2)构造

区内主要出露青白口系冷家溪群,构造线走向为近东西—北东向,构成本区褶皱基底,泥盆系、二叠系、三叠系构成本区主要盖层。基底构造区的褶皱主要由近 EW-NEE 向同斜倒转褶皱和北东、南北及北西向短轴背向斜构造组成。

断裂构造主要由近东西向雁林寺、官庄、三斗田韧性剪切带以及东西向断裂、北西向断裂、北东向断裂组成。韧性剪切带构造控制了区内金矿床(点)的展布,为主要的控矿、容矿构造,特别是沿官庄、雁林寺剪切带分布有多个金矿床(点)。韧性剪切带内发育 S-C 组构,先期面理方位发生改变，以早期石英脉体塑性流变和局部强烈发育面理或线理为特征。

3）岩浆岩

区域内岩浆活动频繁，具有多期次特征，包括出露于南西部的大面积花岗类岩体（板杉铺岩体）和南东部的花岗斑岩体（王仙岩体），以及大量的基性-酸性岩脉，包括石英斑岩脉、花岗质（花岗闪长质）岩脉、辉绿（玢）岩脉以及石英二长岩脉、闪长玢岩脉、煌斑岩脉、英安玢岩脉、石英安山岩脉、玄武玢岩脉等。

4）区域矿产

区内的金多金属矿产丰富，以金矿床（点）为主，以及其他铜、银、铅、锌矿床（点）多处。金矿床（点）有黄金洞、万古、杨山庄、雁林寺、正冲、横江冲、梨树坡、官桥、金鸡等，金矿床展布受区域性北东向断裂控制。

7.2.3 矿床地质特征

7.2.3.1 矿区地质

1）地层

区内除第四系冲积层外，出露的主要地层为青白口系冷家溪群浅变质岩（图7-15）。地层走向北东，倾向 285°～340°，倾角 26°～65°。冷家溪群地层由新至老有小木坪组下段（Qbx^1）、黄浒洞组上段（Qbh^2）和黄浒洞组下段（Qbh^1）。①小木坪组下段（Qbx^1）：主要分布于矿区的西北部及北部，由灰黄色薄-中层板岩与粉砂质板岩组成，夹有薄层变质泥质粉砂岩、中-厚层状变质石英杂砂岩、砂质粉砂岩等，厚度 230～650 m，与下伏岩层呈整合接触。②黄浒洞组上段（Qbh^2）：主要分布于矿区的中部及东南部，由灰色中厚层变质石英杂砂岩、粉砂岩、板岩、条带状板岩、粉砂质板岩组成，厚度 200～500 m，是正冲矿区的主要赋矿层位之一，与下伏岩层呈整合接触。③黄浒洞组下段（Qbh^1）：主要分布于矿区的中部及东部，由灰色中厚层石英杂砂岩、粉砂质板岩、板岩组成，厚度 100～400 m，也是正冲矿区的主要赋矿层位之一，与下伏岩层呈整合接触。

2）构造

区内构造以发育北东向倒转复式褶皱、平行于轴面的劈理化带、北西向的压扭性构造蚀变带及北东东向-北东向断裂构造为主要特征。

（1）褶皱构造。区内发育的同斜倒转复式背斜核部位于小阳坑—天上屋一带，是箭杆山区域性倒转复式背斜的次级构造，轴向北北东-北东，轴面倾向北西，倾角 30°～50°，局部因后期压扭性构造蚀变带的叠加改造发生扭曲。组成该复式背斜的同斜倒转背斜之核部地层为黄浒洞组下段（Qbh^1），两翼地层为黄浒洞组上段（Qbh^2）及小木坪组下段（Qbx^1）。地层产状均为走向北东，倾向北西，倾角 26°～65°。该倒转背斜的核部及不同岩性界面附近发育平行于褶皱轴面的劈理化带，与岩层近似平行的层间破碎带和北西向压扭性构造蚀变带。

（2）北东向劈理化带。区内受到北西-南东向应力的强烈挤压，在其同斜倒转背斜的核部或近核部普遍发育劈理化带，其宽 0.5～10 m，长 100～1000 m，倾向 270°～330°，倾角 30°～60°，往往与岩层呈小角度斜交，由于各岩层物理性质的差异，局部与岩层产状一致，形成层间破碎带。

（3）北西向压扭性构造蚀变带。区内发育一系列呈北西向的压扭性构造蚀变带，由矿化

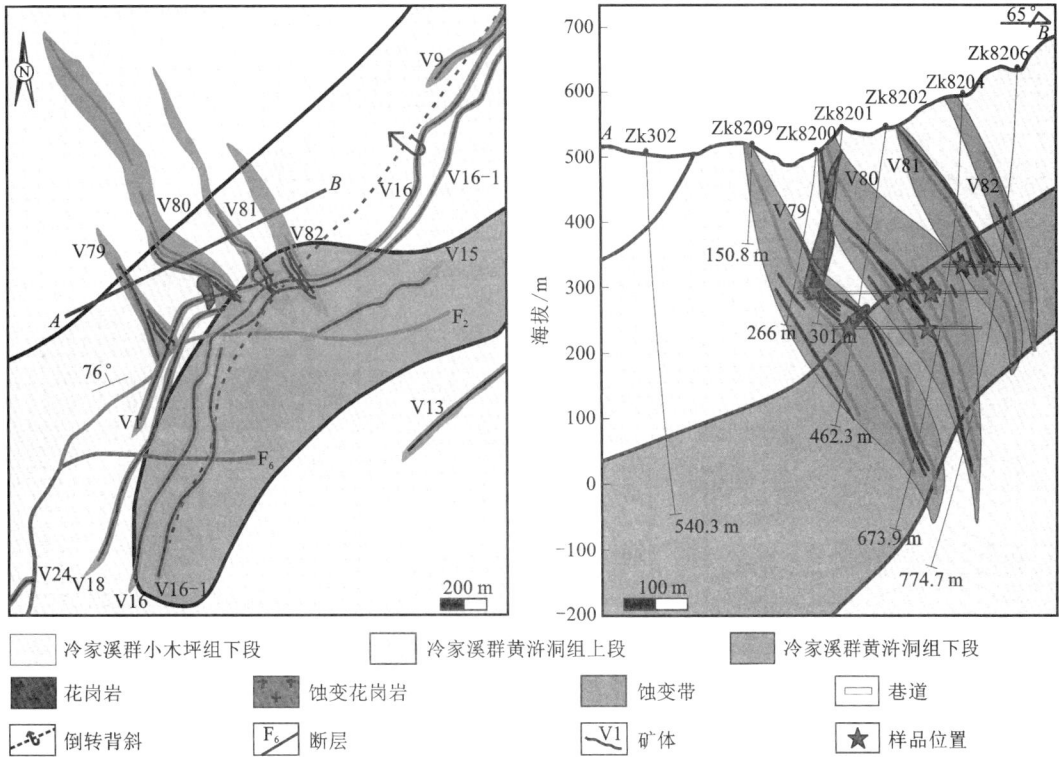

图7-15 正冲金矿床地质平面简图及 A-B 剖面图(扫章首码查看彩图)

石英脉及矿化蚀变岩组成。构造蚀变带韧性剪切变形明显,以发育S-C组构、石英脉体塑性变形为特征。区内现存4条近平行的北北西向构造蚀变带,每条蚀变带中赋存有多个金矿体。构造蚀变带走向延长最长约750 m,宽度10~100 m,整体走向320°~350°,倾角55°~75°,带内岩层发生强烈扭曲变形,带内以蚀变板岩为主,蚀变无明显分带,以硅化、绢云母化及绿泥石化为主,伴随有黄铁矿化及弱毒砂化。

(4)北东东向-北东向断裂。该组断裂构造均为北东-北东东向,其规模较大,控制了矿体的产出形态,并对北西向破碎蚀变带有一定的破坏作用。断层走向北东东-北东东向,倾向北西,倾角31°~82°,沿走向延伸最长约1500 m,断层宽0.5~6.2 m,主要由断层泥和角砾组成。

3)岩浆岩

矿区出露岩浆岩为花岗闪长岩,岩石蚀变明显,具变余中粒结构,块状构造,局部见金矿体穿插其中,蚀变主要有硅化、黄铁矿化和毒砂化等,在硅化强烈部位金品位可达工业品位。

7.2.3.2 矿体特征

正冲金矿床发育有北东向和北西向两组矿脉(带),常成群集中分布(图7-15),北东向矿脉共16条,主要有V1、V9、V13、V15、V16、V16-1和V18;北西向矿脉(带)共16条,主要有V79、V80、V81和V82。北东向矿脉均赋存于与正冲倒转背斜轴面近平行产出的劈理化带或层间破碎带中,主要矿脉带特征详见表7-3及图7-15。其中规模最大的为V16、V16-1两条矿脉,矿脉由石英脉及其两侧的蚀变带组成,石英脉由暗色条带及白色条带构成条带状构造，两侧主要由硅化、绢云母化、黄铁矿化、毒砂化和绿泥石化蚀变岩组成。矿脉沿走向具舒缓波状、分支复合、膨大缩小、尖灭再现或尖灭侧现等特征。北西向矿脉以 V79、V80、V81 和 V82 号矿脉为主，矿脉带规模较大，矿体连续性较好，矿脉带特征详见表 7-4 及图 7-15。矿脉以构造蚀变带形式产出，构造蚀变带由石英细脉、揉皱状石英脉、团块状石英和蚀变岩组成。

表 7-3　正冲金矿床北东向矿脉带特征

矿脉编号	矿化类型	规模/m		产状	厚度/m	Au 品位 /(g·t^{-1})
		延长	延深			
V1	石英脉及蚀变岩	>300	>100	304°∠51°	0.50~4.00	0.17~5.85
V9	石英脉及蚀变岩	>40	>150	315°∠85°	0.84~0.90	1.09~20.79
V13	石英脉及蚀变岩	>150	>20	305°∠54°	0.75~0.85	2.85~4.35
V15	石英脉及蚀变岩	>40	>40	314°∠50°	1.02~1.22	1.50~2.45
V16	石英脉及蚀变岩	>1400	>200	318°∠48°	0.38~2.87	0.80~8.65
V16-1	石英脉及蚀变岩	>1400	>200	332°∠50°	0.40~5.40	0.79~10.28
V18	石英脉及蚀变岩	>500	>300	313°∠50°	0.42~3.49	0.92~4.56

表 7-4　正冲金矿床北西向矿脉带特征

矿脉编号	矿化类型	规模/m		产状	厚度/m	Au 品位 /(g·t^{-1})
		延长	延深			
V79	蚀变岩型	340	200	75°∠53°	0.63~7.65	1.13~10.77
V80	蚀变岩型	780	500	75°∠56°	0.56~17.4	0.08~12.58
V81	蚀变岩型	620	510	75°∠55°	0.38~8.78	0.81~10.76
V82	蚀变岩型	450	510	75°∠50°	0.82~5.72	1.14~7.08

7.2.3.3　矿石特征

矿石类型主要为石英脉型、蚀变岩型，少见角砾岩型。矿石中金属矿物主要有黄铁矿、毒砂、黄铜矿、闪锌矿、方铅矿、硫铜锑矿和自然金等，非金属矿物主要有石英、白云石、方解石、绢云母和绿泥石等。矿石的结构主要有粒状结构、碎裂结构、共结边结构、交代结构、固溶体分离结构、包含结构和填隙结构。其中粒状结构包括自形、半自形、他形晶粒状结构；交代结构包括镶边结构、反应边结构、骸晶结构、网状/交叉状结构、交代残余结构等。矿石的构造主要有脉状构造、网脉状构造、浸染状构造、团块状构造、条带状构造和角砾状构造。

7.2.3.4　围岩蚀变

通过实地调研，矿床围岩蚀变类型包括硅化、黄铁矿化、毒砂化、绢云母化、绿泥石化和碳酸盐化等(图 7-16)。

硅化：矿区内发育最普遍、分布最广泛的蚀变类型，为热液沿断裂裂隙充填交代，呈石英微细脉、细网脉、细脉和石英团块产出，或以细粒状在围岩中呈浸染状分布。北西向矿脉硅化蚀变是以细脉或网脉分布于围岩中，北东向矿脉的硅化蚀变一般分布在矿脉带两侧有限的范围内，表现为围岩硅质成分的增加 [图 7-16(a)(e)(f)]。

黄铁矿化：是与金成矿密切相关的蚀变类型，主要呈稀疏浸染状、团块状、细脉状和微细脉状产出 [图 7-16(b)(f)]，分布于矿脉中和围岩裂隙中。黄铁矿为正冲金矿床重要的载金矿物之一，在整个成矿过程中均有不同程度的产出，早阶段黄铁矿一般呈自形、粗粒状分布于石英脉及其蚀变岩中；中阶段的黄铁矿呈浸染状、团块状分布于石英脉及蚀变岩中，呈半自形-他形晶粒状结构，一般而言，颗粒越小，其含金性越好；晚阶段的黄铁矿相对较少，以交代早阶段黄铁矿的方式产出。

毒砂化：毒砂同样为正冲金矿床重要的载金矿物之一，主要呈浸染状分布于矿脉中及其两侧的蚀变围岩中，在蚀变岩中呈自形、长柱状结构产出 [图 7-16(a)]，在石英脉中呈自形-半自形粒状结构产出，常见毒砂交代黄铁矿。

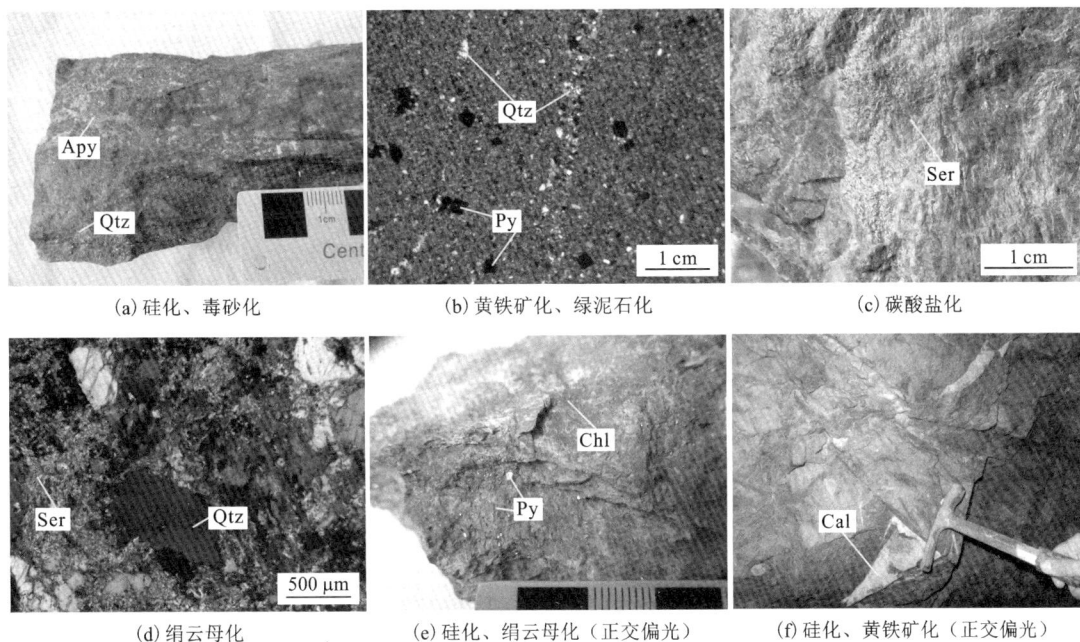

(a) 硅化、毒砂化　　　　(b) 黄铁矿化、绿泥石化　　　　(c) 碳酸盐化

(d) 绢云母化　　　(e) 硅化、绢云母化（正交偏光）　　　(f) 硅化、黄铁矿化（正交偏光）

Qtz—石英；Py—黄铁矿；Apy—毒砂；Ser—绢云母；Chl—绿泥石；Cal—方解石。

图 7-16　正冲金矿床围岩蚀变（扫章首码查看彩图）

绢云母化：绢云母为长石类铝硅酸盐类矿物被交代所生成的产物，在断裂构造带中最为发育，个别可见与黄铁矿、石英密切伴生共同构成黄铁绢英岩化 [图 7-16(d)(e)]。

绿泥石化：主要由富含铁、镁的硅酸盐矿物经热液交代蚀变而成，是研究区较为常见的蚀变类型，在围岩中普遍发育 [图 7-16(e)]。

碳酸盐化：是一种很普遍而重要的热液蚀变，碳酸盐化在正冲金矿床包括白云石化和方解石化，其中白云石化分布于整个成矿过程，呈粒状、团块状产于石英脉中；方解石化主要发育在成矿期的晚阶段，以石英-方解石或方解石细脉、网脉状产出 [图 7-16(c)]。

7.2.3.5 成矿期次

根据矿脉之间的相互穿插关系和显微镜下矿物共生组合关系(图7-17),将热液成矿过程分为四个阶段:石英-白云石-少黄铁矿-少金阶段(Ⅰ阶段)、石英-白云石-黄铁矿-毒砂-金阶段(Ⅱ阶段)、石英-白云石-多金属硫化物-金阶段(Ⅲ阶段)和石英-碳酸盐阶段(Ⅳ阶段)。金矿化主要发生在第Ⅱ、Ⅲ阶段,矿物生成顺序见表7-5。石英-白云石-少黄铁矿-少金阶段(Ⅰ阶段):该阶段为热液过程的第一个阶段,以石英-白云石脉体形式产出,石英呈乳白色,白云石呈淡黄色,脉中黄铁矿呈浸染状、星点状不均匀分布,金矿化微弱。石英-白云石-黄铁矿-毒砂-金阶段(Ⅱ阶段):该阶段为热液过程的第二个阶段,是重要的金矿化阶段之一,常见其切割Ⅰ阶段脉体,脉中硫化物呈浸染状、团块状分布,石英脉中石英常发育晶洞。在脉体的两侧常见有石英-黄铁矿细脉、网脉发育。石英-白云石-多金属硫化

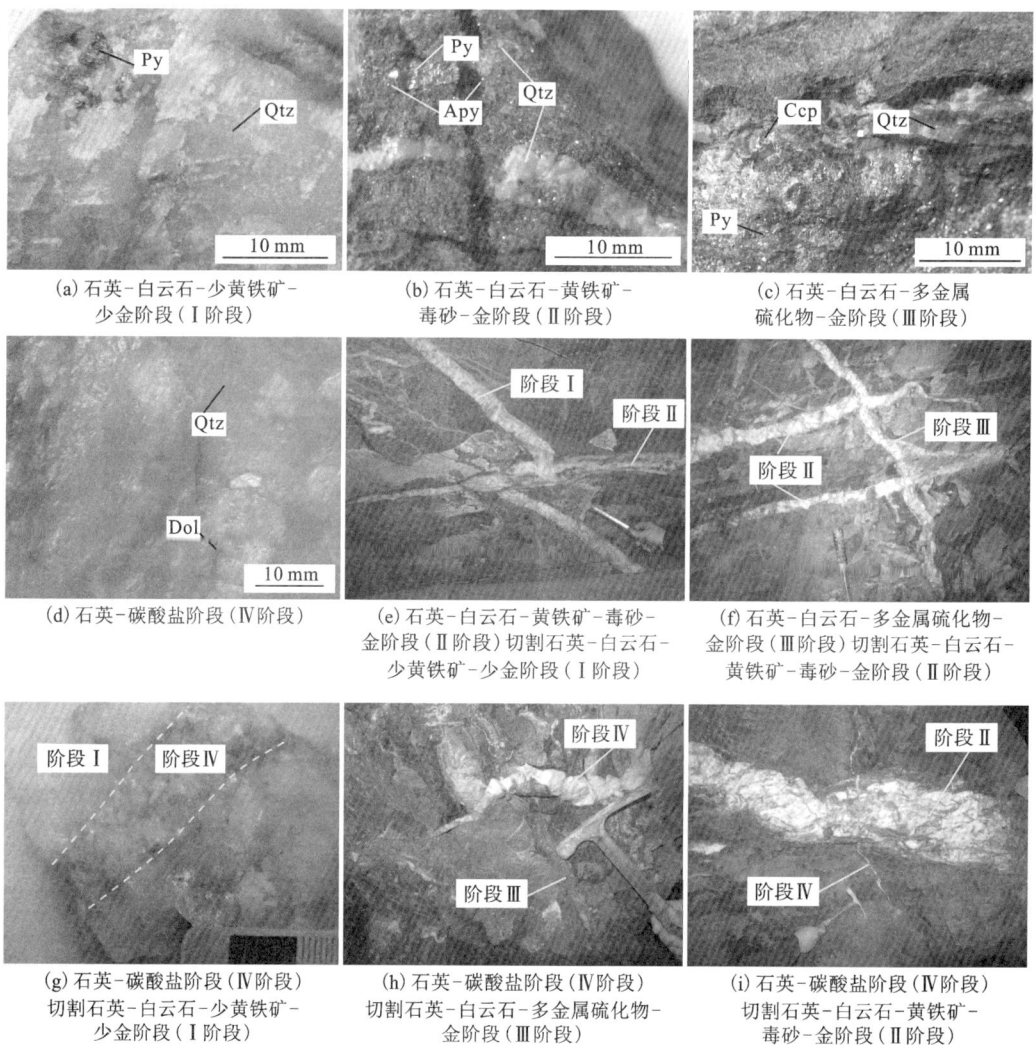

(a) 石英-白云石-少黄铁矿-
少金阶段(Ⅰ阶段)

(b) 石英-白云石-黄铁矿-
毒砂-金阶段(Ⅱ阶段)

(c) 石英-白云石-多金属
硫化物-金阶段(Ⅲ阶段)

(d) 石英-碳酸盐阶段(Ⅳ阶段)

(e) 石英-白云石-黄铁矿-毒砂-
金阶段(Ⅱ阶段)切割石英-白云石-
少黄铁矿-少金阶段(Ⅰ阶段)

(f) 石英-白云石-多金属硫化物-
金阶段(Ⅲ阶段)切割石英-白云石-
黄铁矿-毒砂-金阶段(Ⅱ阶段)

(g) 石英-碳酸盐阶段(Ⅳ阶段)
切割石英-白云石-少黄铁矿-
少金阶段(Ⅰ阶段)

(h) 石英-碳酸盐阶段(Ⅳ阶段)
切割石英-白云石-多金属硫化物-
金阶段(Ⅲ阶段)

(i) 石英-碳酸盐阶段(Ⅳ阶段)
切割石英-白云石-黄铁矿-
毒砂-金阶段(Ⅱ阶段)

Qtz—石英;Py—黄铁矿;Apy—毒砂;Ccp—黄铜矿;Dol—白云石。

图7-17 正冲金矿床成矿阶段划分野外照片(扫章首码查看彩图)

物-金阶段(Ⅲ阶段):该阶段为热液过程的第三个阶段,也是金矿化最好的阶段,此阶段形成的石英为烟灰色,以石英-多金属硫化物脉状和网脉状单独产出,或叠加Ⅰ阶段或Ⅱ阶段脉体产出,金属硫化物有黄铁矿、毒砂、黄铜矿、闪锌矿和方铅矿,还有少量的硫铜锑矿等。

石英-碳酸盐阶段(Ⅳ阶段):该阶段为热液过程的第四个阶段,也是热液作用过程的最后阶段,以石英、石英-方解石、方解石细脉和网脉产出,常见其切割前三个阶段的脉体,无金属矿物发育。

表7-5 正冲金矿床矿物生成顺序表

矿物	阶段Ⅰ	阶段Ⅱ	阶段Ⅲ	阶段Ⅳ
可见金		▬▬		
不可见金	────────			
黄铁矿	─── ▬▬▬▬▬▬▬▬▬▬			
毒砂	──────────────			
黄铜矿			────	
闪锌矿			────	
方铅矿			────	
石英	▬▬▬▬▬▬▬▬▬▬▬▬▬▬▬▬▬▬▬▬▬▬▬			
绢云母		────────────		
绿泥石		────────────────		
白云石	────────			
方解石				▬▬▬▬▬

▬▬ 大量　　──── 少量　　── 微量

7.2.4 矿床地球化学特征

7.2.4.1 流体包裹体

(1)流体包裹体测试方法。对不同期次的石英磨制双面抛光的包裹体片,并进行包裹体显微岩相观察,识别不同类型的包裹体。流体包裹体测温使用的仪器为英国生产的 Linkam THMSG600 型地质用冷-热台,测温时,仪器的使用温度为 $-196 \sim 600$ ℃,在 $0 \sim 600$ ℃精度为 ± 1 ℃,在 $-196 \sim 0$ ℃时,精度为 ± 0.1 ℃,均一温度重现误差小于 2 ℃,冰点温度重现误差小于 0.2 ℃。升降温的速率可以事先设置,也可以在操作过程中自己控制。设置的温度变化速率一般为 10 ℃/min,在相变点温度附近,温度变化率设置 1 ℃/min。单个流体包裹体成分激光拉曼测试使用的测试仪器为 LABHR-VIS LabRAM HR800 型激光拉曼光谱仪,使用 532 nm 的 Ar 原子激光束,波速范围为 $100 \sim 4200$ cm^{-1},输出功率为 20 mW×100%,特征峰值参照 Frezzotti et al.(2012)。

(2)流体包裹体类型。根据室温条件下、均一状态时流体包裹体的相态特征(图7-18),

将正冲金矿床流体包裹体大致分为两类。①CO_2-H_2O 包裹体（C 型）：CO_2-H_2O 包裹体在室温下为三相［CO_2(g)+ CO_2(l)+H_2O(l)］或两相［CO_2(l)+H_2O(l)］，形态主要为椭圆形、条形和不规则形，长轴一般长 3~14 μm（主要为 4~9 μm）。②水溶液包裹体（W 型）：形态呈椭圆状、长条状，部分包裹体沿一个方向分布，并向延长方向拉长，长轴一般长 2~28 μm。

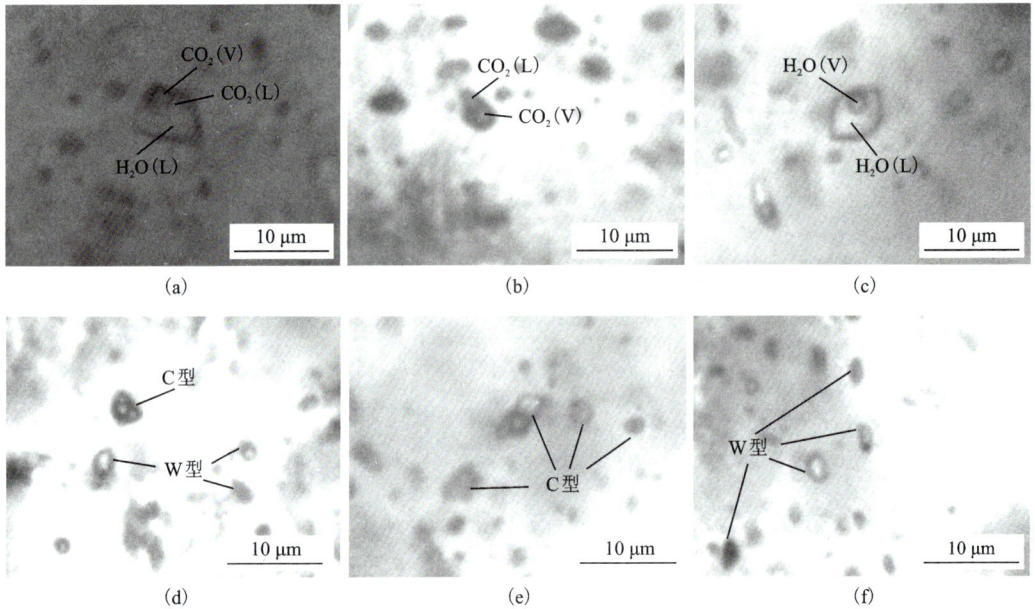

CO_2(V)—二氧化碳气相；CO_2(L)—二氧化碳液相；H_2O(V)—水溶液气相；H_2O(L)—水溶液液相。

图 7-18　正冲金矿床流体包裹体特征（扫章首码查看彩图）

（3）流体包裹体显微测温分析。对正冲金矿床不同成矿阶段的流体包裹体进行了详细的显微测温分析，显微测温结果见表 7-6，包裹体均一温度和盐度直方图见图 7-19。对不同阶段包裹体分述如下：

表 7-6　正冲金矿床流体包裹体显微测温结果统计表

阶段	类型	Tm_{CO_2} /℃	Tm_{ice} /℃	Tm_{cla} /℃	Th_{CO_2} /℃	Th_{tot} /℃	盐度 /（% NaCl equiv.）	密度 /（g·cm^{-3}）
阶段 I	C	-63.6~ -59.7		6.9~ 8.1	17.4~ 27.4	329~431 (L, V) (L, V)	3.71~5.86	0.89~0.93
	W		-6.0~ -2.8			312~406 (L)	4.65~9.21	0.65~0.80
阶段 II	C	-60.9~ -58.9		6.4~ 8.9	16.6~ 29.5	268~324 (L, V)	2.20~6.71	0.88~0.96
	W		-5.4~ -1.6			252~296 (L)	2.74~8.10	0.71~0.93

续表7-6

阶段	类型	Tm_{CO_2} /℃	Tm_{ice} /℃	Tm_{cla} /℃	Th_{CO_2} /℃	Th_{tot} /℃	盐度 /（% NaCl equiv.）	密度 /（g·cm^{-3}）
阶段Ⅲ	C	−60.8 ~ −59.6		6.3 ~ 8.8	15.6 ~ 30.7	213 ~ 273 （L, V）	2.39 ~ 6.88	0.89 ~ 0.97
	W		−10.1 ~ −1.3			193 ~ 296 （L）	2.24 ~ 14.04	0.71 ~ 0.96
阶段Ⅳ	W		−4.1 ~ −1.5			127 ~ 209 （L）	2.57 ~ 6.59	0.90 ~ 0.96

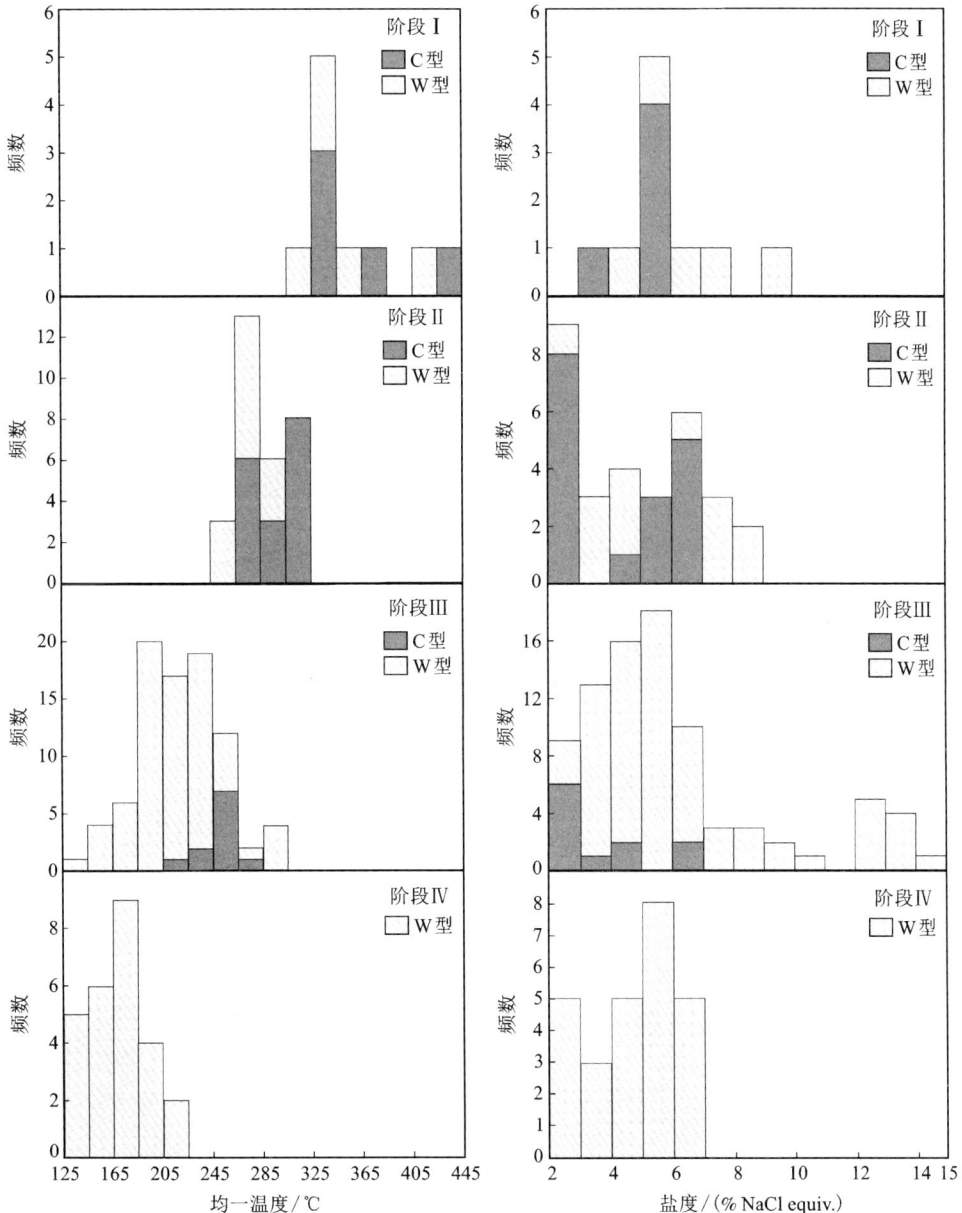

图7-19　正冲金矿床流体包裹体均一温度和盐度统计直方图

Ⅰ阶段流体包裹体类型有 C 型包裹体和 W 型包裹体。C 型包裹体形态多呈负晶形、规则形和不规则形产出，长轴长 3~28 μm，CO_2 相体积变化一般为 30%~60%。在冷冻后回温过程中测得 CO_2 固相的初熔温度为-63.6~-59.7℃，低于纯 CO_2 的三相点(-56.6℃)，表明除 CO_2 外可能含其他气相组分。继续升温时，笼合物消失温度介于 6.9~8.1℃，据此得到包裹体的盐度为 3.71%~5.86% NaCl equiv.，CO_2 相均一方式各异，部分均一温度(均一到液相)介于 17.4~27.4℃，CO_2 相大于 50%的包裹体极易爆裂，爆裂温度介于 331~382℃，未爆裂的 C 型包裹体的完全均一温度介于 329~431℃，液相或气相或临界均一，计算获得流体密度变化于 0.89~0.93 g/cm³ 范围。W 型包裹体形态多呈规则形和不规则形产出，长轴长 3~7 μm，气相体积一般为 5%~30%，获得其冰点温度为-6.0~-2.8℃，据此获得的盐度为 4.65%~9.21% NaCl equiv.，加热过程中包裹体均一至液相，均一温度介于 312~406℃，获得流体密度变化于 0.63~0.72 g/cm³ 范围。

Ⅱ阶段流体包裹体类型有 C 型包裹体和 W 型包裹体。C 型包裹体形态多呈负晶形、规则形和不规则形产出，CO_2 相体积变化一般为 10%~70%。在冷冻后回温过程中测得 CO_2 固相的熔化温度为-60.9~-58.9℃。继续升温时，笼合物消失温度介于 6.4~8.9℃，据此得到包裹体的盐度为 2.20%~6.71% NaCl equiv.，CO_2 相均一方式各异，至液相或气相或临界均一，均一到液相或气相的部分均一温度介于 16.6~29.5℃，包裹体的完全均一温度介于 268~324℃，液相或气相或临界均一，计算获得流体密度变化于 0.88~0.96 g/cm³ 范围。W 型包裹体形态多呈规则形和不规则形产出，气相体积集中于 10%~25%，获得其冰点温度为-5.4~-1.6℃，据此获得的盐度为 2.74%~8.10% NaCl equiv.，加热过程中包裹体均一至液相，均一温度介于 252~296℃，计算获得流体密度变化于 0.71~0.93 g/cm³。

Ⅲ阶段流体包裹体类型有 C 型包裹体和 W 型包裹体。C 型包裹体形态多呈负晶形、规则形和不规则形产出，CO_2 相体积变化一般为 10%~70%。在冷冻后回温过程中测得 CO_2 固相的熔化温度为-60.8~-59.6℃。继续升温时，笼合物消失温度介于 6.3~8.8℃，据此得到包裹体的盐度为 2.39%~6.88% NaCl equiv.，CO_2 相均一至液相，均一到气相的部分均一温度介于 15.6~30.7℃，完全均一温度介于 213~273℃，液相或气相均一，计算获得流体密度变化于 0.89~0.97 g/cm³ 范围。W 型包裹体形态多呈规则形和不规则形产出，气相体积集中于 10%~30%，获得其冰点温度为-10.1~-1.3℃，据此获得的盐度为 2.24%~14.04% NaCl equiv.，加热过程中包裹体均一至液相，均一温度介于 193~296℃，计算获得流体密度变化于 0.71~0.96 g/cm³ 范围。

Ⅳ阶段流体包裹体类型为 W 型包裹体，包裹体形态多呈规则形和不规则形产出，气相体积集中于 5%~10%，获得其冰点温度为-4.1~-1.5℃，据此获得的盐度为 2.57%~6.59% NaCl equiv.，加热过程中包裹体均一至液相，均一温度介于 127~209℃。计算获得流体密度变化于 0.90~0.96 g/cm³ 范围。

(4)单个包裹体的激光拉曼光谱分析。拉曼测试分析结果显示，在Ⅰ阶段 C 型包裹体中气相成分主要为 CO_2(图 7-20)，在Ⅱ阶段和Ⅲ阶段 C 型包裹体中主要的气相成分有 CO_2 和 H_2O，包含有少量的 CH_4 和 N_2，这也说明了为什么显微测温结果中 Tm_{CO_2} 低于-56.6℃。Ⅳ阶段 W 型包裹体中气相成分主要为 H_2O。

(5)包裹体捕获压力及深度估算。正冲金矿床成矿Ⅱ阶段和Ⅲ阶段流体包裹体中，见有具不同 CO_2 含量的 C 型包裹体，且显示出同时被捕获的特征。这些流体包裹体组合或均一到

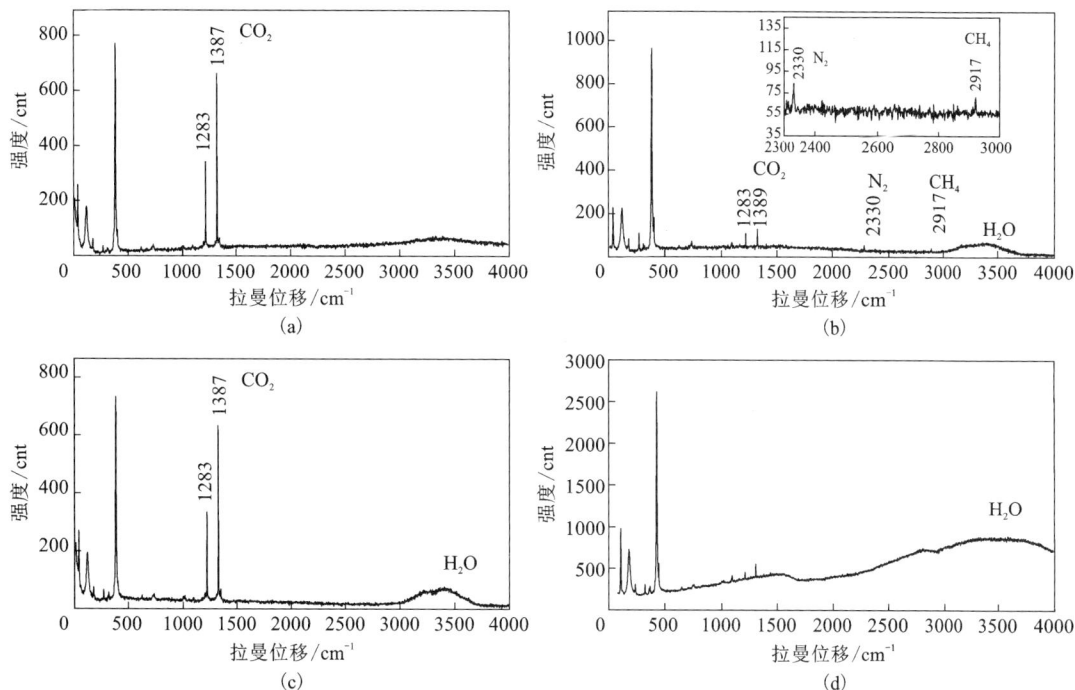

图 7-20　流体包裹体激光拉曼图谱

液相,或均一到气相,且具有相似的均一温度,这种流体包裹体组合常常被用来估算捕获压力。运用 Brown(1989)编制的 FLINCOR 软件,选择 Bowers and Helgeson(1983)方程式,计算正冲金矿床包裹体的密度,获得的 Ⅱ 阶段和Ⅲ阶段流体包裹体的捕获压力为 81~182 MPa (图 7-21)。捕获压力的波动性与静岩压力-静水压力交替变化有关,静岩压力-静水压力的交替变化与断层阀模式类似,这种现象在造山型金矿床中普遍存在(Sibson et al.,1988; Kerrich et al.,2000)。根据获得的流体包裹体捕获压力,取围岩密度为 2.7 g/cm³,按照静岩压力计算获得最小成矿深度约为 6.9 km,按照静水压力计算获得最大成矿深度约为 8.2 km,因此,估算正冲金矿床的成矿深度为 7~8 km。

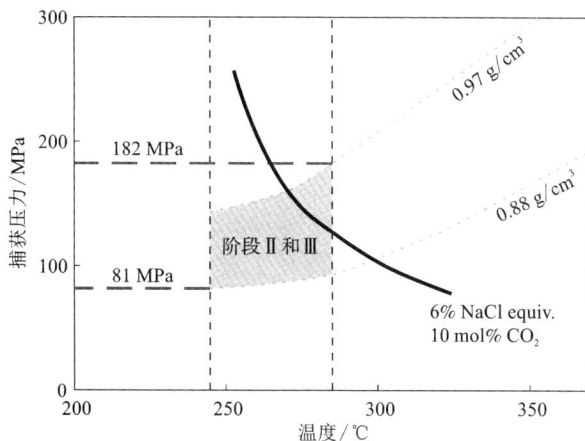

图 7-21　正冲金矿床成矿流体捕获压力-温度图

(等容线据 Bowers and Helgeson,1983)

7.2.4.2 H-O 同位素地球化学

开展矿床Ⅰ、Ⅱ、Ⅲ三个成矿阶段的石英 H-O 同位素研究,结果显示石英流体中 δD_{V-SMOW} 介于 $-75.2‰ \sim -61.8‰$,$\delta^{18}O_{V-SMOW}$ 介于 $13.1‰ \sim 14.4‰$。根据 Clayton et al. (1972) 的石英-水同位素平衡方程 $\delta^{18}O_{石英} - \delta^{18}O_{H_2O} = (3.38 \times 10^6)/T^2 - 3.4$(温度 T 由流体包裹体均一法测定)计算 $\delta^{18}O_{H_2O}$ 值,结果显示 $\delta^{18}O_{H_2O}$ 介于 $3.7‰ \sim 8.2‰$。其中Ⅰ阶段 $\delta^{18}O_{V-SMOW}$ 为 $14.0‰$,δD_{V-SMOW} 为 $-71.8‰$,$\delta^{18}O_{H_2O}$ 为 $8.1‰$;Ⅱ阶段 $\delta^{18}O_{V-SMOW}$ 介于 $14.1‰ \sim 14.4‰$,δD_{V-SMOW} 介于 $-75.2‰ \sim -65.2‰$,$\delta^{18}O_{H_2O}$ 介于 $6.9‰ \sim 8.2‰$;Ⅲ阶段 $\delta^{18}O_{V-SMOW}$ 介于 $13.1‰ \sim 13.7‰$,δD_{V-SMOW} 介于 $-70.7‰ \sim -61.8‰$,$\delta^{18}O_{H_2O}$ 介于 $3.7‰ \sim 4.3‰$。

7.2.4.3 硫同位素

对正冲金矿床的黄铁矿、毒砂及花岗闪长岩开展了硫同位素研究,结果显示矿区硫化物的硫同位素组成较稳定,且均为负值(图 7-22),$\delta^{34}S_{CDT} = -8.9‰ \sim -0.1‰$,平均值为 $-3.6‰$,其中,黄铁矿 $\delta^{34}S_{CDT} = -8.9‰ \sim -1.7‰$,平均值为 $-5.4‰$;毒砂 $\delta^{34}S_{CDT} = -2.1‰ \sim -0.1‰$,平均值为 $-0.8‰$;花岗闪长岩的硫同位素 $\delta^{34}S_{CDT} = -2.4‰ \sim 1.0‰$,平均值为 $-0.7‰$。

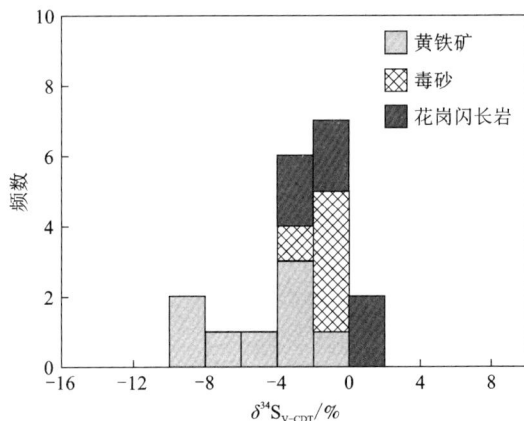

图 7-22　正冲金矿床硫同位素组成直方图

7.2.5　成矿作用及成矿模式

7.2.5.1　成矿控制因素

(1)地层控矿。区域上大部分金矿床赋存于青白口系冷家溪群浅变质地层中,且各矿区内冷家溪群岩石中金含量明显高于上部地壳金元素含量。上地壳 Au 含量为 1.8×10^{-9},湘东北冷家溪群 Au 含量为 2.97×10^{-9}(柳德荣和吴延之,1993),黄金洞矿区冷家溪群 Au 的含量为 $1.7 \times 10^{-9} \sim 4 \times 10^{-9}$,雁林寺矿区 Au 的含量为 $1.83 \times 10^{-9} \sim 5.46 \times 10^{-9}$(刘亮明等,1999),而且远离矿体未矿化的冷家溪群 Au 含量高于靠近矿体未矿化的冷家溪群,表明冷家溪群中的 Au 元素在地质历史演化过程中发生了迁移。

(2)构造控矿。区域醴陵-衡东断裂为较高级别的断裂,控制金矿床的具体产出位置。金矿体往往赋存在低序次断裂构造中,北东向和北西向两组次一级断裂构造控制矿体的具体产出。另外,层间断裂构造也是金矿体赋存的主要部位之一,层与层之间产生相对滑动,形成滑脱带、破碎带和剥离空间,有利于成矿热液的填充、交代与成矿物质沉淀,因此这些部位是金矿体的重要赋存空间。

(3)岩浆岩与成矿的关系。在正冲金矿区,加里东期花岗闪长质岩体与成矿在空间上显示出一定的关系,矿脉有时产于花岗闪长质岩体中。区域范围内,不具有矿床分带特征,在矿区范围内，没有发现与岩浆热液有关的钾长石化，区内的蚀变也不具分带性，矿石中的金属矿物也没有发现与岩浆热液有关的高温矿物(如白钨矿、辉钼矿等)。据研究，正冲花岗闪长质岩体与金矿化不显示成因联系，但深部是否存在岩浆活动，是否参与成矿，有待进一步研究。

7.2.5.2 成矿模式

成矿物质来源：正冲金矿床硫化物硫同位素与冷家溪群和区内的其他金矿床硫化物的硫同位素组成基本一致，而不同于区内与岩浆有关的铜多金属矿床的硫同位素组成，表明正冲金矿床的硫主要来源于地层。

成矿流体特征：Ⅰ阶段到Ⅲ阶段的石英硫化物脉中石英的 $\delta^{18}O$ 值位于世界上其他脉状金矿床的 $\delta^{18}O$ 值($\delta^{18}O = 10‰ \sim 18‰$)的范围之内，Ⅰ阶段到Ⅲ阶段石英的 δD 值同样位于世界上其他脉状金矿床的 $\delta^{18}O$ 值的范围内。Ⅰ阶段到Ⅲ阶段的 $\delta^{18}O_{H_2O}$ 值基本与其他造山型金矿床的 $\delta^{18}O_{H_2O}$ 特征一致，结合流体包裹体研究结果，显示成矿流体具有变质流体来源的特征，认为正冲金矿床的成矿流体主要为变质水来源。

成矿过程：造山运动使区内形成一系列韧性剪切带和褶皱构造，造山运动晚期，由于应力松弛，区内处于构造挤压后的伸展环境，含矿热液沿早期的断裂向上运移，金成矿元素主要以 $Au(HS)_2^-$ 络合物形式迁移，同时萃取冷家溪群中的成矿物质。当运移到合适的部位，因温度降低、流体不混溶、围岩硫化等因素，导致金在合适的部位沉淀。

湘东北正冲金矿床成矿模式见图 7-23。

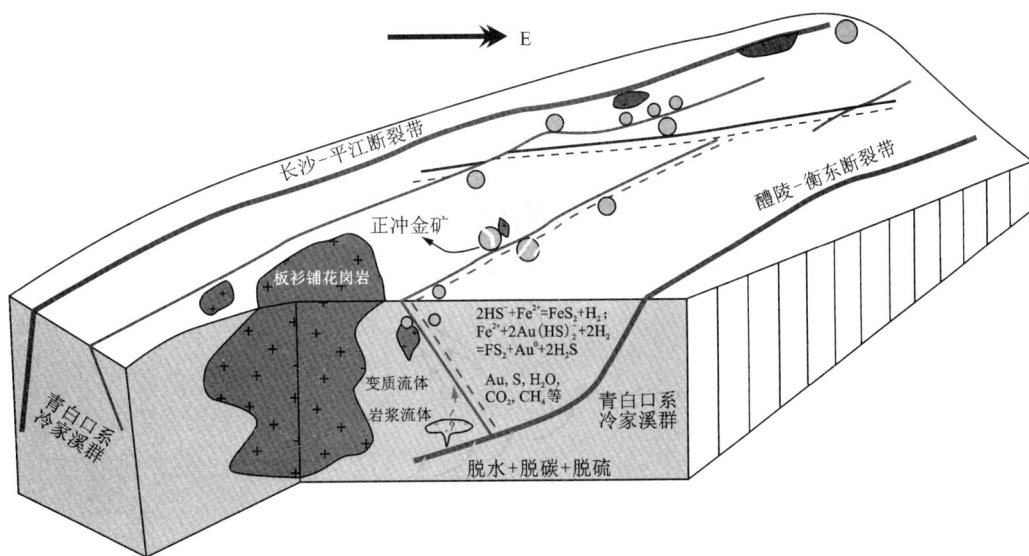

图 7-23　湘东北正冲金矿床成矿模式图(扫章首码查看彩图)

7.2.6 教学安排

7.2.6.1 需要详细观察和了解的典型现象

1) 典型矿体及控矿构造

从剖面上看,正冲金矿床北西向和北东向矿体均受断裂构造控制,北西向主要受构造破碎带控制,以石英脉和蚀变岩形式产出;北东向主要受层间断裂控制,以石英脉形式产出。矿体主要赋存于冷家溪群地层中,部分产出在花岗闪长岩中(图7-24)。

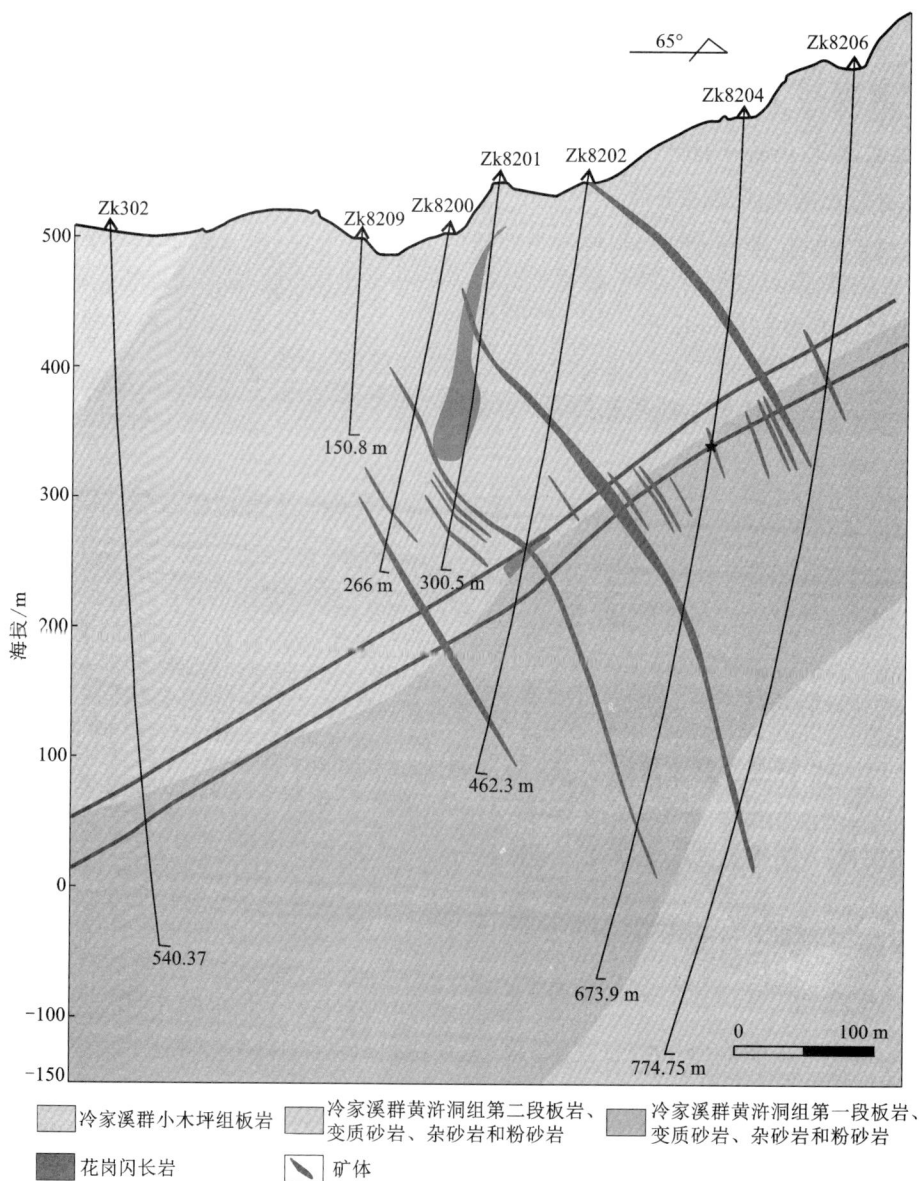

图7-24　正冲金矿床典型剖面图(扫章首码查看彩图)

　　NW 向的矿体矿化类型主要为构造蚀变岩型和石英脉型(图 7-25)。矿体由蚀变岩夹不规则石英脉组成,整体呈透镜状,矿体长一般为 100~500 m,宽为 0.8~17 m,蚀变带宽度可达数百米。矿体走向 300°~350°,倾向北东,倾角 46°~68°。石英脉主要以网脉状、不规则脉状产出,沿走向常见膨大缩小、分支复合、尖灭等现象。石英脉主要为灰白色,氧化呈烟灰色,油脂光泽,致密块状,金属矿物以黄铁矿、毒砂为主,含少量黄铜矿、闪锌矿等,局部可见自然金。围岩蚀变强烈,主要有硅化、绢云母化、绿泥石化、碳酸盐化,以及黄铁矿化、毒砂化等硫化蚀变。矿体品位主要为 0.81~12.49 g/t,控制了正冲金矿床 60% 的金储量。

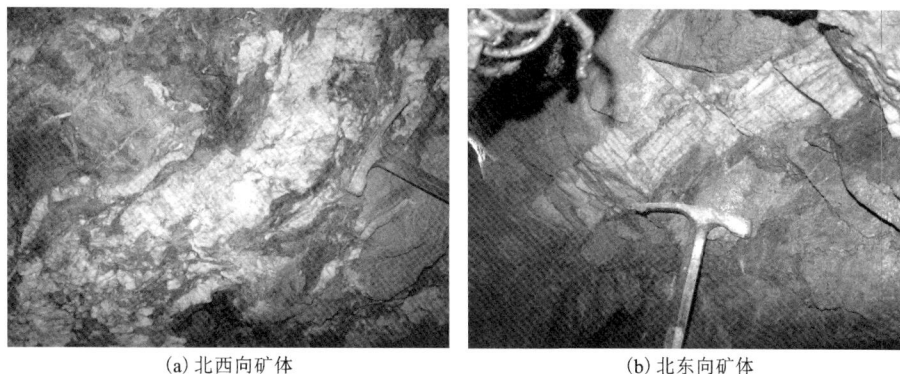

(a) 北西向矿体　　　　　　　　　(b) 北东向矿体

图 7-25　正冲金矿床典型矿体特征(扫章首码查看彩图)

　　NE 向的矿体矿化类型主要为石英硫化物型,矿体主要呈条带状构造,由成矿早期阶段的贫矿石英脉和充填其中的黑色石英硫化物脉组成,矿脉长一般为 140~200 m,宽为 0.5~2.5 m,而石英硫化物脉宽约 0.5 cm。矿体走向 12°~62°,倾向北西,倾角 48°~85°,沿走向具有波状舒缓、分支复合等特征。石英颗粒呈灰白色,油脂光泽,块状构造。硫化物以黄铁矿为主,含少量闪锌矿、黄铜矿等。矿体品位为 0.57~12.91 g/t,控制着正冲金矿床 40% 的储量。

　　2) 典型岩矿石

　　矿石类型主要有石英脉型、蚀变岩型,少见角砾岩型(图 7-26)。

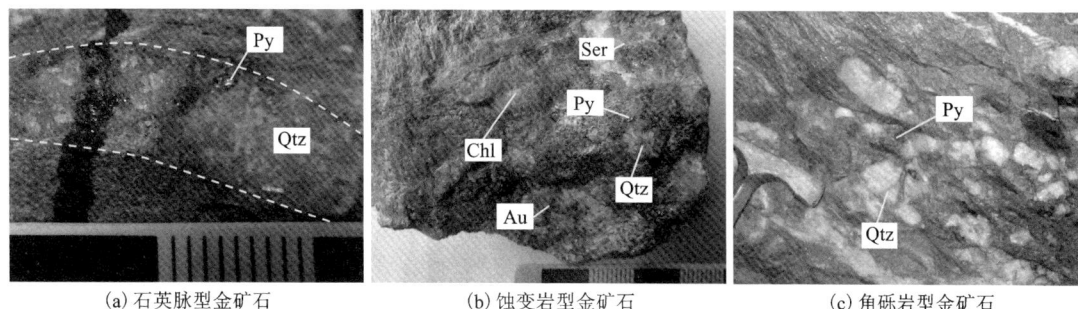

(a) 石英脉型金矿石　　　　　(b) 蚀变岩型金矿石　　　　　(c) 角砾岩型金矿石

Qtz—石英; Py—黄铁矿; Ser—绢云母; Chl—绿泥石; Au—自然金。

图 7-26　正冲金矿床矿石类型(扫章首码查看彩图)

石英脉型金矿石：为正冲金矿床最常见的矿石类型之一，以石英单脉、网脉和条带状石英脉形式产出，脉宽一般几厘米到几十厘米，最宽达十几米。脉中金属矿物以黄铁矿、毒砂为主，黄铜矿、闪锌矿、方铅矿等次之，偶见硫铜锑矿；非金属矿物以石英为主，白云石、绿泥石、绢云母等次之。

蚀变岩型金矿石：同样是该金矿床主要的矿石类型之一，常常产于蚀变破碎带中，构成厚大的金矿体，也有产于石英脉两侧的蚀变围岩中。矿石中常见有硅化、绢云母化、绿泥石化、碳酸盐化等蚀变类型，金属矿物主要有黄铁矿和毒砂，黄铜矿、闪锌矿、方铅矿等少见，局部可见自然金。

角砾岩型金矿石：该矿石类型在正冲金矿床较为少见，受构造作用的影响，含金石英-硫化物脉及其蚀变围岩破碎，形成角砾状矿石。角砾主要成分为蚀变围岩，石英团块，由于是机械破碎，不可见胶结物。

矿石中金属矿物主要有黄铁矿、毒砂、黄铜矿、闪锌矿、方铅矿、硫铜锑矿和自然金等，非金属矿物主要有石英、白云石、方解石、绢云母和绿泥石等。

主要的矿石结构：

自形-半自形-他形晶粒状结构：主要是指显微镜下所见主要金属矿物的完好程度，晶面完整程度越高，自形程度越高。如显微镜下可见到自形程度不等的黄铁矿，呈立方体产出[图 7-27(a)(b)]。

碎裂结构：指早期生成的矿物受到压力作用后，晶粒产生裂隙或小位移并形成带有尖角的碎块。显微镜下常见到黄铁矿颗粒的碎裂现象[图 7-27(c)]。

网状/交叉状结构：是指在早阶段形成的矿物颗粒裂隙中，被晚阶段形成的矿物呈交叉的细脉状交代，这些细脉一般长度不大、宽窄不一，脉壁不规则且不平行。显微镜下可见到黄铜矿、方铅矿和闪锌矿呈不规则脉状沿黄铁矿裂隙交代[图 7-27(d)]。

填隙结构：是指晚阶段形成的矿物在早阶段形成矿物的孔隙、孔洞和裂隙中充填形成，显微镜下常见有黄铜矿、闪锌矿、毒砂等矿物在早阶段形成的黄铁矿颗粒的孔隙和裂隙中充填[图 7-27(e)]。

固溶体分离结构：指均匀的固相晶体随着温度的逐渐降低，固溶体中的不同组分就会发生分离，而成为两种或两种以上的矿物相。显微镜下可见到黄铜矿呈细小圆形、椭圆形的乳滴状颗粒在闪锌矿颗粒中呈无序或串珠状排列，黄铜矿与闪锌矿共同构成固溶体分离结构[图 7-27(f)]。

交代溶蚀结构：指后生成的矿物沿早生成的矿物边缘、节理裂隙等部位进行较轻度的交代。晶边常出现凹陷、边缘不平坦，呈港湾状。显微镜下常见到闪锌矿交代溶蚀黄铁矿、黄铜矿、毒砂，黄铜矿交代溶蚀黄铁矿[图 7-27(d)(e)(f)]。

镶边结构(反应边结构)：是指某种矿物颗粒的外缘被另一种矿物呈镶边状包围产出，显微镜下可见到在黄铁矿的外缘有毒砂呈镶边状产出[图 7-27(g)(h)]。

共结边结构：是指两种矿物颗粒同时结晶，形成相对平直的共结边，在显微镜下可见到闪锌矿与其同时形成的黄铁矿呈共结边产出[图 7-27(i)]。

交代残余结构：是指某种矿物颗粒被部分交代后，其残余体呈孤岛状分布在交代矿物中，显微镜下可见到毒砂被闪锌矿部分交代后，呈孤岛状分布在闪锌矿中[图 7-27(j)]。

骸晶结构：是指某种矿物具有比较完整的晶形，在其晶体内部常被另一种矿物所占据，

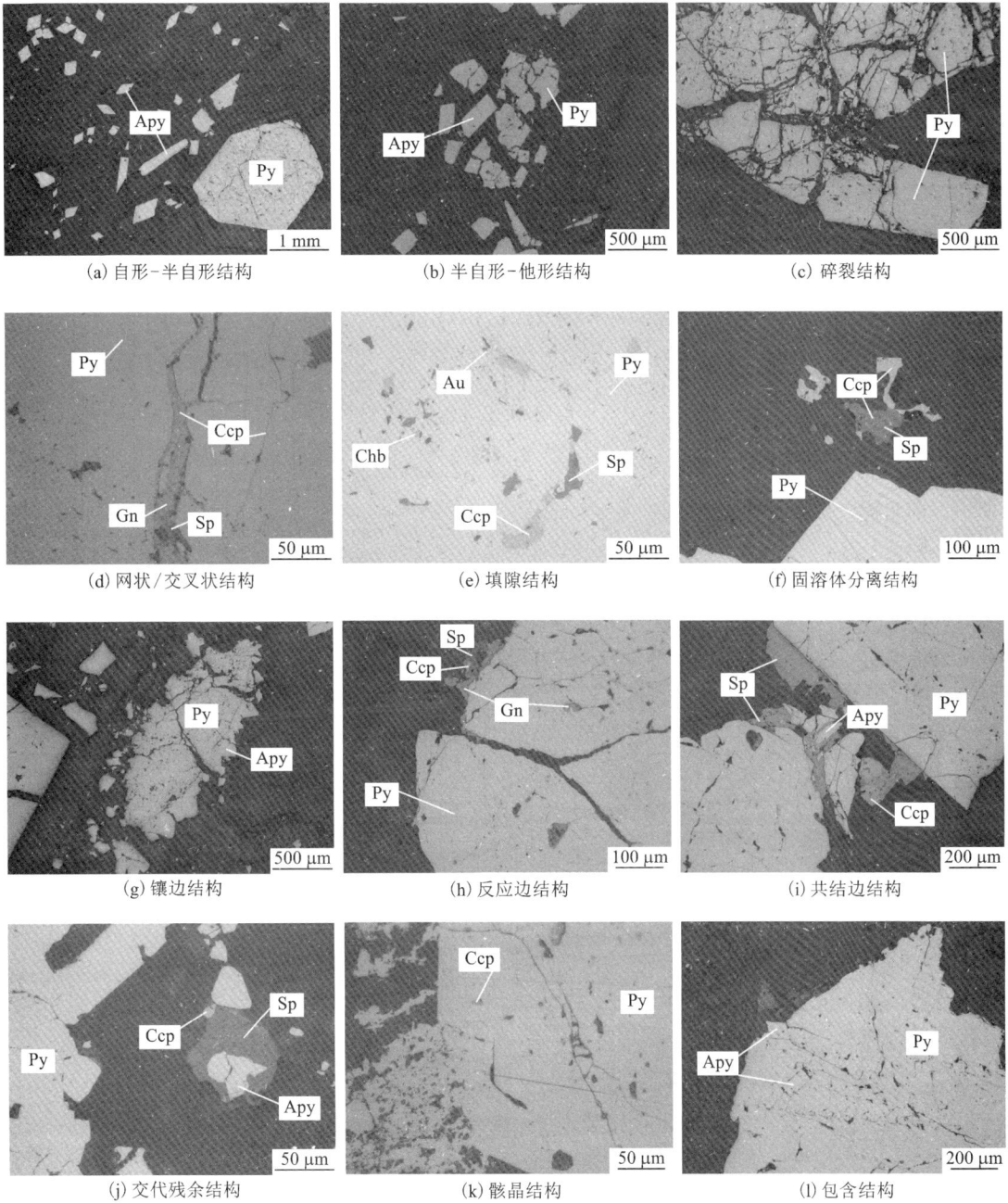

(a) 自形–半自形结构　　(b) 半自形–他形结构　　(c) 碎裂结构

(d) 网状/交叉状结构　　(e) 填隙结构　　(f) 固溶体分离结构

(g) 镶边结构　　(h) 反应边结构　　(i) 共结边结构

(j) 交代残余结构　　(k) 骸晶结构　　(l) 包含结构

Py—黄铁矿；Apy—毒砂；Ccp—黄铜矿；Sp—闪锌矿；Gn—方铅矿；Chb—硫铜锑矿；Au—自然金。

图 7-27　正冲金矿床典型矿石结构（扫章首码查看彩图）

但仍保留晶体的外形轮廓，显微镜下可见到黄铁矿内部常被石英交代溶蚀，但仍然保持较为完整的黄铁矿晶形［图 7-27(k)］。

　　包含结构：指在一种粗大晶体的矿物中包含有另一种相对细小晶体的矿物。显微镜下常见到黄铁矿颗粒包含有较小晶形的毒砂颗粒［图 7-27(l)］。

主要的矿石构造：

脉状构造：脉状构造是正冲金矿床主要的矿石构造类型之一，以含金石英-白云石-硫化物脉在围岩裂隙和各种面理（层理、片理、劈理等）中产出，形成脉状构造[图7-28(a)]。

网脉状构造：为最主要的矿石构造类型，普遍发育于矿床中，表现为石英、白云石及金属硫化物等以细脉或网脉状沿岩石裂隙充填交代，形成网脉状构造[图7-28(b)]。

浸染状构造：主要表现为黄铁矿、毒砂等载金矿物呈浸染状分布于含金石英-硫化物脉两侧的蚀变岩中[图7-28(c)]。

团块状构造：由硅化、绢云母化、绿泥石化、黄铁矿化和毒砂化等组成的含金蚀变岩，呈团块状在构造破碎带中产出，形成团块状构造[图7-28(d)]。

条带状构造：主要表现为浅色组分与暗色组分相间分布，条带状构造，浅色组分主要为石英和白云石，暗色组分主要为绿泥石、绢云母等，金属矿物主要分布在暗色条带当中，有黄铁矿、毒砂等[图7-28(e)]。

角砾状构造：受构造作用的影响，含金石英-硫化物脉及其蚀变围岩产生机械破裂，形成角砾状构造[图7-28(f)]。

(a) 脉状构造   (b) 网脉状构造   (c) 浸染状构造

(d) 团块状构造   (e) 条带状构造   (f) 角砾状构造

图7-28 正冲金矿床典型矿石构造（扫章首码查看彩图）

3）其他典型地质现象。

正冲金矿床北东向脉往往切割北西向脉[图7-29(a)]，局部可见矿脉切穿岩体[图7-29(b)]。矿体赋存于具有韧性变形特征的剪切带中，赋矿围岩为绢云母化、绿泥石化板岩，石英脉常常表现出透镜状特征[图7-29(c)]，石英和绢云母常具定向排列[图7-29(d)]。

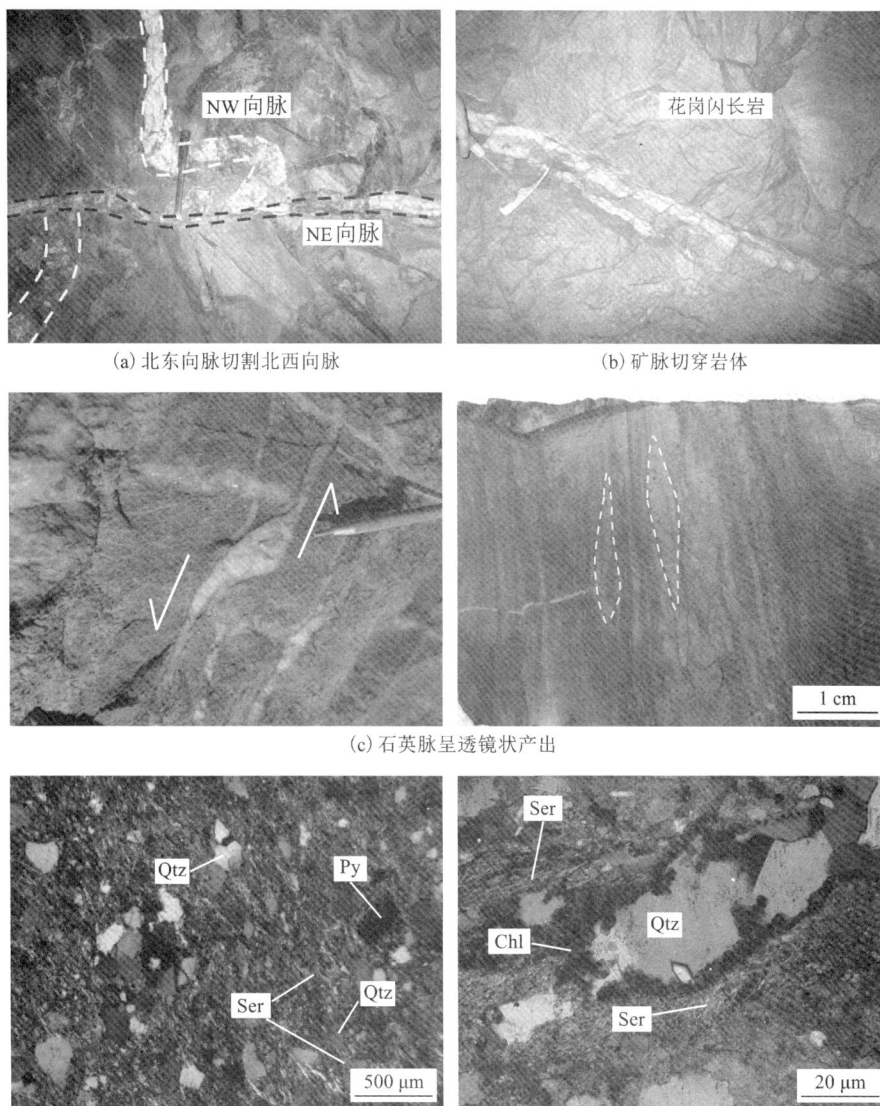

(a) 北东向脉切割北西向脉

(b) 矿脉切穿岩体

(c) 石英脉呈透镜状产出

(d) 石英、绢云母呈定向排列

Qtz—石英；Py—黄铁矿；Ser—绢云母；Chl—绿泥石。

图 7-29　正冲金矿床典型变形特征 (扫章首码查看彩图)

7.2.6.2　思考题

(1) 金矿床的成因类型有哪些？

(2) 正冲金矿床与矿区的花岗闪长岩是否具有成因联系？

(3) 正冲金矿床主要的控矿因素是什么？

参考文献

[1] Bowers T, Helgeson H. Calculation of the thermodynamic and geochemical consequences of nonideal mixing in the system H_2O-CO_2-NaCl on phase relations in geologic systems. Equation of state for H_2O-CO_2-NaCl fluids at high pressures and temperatures[J]. Geochimica et Cosmochimica Acta, 1983, 47: 1247-1275.

[2] Brown P. FLINCOR: a microcomputer program for the reduction and investigation of fluid-inclusion data [J]. American Mineralogist, 1989, 74: 1390-1393.

[3] Chaussidon M, Albarede F, Sheppard S M F. Sulphur isotope variations in the mantle from ion microprobe analyses of mico-sulphide inclusions [J]. Earth and Planetary Science Letters, 1989, 92(2): 144-156.

[4] Clayton R, O'Neil J, Mayeda T. Oxygen isotope exchange between quartz and water[J]. Journal of Geophysical Research, 1972, B77: 3057-3067.

[5] Deng T, Xu D, Chi G, et al. Geology, geochronology, geochemistry and ore genesis of the Wangu gold deposit in northeastern Hunan Province, Jiangnan Orogen, South China[J]. Ore Geology Reviews, 2017, 88: 619-637.

[6] Faure G. Principles of isotope geology [M]. New York: John Wiley and Sons, 1986.

[7] Frezzotti M L, Tecce F, Casagli A. Raman spectroscopy for fluid inclusion analysis[J]. Journal of Geochemical Exploration, 2012, 112: 1-20.

[8] Hedenquist J W, Lowenstern J B. The role of magmas in the formation of hydrothermal ore deposits [J]. Nature, 1994, 370: 519-527.

[9] Kamona A F, Leveque J, Friedrich G, et al. Lead isotopes of the carbonate-hosted Kabwe, Tsumeb, and Kipushi Pb-Zn-Cu sulphide deposits in relation to Pan African orogenesis in the Damaran-Lufilian fold belt of central African [J]. Mineralium Deposita, 1999, 34: 273-283.

[10] Kerrich R, Goldfarb R, Groves D, et al. The geodynamics of world-class gold deposits: Charaeteristies, space-time distributions, and origins[J]. Reviews in Eeonomic Geology, 2000, 13: 501-551.

[11] Liu Q Q, Shao Y J, Chen M, et al. Insights into the genesis of orogenic gold deposits from the Zhengchong gold field, northeastern Hunan Province, China[J]. Ore Geology Reviews, 2019, 105: 337-355.

[12] Sibson R H, Robert F, Poulsen K H. High-angle reverse faults, fluid-pressure cycling, and mesothermal gold-quartz deposits[J]. Geology, 1988, 16: 551-555.

[13] Zhang S B, Zheng Y F. Formation and evolution of Precambrian continental lithosphere in South China [J]. Gondwana Research, 2013, 23: 1241-1260.

[14] 李彬, 许德如, 柏道远, 等. 湘西沃溪金-锑-钨矿床构造变形、成矿时代及成因机制[J]. 中国科学: 地球科学, 2022, 52(12): 2479-2505.

[15] 李龙, 郑永飞, 周建波. 中国大陆地壳铅同位素演化的动力学模型[J]. 岩石学报, 2001, 17(1): 61-68.

[16] 刘亮明, 彭省临, 吴延之. 湘东北地区脉型金矿床成矿构造特征及构造成矿机制[J]. 大地构造与成矿学, 1997, 21(3): 197-204.

[17] 柳德荣, 吴延之. 醴陵市雁林寺金矿床成因探讨[J]. 湖南地质, 1993, 12(4): 247-251.

[18] 罗献林, 易诗军, 梁金城. 论湘西沃溪金锑矿床的成因[J]. 地质与勘探, 1984, 20(7): 1-10.

[19] 彭渤. 湘西沃溪金矿田断层构造成矿机理初探[J]. 大地构造与成矿学, 1992(2): 176-177.

[20] 彭建堂, 胡瑞忠, 邹利群, 等. 湘中锡矿山锑矿床成矿物质来源的同位素示踪[J]. 矿物学报, 2002, 22(2): 155-159.

图书在版编目（CIP）数据

矿床学教学案例：湖南典型金属矿床／邵拥军等编著.
—长沙：中南大学出版社，2023.9
ISBN 978-7-5487-5552-4

Ⅰ.①矿… Ⅱ.①邵… Ⅲ.①采矿地质学－高等学校
－教材 Ⅳ.①P61

中国国家版本馆 CIP 数据核字（2023）第 173623 号

矿床学教学案例
——湖南典型金属矿床

KUANGCHUANGXUE JIAOXUE ANLI
——HUNAN DIANXING JINSHU KUANGCHUANG

邵拥军　刘建平　刘忠法
熊伊曲　张　宇　刘清泉　编著
李　欢　李　斌　刘　飚

□责任编辑　伍华进
□责任印制　李月腾
□出版发行　中南大学出版社
　　　　　　社址：长沙市麓山南路　　　　邮编：410083
　　　　　　发行科电话：0731-88876770　　传真：0731-88710482
□印　　装　湖南省汇昌印务有限公司

□开　　本　787 mm×1092 mm 1/16　□印张 18.75　□字数 498 千字
□互联网+图书　二维码内容　图片 192 张
□版　　次　2023 年 9 月第 1 版　　□印次 2023 年 9 月第 1 次印刷
□书　　号　ISBN 978-7-5487-5552-4
□定　　价　58.00 元